数控机床与操作

主　编　郭文星

副主编　张文华　张秀娟　刘怀兰

参　编　胡　斌　王祥祯　黄　坚

蒋梦鸽　余家昌

北京理工大学出版社
BEIJING INSTITUTE OF TECHNOLOGY PRESS

内 容 简 介

本书基于项目学习模式，在完成项目任务的过程中，学习数控机床基础知识、数控机床的典型机械结构认知与设计、数控车床与操作技能、数控铣床与操作技能、加工中心与操作技能、电火花线切割机床与操作技能、数控机床控制基础知识等内容，项目采取从简单到复杂、由浅入深、循序渐进、理实结合的思路构建，真正实现从做项目中学习相关知识、获得技能训练，进而巩固基础理论知识，构建系统的知识体系。每个项目均附有“项目自测”。书中采用了新国标规定的名词术语和技术规范，较系统地介绍了数控机床的产生、发展、工作原理、典型机械结构和配置、常见数控系统的数控机床操作方法。

全书以介绍数控机床结构和基本操作为主线，将工匠精神、劳动素养和中国制造崛起故事等思政元素融入教材，还设置了“大国重器”“大国工匠”和学生身边的竞赛冠军人物事迹等拓展阅读专题项目；同时将数控车铣加工、多轴数控加工等“1+X”证书标准融入课程项目教学中。本书采用“理论与操作结合”的教学方法，实现在做中学和学中做的结合；“线上与线下结合”，采用二维码链接线上精品在线开放课程资源或虚拟现实教学系统，学习者学习更轻松，讲授者讲解更生动。

本书可用作中职、高职和本科层次职业教育装备制造大类专业的教材，还可供机械加工及自动化行业广大工程技术人员参考。

图书在版编目（CIP）数据

数控机床与操作 / 郭文星主编 . -- 北京 : 北京理工大学出版社 , 2021.8

ISBN 978-7-5763-0205-9

Ⅰ . ①数… Ⅱ . ①郭… Ⅲ . ①数控机床 - 操作 - 高等职业教育 - 教材 Ⅳ . ① TG659

中国版本图书馆 CIP 数据核字 (2021) 第 170764 号

出版发行 / 北京理工大学出版社有限责任公司
社　　址 / 北京市海淀区中关村南大街 5 号
邮　　编 / 100081
电　　话 / （010）68914775（总编室）
（010）82562903（教材售后服务热线）
（010）68944723（其他图书服务热线）
网　　址 / http: //www. bitpress. com. cn
经　　销 / 全国各地新华书店
印　　刷 / 河北盛世彩捷印刷有限公司
开　　本 / 787 毫米 ×1092 毫米　1/16
印　　张 / 20　　责任编辑 / 多海鹏
字　　数 / 409 千字　　文案编辑 / 多海鹏
版　　次 / 2021 年 8 月第 1 版　2021 年 8 月第 1 次印刷　　责任校对 / 周瑞红
定　　价 / 79.00 元　　责任印制 / 李志强

图书出现印装质量问题，请拨打售后服务热线，本社负责调换

前　言

数控机床是计算机、自动控制、自动检测及精密机械等高新技术综合运用的产物，是典型的机电一体化产品。随着智慧产业的发展，机床业已进入了以数字化制造技术为核心的机电一体化时代，其中数控机床就是代表产品之一。数控机床是制造业的加工母机和国民经济的重要基础，它为各大智慧产业应用提供装备和手段，具有无限放大的经济与社会效应，发展高端数控机床是当前我国提升装备制造水平的必由之路，也是智能制造的基础。

随着数控机床的大量使用，急需培养大批能熟练掌握现代高端数控机床编程、操作和维修的人员。本书正是以数控专业学生学习为立足点，广泛借鉴先进资料和经验编写而成。全书共分为七个项目，项目一为认知数控机床，介绍数控机床基本概况、分类、组成原理和加工特点；项目二为认知数控机床的典型机械结构，介绍滚珠丝杠螺母副结构、齿轮传动间隙消除机构及机床导轨；项目三为数控车床与操作，介绍数控车床的基本情况、数控车床典型机械结构、车削中心及数控车床华中数控系统HNC-818A操作面板及实例操作；项目四为数控铣床与操作，介绍数控铣床基本情况、典型数控铣床机械结构以及发那科（FANUC）、华中HNC-818B数控系统操作面板及实例操作；项目五为加工中心与操作，介绍加工中心基本组成、分类、适用场合，典型加工中心机械结构，西门子（SIEMENS）数控系统操作面板及操作实例；项目六为电火花线切割加工与操作，介绍电火花线切割加工的原理、工艺要求以及数控电火花线切割机床的典型结构、HF自动编程和基本操作；项目七为数控机床的运动控制，介绍数控系统插补原理以及数控机床的位置检测。

本书由郭文星担任主编，张文华、张秀娟、刘怀兰担任副主编，胡斌、王祥祯、黄坚、蒋梦鸽、余家昌担任参编，其中由九江职业技术学院张文华编写项目一，九江职业技术学院张秀娟编写项目二和附录，九江职业技术学院郭文星编写项目三和项目五，阳江职业技术学院王祥祯编写项目四，九江职业技术学院黄坚编写项目六，九江职业技术学院胡斌编写项目七，九江职业技术学院蒋梦鸽编写项目三和项目四的华中系统操作实例，九江职业技术学院余家昌完成本书课程思政案例的收集整理工作，武汉华中数控股份有限公司刘怀兰负责审稿。全书最后由郭文星统稿、定稿，配套资源由郭文星、张秀娟、胡斌、程少慧、王文超、胡业发、叶松开发制作。

尽管我们在本教材建设方面做出了许多努力，但是由于作者水平有限，数控技术发展迅速，本书在编写中难免存在疏漏之处，恳请各相关教学单位和读者在使用本书的过程中给予关注，提出宝贵意见，在此深表感谢！

编　者

AR 内容资源获取说明

Step1　扫描下方二维码，下载安装“4D 书城”App；

Step2　打开“4D 书城”App，点击菜单栏中间的扫码图标，再次扫描二维码下载本书；

Step3　在“书架”上找到本书并打开，点击电子书页面的资源按钮或者点击电子书左下角的扫码图标扫描实体书的页面，即可获取本书 AR 内容资源！

目　录

学习笔记

项目一　认知数控机床

任务1　简述数控机床的起源与发展

任务导入

随着科学技术和社会生产的不断发展，机械产品结构越来越合理，其性能、精度和效率日趋提高，更新换代频繁，生产类型由大批大量生产向多品种小批量生产转化。因此，对机械产品的加工相应地提出了高精度、高柔性和高自动化的要求。数控机床就是为了解决单件、小批量，特别是复杂型面零件加工的自动化而产生的（见图1-1）。数控机床是从什么时候开始产生的？现在又朝着什么方向发展呢？

图 1-1　复杂零件

AR资源

相关知识

知识点 1　数控机床的概况

数控机床（Numerical Control machine）是用数字信息进行控制的机床，它用数字代码将刀具相对工件移动的轨迹、速度等信息记录在程序介质上，送入数控系统，然后经过译码和运算，控制机床刀具与工件的相对运动，加工出所需要的工件。数控机床是在机械制造技术和控制技术的基础上发展起来的，其过程大致如下。

微课视频：数控机床的概况

1948 年，美国帕森斯公司（Parsons Corporation）接受美国空军

学习笔记

委托，研制直升机螺旋桨叶片轮廓检验用样板的加工设备。由于样板形状复杂、精度要求高，一般加工设备难以适应，于是提出采用电子计算机来控制机床的设想。

1949 年，受美国军方的委托，美国帕森斯公司与美国麻省理工学院伺服机构实验室（Servo Mechanism Laboratory of the Massachusetts Institute of Technology）合作，历时 3 年于 1952 年研制了立式数控铣床。该铣床是由三坐标直线插补连续控制的，被公认为世界上第一台数控机床，该铣床也是第一代数控实验性机床。它利用电子管元件，采用了计算机、自动控制、伺服驱动、精密检测和新型机械结构等新技术。

1954 年 11 月，在帕森斯专利基础上，第一台用于工业的数控机床由美国本迪克斯公司（Bendix Cooperation）正式生产出来，1955 年美空军订购了约 100 台。

1959 年 3 月，美国卡耐 • 特雷克公司（Keaney & Trecker Corp）发明了带有自动换刀装置的数控机床，它被称为加工中心（Machining Center，MC）。这种机床在刀库中装有丝锥、钻头、铰刀和铣刀等刀具，根据穿孔带的指令自动选择刀具，并通过机械手将刀具装在主轴上，对工件进行加工。同时，数控系统中广泛采用晶体管和印制电路板，从而使数控机床跨入了第二代数控产品。

1965 年研制出了小规模集成电路。由于它的体积小、功耗低，使数控系统的可靠性得到进一步提高，数控机床发展到第三代数控产品。

以上三代，都是采用专用计算机控制的硬件逻辑数控（Numerical Control，NC）系统的普通机床。

由于当时计算机的价格十分昂贵，为了提高系统的性能价格比，1967 年，英国首先把几台数控机床连接成具有柔性的加工系统，这是最初的柔性制造系统（Flexible Manufacturing System，FMS）。之后，美、日等国也相继进行了开发和应用。所谓柔性，就是当加工工件改变时，除了重新装夹工件和更换刀具外，只需改变数控程序，而不需要对数控机床做任何调整，即灵活、通用并能迅速适应工件变更的特性。

随着计算机技术的发展，小型计算机的价格急剧下降，小型计算机开始取代专门控制的硬件逻辑数控系统，数控的许多功能由软件程序来实现。

1970 年，在美国芝加哥国际展览会上，首次展出了这种由计算机作控制单元的数控（Computer Numerical Control，CNC）系统，这就是第四代数控产品。

1974 年，美、日等国首先研制出以微处理器为核心的微型计算机数控系统。由于中、大规模集成电路的集成度和可靠性高且价格低廉，所以微处理器数控系统得到了广泛的应用。这就是第五代数控产品。

1978 年后，加工中心迅速发展，各种加工中心相继问世。

1980 年初，国际上又出现了柔性制造单元（Flexible Manufacturing Cell，FMC）。这种单元投资少、见效快，既可单独长时间、少人看管运行，又可集成到 FMS 或更高级的集成制造系统中使用，数控系统也得到升级发展。

20 世纪 80 年代末 90 年代初，计算机集成制造系统（Computer Integrated Manufacturing System，CIMS）是包括生产决策、产品设计 CAD、制造 CAM、检验 CAT 和管理等全过程均由计算机集成管理和控制的生产自动化系统。实现 CIMS 的基础是 FMC 何 FMS。几十年来，数控机床无论是在品种、数量还是在功能上都取得了长足的进步，并为机械制造业注入了新的活力。

我国数控机床及技术起始于 1958 年，是由清华大学和北京第一机床厂共同研制成功的。我国数控机床产业的发展一直受到国家经济状况、数控技术发展水平与国家扶持政策的制定等三大因素的影响。总体来说，我国数控机床的发展大致可划分为 3 个阶段。

1. 封闭式发展阶段

在我国数控机床诞生的最初 20 年中，由于国外技术封锁以及我国基础条件薄弱，机床总体设计实力较差，数控机床发展十分缓慢，加之受微电子技术发展的制约，各种配套基础元部件、数控系统等的可靠性较差，工作不稳定，导致我国数控机床无法正式生产，难以形成相应产业。

2. 引进国外先进技术，消化吸收，初步建立起国产化体系阶段

1980 年以来，在改革开放政策的指导下，国家大力支持发展机床行业，先后从日本、美国、欧洲等工业发达国家引进数控系统、伺服系统、数控机床及一些基础功能元部件等。通过引进相关技术并消化吸收，有效地促进了我国数控机床产业的发展，使我国在数控技术的研究、开发及数控机床的生产和应用水平等方面都取得了长足的发展与进步。

3. 产业化研究，进入市场竞争阶段

据数控机床发展概述显示，我国数控机床的发展在经历了 30 年的跌宕起伏后，已经由成长期进入到成熟期。在此过程中，我国国产数控装备的产业化取得了实质性的发展与进步，在技术水平、品种、质量等方面都取得了较大成绩。随着我国国民经济与高新技术产业的快速发展，特别是加入 WTO 以后，对数控机床的需求日益旺盛。2001 年我国机床工业产值进入世界前五名，数控机床产量达 1.75 万台，比 2000 年增长 28.5%；2004 年数控机床产量达 5.2 万台，同比年增长 40%；2008 年，我国金属切削机床年产量达到 61.7 万台，其中数控机床产量 12.2 万台，分别比 2001 年增长了 2.21 倍和 5.97 倍。在 2002—2008 年间，我国金属切削机床产量年均增长 18.58%，而同期数控机床产量年平均增长率高达 33.22%，大大高于普通金属切削机床的增长速度，而且数控机床在金属加工机床总量中的比重也呈逐年上升趋势。

此外，我国机床的数控化率也逐年提高，机床数控化率已由 2001 年的 9.12% 上升为 2008 年的 19.79%，同时产值数控化率也由 37.8% 提高到 48.6%。

进入 21 世纪，国家实施振兴装备制造业的战略，将发展大型、精密、高速数控装备和数控系统及功能部件列为加快振兴装备制造业 16 项重点任务之一。在国家政策支持的推动和市场需求的拉动下，特别是汽车工业的快速发展，制造装备产品需求旺盛，使我国机床工业迅速走出低谷，迎来前所未有的黄金机遇。

中国的数控机床无论是从产品种类、技术水平、质量还是产量上都取得了高速发展，在一些关键技术方面也取得了重大突破。2010 年中国数控机床产量达到 23.6 万台，同比增长 62.2%，中国可供市场的数控机床有 1 500 种，几乎覆盖了整个金属切削

学习笔记

机床的品种和主要的锻压机械。2014 年中国数控机床产量达到 39.1 万台。

自 2004 年开始，我国跃居世界机床工业大国，成为全球瞩目的机床大市场。2020 年，我国机床产业总产值近 170 亿欧元，占全球总产值的近 30%，位列第一。我国同时也是机床消费的第一大国，2020 年的消费额为 180 多亿欧元，占全球消费总额的三分之一。但是我国机床工业仍大而不强，国内高端数控机床和机床的关键核心零部件制造能力偏弱，机床的平均无故障时间（MTBF）不高。《中国制造“2025”》将高端数控机床研制列为大力突破的重点领域。可以预见，在不远的将来，我国将真正从机床工业大国变为机床工业强国。

知识点 2　数控机床的发展趋势

随着科学技术的发展，现代机械制造要求产品的形状和结构不断改进，对零件加工质量的要求也越来越高，对产品多样化的需求增强。随着产品品种增多，产品更新换代速度加快，这就要求数控机床成为一种具有高效率、高质量、高柔性和低成本的新一代制造设备，尤其是随着 FMS 的迅猛发展及 CIMS 的兴起和不断成熟，对机床数控系统提出了更高的要求。现代数控机床正向着智能化、高可靠性、高速、高效、高精度、多功能复合化的功能发展。

1. 智能化

在数控机床工作过程中，有许多变量直接或间接地影响加工效果，如工件毛坯余量不均匀、材料硬度不一致、刀具磨损或破损、工件变形等因素。这些变量是事先难以预测的，编制加工程序时一般都是凭经验数据，而实际加工时难以用最佳参数进行切削。现代数控机床采用了自适应控制技术，它能根据切削条件的变化而自动调整并保持最优工作状态，从而使得经济效率高、加工精度高和表面质量高。其主要体现在以下几个方面：

（1）工件自动检测、自动定心；

（2）刀具折损检测及自动更换备用刀具；

（3）刀具寿命及刀具收存情况管理；

（4）负载监控；

（5）数控管理；

（6）维修管理；

（7）利用反馈控制实时补偿的功能；

（8）根据加工时热变形对滚珠丝杠等的伸缩进行实时补偿的功能。

此外，在数控机床上装有各种类型的监控、检测装置（如红外线），对工件及刀具进行监测，并监视加工全过程，一旦发现工件尺寸超差、刀具磨损或破损，立即报警，并给予补偿或调换刀具。

2. 高可靠性

随着数控机床网络化应用的发展，高可靠性已经成为数控系统制造商和数控机床制造商追求的目标。数控机床的可靠性在设计过程中，通过故障诊断技术，自动检错、纠错技术，系统恢复技术，软件可靠性技术等来保证。

学习笔记

3. 高速化

高速和超高速加工技术不仅可以提高加工效率，而且也是加工难切削材料、提高加工精度、控制振动的重要保障。高速和超高速加工技术的关键是提高机床的主轴转速和进给速度。目前数控系统多采用 32 位 CPU（已经开发出 64 位 CPU 的新型数控系统）和多 CPU 并行技术，使运算速度得到了很大提高。与高性能数控系统相配合，数控机床采用了交流数字伺服系统。伺服电动机实现了数字化，并采用了不受机械负荷变动影响的高速响应伺服驱动技术。同时，高分辨率、高响应的绝对位置检测器也已应用到伺服系统中。数控机床的主轴转速一般为 1 500 r/min，普遍可达到 6 000 r/min 以上；一般快移速度为 5 m/min，可达 10 ~ 20 m/min。

目前，在超高速加工中，车削和铣削的切削速度已达到 5 000 ~ 8 000 m/min 以上；主轴转速在 30 000 r/min 以上；在分辨率为 0.1 μm 时，可达 24 m/min 以上；自动换刀速度在 1 s 以内；小线段插补进给速度达到 12 m/min。

4. 高效性

为了减少机床辅助时间、提高机床效率，可采取一系列措施缩短换刀时间，目前数控机床换刀时间最短为 0.5 s；采用各种形式的交换工作台，使装卸工件的时间与机动时间重合，同时缩短工作台交换时间；广泛采用脱机编程、图形模拟等技术，实现后台输入修改编辑程序、前台加工，以缩短新的加工程序在机调试时间；采用快换夹具、刀具装置以及实现对工件原点的快速确定等措施，缩短机床及刀具的调整时间。

5. 高精度性

高精度性一直是机床数控技术发展追求的目标，在 20 世纪末已取得明显的效果。普通级中等规格加工中心的定位精度已从 20 世纪 80 年代的 ±12 μm/300 mm，提高到 ±（0.15 ~ 3 μm）/1 000 mm，重复定位精度由 ±2 μm 提高到 ±0.5 μm。

6. 多功能复合化

1）具有多种监控、检测及补偿功能

为了提高数控系统的效率及运行精度，对现代数控系统配置了各种检测装置，如刀具磨损的检测系统及热变形的检测等。与之相适应，现代数控系统具备工具寿命管理、刀具长度补偿、刀尖补偿、爬行补偿和实时变形补偿等多种功能。

2）彩色图形显示

大多数现代数控系统都采用图形显示，可以进行二维图形轨迹显示，有的还可以实现三维彩色动态图形显示。

3）人机对话功能

借助显示器，利用键盘可以实现程序的输入、编辑、修改和删除等功能，此外还具有前台操作和后台编辑的功能。

学习笔记

4）自诊断功能

现代数控系统已具有硬件、软件及故障自诊断功能，提高了可维修性及系统的使用效率。

5）很强的通信功能

现代数控系统除了能与编程机、绘图机等外围设备通信外，还能与其他 CNC 系统通信或与上级计算机联系，以实现柔性制造系统连线的要求。

任务实施

根据本任务的相关知识点与技能点，绘制知识导图。

考核评价

考核内容：职业素养、基本知识、基本技能、任务实施、工作态度、纪律出勤、团队合作能力等。

评价方式：教师考核、小组成员相互考核。

任务考核评价				
考核项目	序号	考核内容	权重	评价分值（总分 100）
职业素养	1	纪律、出勤	0.1	
	2	工作态度、团队精神	0.1	
基本知识与技能	3	基本知识	0.1	
	4	基本技能	0.1	
任务实施能力	5	实施时效	0.2	
	6	实施成果	0.2	
	7	实施质量	0.2	
总体评价	成绩：	教师：	日期：	

学习笔记

任务2 区分数控机床的类型

任务导入

数控机床可以根据不同的方法进行分类，常用的有按数控机床工艺用途分类、按数控机床运动轨迹分类、按进给伺服系统控制方式分类、按控制的坐标轴数分类和按数控系统的功能水平分类等。

微课视频：数控机床的分类

相关知识

知识点1 按数控机床工艺用途分类

按数控机床工艺用途，可把数控机床分为如表1-1所示的十大类，一般常用的有数控车床、数控铣镗床和加工中心三类。

表1-1 按数控机床工艺用途分类

序号	分类	名称
1	数控车床	数控卧式车床、数控立式车床、车削中心
2	数控铣镗床	数控卧式铣镗床、数控立式铣镗床、其他数控铣镗床
3	加工中心	卧式加工中心、立式加工中心、立卧式加工中心等
4	数控磨床	数控平面磨床、外圆磨床、轮廓磨床、工具磨床、坐标磨床
5	数控钻床	数控滑座式钻床、龙门式钻床、立式铣钻床、铣钻加工中心
6	数控特种机床	数控电火花机床、线切割机床、激光切削机床
7	数控组合机床	数控多工位组合机床
8	数控专用机床	数控齿轮机床、曲轴机床、管子加工机床、活塞车床等
9	数控机床生产线	活塞生产线、柔性生产线
10	其他	数控冲床、超声波加工机床、三坐标测量机床等

知识点2 按数控机床运动轨迹分类

数控机床运动轨迹主要有点位控制运动、直线控制运动和轮廓控制运动三种形式，如图1-2所示。

1. 点位控制运动的数控机床

点位控制方式就是刀具与工件做相对运动时，只控制从一点运动到另一点的准

学习笔记

确性，而不考虑两点之间的运动路径和方向，即在刀具相对工件的移动过程中，不进行切削加工。这种控制方式多应用于数控钻床、数控冲床、数控坐标镗床和数控点焊机等。

2. 直线控制运动的数控机床

直线控制运动数控机床的特点是不仅要控制从起点到终点的准确定位，而且要保证在两点之间的运动轨迹是一条平行于机床坐标轴的直线，或两轴同时移动形成的 45° 的斜线。直线控制数控机床虽然比点位控制运动数控机床的工艺范围广，但在实用中仍受到很大的限制。这类数控机床主要有经济型数控车床、数控镗铣床和加工中心等。

3. 轮廓控制运动的数控机床

轮廓控制运动也称为连续控制运动，指刀具或工作台按工件的轮廓轨迹运动，运动轨迹为任意方向的直线、圆弧、抛物线或其他函数关系的曲线。采用这种控制方式的数控机床有数控车床、数控铣床和加工中心等。

点位控制加工动画

直线控制加工动画

轮廓控制加工动画

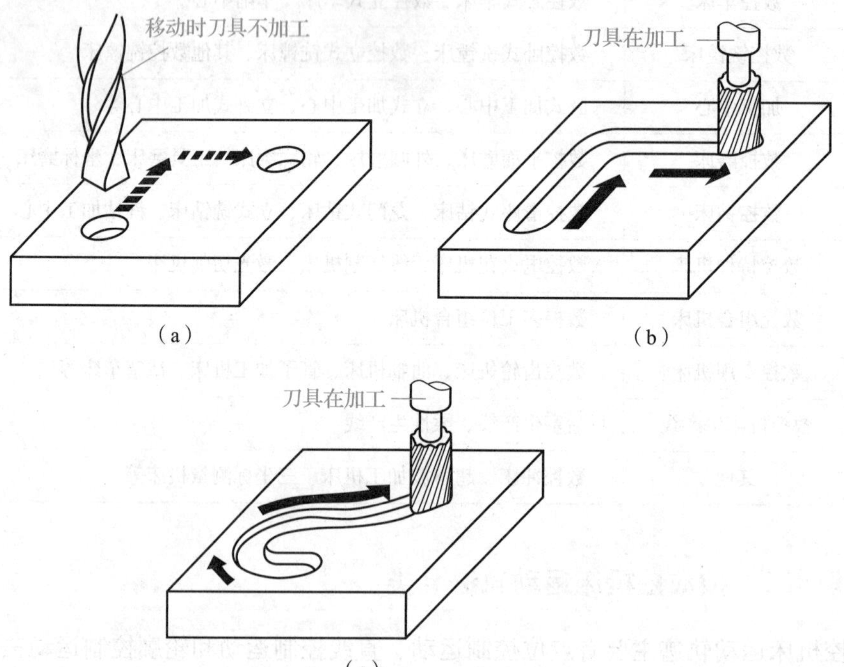

图 1-2 数控机床运动轨迹示意图

（a）点位控制加工；（b）直线控制加工；（c）轮廓控制加工

知识点 3　按进给伺服系统控制方式分类

按进给伺服系统控制方式，数控机床可分为开环控制系统、闭环控制系统和半闭环控制系统。

1. 开环控制系统

这种控制系统采用步进电动机，无位置测量元件，输入数据经过数控系统运算，输出指令脉冲控制步进电动机工作，如图 1–3 所示。这种控制方式对执行机构不检测，无反馈控制信号，因此称为开环控制系统。开环控制系统的设备成本低，调试简单，但控制精度低，工作速度受到步进电动机的限制，被广泛应用于经济型数控机床。

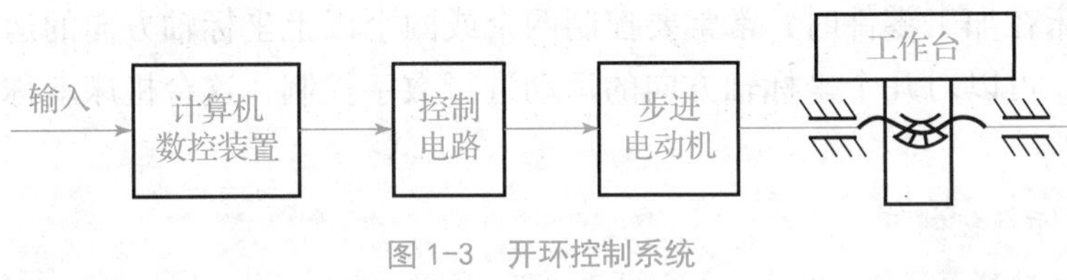

图 1–3　开环控制系统

2. 闭环控制系统

如图 1–4 所示，测量元件（光栅尺）安装在工作台上，测出工作台的实际位移值反馈给数控装置，位置比较电路将测量元件反馈的工作台实际位移值与指令的位移值相比较，用比较的误差值控制伺服电动机工作，直至到达实际位置，误差值被消除，称为闭环控制。闭环控制系统的控制精度高，但要求机床的刚性好，对机床的加工、装配要求高，调试较复杂，而且设备的成本高。

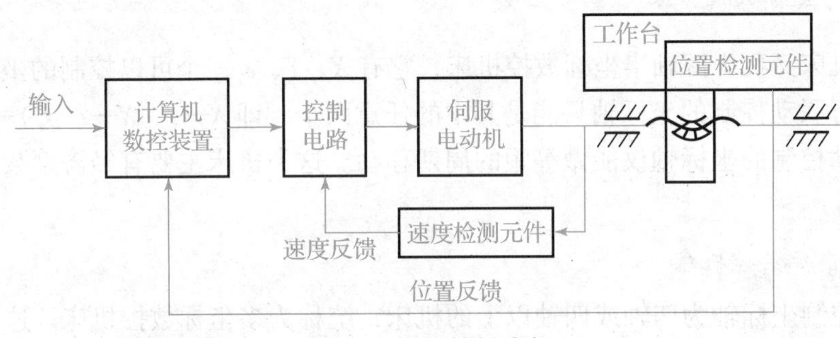

图 1–4　闭环控制系统

3. 半闭环控制系统

如图 1–5 所示，它不是直接检测工作台的位移量，而是采用转角位移检测元件测出伺服电动机或丝杠的转角，推算出工作台的实际位移量，反馈到计算机中进行位置比较，用比较的差值进行控制。由于反馈环节内没有包含工作台，故称为半闭环控制。

半闭环控制精度较闭环控制差，但稳定性好，成本较低，调试、维修也较容易，兼顾了开环控制和闭环控制两者的特点，因此应用比较普遍。

学习笔记

学习笔记

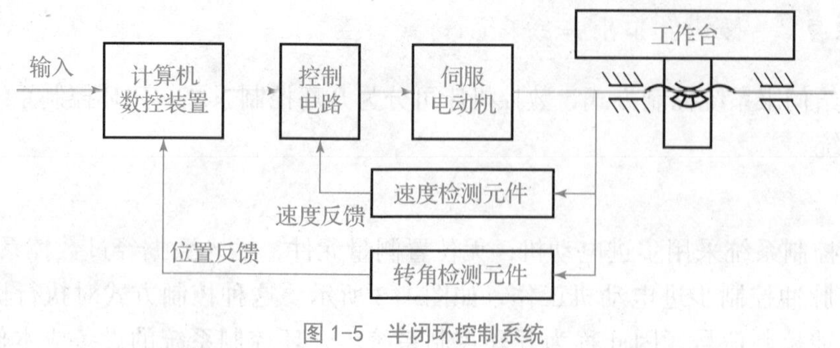

图 1-5　半闭环控制系统

知识点 4　按控制的坐标轴数分类

数控机床在加工零件时，常常要控制两个或两个以上坐标轴方向的运动。在一台数控机床上，可以对几个坐标轴方向的运动进行数字控制，这台机床就称为“几”坐标数控机床。

1. 两坐标数控机床

两坐标数控机床，是指可以控制两个坐标轴（其控制方式能够联动）加工曲线轮廓零件的机床，如可以同时控制 X 和 Z 坐标轴的数控车床、X 和 Y 坐标轴的数控线切割机床、简易数控铣床等。

2. 三坐标数控机床

三坐标数控机床是可以控制和联动控制的坐标轴均为三轴的轮廓控制机床，可以用于加工不太复杂的空间曲面，最典型的是数控立式铣床。

3. $2\frac{1}{2}$ 坐标数控机床

这类机床又称为两轴半坐标数控机床，它有 X、Y、Z 三个可以控制的坐标轴，但能同时进行联动控制的坐标轴只能是其中的任意两个，即 $X—Y$、$X—Z$ 或 $Y—Z$，第三个不能联动控制的坐标轴仅能做等距的周期移动。这类机床主要有经济型数控铣床和数控钻床等。

4. 多坐标数控机床

联动控制坐标轴为四轴或四轴以上的机床，统称为多坐标数控机床。这类数控机床的控制精度较高，加工零件的形状多为空间曲面，但编制加工程序的工作复杂，一般需要配合自动编程机，故适宜加工形状特别复杂、精度要求高的零件。

知识点 5　按数控系统的功能水平分类

按数控系统的功能水平，通常可把数控机床划分为低、中、高档三类。

1. 经济型数控机床

经济型数控机床结构简单，精度中等，但价格便宜，仅能满足一般精度要求的加工，能加工形状较简单的直线、斜线、圆弧及带螺纹类的零件。

学习笔记

2. 普及型数控机床

普及型数控机床具有人机对话功能，应用较广，且价格适中，通常称为全功能数控机床。

3. 高级型数控机床

高级型数控机床是指加工复杂形状、多轴控制、工序集中、自动化程度高、柔性度高的数控机床。

任务实施

根据本任务的相关知识点与技能点，绘制知识导图。

考核评价

考核内容：职业素养、基本知识、基本技能、任务实施、工作态度、纪律出勤、团队合作能力等。

评价方式：教师考核、小组成员相互考核。

任务考核评价				
考核项目	序号	考核内容	权重	评价分值（总分 100）
职业素养	1	纪律、出勤	0.1	
	2	工作态度、团队精神	0.1	
基本知识与技能	3	基本知识	0.1	
	4	基本技能	0.1	
任务实施能力	5	实施时效	0.2	
	6	实施成果	0.2	
	7	实施质量	0.2	
总体评价	成绩：	教师：	日期：	

学习笔记

任务3 探究数控机床如何工作

任务导入

数控机床为什么能够按照预制的程序自动运行呢？我们编写的程序是如何转化为机床的动作的？机床是如何确定自己是否执行完了程序（主轴转速是按照程序里设定的转速值转的，工作台位置到达了程序里设定的坐标位置）？

微课视频：数控机床的基本工作原理与组成

相关知识

知识点1 数控机床的基本工作原理

在数控机床上加工零件，一般按以下步骤进行：

（1）根据被加工零件的图样与工艺方案，用规定的代码和程序格式，将刀具的移动轨迹、加工工艺过程、工艺参数、切削用量等编写成数控系统能够识别的指令。

（2）将所编写的加工程序输入数控装置。

（3）数控装置对输入的程序（代码）进行译码、运算处理，并向各坐标轴的伺服驱动装置和辅助机能控制装置发出控制信号，以控制机床各部件的运动。

（4）在运动过程中，数控系统需要随时检测机床的坐标轴位置、行程开关的状态等，并与程序的要求相比较，以决定下一步动作，直到加工出合格的零件。

（5）操作者可以随时对机床的加工情况、工作状态进行观察、检查，必要时还需要对机床动作和加工程序进行调整，以保证机床安全、可靠地运行。

由此可知，数控系统是所有数控设备的核心。数控系统的主要控制对象是坐标轴的位移（包括移动速度、方向和位置等），其控制信息主要来源于数控加工或运动控制程序。因此，作为数控机床的基本组成，它应包括输入/输出装置、数控装置、伺服驱动和反馈装置、辅助控制装置以及机床本体等，如图1–6所示。

知识点2 数控机床的组成

1. 输入/输出装置

输入/输出设备主要实现程序和数据的输入以及显示、存储和打印。根据控制存储介质的不同，输入装置可以是光电阅读机、磁带机或软盘驱动器等。数控机床加工程序可通过键盘用手工的方式直接输入数控系统；数控加工程序还可由编程计算机用RS–232C或采用网络通信方式传送到数控系统中。

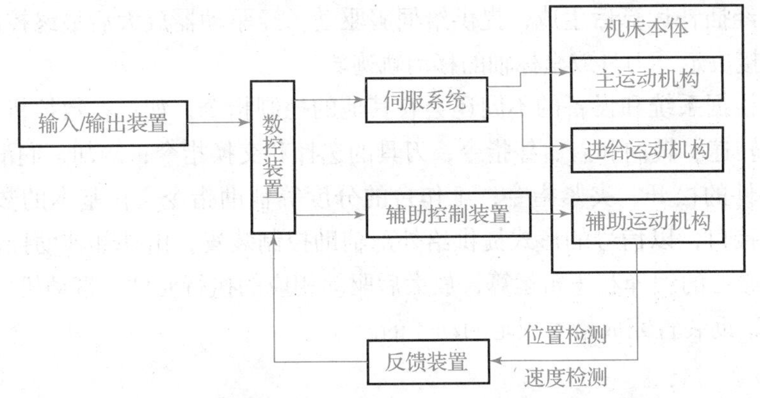

图 1-6　数控机床的组成框图

零件加工程序的输入有两种不同的方式：一种是边读入边加工（数控系统内存较小时）；另一种是一次将零件加工程序全部读入数控装置内部的存储器，加工时再从内部存储器中逐段调出进行加工。作为外围设备，计算机是目前常用的输入 / 输出装置之一。一般的输入 / 输出装置包括以下几种

1）操作面板

它是操作人员与数控装置进行信息交流的工具，主要由按钮、状态灯、按键、显示器等组成。

2）控制介质

人与数控机床之间建立某种联系的中间媒介物就是控制介质，又称为信息载体。常用的控制介质有穿孔带、穿孔卡、磁盘和磁带等。

3）人机交互设备

数控机床在加工运行时，通常需要操作人员对数控系统进行状态干预，对输入的加工程序进行编辑、修改和调试，对数控机床运行状态进行显示等，也就是数控机床要具有人机联系的功能。具有人机联系功能的设备统称为人机交互设备。常用的人机交互设备有键盘、显示器和光电阅读机等。

4）通信

现代的数控系统除采用输入 / 输出设备进行信息交换外，一般都具有用通信方式进行信息交换的能力，它们是实现 CAD/CAM 集成及 FMS 和 CIMS 的基本技术。采用的方式有：串行通信（RS–232 等串口）、自动控制专用接口（DNC 方式、MAP 协议等）和网络技术（Internet、LAN 等）。

2. 数控装置

数控装置（习惯称为数控系统）是数控机床的核心，它根据光电读带机输送来的指令码和数据码，通过内部的逻辑电路或控制软件进行译码、运算、寄存及控制，并将其结果输送到机床各轴的伺服系统，控制机床的各部分进行规定的动作。数控装置一般由输入输出接口线路、译码器、运算器、存储器、控制器、显示器等组成。

在这些控制信息和指令中，最基本的是坐标轴的进给速度、进给方向和进给位移

学习笔记

量指令，它经插补运算后生成，提供给伺服驱动，经驱动器放大后最终控制坐标轴的位移，且直接决定了刀具或坐标轴的移动轨迹。

此外，根据系统和设备的不同还会有其他的控制指令，如：在数控机床上，还可能有主轴的转速、转向和启、停指令；刀具的选择和交换指令；冷却、润滑装置的启、停指令；工件的松开、夹紧指令；工作台的分度等辅助指令。在基本的数控系统中，它们是通过接口，以信号的形式提供给外部辅助控制装置，由外部辅助控制装置对以上信号进行必要的编译和逻辑运算，放大后驱动相应的执行元件，带动机床机械部件、液压气动等辅助装置完成指令规定的动作的。

3. 伺服驱动装置

伺服驱动装置接收来自数控装置的指令信息，经功率放大后，严格按照指令信息的要求驱动机床移动部件，以加工出符合图样要求的零件。伺服驱动通常由伺服放大器（亦称驱动器、伺服单元）和执行机构等部分组成。

在数控机床上，伺服驱动（Servo Drive，简称伺服）是“以物体的位置、方向、状态等作为空置量，追踪目标值的任意变化的控制机构”。简而言之，它是一种能够自动跟随目标位置等物理量的控制装置。伺服驱动的作用主要有两个：一是按照数控装置给定的速度运行；二是按照数控装置给定的位置定位。因此，伺服驱动的精度和动态响应性能是影响数控机床加工进度、表面质量和生产效率的重要因素之一。

目前一般采用交流伺服电动机作为执行机构；在先进的高速加工机床上，已经开始使用直线电动机。

4. 反馈装置

反馈装置是闭环或半闭环数控机床的检测装置，该装置可以包括在伺服系统中，由检测元件和相应的电路组成，作用是检测数控机床坐标轴的实际移动速度和位移，并将信息反馈到数控装置或伺服驱动中，构成闭环或半闭环控制系统。检测装置的安装、检测信号反馈的位置决定于数控系统的结构形式。无测量反馈装置的系统称为开环系统。

由于先进的伺服系统都采用了数字式伺服驱动技术（称为数字伺服），故伺服驱动和数控装置间一般都采用总线进行连接。反馈信号在大多数场合都是与伺服驱动进行连接，并通过总线传送到数控装置，只有在少数场合或采用模拟量控制的伺服驱动（称为模拟伺服）时，反馈装置才需要直接与数控装置进行连接。伺服电动机内装式脉冲编码器、旋转变压器、感应同步器、测速机、光栅和磁尺等都是NC机床常用的检测器件。

5. 辅助控制装置

辅助控制装置的主要作用是接收数控装置输出的主运动换向、变速、启停，刀具的选择和交换，以及其他辅助装置动作等指令信号，经过必要的编译、逻辑判断和运算，并经功率放大后直接驱动相应的驱动源，带动机床的机械部件及液压、气动装置等完成相应指令规定的动作，如工件的松开和夹紧，刀具的选择和交换指令，冷却、

学习笔记

润滑装置的启动和停止，工件和机床部件分度工作台的转位分度等开关辅助动作。它接收机床操作面板和来自数控装置的指令，一方面通过接口电路直接控制机床的动作，另一方面通过伺服驱动装置控制主轴电动机的转动。

由于可编程逻辑控制器（PLC）具有响应快、性能可靠、易于使用及编程和修改程序并可直接启动机床开关等特点，故现已广泛用作数控机床的辅助控制装置。

6. 机床本体

机床本体是数控机床的主体，由基础件（如床身、底座）和运动件（如工作台、主轴箱等）组成，目前仍主要沿用普通机床的结构，只是在自动变速、刀架或工作台自动转位和手柄等方面做了一些改变。随着数控技术的发展，它不仅要实现由数控装置控制的各种运动，而且还要承受包括切削力在内的各种力，因此机床本体必须保证具有良好的几何精度、足够的刚度、小的热变形、低的摩擦阻力，才能有效地保证数控机床的加工精度。

数控机床本体与普通机床相比，具有以下特点：

（1）采用了高性能主轴部件及传动系统，机械传动机构简单，传动链较短。

（2）机械结构具有较高的刚度和耐磨性，热变形小。

（3）更多地采用高效传动部件，如滚珠丝杠、静压导轨和滚动导轨等。

根据本任务的相关知识点与技能点，绘制知识导图。

学习笔记

考核评价

考核内容：职业素养、基本知识、基本技能、任务实施、工作态度、纪律出勤、团队合作能力等。

评价方式：教师考核、小组成员相互考核。

任务考核评价				
考核项目	序号	考核内容	权重	评价分值（总分 100）
职业素养	1	纪律、出勤	0.1	
	2	工作态度、团队精神	0.1	
基本知识与技能	3	基本知识	0.1	
	4	基本技能	0.1	
任务实施能力	5	实施时效	0.2	
	6	实施成果	0.2	
	7	实施质量	0.2	
总体评价	成绩：	教师：	日期：	

任务 4　辨析数控机床的坐标系

任务导入

在生活中，我们想要去某一个地方，通常可以使用导航设备来确定我们所处的位置、目标位置以及路线和方向。那么数控机床是如何确定加工中刀具和工件的位置的？坐标系的方向是如何规定的？什么是机床坐标系？什么是工件坐标系？它们之间是如何建立起联系的呢？

相关知识

知识点 1　数控机床坐标系

数控机床坐标系是为了确定工件在机床中的位置、机床运动部件的特殊位置（如换刀点、参考点等）以及运动范围（如行程范围）等而建立的几何坐标系。目前我国执行的 JB/T 3051—1999《数控机床坐标和运动方向的命名》数控标准与国标上统一的标准 ISO841 等效，具体规定如下：

（1）标准的坐标系采用右手直角笛卡尔坐标系，如图 1–7 所示。

（2）假定刀具相对于静止的工件而运动，当工件运动时，即在坐标轴符号上加“ ' ”表示。

（3）刀具远离工件的运动方向为坐标的正方向。

（4）围绕 X、Y、Z 各轴的回转运动的正方向 $+A$、$+B$、$+C$ 用右手螺旋法则判定。

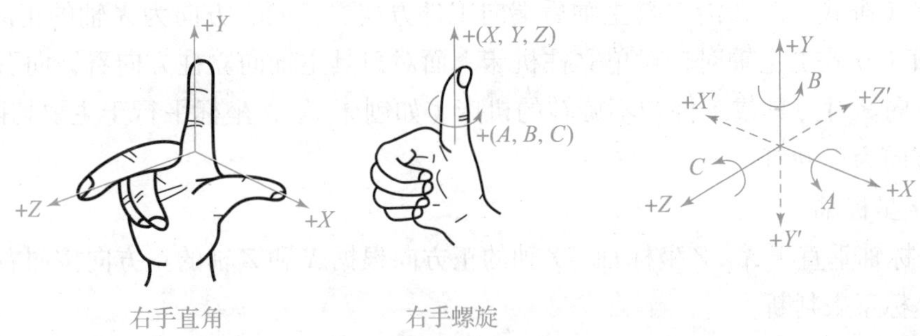

图 1–7　右手直角笛卡尔坐标系

1．机床坐标系的规定

图 1–8 和图 1–9 分别表示了卧式车床、立式铣床坐标系，其坐标和方向是根据以下规则确定的。

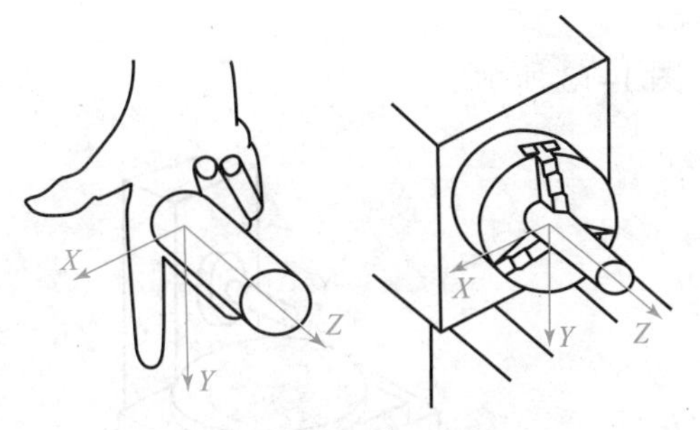

图 1–8　卧式车床坐标系

卧式车床坐标系动画

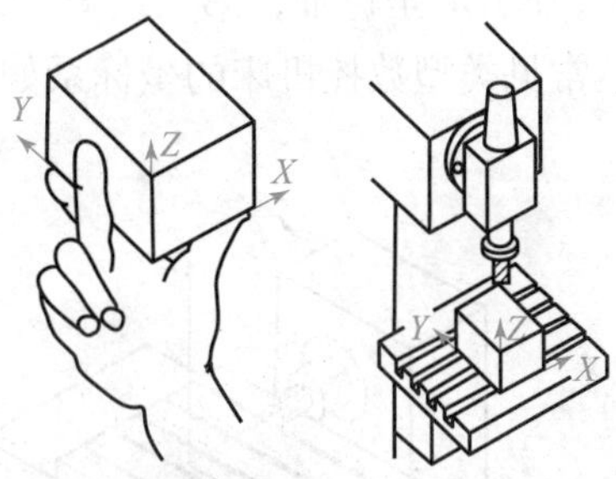

图 1–9　立式铣床坐标系

立式铣床坐标系动画

1）Z 坐标轴

在机床坐标系中，规定传递切削动力的主轴轴线为 Z 坐标轴，取刀具远离工件的方向为正方向（$+Z$）。对于没有主轴的机床（如数控龙门铣床），则规定 Z 坐标轴垂直

学习笔记

于工件装夹面方向。若机床上有多个主轴，则选一垂直于工件装夹面的主轴作为主要的主轴。当主轴始终平行于标准坐标系的一个坐标时，该坐标即为 Z 坐标，且向里为正方向（面对工作台的平行移动方向），如卧式铣床的水平主轴。

2）X 坐标轴

X 坐标轴为水平方向轴，它平行于工件的装夹面，且垂直于 Z 轴。对于工件旋转运动的机床（如车床、磨床等），X 坐标在工件的径向上平行于横向滑座，且刀具离开工件旋转中心的方向为 X 轴正向。对于刀具旋转运动的机床（如铣床、镗床），当 Z 轴为水平（卧式）时，沿刀具主轴后端向工件方向看，向右方向为 X 轴的正向；当 Z 轴为垂直（立式）主轴时，对单立柱机床，面对刀具主轴向立柱方向看，向右方向为 X 轴的正向。对刀具或工件均不旋转的机床（如刨床），X 坐标平行于主要切削方向，并以该方向为正方向。

3）Y 坐标轴

Y 坐标轴垂直于 X、Z 坐标轴。Y 轴的正方向根据 X 和 Z 轴的正方向按照右手直角笛卡尔坐标系来判断。

4）旋转坐标轴

围绕 X、Y、Z 坐标轴旋转的运动，分别用 A、B、C 表示，其轴线平行于 X、Y、Z 坐标轴，它们的正方向用右手螺旋法则判定。

5）附加轴

如果在 X、Y、Z 主要坐标轴以外，还有平行于它们的坐标轴，则可分别指定第二组 U、V、W 坐标轴，第三组 P、Q、R 坐标轴。

常见类型数控机床的坐标系如图 1-10 ~ 图 1-13 所示。

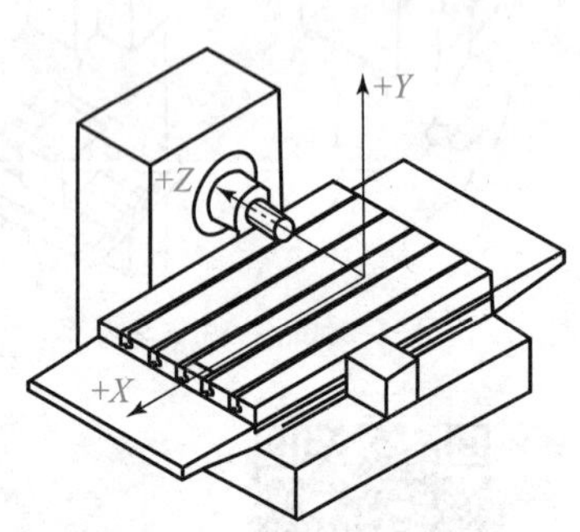

图 1-10　三轴卧式数控铣床

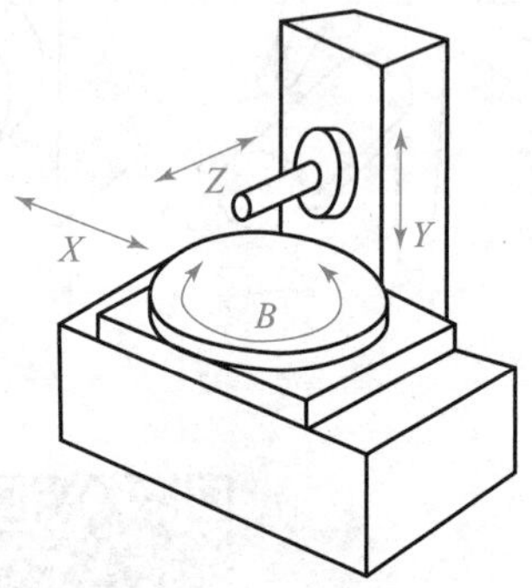

图 1-11　四轴数控铣床

三轴卧式数控铣床动画

四轴数控铣床动画

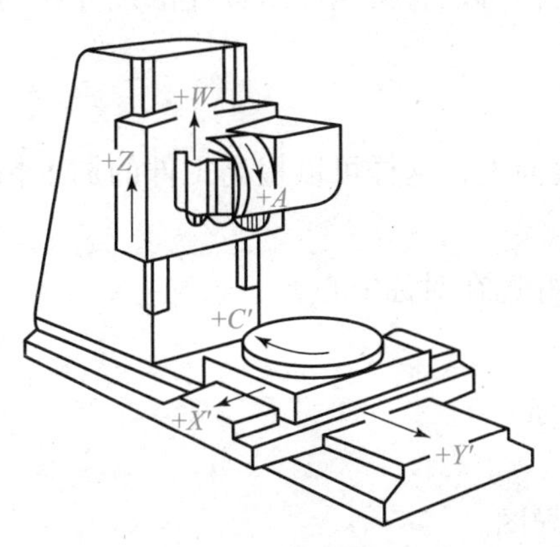

图 1-12　立式五轴数控铣床

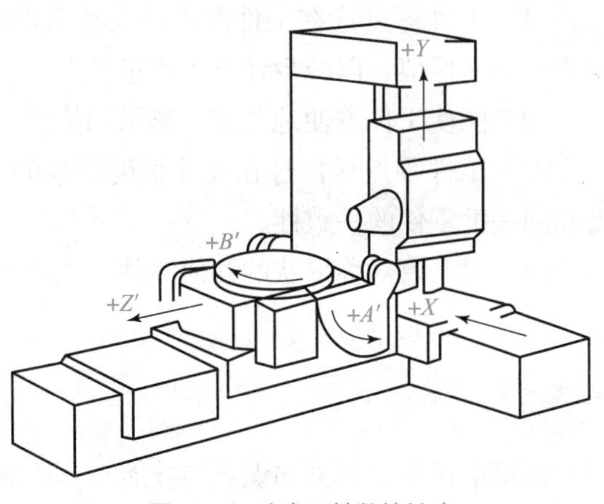

图 1-13　卧式五轴数控铣床

立式五轴数控
铣床动画

卧式五轴数控
铣床动画

2. 机床坐标系的确定方法

1）机床坐标轴的确定方法

（1）坐标轴的确定方法。一般先确定 Z 坐标轴，因为它是传递切削动力的主要轴或方向，再按规定确定其 X 坐标轴，最后用右手定则确定 Y 坐标轴。

（2）机床坐标系的原点。机床的坐标原点又称机床零位或机床零点，它是机床上设置的一个固定点。该点在数控机床装配和调试时就已经设定，是机床运动的基准点。对于数控车床，机床原点取在机床主轴端面和主轴中心线的交点处；而对于数控铣床和加工中心，一般取在 X、Y、Z 三个坐标轴正方向的极限位置上。

2）机床坐标系原点的用途

机床坐标系原点用于数控系统某些功能的启动，如螺纹插补功能及各坐标软限位的设定；还用于加工程序编制时选择工件坐标系相对机床坐标系原点的位置等，在机床设计中常用作换刀位置。

知识点 2　工件坐标系

工件坐标系是为确定工件几何图形上各几何要素（点、直线和圆弧）的位置而建立的坐标系。工件坐标系的原点即工件零点。选择工件零点时，最好把工件零点放在工件图的尺寸能够方便地转换成坐标值的地方。车床工件零点一般设在主轴中心线上，且在工件的右端面或左端面。铣床工件零点一般设在工件外轮廓的某个角上，进刀深度方向的零点大多取在工件上表面。工件零点的一般选用原则如下：

学习笔记

学习笔记

（1）工件零点选在工件图样的尺寸基准上，这样可以直接用图纸标注的尺寸作为编程点的坐标值，以减少计算工作量。

（2）能使工件方便地装夹、测量和检验。

（3）工件零点尽量选在尺寸精度较高的工件表面上，这样可以提高工件的加工精度和同一批零件的一致性。

（4）对于有对称形状的几何零件，工件零点最好选在对称中心上。

任务实施

根据本任务的相关知识点与技能点，绘制知识导图。

考核评价

考核内容：职业素养、基本知识、基本技能、任务实施、工作态度、纪律出勤、团队合作能力等。

评价方式：教师考核、小组成员相互考核。

任务考核评价				
考核项目	序号	考核内容	权重	评价分值（总分 100）
职业素养	1	纪律、出勤	0.1	
	2	工作态度、团队精神	0.1	
基本知识与技能	3	基本知识	0.1	
	4	基本技能	0.1	
任务实施能力	5	实施时效	0.2	
	6	实施成果	0.2	
	7	实施质量	0.2	
总体评价	成绩：	教师：	日期：	

任务5 探究数控机床能做什么

学习笔记

我们已初步了解了数控机床的发展历史和基本工作原理，那么数控机床相比于普通机床有什么特点呢？

微课视频：数控机床的加工特点和应用

相关知识

知识点1 数控机床的加工特点

1. 自动化程度高

数控加工过程是按输入的程序自动完成的，操作者只需对刀、装卸工件、更换刀具；在加工过程中，主要是观察和监督机床运行，减轻了操作者的体力劳动强度。但是，由于数控机床的技术含量高，故对操作者的脑力劳动要求相应提高。

2. 加工零件精度高、质量稳定

数控机床的定位精度和重复定位精度都很高，较容易保证一批零件尺寸的一致性，只要工艺设计和程序正确合理，加之精心操作，就可以保证零件获得较高的加工精度，同时便于对加工过程实行质量控制。

数控机床的精度达 0.01 μm，一般达 2 μm，超精密加工可达到纳米（0.001 μm）级，加工圆度为 0.1 μm，表面粗糙度为 Ra0.03 μm，并且加工稳定、可靠。

3. 生产效率高

数控机床能在一次装夹中加工多个加工表面，一般只检测首件，所以可以省去普通机床加工时的不少中间工序，如划线、尺寸检测等，减少了辅助时间，而且由于数控加工的零件质量稳定，故为后续工序带来了方便，其综合效率明显提高。数控机床的生产效率一般是普通机床的 3 ~ 4 倍。

4. 便于新产品研制和改型

数控加工一般不需要很多复杂的工艺装备，通过编制加工程序即可把形状复杂和精度要求较高的零件加工出来，当产品改型需更改设计时，只要改变程序，而不需要重新设计工装。所以，数控加工能大大缩短产品研制周期，为新产品的研制开发及产品的改进、改型提供了捷径。

5. 利于生产管理现代化

数控机床的加工可预先精确估计加工时间，所使用刀具、夹具可进行规范化、现代化管理。数控机床使用的数字信号与标准代码为控制信息，易于实现加工信息化，

学习笔记

目前已与计算机辅助设计与制造（CAD/CAM）有机地结合起来，是现代集成制造技术的基础。

6. 初始投资较大

主要体现在数控机床设备费用高，首次加工准备周期较长、维修成本高等方面。

7. 维修要求高

数控机床是技术密集型的机电一体化的典型产品，需要维修人员既懂机械，又懂电子维修方面的知识，同时还要配备较好的维修装备。

知识点 2　数控机床的应用范围

虽然数控机床有很多优点，但还不能完全取代普通机床。数控机床一般最适合加工以下零件。

1. 多品种、中小批量零件

随着数控机床制造成本的逐步下降，现在不管是国内还是国外，加工大批量零件的情况也已经出现。加工小批量和单件零件时，如能缩短程序调试和工装的准备时间，也可以选用数控机床。

2. 精度要求高的零件

由于数控机床的刚性好、制造精度高、对刀精确、能方便地进行尺寸补偿，所以能加工尺寸精度要求高的零件。

3. 表面粗糙度值小的零件

在工件和刀具的材料、精加工余量及刀具角度一定的情况下，表面粗糙度取决于切削速度和进给速度。普通机床是恒定转速，随着直径变化，切削速度也跟着发生变化。数控车床具有恒线速度切削功能，车端面及不同直径外圆时可以用相同的线速度保证表面粗糙度值既小又一致。在加工表面粗糙度不同的表面时，表面粗糙度小的表面选用小的进给速度，表面粗糙度大的表面选用大些的进给速度，可变性好，这点普通机床很难做到。

4. 轮廓形状复杂的零件

任意平面曲线都可以用直线或圆弧来逼近，而数控机床具有圆弧插补功能，故可以加工各种复杂形状轮廓的零件。

学习笔记

任务实施

根据本任务的相关知识点与技能点，绘制知识导图。

考核评价

考核内容：职业素养、基本知识、基本技能、任务实施、工作态度、纪律出勤、团队合作能力等。

评价方式：教师考核、小组成员相互考核。

任务考核评价				
考核项目	序号	考核内容	权重	评价分值（总分 100）
职业素养	1	纪律、出勤	0.1	
	2	工作态度、团队精神	0.1	
基本知识与技能	3	基本知识	0.1	
	4	基本技能	0.1	
任务实施能力	5	实施时效	0.2	
	6	实施成果	0.2	
	7	实施质量	0.2	
总体评价	成绩：	教师：	日期：	

学习笔记

拓展阅读

冲破国外技术封锁线，国产数控系统助力中国机床“开道超车”

武汉华中数控1993年研制基于PC的华中I型到1998年研制模拟脉冲式华中Ⅱ型，再到2008年研制数字总线式华中8型，华中数控在我国数控系统后发追赶、面临更严苛要求的压力下，团队将“产学研用”紧密结合，以国外最先进的高档数控系统为标杆，矢志不移地搞自主创新，历经几代技术攻关，成功研制出具有自主知识产权的系列化华中8型高性能数控系统，并形成了高性能数控系统的工程化开发。华中高性能数控系统已在2 000多家企业应用近10万台（套），实现了航空航天、能源动力、汽车及其零部件、3C制造、机床等领域高档数控机床和特种装备的批量应用，打破了国外的技术封锁，实现了国产高档数控系统在航空、航天制造领域零的突破。

一、智能机床，数控机床发展的高级形态

回顾机床的发展史，其大致经历了从手动机床到数控机床再到智能机床的发展阶段。

手动机床是典型的“人－物理系统”（Human Physics Systems，HPS）。在传统手工操作机床上加工零件时，需由操作者根据加工要求，通过手眼感知、分析决策并操作手柄控制刀具相对工件按希望的轨迹运动而完成加工任务。这就意味着，机床没有完全替代人的体力劳动和脑力劳动，制造质量和效率也不高。为了减少对人的依赖并提升机床的制造质量与效率，数控机床应运而生。

数控机床即数字化与机床的结合，是典型的“人－信息－物理系统”（Human Cyber Physics Systems，HCPS），它在人和机床之间增加了计算机数控系统这个信息系统，操作者只需根据加工要求，将加工过程中需要的刀具与工件的相对运动轨迹、主轴速度、进给速度等按规定的格式编成加工程序，计算机数控系统即可根据该程序控制机床自动完成加工任务。这样一来，数控机床即可代替人类完成更多的体力劳动，而且由于人的部分感知、分析、决策功能向信息系统复制迁移，故也替代了人的部分脑力劳动。

二、智能机床，数控机床的发展方向

由于传统数控机床只是通过G代码、M指令来控制刀具、工件的运动轨迹，而对机床实际加工状态，如切削力、惯性力、摩擦力、振动、力/热变形，以及环境变化等，少有感知和反馈，导致刀具的实际路径偏离理论路径，降低加工精度、表面质量和生产效率。因此，数控机床制造商也正

通过应用传感器技术、网络化技术以及增加智能化功能等手段，推动数控机床向智能机床迈进。

三、华中数控，引领数控机床智能化变革

实际上，在国际上智能机床的概念已经提出了近二十年，但对智能机床的研究尚处于探索起步阶段，并没有取得实质性的研究进展和显著的应用成效。当前所谓的“智能机床”仅仅只是实现了一些简单的感知、分析、反馈和控制，远远还没有达到替代人类脑力劳动的水平，其本质上是“机床＋互联网”或者称为“Smart MT”，并没有在自主学习等方面取得革命性的技术突破；而且，由于其过于依赖人类专家进行理论建模和数据分析，导致知识积累艰难而缓慢，最终导致智能机床的适应性和有效性不足。

那么，如何才能实现数控机床真正意义上的智能化呢？作为国内数控系统龙头企业的华中数控给出了答案，即深度融合新一代人工智能技术。

进入新世纪以来，大数据、云计算、物联网等新一代信息技术飞速发展，特别是新一代人工智能技术的战略性突破，发生了革命性的“质变”，本质上具备了认知、学习，以及生成知识和运用知识的能力，从根本上提高了工业知识产生和利用的效率，极大地解放了人的体力和脑力，创新的速度大大加快，应用的范围更加广泛。因此，深度融合新一代人工智能技术与机床制造技术，可有效解决智能机床适应性和有效性不足的问题。因此，当前所谓的智能机床（即“机床＋互联网”或者称为“Smart MT”）朝着数字化网络化智能化机床（新一代人工智能＋机床）演变是必然方向。

四、新一代智能数控系统，助力中国机床“开道超车”

新一代人工智能技术与数控机床的深度融合，将为机床产业带来新的变革，这也将是中国机床行业实现从“跟跑”到“领跑”，实现“开道超车”的重大机遇。因此，华中数控希望与智能制造“同频共振”，助中国机床“开道超车”。

华中数控往事

引领智能机床变革，助力中国机床“开道超车”

学习笔记

学习笔记

项目自测

一、判断题

1．从数控系统的发展来看，数控（NC）阶段与计算机数控（CNC）阶段没有根本区别。（　）

2．加工中心发明于 1959 年，它属于第三代数控机床。（　）

3．早期硬件数控系统由硬件实现插补计算，而在计算机数控系统中由软件实现插补计算。（　）

4．伺服控制的作用是把指令信息经功率放大、整形处理后，输送到数控装置中。（　）

5．译码就是指 CNC 装置将程序解释成计算机能够识别的数据形式。（　）

6．检测系统的分辨率是指所能检测的最小位移量。（　）

7．位置检测装置安装在数控机床的伺服电动机上，属于闭环控制系统。（　）

8．轮廓控制的数控机床能加工复杂曲面的零件。（　）

9．半闭环控制的数控机床比闭环控制的数控机床加工精度高、抗振性好。（　）

10．CNC 系统仅由软件部分完成其数控任务。（　）

二、填空题

1．世界上第一台数控机床于________年研制成功。

2．目前第四代数控系统采用的元件为____________。

3．加工中心发明于________年。

4．数控机床的核心是______________。

5．CNC 是__________________的缩写。

6．采用____________的位置伺服系统只接收数控系统发出的指令信号，而无反馈信号。

7．位置检测装置安装于数控机床的伺服电动机上属于______________。

8．在半闭环系统中，位置反馈量是______________。

三、问答题

1．简述数控机床的产生和发展及其在机械制造业中的作用。

2．数控机床由哪几部分组成？简述数控机床各组成部分的作用。

3．什么是开环控制、闭环控制和半闭环控制系统？

4．数控机床的 X、Y、Z 坐标轴及其正方向是如何规定的？

5．数控机床的加工特点是什么？

6．数控技术的发展方向是什么？

学习笔记

项目二　认知数控机床的典型机械结构

任务1　认知滚珠丝杠螺母副结构

任务导入

一般机床是由电动机驱动的，大部分电动机输出的是回转运动，而机床工作台却是直线移动。根据所学过的知识，将转动运动方式转变为直线移动，有哪些机构呢？齿轮齿条、蜗轮蜗杆、曲轴、偏心轮/凸轮等机构都可以，其中滚珠丝杠螺母副结构具有传动效率高、传动灵敏、使用寿命长、具有可逆性等特点，特别适用于精密机床的运动传递。

微课视频：滚珠丝杠螺母副的结构与工作原理

作为精密传动部件，滚珠丝杠螺母副结构如何安装、如何维护？长期工作磨损出现间隙后，对加工精度有何影响？如何减小乃至消除反向间隙？

相关知识

在数控机床上将回转运动转换为直线运动，一般采用滚珠丝杠螺母副结构。滚珠丝杠螺母副结构的特点有：传动效率高，一般为η=0.92–0.96；传动灵敏，不易产生爬行；使用寿命长，不易磨损；具有可逆性，不仅可以将旋转运动转变为直线运动，也可将直线运动变成旋转运动；施加预紧力后，可消除轴向间隙，反向时无空行程；成本高，价格昂贵；不能自锁，垂直安装时需有平衡装置。

知识点1　滚珠丝杠螺母副的结构与工作原理

滚珠丝杠螺母副的结构有内循环和外循环两种方式。图2–1所示为外循环方式的滚珠丝杠螺母副结构，由丝杠1、滚珠2、回珠管3和螺母4组成。在丝杠1和螺母4上各加工有圆弧形螺旋槽，将它们套装起来便形成了螺旋形滚道，在滚道内装满滚珠2。当丝杠相对于螺母旋转时，丝杠的旋转面经滚珠推动螺母轴向移动，同时滚珠沿螺旋形滚道滚动，使丝杠和螺母之间的滑动摩擦转变为滚珠与丝杠、螺母之间的滚动摩

学习笔记

擦。螺母螺旋槽的两端用回珠管 3 连接起来，使滚珠能够从一端重新回到另一端，构成一个闭合的循环回路。

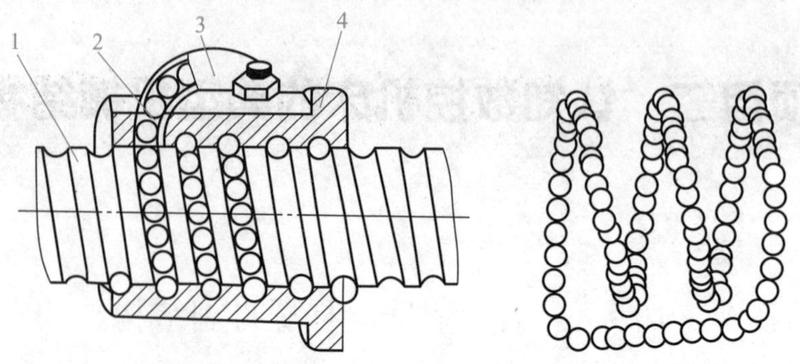

图 2-1　外循环方式的滚珠丝杠螺母副结构

1—丝杠；2—滚珠；3—回珠管；4—螺母

螺栓螺母旋合动画

外循环滚珠动画

图 2-2 所示为内循环方式的滚珠丝杠螺母副结构，在螺母的侧孔中装有圆柱凸轮式反向器，反向器上铣有 S 形回珠槽，将相邻两螺纹滚道连接起来。滚珠从螺纹滚道进入反向器，借助反向器迫使滚珠越过丝杠牙顶进入相邻滚道，实现循环。

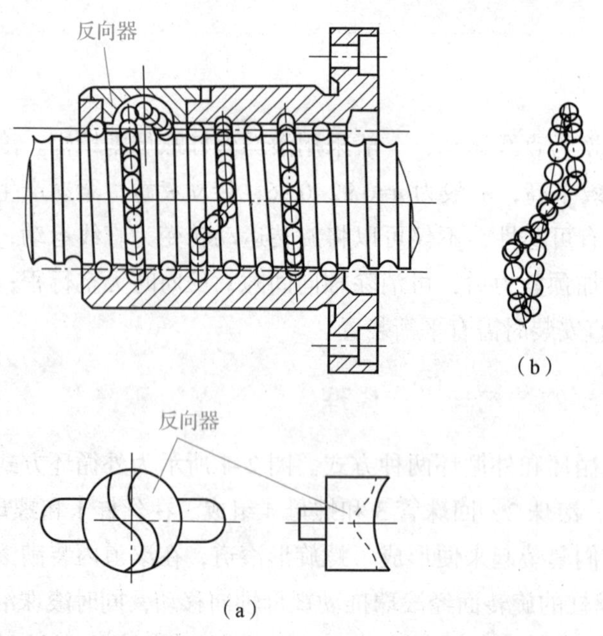

图 2-2　内循环方式的滚珠丝杠螺母副结构

内循环滚珠动画

知识点 2　滚珠丝杠螺母副的支承

微课视频：滚珠丝杠螺母副的支承

数控机床的进给系统要获得较高的传动刚度，除了加强滚珠丝杠螺母副本身的刚度外，滚珠丝杠螺母副的正确安装及支承结构的刚度也是不可忽视的因素。例如，为减少受力后的变形，螺母座应有加强肋，以增大螺母座与机床的接触面积，并且要连接可靠。同时，也可以采用高刚度的推力轴承来提高滚珠丝杠的轴向支承能力。

图 2–3（a）所示为一端安装推力轴承的方式。这种安装方式只适用于行程小的短丝杠，其承载能力小、轴向刚度低，一般用于数控机床的调整环节或升降台式数控铣床的垂直进给传动结构。

图 2–3（b）所示为一端安装推力轴承，另一端安装深沟球轴承的方式。这种方式用于丝杠较长的情况，当热变形造成丝杠伸长时，其一端固定，另一端能做微量的轴向移动。为减少丝杠热变形的影响，安装时应使电动机热源和丝杠工作时的常用段远离止推端。

图 2–3（c）所示为两端安装推力轴承的方式。把推力轴承安装在滚珠丝杠的两端，并施加预紧力，可以提高轴向刚度，但这种安装方式对丝杠的热变形较为敏感。

图 2–3（d）所示为两端安装推力轴承和深沟球轴承的方式。它的两端均采用双重支承并施加预紧力，使丝杠具有较大的刚度。这种方式还可使丝杠的温度变形转化为推力轴承的预紧力，但设计时要求提高推力轴承的承载能力和支架的刚度。

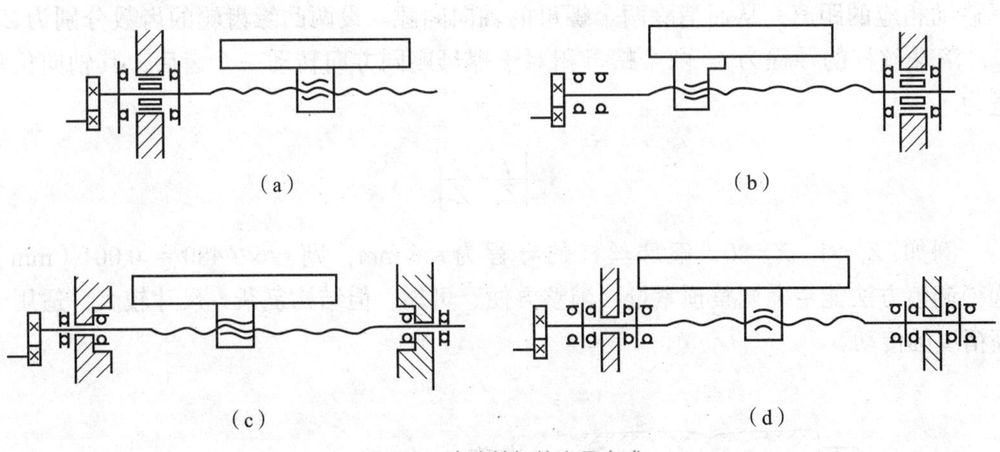

图 2–3　滚珠丝杠的支承方式

（a）一端安装推力轴承的方式；（b）一端安装推力轴承，另一端安装深沟球轴承的方式；（c）两端安装推力轴承的方式；（d）两端安装推力轴承和深沟球轴承的方式

知识点 3　滚珠丝杠螺母副间隙的调整方法

为了保证滚珠丝杠螺母副的反向传动精度和轴向刚度，必须消除轴向间隙。常采用双螺母施加预紧力的方法消除轴向间隙，但必须注意预紧力不能太大，预紧力过大

学习笔记

会导致传动效率降低、摩擦力增大、磨损增大、使用寿命降低。常用的双螺母消除间隙的方法有以下几种。

微课视频：滚珠丝杠螺母副间隙的调整方法

1. 垫片调整间隙法

如图 2-4 所示，调整垫片 4 的厚度，使左、右两螺母 1 和 2 产生轴向位移，从而消除滚珠丝杠螺母副的间隙和预紧力。这种方法简单、可靠，但调整费时，适用于一般精度的传动。

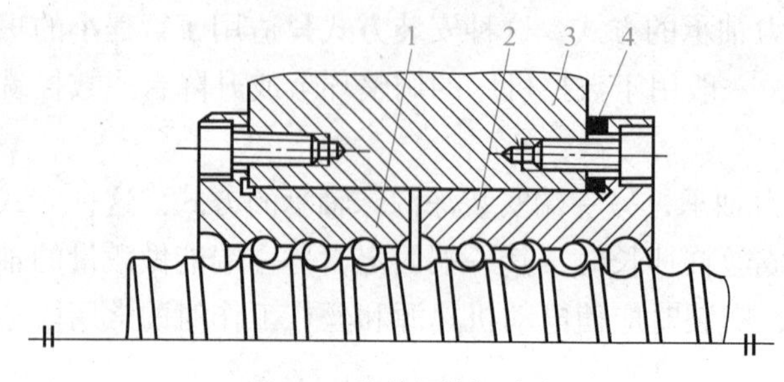

图 2-4 垫片调整间隙法

1，2—螺母；3—螺母座；4—垫片

消除调整间隙动画

2. 齿差调整间隙法

如图 2-5 所示，两个螺母 1、2 的凸缘为圆柱外齿轮，齿数差为 1，两个内齿轮 3、4 用螺钉、定位销紧固在螺母座上。调整时先将内齿轮卸下，根据间隙大小使两个螺母分别向相同方向转过 1 个齿或几个齿，然后再插入内齿轮，使螺母在轴向相互移动相应的距离，从而消除两个螺母的轴向间隙。设两凸缘齿轮的齿数分别为 Z_1、Z_2，滚珠丝杠的导程为 t，两个螺母相对于螺母座同方向转动一个齿后，其轴向位移量为

$$s=\left|\frac{t}{Z_1}-\frac{t}{Z_2}\right|$$

例如：$Z_1=81$，$Z_2=80$，滚珠丝杠的导程为 $t=6$ mm，则 $s=6/6\,480 \approx 0.001$（mm）。这种调整方法能精确调整预紧量，调整方便、可靠，但结构复杂，尺寸较大，适用于高精度的传动。

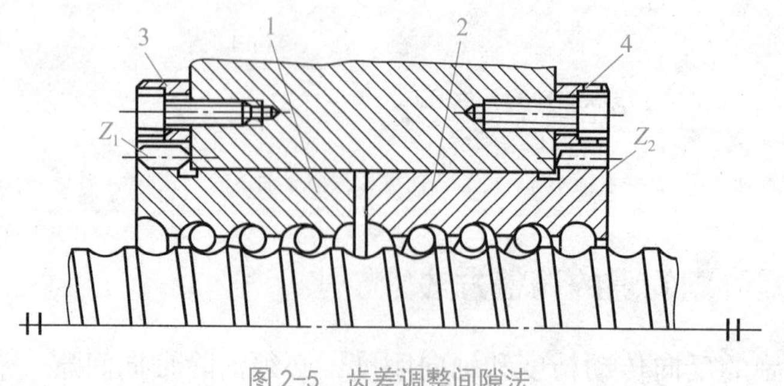

图 2-5 齿差调整间隙法

1，2—螺母；3，4—内齿轮

齿差调整间隙法动画

3. 螺纹调整间隙法

如图 2-6 所示，右螺母 2 外圆上有普通螺纹，并用两螺母 4、5 固定。当调整圆螺母 4 时，即可调整轴向间隙，然后用锁紧螺母 5 锁紧。这种方法结构紧凑，工作可靠，滚道磨损可随时调整，但预紧力不准确。

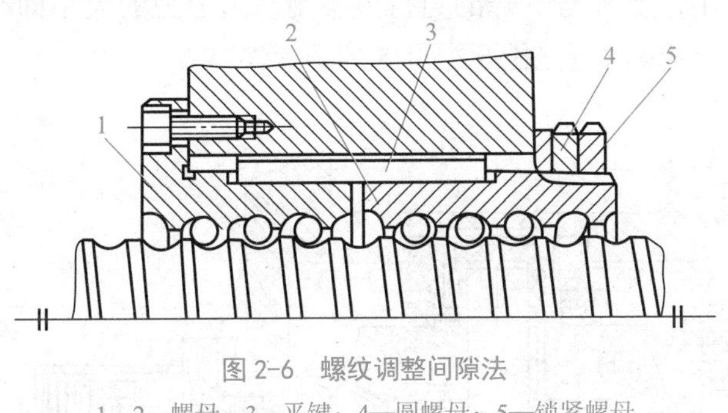

图 2-6 螺纹调整间隙法

1，2—螺母；3—平键；4—圆螺母；5—锁紧螺母

螺纹调整间隙法动画

知识点 4 滚珠丝杠螺母副的保护

微课视频：滚珠丝杠螺母副的防护

滚珠丝杠螺母副也可用润滑剂来提高耐磨性能及传动效率，润滑剂可分为润滑油和润滑脂两大类。润滑油一般为机械油或 90 ~ 180 号透平油或 140 号主轴油；润滑脂可采用锂基润滑脂。润滑脂一般加在螺纹滚道和安装螺母的壳体空隙内，而润滑油则经过壳体上的油孔注入螺母的空隙内。

滚珠丝杠螺母副和其他滚动摩擦的传动元件一样，应避免灰尘或切屑污物进入滚道，因此必须有防护装置。如果滚珠丝杠副在机床上外露，应采用封闭的防护罩，如采用螺旋弹簧钢带套管、伸缩套管以及折叠套管等。安装时将防护罩的一端连接在滚珠螺母的端面，另一端固定在滚珠丝杠的承座上。如果滚珠丝杠副处于机床隐蔽的位置，则可采用密封圈防护，密封圈安装在滚珠螺母的两端。接触式的弹性密封圈用耐油橡胶或尼龙制成，其内部做成与丝杠螺纹滚道相吻合的形状。接触式密封圈的防尘效果好，但因有接触压力，使摩擦力矩略有增加。非接触式的密封圈又称迷宫式密封圈，用硬质塑料制成，其内孔做成与丝杠螺纹滚道相配合的形状，并稍有间隙，这样可避免摩擦力矩，但防尘效果差。

知识点 5 滚珠丝杠螺母副自动平衡装置

微课视频：滚珠丝杠螺母副的制动

因为滚珠丝杠螺母副无自锁作用，故在一般情况下，垂直放置的滚珠丝杠螺母副会因为部件的自重作用而自动下降，所以必须有阻尼或锁紧机构。图 2-7 所示为数控铣床升降台的自动平衡装置结构，由摩擦离合器和单向超越离合器构成。其工作原理为：当锥齿轮 1 转动时，通过锥销带动单向超越离合器的星轮 2。当升降台上升时，星轮

学习笔记

学习笔记

2 的转向是使滚子 3 和超越离合器的外壳 4 脱开的方向，外壳 4 不转动，摩擦片不起作用；当升降台下降时，星轮 2 的转向使滚子 3 楔在星轮 2 和超越离合器的外壳 4 之间，由于摩擦力的作用，外壳 4 随着锥齿轮 1 一起转动。经过花键与外壳连在一起的内摩擦片和固定的外摩擦片之间产生相对运动，由于内、外摩擦片之间由弹簧压紧，有一定摩擦阻力，所以起到了阻尼作用，上升与下降的力得以平衡。阻尼力的大小即摩擦离合器的松紧，可由螺母 5 调整，调整前应先松开螺母 5 的锁紧螺钉 6。

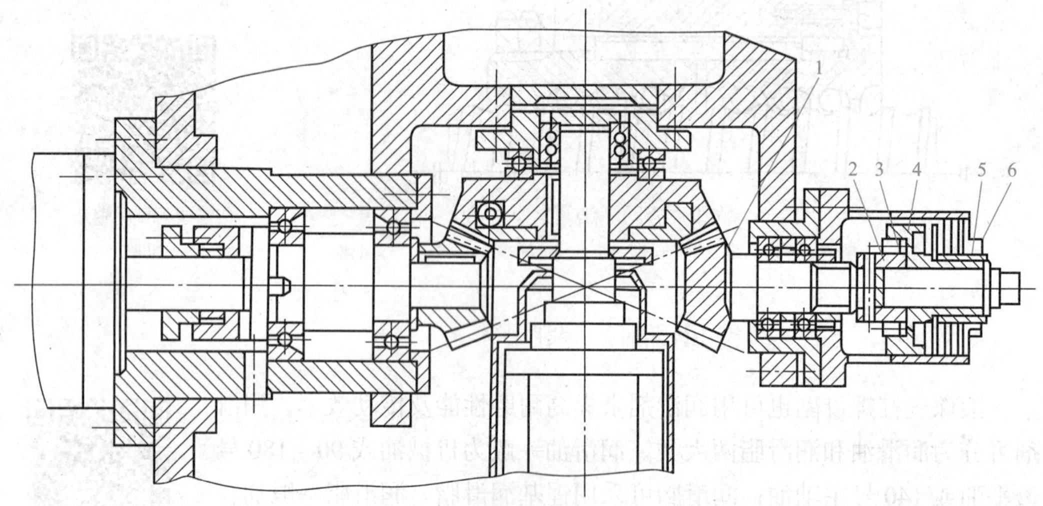

图 2-7　数控铣床升降台的自动平衡装置结构

1—锥齿轮；2—星轮；3—滚子；4—外壳；5—螺母；6—锁紧螺钉

自动平衡装置动画

任务实施

根据本任务的相关知识点与技能点，绘制知识导图。

考核评价

考核内容：职业素养、基本知识、基本技能、任务实施、工作态度、纪律出勤、团队合作能力等。

评价方式：教师考核、小组成员相互考核。

任务考核评价				
考核项目	序号	考核内容	权重	评价分值（总分 100）
职业素养	1	纪律、出勤	0.1	
	2	工作态度、团队精神	0.1	
基本知识与技能	3	基本知识	0.1	
	4	基本技能	0.1	
任务实施能力	5	实施时效	0.2	
	6	实施成果	0.2	
	7	实施质量	0.2	
总体评价	成绩：	教师：	日期：	

任务 2　认知齿轮传动间隙消除结构

任务导入

齿轮也是大部分数控机床传动的重要零件。在数控机床上，齿侧间隙会造成进给运动反向时丢失指令脉冲，并产生反向死区，影响加工精度，因此在齿轮传动中必须消除间隙。

相关知识

知识点 1　直齿圆柱齿轮传动间隙的消除

偏心套调整直齿轮间隙动画

直齿圆柱齿轮传动间隙的消除方法有轴向垫片调整法、偏心套调整法和双片薄齿轮错齿调整法等。

1. 偏心套调整法

如图 2–8 所示，电动机通过偏心套 2 安装在壳体上，转动偏心套 2

学习笔记

就能调整两圆柱齿轮的中心距，从而减小齿轮的侧隙。这种方法结构简单，传动刚性好，调整后的间隙不能自动补偿。

微课视频：直齿圆柱齿轮传动间隙的消除

2. 轴向垫片调整法

如图 2-9 所示，两个齿轮沿齿宽方向制造成稍有锥度，当齿轮 1 不动时，调整轴向垫片 3 的厚度，使齿轮 2 做轴向位移，从而减小啮合间隙。这种方法结构简单，传动刚性好，但调整后的间隙不能自动补偿。

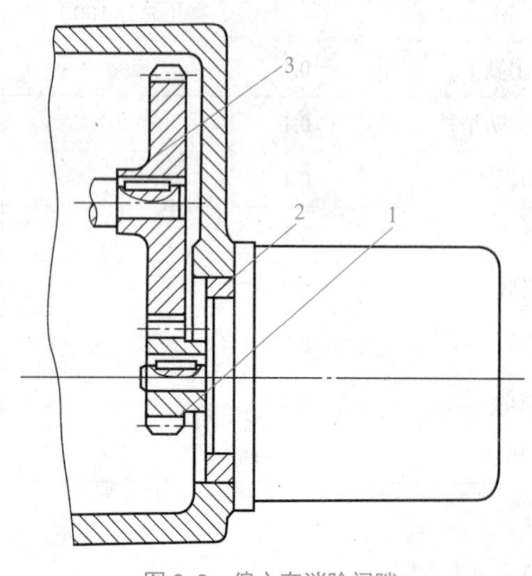

图 2-8 偏心套消除间隙
1—小齿轮；2—偏心套；3—大齿轮

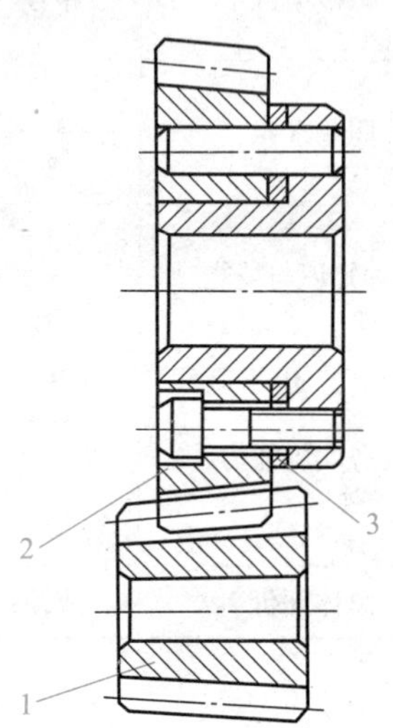

图 2-9 调整垫片消除间隙
1—小齿轮；2—大齿轮；3—垫片

3. 双片薄齿轮错齿调整法

如图 2-10 所示，相互啮合的一对齿轮中一个做成两个薄片齿轮 7 和 8，两薄片齿轮套装在一起，彼此可做相对运动。两个薄片齿轮的端面上分别装有螺纹凸耳 5 和 6，拉簧 1 的一端钩在螺纹凸耳 5 上，另一端钩在穿过螺纹凸耳 6 的调节螺钉 4 上。在拉簧的拉力作用下，两个薄片齿轮的轮齿相互错位，分别贴紧在与之啮合的齿轮左、右齿廓面上，消除了它们之间的齿侧间隙。拉簧 1 的拉力大小可由螺母 2 调整，螺母 3 为锁紧螺母。这种方法能自动补偿间隙，但是结构复杂，且传动刚性差，能传递的转矩较小。

知识点 2 斜齿圆柱齿轮传动间隙的消除

斜齿圆柱齿轮传动间隙的消除方法主要有垫片调整法和轴向压簧调整法等。

微课视频：斜齿圆柱齿轮、锥齿轮传动间隙的消除

1. 垫片调整法

如图 2-11 所示，在两个薄片齿轮 3 和 4 中间加一个垫片 2，垫片 2 使齿轮 3 和 4 的螺旋线错位，从而消除齿侧间隙。

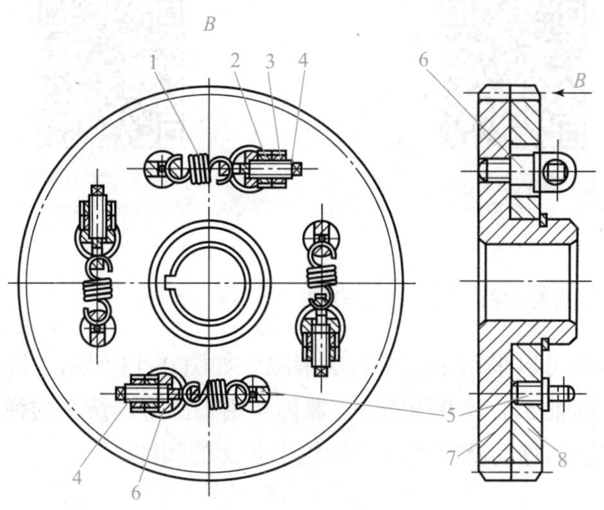

图 2-10　双片薄齿轮错齿调整法

1—拉簧；2—调整螺母；3—锁紧螺母；4—调节螺钉；5，6—螺纹凸耳；7，8—薄片齿轮

2. 轴向压簧调整法

如图 2-12 所示，两个薄片斜齿轮 1 和 2 用滑键套在轴 5 上，螺母压盖 4 可调整弹簧 3 对齿轮 2 的轴向压力，使薄片斜齿轮 1 和 2 的齿侧分别贴紧宽斜齿轮 6 的齿槽两侧面，从而消除间隙。

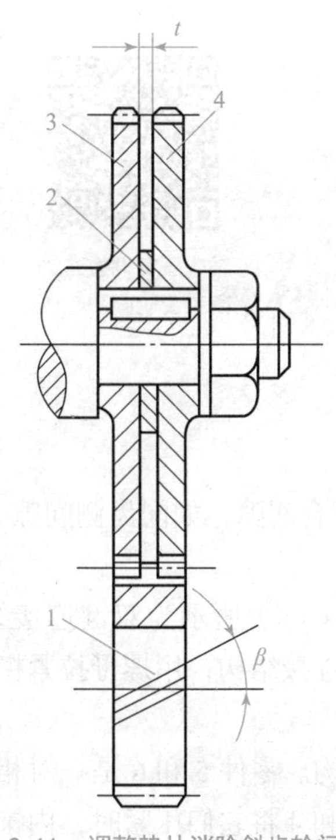

图 2-11　调整垫片消除斜齿轮间隙

1—宽斜齿轮；2—垫片；3，4—薄片齿轮

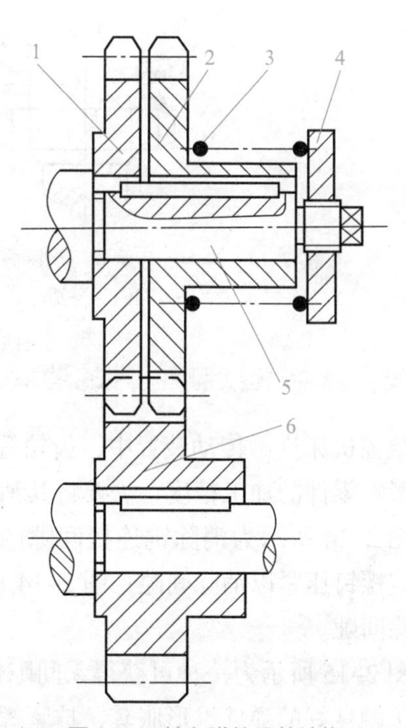

图 2-12　轴向弹簧调整结构

1，2—薄片斜齿轮；3—弹簧；4—螺母压盖；5—轴；6—宽斜齿轮

垫片法调整斜齿轮间隙动画

轴向压簧调整法调整斜齿轮间隙动画

知识点 3　锥齿轮传动间隙的消除

锥齿轮传动间隙可以采用轴向压簧法消除。如图 2–13 所示，锥齿轮 1 和 2 相互啮合，在装锥齿轮 1 的轴 5 上装有压簧 3，螺母 4 用来调整压簧 3 的弹力，锥齿轮 1 在弹簧力的作用下稍有轴向移动就能消除锥齿轮 1 和 2 的间隙。

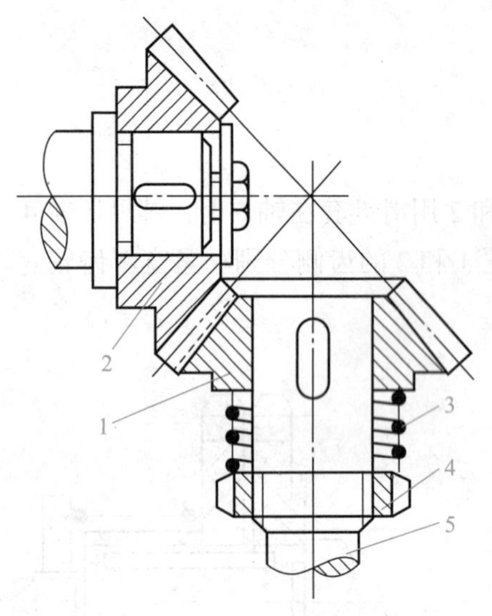

图 2–13　锥齿轮齿侧间隙消除方法

1，2—锥齿轮；3—压簧；4—螺母；5—轴

轴向压簧调整法调整锥齿轮间隙动画

知识点 4　键连接间隙的消除

数控机床进给传动装置中，齿轮等传动件与轴键的配合间隙，如同齿侧间隙一样，也会影响零件的加工精度，需要将其消除。

图 2–14 所示为消除键连接间隙的两种方法。图 2–14（a）所示为双键连接结构，用紧定螺钉压紧以消除间隙；图 2–14（b）所示为楔形销连接结构，用螺母拉紧楔形销以消除间隙。

图 2–15 所示为一种可获得无间隙传动的无键连接结构。零件 5 和 6 是一对相互配研、接触良好的弹性锥形胀套，拧紧螺钉 2，通过圆环 3 和 4 将它们压紧时，内锥形胀套 5 的内孔缩小，外锥形胀套 6 的外形胀大，依靠摩擦力将传动件 7 和轴 1 连接在一起。锥形胀套的对数，根据所需传递转矩的大小确定，可以是一对或者多对。

学习笔记

楔形销

(a)　　　　　　　　(b)

图 2-14　键连接间隙消除方法

(a) 双链连接结构；(b) 楔形销连接结构

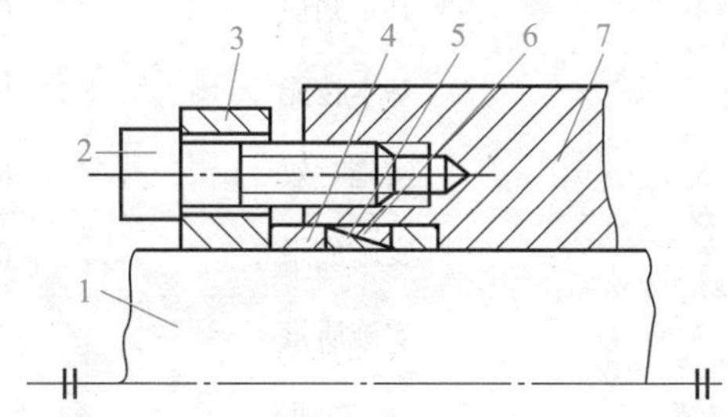

图 2-15　无键连接结构

1—轴；2—螺钉；3，4—圆环；5—内锥形胀套；6—外锥形胀套；7—传动件

键连接间隙的
消除动画

无键连接消除
间隙动画

任务实施

根据本任务的相关知识点与技能点，绘制知识导图。

学习笔记

考核内容：职业素养、基本知识、基本技能、任务实施、工作态度、纪律出勤、团队合作能力等。

评价方式：教师考核、小组成员相互考核。

任务考核评价				
考核项目	序号	考核内容	权重	评价分值（总分 100）
职业素养	1	纪律、出勤	0.1	
	2	工作态度、团队精神	0.1	
基本知识与技能	3	基本知识	0.1	
	4	基本技能	0.1	
任务实施能力	5	实施时效	0.2	
	6	实施成果	0.2	
	7	实施质量	0.2	
总体评价	成绩：	教师：	日期：	

任务 3　认知机床导轨

导轨主要用来支承和引导运动部件沿一定的轨道运动。在导轨副中，运动的一方叫作运动导轨，不动的一方叫作支承导轨。运动导轨相对于导轨的运动，通常是直线运动或回转运动。目前数控机床上的导轨形式主要有滑动导轨、滚动导轨和液体静压导轨等。

微课视频：数控机床的导轨

知识点 1　导轨的特性

1. 导向精度高

导向精度是指机床的运动部件沿导轨移动时的直线性和与有关基面之间相互位置的准确性。无论是在空载还是切削状态下，导轨都应有足够的导向精度。影响导轨精度的主要因素除制造精度外，还有导轨的结构形式、装配质量及其支承件的刚度和热变形等。

学习笔记

2. 耐磨性好

导轨的耐磨性是指导轨在长期使用过程中能否保持一定的导向精度。因导轨在工作过程中有磨损，故应力求减少磨损量，并在磨损后能自动补偿或便于调整。

3. 足够的刚度

导轨受力变形会影响部件之间的导向精度和相对位置，故要求导轨应有足够的刚度。为了减轻或平衡外力的影响，数控机床常通过加大导轨面的尺寸来提高刚度。

4. 低速运动平稳性

应使导轨的摩擦阻力小，运动轻便，低速运动时无爬行现象。

5. 结构简单、工艺性好

所设计的导轨应使制造和维修方便，在使用时便于调整和维护。

知识点 2　滑动导轨

滑动导轨具有结构简单、制造方便、刚度好和抗振性高等优点，在数控机床上应用广泛。但对于金属对金属形式的导轨，静摩擦系数大，动摩擦系数随速度变化而变化，在低速时易产生爬行现象。通常可通过选用合适的导轨材料、热处理方法，提高导轨的耐磨性，改善摩擦特性。例如，可采用优质铸铁、耐磨铸铁或镶淬火钢导轨，或采用导轨表面滚压强化、表面淬硬、镀铬、镀钼等方法提高导轨的耐磨性能。

目前多数使用金属对塑料形式的导轨，称为贴塑导轨。贴塑滑动导轨的塑料化学成分稳定、摩擦系数小、耐磨性好、耐腐蚀性强、吸振性强、密度小、加工成型简单，能在任何液体或无润滑条件下工作。其缺点是耐热性差、热导率低、线膨胀系数比金属大、在外力作用下易产生变形、刚性差、吸湿性大，影响尺寸稳定性。目前，国内外应用较多的塑料导轨有以下几种。

（1）以聚四氟乙烯为基体，添加合金粉和氧化物等构成的高分子复合材料。聚四氟乙烯的摩擦系数很小（为 0.04），但不耐磨，因而需要添加青铜粉、石墨、MoS_2、铅粉等填充料来增加耐磨性。这种材料具有良好的耐磨、吸振性能，适用工作温度范围广（–200 ~ 280℃），动、静摩擦系数小且相差不大，防爬行性能好，可在干摩擦下使用，能吸收外界进入导轨面的硬粒，使配对金属导轨不致拉伤和磨损。这种材料可制成塑料软带的形式。目前我国已有 TSF、F4S 等标准软带产品，产品厚度有 0.8 mm、1.1 mm、1.4 mm、1.7 mm、2 mm 等几种，宽度有 150 mm、300 mm 两种，长度有 500 mm 以上几种规格。

（2）以环氧树脂为基体，加入 MoS_2、胶体石墨 TiO_2 等制成的抗磨涂层材料，这种涂料附着力强，可用涂敷工艺或压注成型工艺涂到预先加工成锯齿形状的导轨上，涂层厚度为 1.5 ~ 2.5 mm。我国已生产有环氧树脂耐磨涂料（HNT），它与铸铁的导轨

学习笔记

副中，摩擦系数为0.1～0.12，在无润滑油情况下仍有较好的润滑和防爬行性能。

贴塑导轨主要用于大型及重型数控机床上，塑料导轨副的塑料软带一般贴在短的动导轨上，不受导轨形式的限制，各种组合形式的滑动导轨均可粘贴。图2–16所示为几种贴塑导轨的结构。

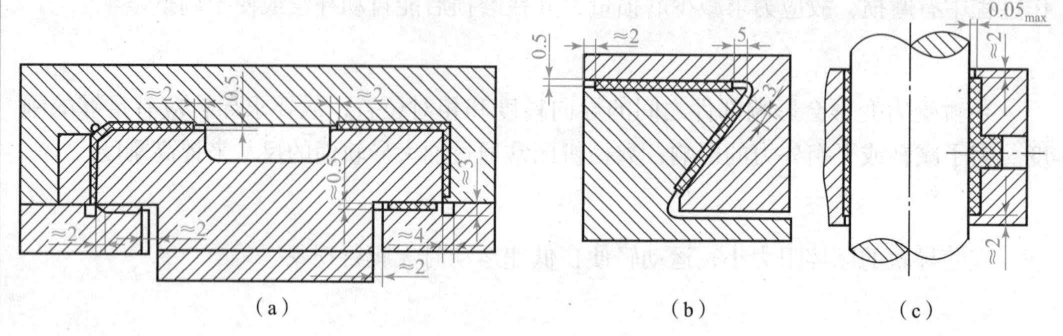

图2–16 几种贴塑导轨的结构

（a）矩形导轨；（b）燕尾导轨；（c）圆柱导轨

知识点3 滚动导轨

滑动导轨结构动画

滚动导轨是在导轨面之间放置滚珠、滚柱或滚针等滚动体，使导轨面之间为滚动摩擦而不是滑动摩擦。滚动导轨的灵敏度高，摩擦系数小，且其动、静摩擦系数相差很小，因而运动均匀，尤其是在低速移动时，不易出现爬行现象；定位精度高，重复定位精度可达0.2 μm；牵引力小，移动轻便；磨损小，精度保持性好，使用寿命长。但滚动导轨的抗振性差，对防护要求高，结构复杂，制造困难，成本较高。根据滚动体的种类，可以分为下列几种类型。

1. 滚珠导轨

这种导轨的承载能力小，刚度低。为了防止在导轨面上产生压坑，导轨面一般采用淬火钢制成。滚珠导轨适用于运动部件质量轻、切削力不大的数控机床，如图2–17所示。

2. 滚柱导轨

这种导轨的承载能力和刚度都比滚珠导轨大，适用于载荷较大的数控机床。但当安装的偏斜反应大、支承的轴线与导轨的平行度误差不大时也会引起偏移和侧向滑动，从而使导轨磨损加快、精度降低。小滚柱（小于 ϕ10 mm）比大滚柱（大于 ϕ25 mm）对导轨面不平行敏感些，但小滚柱的抗振性高，如图2–18所示。

3. 滚针导轨

滚针导轨的滚针比滚柱的长径比大，其特点是尺寸小、结构紧凑，主要适用于导轨尺寸受限制的数控机床。

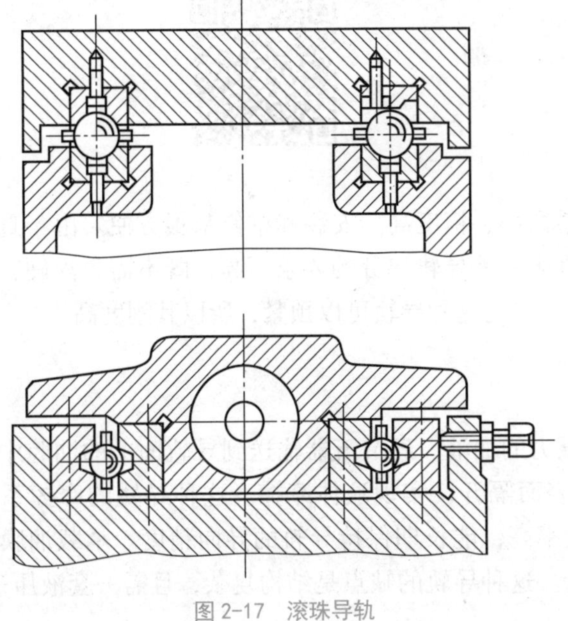

滚珠导轨结构动画

图 2-17　滚珠导轨

4. 直线滚动导轨

图 2-19 所示为直线滚动导轨副的外形，直线滚动导轨由一根长导轨和一个或几个滑块组成。图 2-20 所示为直线滚动导轨副的结构，当滑块 10 相对于导轨条 9 移动时，每一组滚珠都在各自的滚道内循环运动，其所受的载荷形式与滚动轴承类似。

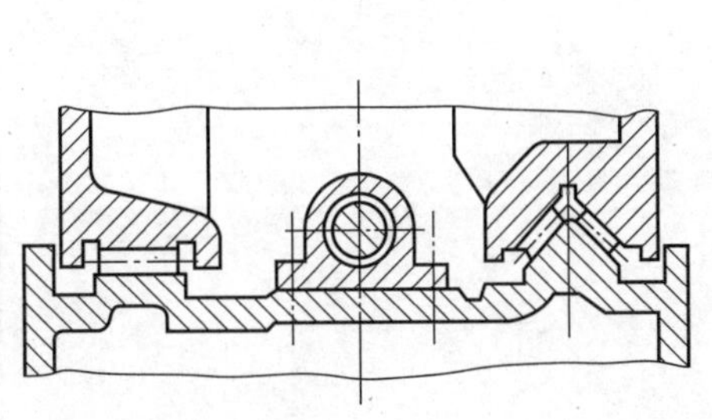

图 2-18　滚柱导轨

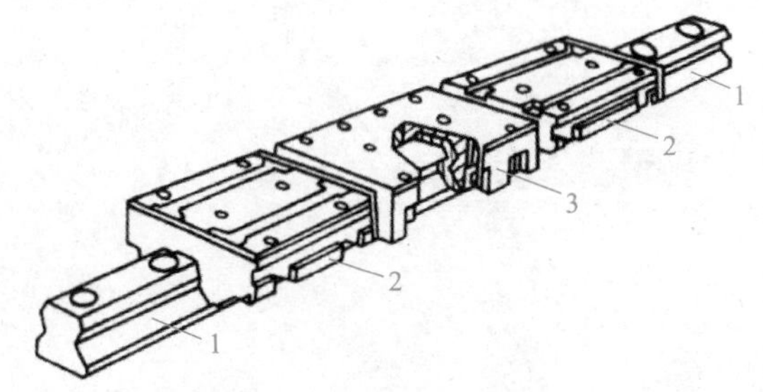

图 2-19　直线滚动导轨副的外形

1—导轨条；2—循环滚柱滑座；3—抗振阻尼滑座

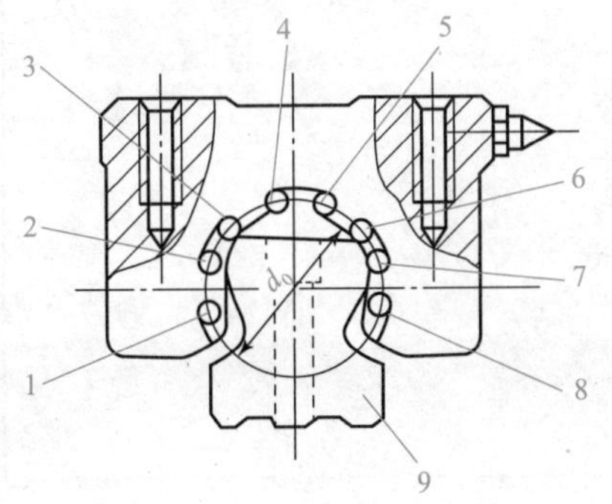

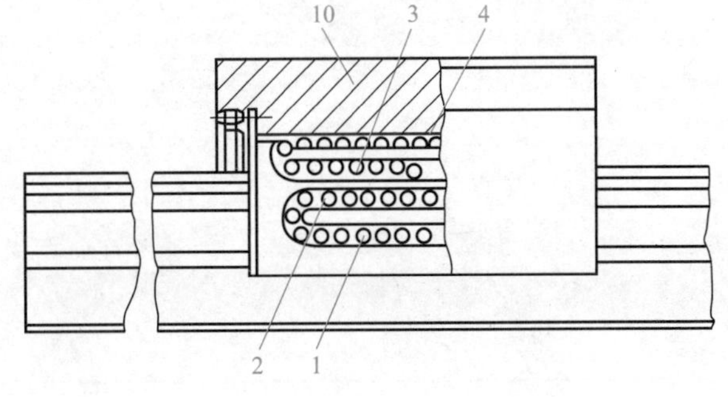

图 2-20　直线滚动导轨副的结构

1，4，5，8—回珠（回柱）；2，3，6，7—负载滚珠（滚柱）；9—导轨；10—滑块

学习笔记

滚柱导轨动画

滚珠导轨结构动画

直线滚动导轨的特点是摩擦系数小、精度高、安装和维修都很方便。由于直线滚动导轨是一个独立的部件，故对机床支承导轨部分的要求不高，既不需要淬硬，也不需要磨削或刮研，只需精铣或精刨。因为这种导轨可以预紧，所以其刚度高。

知识点 4　静压导轨

液体静压导轨是将具有一定压力的油液，经节流器输送到导轨面上的油腔中，形成承载油膜，将相互接触的导轨表面隔开，实现液体摩擦。这种导轨的摩擦系数小（一般为 0.000 5 ~ 0.001），机械效率高，能长期保持导轨的导向精度。承载油膜有良好的吸振性，低速下不易产生爬行。这种导轨的缺点是结构复杂，且需一套液压系统，成本高，油膜厚度难以保持恒定不变。

任务实施

根据本任务的相关知识点与技能点，绘制知识导图。

考核评价

学习笔记

考核内容：职业素养、基本知识、基本技能、任务实施、工作态度、纪律出勤、团队合作能力等。

评价方式：教师考核、小组成员相互考核。

任务考核评价				
考核项目	序号	考核内容	权重	评价分值（总分 100）
职业素养	1	纪律、出勤	0.1	
	2	工作态度、团队精神	0.1	
基本知识与技能	3	基本知识	0.1	
	4	基本技能	0.1	
任务实施能力	5	实施时效	0.2	
	6	实施成果	0.2	
	7	实施质量	0.2	
总体评价	成绩：	教师：	日期：	

拓展阅读

【大国重器】细说中国制造的世界第一

近年来，随着装备制造业的迅速发展，中国重型机床可谓是硕果累累，成功研制出多个世界最大的数控机床，一件件堪称国宝级的“中国制造”享誉全球。

中国第二重型机械集团成功制造 8 万 t 级世界最大模锻液压机，一举打破了苏联保持了 51 年的世界纪录，这也标志着中国关键大型锻件受制于外国的时代彻底结束，是中国国产大飞机 C919 试飞成功的重要功臣之一。

武汉重型机床集团成功打造出世界最大规格的超重型数控卧式机床——DL250 型机床。该机床身长 50 多米，床重 1 450 t，最大回转直径达 5 m，是具有完全自主知识产权的重大国产化装备，曾用于制造过重 106.3 t、直径 9.1 m 的世界最大螺旋桨。同时，这台超重型机床的加工精度为 0.008 mm，约为头发丝的 1/10。该装备制造成功，将对我国能源发电、远洋船舶制造水平的提升产生巨大影响。

学习笔记

北京第一机床厂制造的超重型数控龙门镗铣床，是迄今为止世界上最大的数控龙门镗铣床，被誉为“机床航母”。

上海机床厂研制成功了世界最大的数控轧辊磨床，最大磨削直径为2 500 mm，有效磨削工件长度为15 m，最大磨削工件质量250 t，并配以具有自主知识产权的软件系统。它标志着中国机床厂极端制造又将树起一个新的里程碑，也标志着我国重载高精度数控机床跻身世界先进水平。

中传重型机床有限公司自主研制成功了世界最大加工直径的七轴六联动螺旋桨加工机床，最大可加工11 m直径螺旋桨。海军潜艇的静音性能是衡量潜艇战斗力的核心指标，长期以来中国海军潜艇的噪声就广受外界诟病，美军甚至扬言，中国潜艇一出港就能被侦测出方位。而制约潜艇噪声的核心部件就是潜艇尾部的螺旋桨，七轴六联动螺旋桨加工机床的投产将极大助力中国海军潜艇噪声性能的质变。七轴六联动机床是目前国际上最大型、最复杂的机床之一。本台机床的研制成功，标志着中国机床企业已具备在国际市场上与世界机床强企同台竞技的实力。

中信重工制造安装了直径16 m的特大型滚齿加工设备，这也是目前世界上加工直径最大、技术性能最先进的齿轮数控加工设备之一，最大加工直径16 m。而且，具有中国自主知识产权、全功能、高精度数控重型曲轴复合加工机床也在中信重工研制成功，使中国掌握了重型船用曲轴加工机床制造技术，摆脱了之前大型船用曲轴严重依赖进口的局面。中国也成为世界上继德国、日本之后第三个能够自主设计、自主制造曲轴加工设备的国家。

齐重数控装备有限公司试制成功世界最大立式车铣床，这台型号为DMVTM2500×60/550L−NC的数控重型双柱立式车铣床总吨位超过550 t，可以加工直径为25 m的大型机组部件，其技术参数、加工精度、技术等级、承载重量均创造诸多世界“第一”，为当今世界机床业的扛鼎之作，代表着国家高档数控重型机床的最高水平。

此外，齐重还成功自主研发了我国首台数控重型曲轴铣车复合加工机床（也称“旋风车”），成功加工出我国首套大型船舶曲轴，使中国成为世界上继德国、日本之后第三个能够自主设计、自主制造曲轴加工设备的国家，标志着我国大型高档数控机床自主创新能力已达到世界领先水平，为我国大型船舶的发展铺平道路。

齐齐哈尔第二机床集团成功研制出世界第一台新型五轴混联机床——XNZ2430新型大型龙门式五轴混联机床和亚洲最大的SKCR165/1200型数控纤维缠绕机。

在大型五轴联动数控机床上，国外对中国实行技术封锁，我国每年需要花费大量外汇从国外进口此类装备。该机床的研制成功打破了西方的技术封锁，为我国国防工业发展提供了强大的技术和装备保障。

2013 年 7 月，大连光洋科技工程有限公司具有自主知识产权的高精度五轴立式机床首次出口德国，此后，德国公司再次向大连光洋购买了三台高端数控机床。这是中国企业首次向西方发达国家销售高档数控机床，标志着我国高端五轴数控机床产品打破了国外的垄断和技术壁垒。

现在中国的中高端机床国产化已达到 70% 以上，甚至五轴数控机床已经成功出口德国，其也标志着我们在精密机械加工领域将不再受制于他国。

资料来源：搜狐网　搜狐号　自动化网，https：//www.sohu.com/a/304982013_204571

学习笔记

项目自测

一、判断题

1. 滚动轴承间隙的调整或预紧通常是通过轴承内、外圈的相对轴向移动来实现的。（　　）

2. 滚珠丝杠副在垂直传动或水平放置的高速大惯量传动中，必须安装制动装置，这是为了提高定位精度。（　　）

3. 由于数控机床进给系统经常处于自动变向状态，齿轮副的侧隙会造成进给运动反向时丢失指令脉冲，并产生反向死区，从而影响加工精度，因此必须采取措施消除齿轮传动中的间隙。（　　）

4. 滚珠丝杠副在垂直传动或水平放置的高速大惯量传动中，必须安装制动装置，这是为了提高定位精度。（　　）

5. 常采用双螺母施加预紧力的方法来消除径向间隙。（　　）

6. 由于数控机床进给系统经常处于自动变向状态，故不应采取措施消除齿轮传动中的间隙。（　　）

7. 滚珠丝杠螺母副的润滑脂一般加在螺纹滚道和安装螺母的壳体空隙内。（　　）

8. 在一般情况下，垂直放置的滚珠丝杠螺母副必须有阻尼或锁紧机构。（　　）

9. 为减小摩擦、消除传动间隙和获得更高的加工精度，更多地采用了高效传动部件，如滚珠丝杠副和滚动导轨、消隙齿轮传动副等。（　　）

10. 双片薄齿轮错齿调整法能自动补偿间隙，传递的转矩较大，但是结构复杂。（　　）

二、填空题

1. 数控机床的传动元件精密化主要体现在____________机构。

学习笔记

2．在数控机床中，采用滚珠丝杠副消除轴向间隙的目的主要是________________________。

3．滚珠丝杠螺母副的缺点有________________________。

4．滚珠丝杠副在垂直传动或水平放置的高速大惯量传动中，必须安装制动装置，这是为了________________________。

5．当数控机床传动负载小时，齿轮齿条副传动间隙的消除方法是________________________。

6．为提高数控机床的加工精度，减小或消除齿轮副间隙的措施是________、________________、________________、________________。

7．为提高数控机床的加工精度，减小或消除齿轮副间隙的措施是________________________。

8．滚珠丝杠螺母副中的滚珠在螺母副中形成一个________________回路。

9．滚珠丝杠螺母副的传动效率一般为________。

三、问答题

1．数控机床为什么常采用滚珠丝杠螺母副作为传动元件？它有什么特点？

2．滚珠丝杠螺母副中的滚珠循环方式可分为哪两种？试比较其结构特点及应用场合。

3．试述滚珠丝杠螺母副轴向间隙调整和预紧的基本原理，其常用的结构类型有哪些？

4．齿轮间隙消除的方法有哪些？各有什么特点？

学习笔记

项目三　数控车床与操作

任务1　初识数控车床

任务导入

数控车床又称为CNC（Computer Numerical Control）车床，即用计算机数字控制的车床。普通车床是靠手工操作机床来完成各种车削加工的，而数控车床是将编制好的加工程序输入到数控系统中，由数控系统通过车床 *X*、*Z* 坐标轴的伺服电动机去控制车床进给运动部件的动作顺序、移动量和进给速度，再配以主轴的转速和转向，便能加工出各种形状的轴类或盘类回转体零件。数控车床是目前使用较为广泛的数控机床之一。

相关知识

知识点1　数控车床的工艺范围

数控车削是数控加工中用得最多的加工方法之一。数控车床与卧式车床一样，也是用来加工轴类或盘类的回转零件。但是由于数控车床是自动完成内外圆柱面、圆锥面、圆弧面、端面、螺纹等工序的切削加工，所以其工艺范围较普通车床宽得多，数控车床特别适合加工形状复杂的轴类或盘类零件。数控车床加工零件的公差等级可达IT5～IT6，表面粗糙度值 *Ra* 可达1.6 μm以下。

数控车床的特点、工艺范围

数控车床具有加工灵活、通用性强、能适应产品的品种和规格频繁变化的特点，能够满足新产品的开发和多品种、小批量、生产自动化的要求，因此被广泛应用于机械制造业，例如汽车制造厂、发动机制造厂，等等。

知识点2　数控车床的分类

随着数控车床制造技术的不断发展，形成了产品繁多、规格不一的局面。对数控车床的分类可以采用不同的方法。

学习笔记

1. 按数控系统的功能分类

数控车床的分类

1）经济型数控车床

经济型数控车床是在卧式车床基础上进行改进设计的，一般采用步进电动机驱动的开环伺服系统，其控制部分通常采用单板机或单片机实现。其加工精度不高，主要用于精度要求不高、有一定复杂性的零件。

2）全功能型数控车床

这是较高档次的数控车床，具有刀尖圆弧半径自动补偿、恒线速、倒角、固定循环、螺纹切削、图形显示、用户宏程序等功能，加工能力强，适宜精度高、形状复杂、工序多、循环周期长、品种多变的单件或中小批量零件的加工。

3）车削中心

车削中心的主体是数控车床，配有动力刀座或机械手，可实现车、铣复合加工，如高效率车削、铣削凸轮槽和螺旋槽。

2. 按主轴的配置形式分类

1）卧式数控车床

主轴轴线处于水平位置的数控车床，如图 3–1（a）所示。

2）立式数控车床

主轴轴线处于垂直位置的数控车床，如图 3–1（b）所示。

还有具有两根主轴的车床，称为双轴卧式数控车床或双轴立式数控车床，如图 1–3（c）所示。

（a）　（b）　（c）

图 3–1　按主轴的配置形式分类

（a）卧式数控车床；（b）立式数控车床；（c）双轴卧式数控车床

3. 按数控系统控制的轴数分类

1）两轴控制的数控车床

机床上只有一个回转刀架，可实现两坐标轴控制。当前大多数数控车床采用的两轴联动即 X 轴、Z 轴。

2）多轴控制的数控车床

档次较高的数控车削中心都配备了动力铣头，还有些配备了 Y 轴，使机床不但可以进行车削，还可以进行铣削加工。

学习笔记

4. 按进给运动形式分类

1）走刀型数控车床

走刀型数控车床加工过程是用筒夹夹住材料，通过车刀的前、后、左、右移动来加工零件，与普通车床的加工方式相同。此类机床的加工范围比较大，可车加工比较复杂的零件，特别是铜件的加工，不但速度快，而且加工复杂的工件尤为突出。

2）走心型数控车床

走心型数控车床都是车铣一体的，国内以前称之为纵切车床。其加工过程是通过筒夹夹住加工材料，材料向前走动，而刀具不动，通过加工材料的直线运动或摇摆运动来加工零件。此类自动车床加工细长零件尤为突出，最小加工直径可小于 1 mm，最长可加工到 50 mm。

知识点 3　数控车床的组成

数控车床与普通卧式车床相比较，其结构上仍然是由主轴箱、刀架、进给传动系统、床身、液压系统、冷却系统、润滑系统等部分组成（见图 3–2），只是数控车床的进给系统与卧式车床的进给系统在结构上存在着本质上的差别。卧式车床主轴的运动经过挂轮架、进给箱、溜板箱传到刀架，实现纵向和横向进给运动。而数控车床是采用伺服电动机经滚珠丝杠传到滑板和刀架，实现 Z 向（纵向）和 X 向（横向）的进给运动。可见数控车床进给传动系统的结构较卧式车床大

数控车床的组成、结构布局

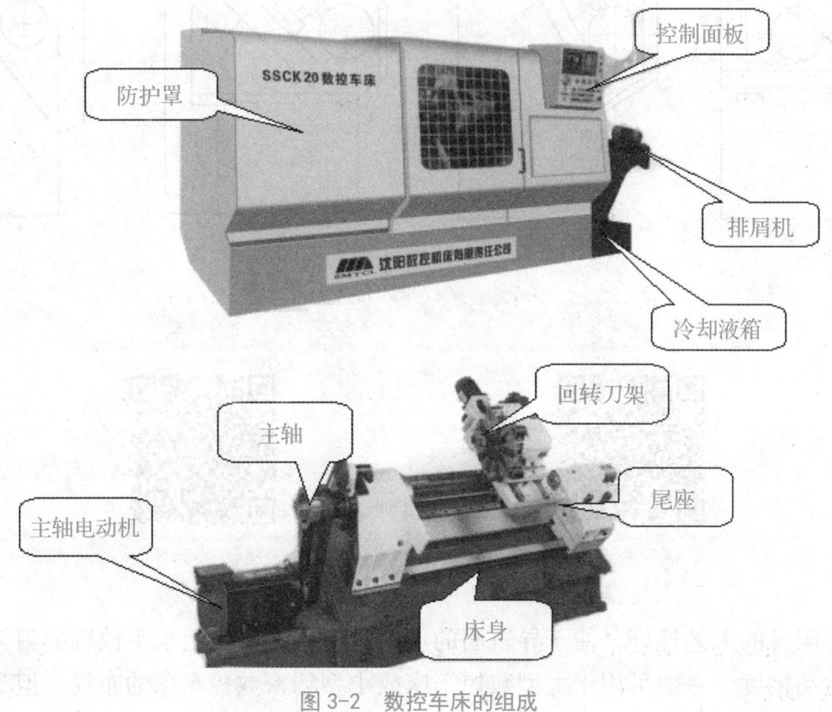

图 3–2　数控车床的组成

学习笔记

为简化。数控车床也有加工各种螺纹的功能，那么主轴的旋转与刀架的移动是如何保持同步关系的呢？一般是采取伺服电动机驱动主轴旋转，并且在主轴箱内安装有脉冲编码器，主轴的运动通过同步齿形带 1 : 1 地传到脉冲编码器。

当主轴旋转时，脉冲编码器便发出检测脉冲信号给数控系统，使主轴电动机的旋转与刀架的切削进给保持同步关系，即实现加工螺纹时主轴转一转，刀架 Z 向移动工件一个导程的运动关系。

知识点 4　数控车床的布局形式

数控车床的主轴、尾座等部件相对床身的布局形式与卧式车床基本一致，而刀架和导轨的布局形式发生了根本的变化，这是因为刀架和导轨的布局形式直接影响数控车床的使用性能及机床的结构和外观。另外，数控车床上都设有封闭的防护装置。

1. 床身和导轨的布局

数控车床床身导轨与水平面的相对位置如图 3–3 所示，它有 4 种布局形式：图 3–3（a）所示为平床身，图 3–3（b）所示为斜床身，图 3–3（c）所示为平床身斜滑板，图 3–3（d）所示为立床身。

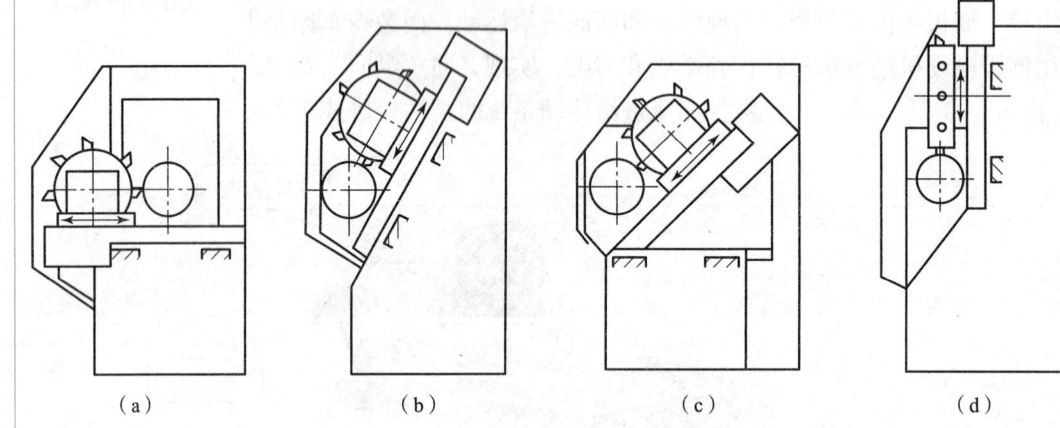

图 3–3　数控车床布局形式

（a）平床身；（b）斜床身；（c）平床身斜滑板；（d）立床身

平床身卧式数控车床

斜床身卧式数控车床

水平床身的工艺性好，便于导轨面的加工。水平床身配上水平放置的刀架可提高刀架的运动精度，一般可用于大型数控车床或小型精密数控车床的布局。但是水平床身由于下部空间小，故排屑困难。从结构尺寸上看，刀架水平放置使滑板横向尺寸较长，从而加大了机床宽度方向的结构尺寸。

水平床身配上倾斜放置的滑板，并配置倾斜式导轨防护罩，这种布局形式一方面有水平床身工艺性好的特点，另一方面机床宽度方向的尺寸较水平配置滑板的要小，且排屑方便。

水平床身配上倾斜放置的滑板和倾斜床身配置斜滑板的布局形式被中、小型数控车床所普遍采用，这是由于此两种布局形式排屑容易，热铁屑不会堆积在导轨上，也便于安装自动排屑器；操作方便，易于安装机械手，以实现单机自动化；机床占地面积小，外形简洁、美观，容易实现封闭式防护。

斜床身其导轨倾斜的角度分别为30°、45°、60°、75°和90°（称为立式床身），倾斜角度小，排屑不便；倾斜角度大，导轨的导向性差，受力情况也差。导轨倾斜角度的大小还会直接影响机床外形尺寸高度与宽度的比例。综合考虑上面的诸因素，中小规格数控机床的床身倾斜角度以60°为宜。

2. 刀架的布局

刀架作为数控车床的重要部件，其布局形式对机床整体布局及工作性能影响很大。目前两坐标联动数控车床多采用12工位的回转刀架，也有采用6工位、8工位、10工位回转刀架的。回转刀架在机床上的布局有两种形式：一种是用于加工盘类零件的回转刀架，其回转轴垂直于主轴：另一种是用于加工轴类和盘类零件的回转刀架，其回转轴平行于主轴。

四坐标控制的数控车床，床身上安装有两个独立的滑板和回转刀架，故称为双刀架四坐标数控车床。其上每个刀架的切削进给量是分别控制的，因此两刀架可以同时切削同一工件的不同部位，既扩大了加工范围，又提高了加工效率。四坐标数控车床的结构复杂，且需要配置专门的数控系统实现对两个独立刀架的控制。这种机床适合加工曲轴、飞机零件等形状复杂、批量较大的零件。

知识点5　数控车床的特点与发展

数控车床与卧式车床相比，有以下几个特点。

1）高精度

数控车床控制系统的性能不断提高，机械结构不断完善，机床精度日益提高。

2）高效率

随着新刀具材料的应用和机床结构的完善，数控车床的加工效率、主轴转速、传动功率不断提高，使得新型数控车床的空转动时间大为缩短，其加工效率比卧式车床高2~5倍。加工零件形状越复杂，越能体现出数控车床的高效率加工特点。

3）高柔性

数控车床具有高柔性，适应70%以上的多品种、小批量零件的自动加工。

学习笔记

学习笔记

4）高可靠性

随着数控系统的性能提高，数控机床的无故障工作时间迅速提高。

5）工艺能力强

数控车床既能用于粗加工又能用于精加工，可以在一次装夹中完成零件全部或大部分工序。

6）模块化设计

数控车床多采用模块化原则设计。

随着数控系统、机床结构和刀具材料的技术发展，数控车床将向高速化发展，以进一步提高主轴转速、刀架快速移动以及转位换刀速度；工艺和工序将更加复合化和集中化；数控车床向多主轴、多刀架加工方向发展；为实现长时间无人化全自动操作，数控车床向全自动化方向发展；机床的加工精度向更高方向发展。同时，数控车床也向简易型发展。

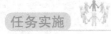

任务实施

根据本任务的相关知识点与技能点，绘制知识导图。

考核评价

考核内容：职业素养、基本知识、基本技能、任务实施、工作态度、纪律出勤、团队合作能力等。

评价方式：教师考核、小组成员相互考核。

学习笔记

任务考核评价				
考核项目	序号	考核内容	权重	评价分值（总分 100）
职业素养	1	纪律、出勤	0.1	
	2	工作态度、团队精神	0.1	
基本知识与技能	3	基本知识	0.1	
	4	基本技能	0.1	
任务实施能力	5	实施时效	0.2	
	6	实施成果	0.2	
	7	实施质量	0.2	
总体评价	成绩：	教师：	日期：	

任务 2　认知数控车床典型机械结构

任务导入

最初的数控车床在机械结构上，只是对普通车床进行了局部改进。但是，随着数字控制技术在数控机床上的发展，以及数控车床高刚度、高精度、高速度的要求，逐步发展到目前数控车床独特的结构特点。它在总体布局、传动系统、刀具装置，以及操作辅助机构等方面发生了很大的变化，最基本的表现为改进了普通车床传动链长、传动结构刚性不足、抗振性差、滑动面的摩擦阻力大以及传动元件的间隙大等，经济型的数控车床机械基本功能的构成模式仍然没有脱离普通车床的基础模式，如机床支承件、导轨、主传动系统、进给传动等组成部件是不可缺少的。

相关知识

知识点 1　主传动系统及主轴箱结构

1．主传动系统

数控车床主传动系统

数控机床的主传动系统包括主轴电动机、传动系统和主轴部件。与普通机床的主传动系统相比在结构上大大简化，这是因为变速功能全部或者大部分由主轴电动机的无级调速来承担，省去了繁杂的齿轮变速机构，有些只有二级或者三级齿轮变速系统，用以扩大电动机无

学习笔记

级变速的范围。

对数控机床的主传动系统有以下几点要求。

1）调速范围

各种不同的车床对调速范围的要求不同。多用途、通用性强的机床要求主轴的调速范围大，不但有低速大转矩功能，而且要有较高的速度，如车削加工中心；而对于普通数控车床就不需要较大的调速范围。

2）热变形

电动机、主轴及传动件都是热源。低温升、小的热变形是对主传动系统要求的重要指标。

3）主轴的旋转精度和运动精度

主轴的旋转精度是指装配后，在无载荷、低速转动条件下测量主轴前端与 300 mm 处的径向和轴向跳动值。主轴在工作速度旋转时测量的上述的两项精度称为运动精度。数控车床要求有高的旋转精度和运动精度。

4）主轴的静刚度和抗振性

由于数控机床加工精度较高，主轴的转速也很高，因此对主轴的静刚度和抗振性要求较高。主轴的轴颈尺寸、轴承类型及配置方式，轴承预紧量大小，主轴组件的质量分布是否均匀及主轴组件的阻尼等对主轴组件的静刚度和抗振性都会产生影响。

5）主轴组件的耐磨性

主轴组件必须有足够的耐磨性，使之能够长时间保持精度。凡有机械摩擦的部件，如轴承、锥孔等都应有足够高的硬度，轴承处还应有良好的润滑。

MJ–50 数控车床传动系统如图 3–4 所示，其主运动传动系统由功率为 11/15 kW 的 AC 伺服电动机驱动，经一级 1∶1 的同步齿形带传动带动主轴旋转，使主轴在 35 ~ 3 500 r/min 的转速范围内实现无级调速。主轴箱内部省去了齿轮转动变速机构，因此减少了原齿轮转动对主轴精度的影响，并且维修方便。

传动主轴的带的形式主要有同步齿形带，如图 3–5 所示。齿形同步带传动在数控机床上得到了广泛的应用，其具有以下优点：齿形带兼有带传动、齿轮传动及链传动的优点，无相对滑动，无须特别张紧，传动效率高；平均传动比准确，传动精度较高；有良好的减振性能，无噪声，无须润滑，传动平稳；带的强度高、厚度小、质量小，故可用于高速传动。

2. 主轴箱结构

1）主轴箱结构

主轴箱结构及液压卡盘结构

MJ–50 数控车床主轴箱结构如图 3–6 所示。交流主轴电动机通过带轮 15 把运动传给主轴 7。主轴有前、后两个支承，前支承由一个圆锥孔双列圆柱滚子轴承 11 和一对角接触球轴承 10 组成，轴承 11 用来承受径向载荷，两个角接触球轴承一个大口向外（朝向主轴前端），另一个大口向里（朝向主轴后端），用来承受双向的轴向载荷和径向

学习笔记

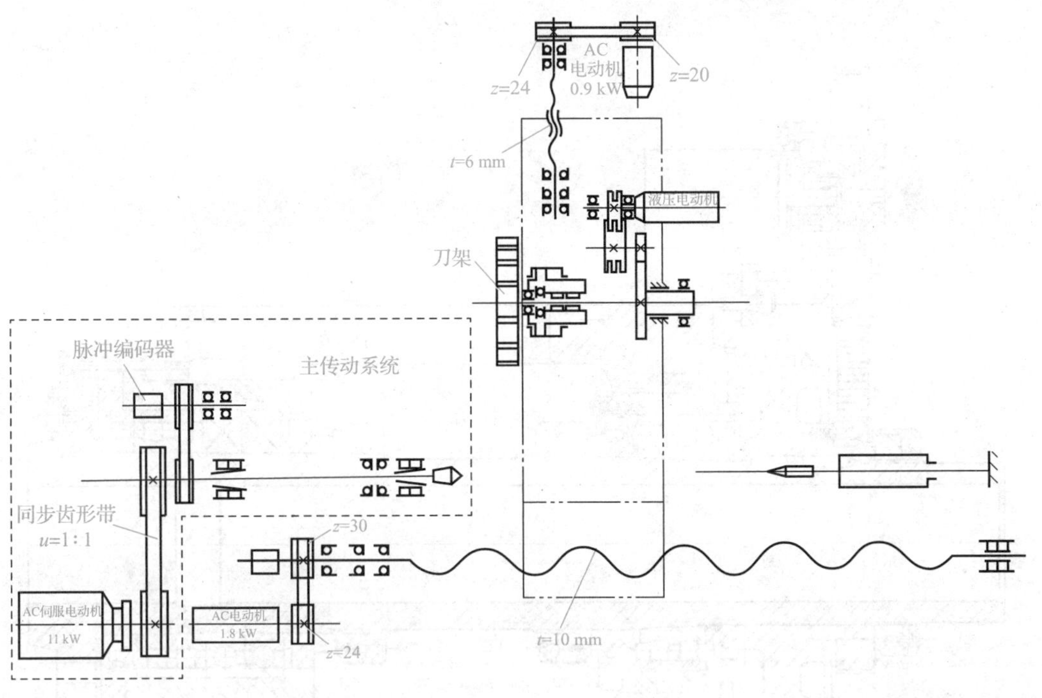

图 3-4　MJ-50 数控车床传动系统

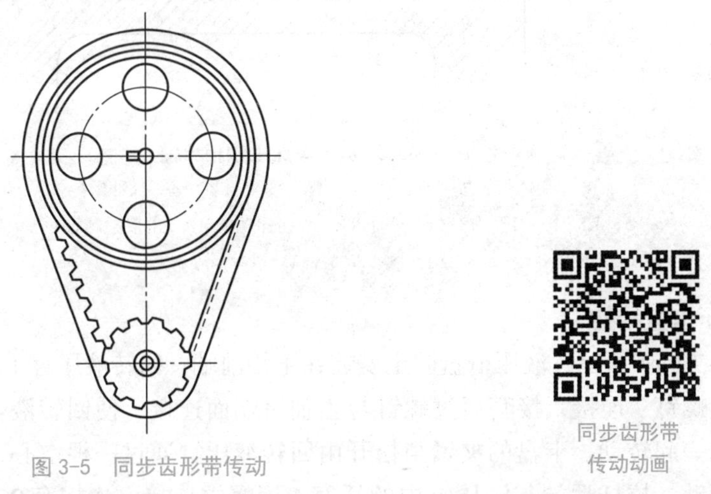

图 3-5　同步齿形带传动

同步齿形带
传动动画

载荷。前支承轴承的间隙用螺母 8 来调整，螺钉 12 用来防止螺母 8 回松。主轴的后支承为圆锥孔双列圆柱滚子轴承 14，轴承间隙由螺母 1 和 6 来调整。螺钉 17 和 13 用于防止螺母 1 和 6 回松。主轴的支承形式为前端定位，主轴受热膨胀向后伸长。前、后支承所用圆锥孔双列圆柱滚子轴承的支承刚性好，允许的极限转速高。前支承中的角接触球轴承能承受较大的轴向载荷，且允许的极限转速高。主轴所采用的支承结构适宜低速大载荷的需要。主轴的运动经过同步带轮 16 和 3 以及同步带 2 带动脉冲编码器 4，使其与主轴同速运转。脉冲编码器用螺钉 5 固定在主轴箱 9 上。脉冲编码器可以向 CNC 装置反馈主轴转速等信息，通过 CNC 装置的协调，可以使进给量与主轴转速保持要求的比率，实现螺纹车削。

学习笔记

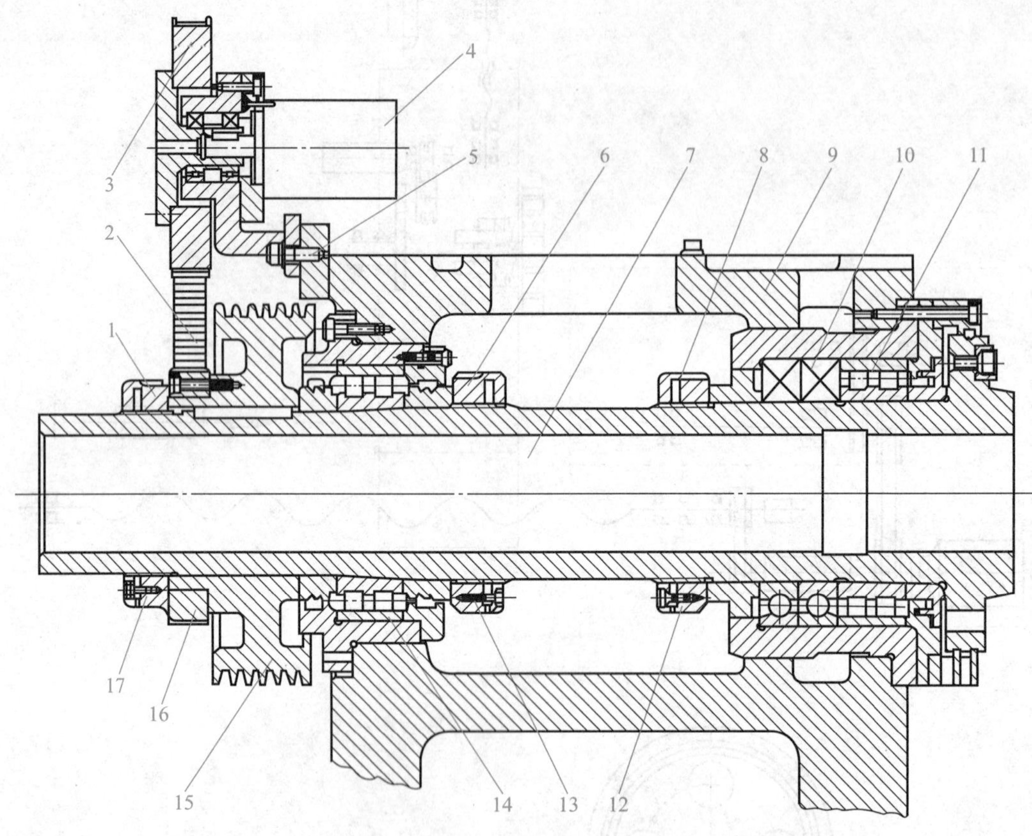

图 3-6　MJ-50 数控车床主轴箱结构

1，6，8—螺母；2—同步带；3，16—同步带轮；4—脉冲编码器；
5，12，13，17—螺钉；7—主轴；9—主轴箱；10—角接触球轴承；
11，14—圆柱滚子轴承；15—带轮

2）液压卡盘结构

如图 3-7（a）所示，液压卡盘固定安装在主轴前端，回转液压缸 1 与接套 5 用螺钉 7 连接，接套通过螺钉与主轴后端面连接，使回转液压缸随主轴一起转动。卡盘的夹紧与松开由回转液压缸通过一根空心拉杆 2 来驱动。拉杆后端与液压缸内的活塞 6 用螺纹连接，连接套 3 两端的螺纹分别与拉杆 2 和滑套 4 连接。图 3-7（b）所示为卡盘内楔形结构示意图，当液压缸内的压力油推动活塞和拉杆向卡盘方向移动时，滑套 4 向右移动，由于滑套上楔形槽的作用，使卡爪座 11 带着卡爪 12 沿径向向外移动，故卡盘松开；反之液压缸内的压力油推动活塞和拉杆向主轴后端移动时，通过楔形机构，使卡盘夹紧工件。卡盘体 9 用螺钉 10 固定安装在主轴前端。8 为回转液压缸的箱体。

数控车床
主轴箱动画

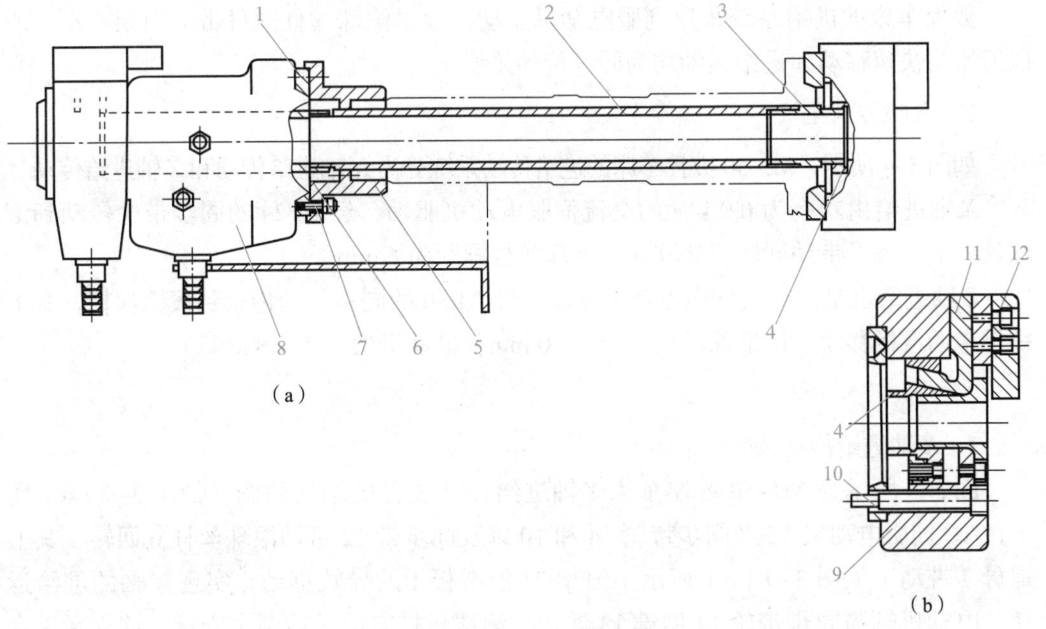

图 3-7　液压卡盘结构简图

1—回转液压缸；2—空心拉杆；3—连接套；4—滑套；5—接套；6—活塞；7，10—螺钉；8—回转液压缸箱体；9—卡盘；11—卡爪座；12—卡爪

知识点 2　进给传动系统

1. 进给传动系统的特点

数控车床的进给传动系统，如图 3-8 所示，是控制 X、Z 坐标轴的伺服系统的主要组成部分。它将伺服电动机的旋转运动转化为刀架的直线运动，而且对移动精度要求很高，X 轴最小移动量为 0.000 5 mm（直径编程），Z 轴最小移动量为 0.001 mm。采用滚珠丝杠螺母传到副，可以有效地提高进给系统的灵敏度、定位精度和防止爬行。另外，消除丝杠螺母的配合间隙和丝杠两端的轴承间隙，也有利于提高传动精度。

液压卡盘动画

数控车床进给传动系统

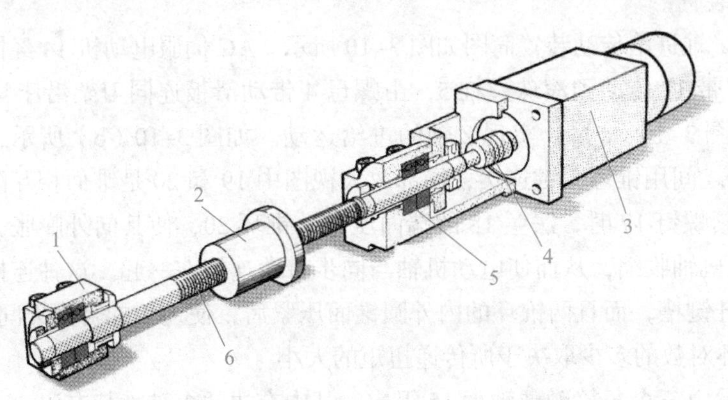

图 3-8　数控车床的进给传动系统

1，5—支承；2—螺母；3—伺服电动机；4—联轴器；6—滚珠丝杠

进给传动系统

学习笔记

数控车床的进给系统采用伺服电动机驱动，通过滚珠丝杠螺母带动刀架移动，所以刀架的快速移动和进给运动均为同一传动路线。

2. 进给传动系统

如图 3–4 所示，MJ–50 数控车床的进给传动系统分为 *X* 轴进给传动和 *Z* 轴进给传动。

X 轴进给由功率为 0.9 kW 的交流伺服电动机驱动，经 20/24 的同步带轮传动到滚珠丝杠上，螺母带动回转刀架移动，滚珠丝杠螺距为 6 mm。

Z 轴进给也是由交流伺服电动机驱动，经 24/30 的同步带轮传动到滚珠丝杠，其上螺母带动滑板移动。该滚珠丝杠螺距为 10 mm，电动机功率为 1.8 kW。

3. 进给系统传动装置

1）*X* 轴进给传动装置

图 3–9 所示为 MJ–50 数控车床 *X* 轴进给传动装置的结构简图。如图 3–9（a）所示，AC 伺服电动机 15 经同步带轮 14 和 10 以及同步带 12 带动滚珠丝杠 6 回转，其上螺母 7 带动［见图 3–9（b）所示］刀架 21 沿滑板 1 的导轨移动，实现 *X* 轴的进给运动。电动机轴与同步带轮 14 用键 13 连接。滚珠丝杠有前、后两个支承。前支承 3 由三个角接触球轴承组成，其中一个轴承大口向前、两个轴承大口向后，分别承受双向的轴向载荷。前支承 3 的轴承由螺母 2 进行预紧，其后支承 9 为一对角接触球轴承，轴承大口相背放置，由螺母 11 进行预紧。这种丝杠两端固定的支承形式，其结构和工艺都较复杂，但是可以保证和提高丝杠的轴向刚度。脉冲编码器 16 安装在伺服电动机的尾部。图 3–9 中 5 和 8 是缓冲块，在出现意外碰撞时起保护作用。

A–A 剖面图表示滚珠丝杠前支承的轴承座 4 用螺钉 20 固定在滑板上；滑板导轨（见 *B–B* 剖视图）为矩形导轨，镶条 17、18、19 用来调整刀架与滑板导轨的间隙。

图 3–9（b）中 22 为导轨护板，26、27 为机床参考点的限位开关和撞块，镶条 23、24、25 用于调整滑板与床身导轨的间隙。

因为滑板顶面导轨与水平面倾斜 30°，回转刀架的自身重力使其下滑，滚珠丝杠和螺母不能以自锁阻止其下滑，故机床依靠 AC 伺服电动机的电磁制动来实现自锁。

2）*Z* 轴进给传动装置

MJ–50 数控车床 *Z* 轴进给传动装置简图如图 3–10 所示。AC 伺服电动机 14 经同步带轮 12 和 2 以及同步带 11 传动到滚珠丝杠 5，由螺母 4 带动滑板连同刀架沿床身 13 的矩形导轨移动［见图 3–10（a）］，实现 *Z* 轴的进给运动。如图 3–10（b）所示，电动机轴与同步带轮 12 之间用锥环无键连接，局部放大视图中 19 和 20 是锥面相互配合的内、外锥环，当拧紧螺钉 17 时，法兰 18 的端面压迫外锥环 20，使其向外膨胀，内锥环 19 受力后向电动机轴收缩，从而使电动机轴与同步带轮连接在一起。这种连接方式无须在被连接件上开键槽，而且两锥环的内外圆锥面压紧后，使连接配合面无间隙，对中性较好。选用锥环对数的多少取决于所传递扭矩的大小。

滚珠丝杠的左支承由三个角接触球轴承 15 组成，其中右边两个轴承与左边一个轴承的大口相对布置，由螺母 16 进行预紧。如 3–10（a）图所示，滚珠丝杠的右支承 7

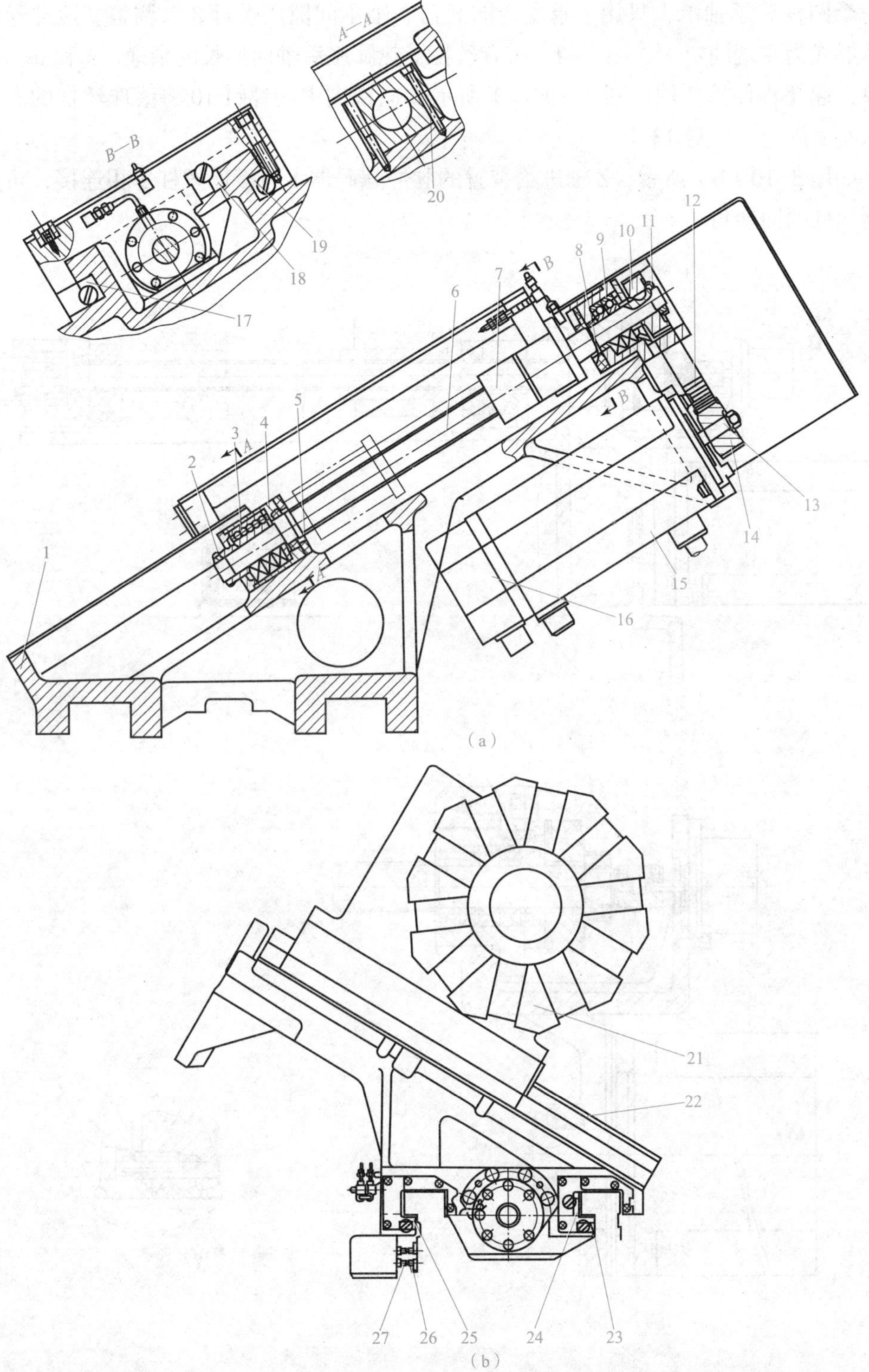

图 3-9 MJ-50 数控车床 X 轴进给传动装置的结构简图

1—滑板；2，7，11—螺母；3—前支承；4—轴承座；5，8—缓冲块；6—滚珠丝杠；9—后支承；10，14—同步带轮；12—同步带；13—键；15—AC 伺服电动机；16—脉冲编码器；17，18，19，23，24，25—镶条；20—螺钉；21—刀架；22—导转护板

为一个圆柱滚子轴承，只用于承受径向载荷，轴承间隙用螺母 8 来调整。滚珠丝杠的支承形式为左端固定、右端浮动，留有丝杠受热膨胀后轴向伸长的余地。3 和 6 为缓冲挡块，起超程保护作用。图 3-10（a）所示 *B* 向视图中的螺钉 10 将滚珠丝杠的右支承轴承座 9 固定在床身 13 上。

如图 3-10（b）所示，*Z* 轴进给装置的脉冲编码器 1 与滚珠丝杠 5 相连接，可直接检测丝杠的回转角。

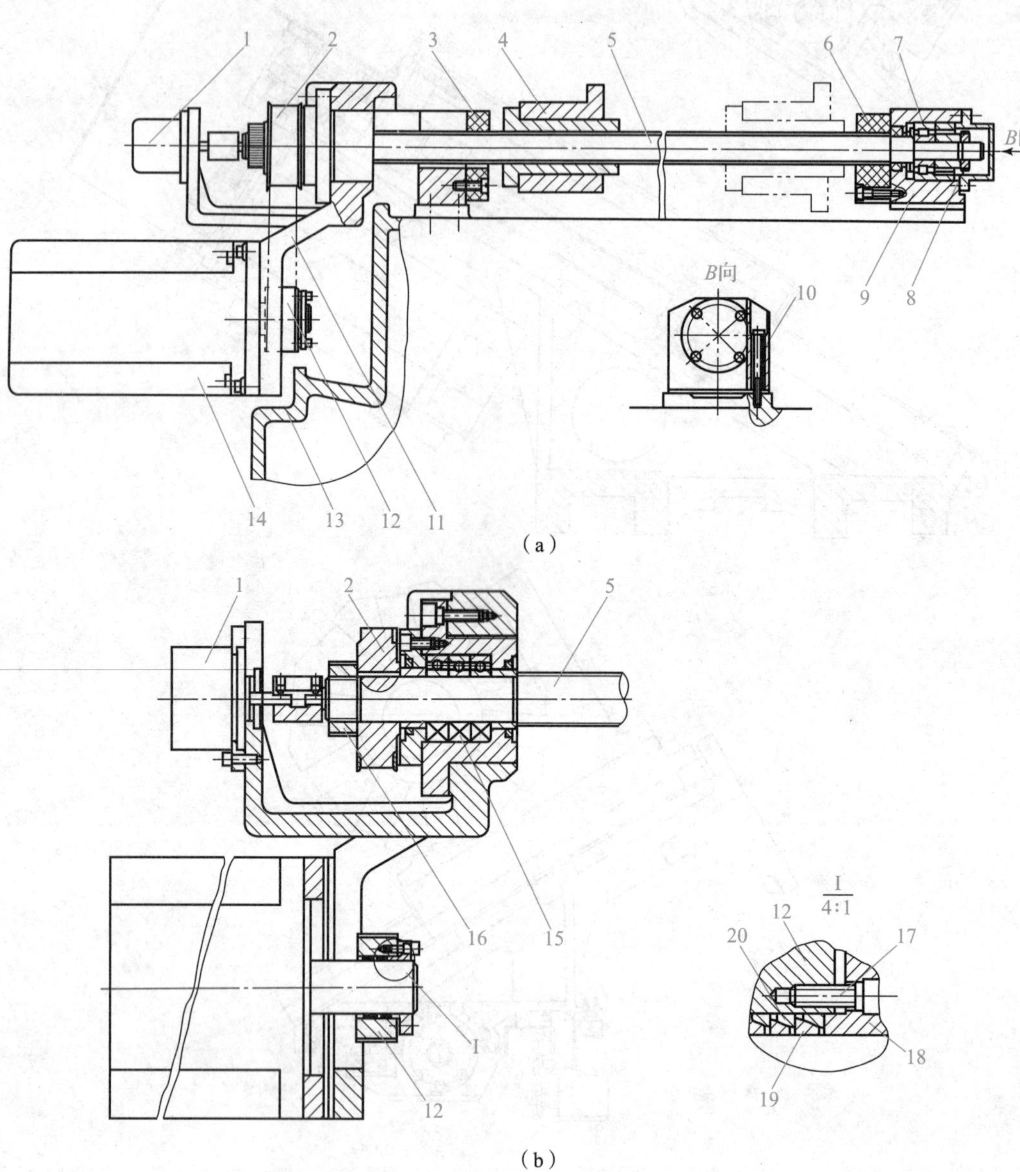

图 3-10　MJ-50 数控车床 *Z* 轴进给传动装置简图

1—脉冲编码器；2，12—同步带轮；3，6—缓冲挡块；4，8，16—螺母；
5—滚珠丝杠；7—右支承；9—右支承轴承座；10，17—螺钉；11—同步带轮；
13—床身；14—AC 伺服电动机；15—角接触球轴承；18—法兰；
19—内锥环；20—外锥环

知识点3 刀架系统

数控车床刀架系统与液压尾座

数控车床的刀架是机床的重要组成部分。刀架用于夹持切削用的刀具，因此其结构直接影响机床的切削性能和切削效率，在一定程度上，刀架的结构与性能体现了机床的设计和制造技术水平。随着数控车床的不断发展，刀架的结构形式也在不断翻新。

刀架是直接完成切削加工的执行部件，所以刀架在结构上必须具有良好的强度和刚度，以承受粗加工时的切削抗力；同时应保证刀具夹持的合理性和可靠性，以保证有较高的重复定位精度；此外还应满足换刀时间短、结构紧凑、安全可靠等条件。

按换刀方式，数控车床的刀架系统主要有排刀式刀架、方刀架和回转刀架等。

1. 排刀式刀架

排刀式刀架一般用于小规格数控车床，它的结构形式为夹持着各种不同用途刀具的刀夹沿着机床的 X 坐标轴反向排列在横向滑板上。刀具的典型布置方式如图 3-11 所示，这种刀架在刀具布置和机床调整等方面都较方便，可以根据具体工件的车削工艺要求任意组合各种不同用途的刀具，第一把刀完成车削任务后，横向滑板只要按程序沿 X 轴向移动预先设定的距离后，第二把刀就到达加工位置，这样就完成了机床的换刀动作。这种换刀方式迅速省时，有利于提高机床的生产效率。

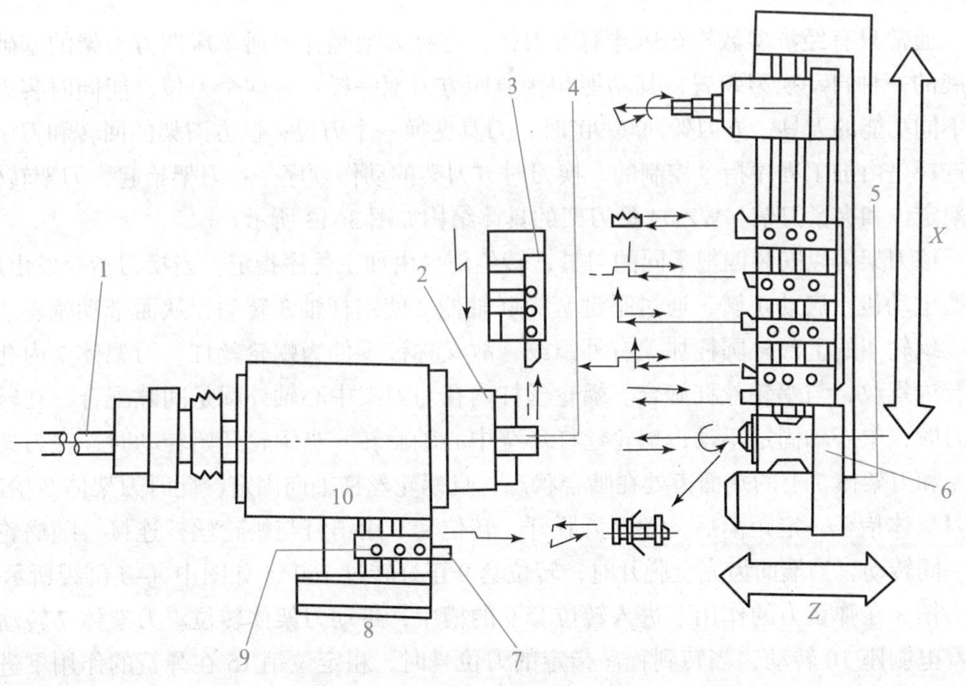

图 3-11 排刀式刀架布置方式

1—棒料送料装置；2—卡盘；3—切断刀架；4—工件；5—刀具；6—附加主轴头；7—去毛刺和背面加工刀具；8—工件托料盘；9—切向刀架；10—主轴箱

学习笔记

学习笔记

若使用如图 3–12 所示的快换台板实现成组刀具的机外预调，可使换刀时间大为缩短。另外，还可以安装各种不同用途的动力刀具来完成一些简单的钻、铣、攻丝等二次加工工序，以使机床在一次装夹中完成工件的全部或大部分工序，因此很多机床都采用了排刀式刀架。

排刀式刀架动画

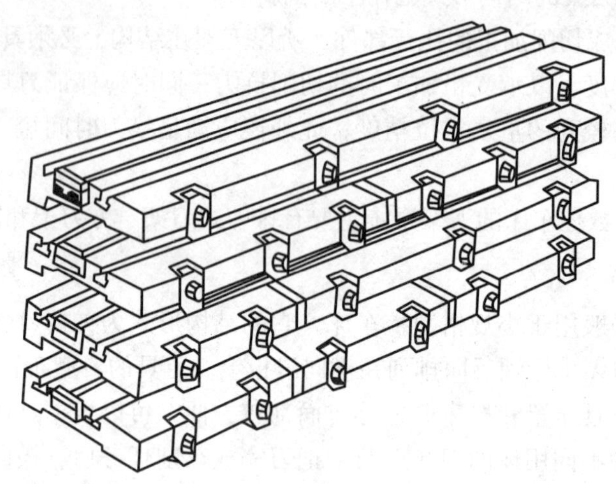

图 3–12　快换台板

2. *方刀架*

通常只有经济型数控车床才有方刀架，这种刀架是在普通车床四方刀架的基础上发展的一种自动换刀装置，其功能和普通四方刀架一样：有四个刀位，能同时装夹四把不同功能的刀具，方刀架回转 90°时，刀具变换一个刀位，但方刀架的回转和刀位号的选择是由加工程序指令控制的。换刀时方刀架的动作顺序是：刀架抬起、刀架转位、刀架定位和夹紧刀架。WZD4 型刀架的具体结构如图 3–13 所示。

该刀架可以安装四把不同的刀具，转位信号由加工程序指定。当换刀指令发出后，小型电动机 1 启动正转，通过平键套筒联轴器 2 使蜗杆轴 3 转动，从而带动蜗轮 4 转动。蜗轮 4 的上部外圆柱加工有外螺纹，故又称该零件为蜗轮丝杠。刀架体 7 内孔加工有内螺纹，与蜗轮丝杠旋合。蜗轮丝杠内孔与刀架中心轴外圆是间隙配合，在转位换刀时，中心轴固定不动，蜗轮丝杠环绕中心轴旋转。当蜗轮开始转动时，在刀架底座 5 和刀架体 7 上的端面齿处在啮合状态，且蜗轮丝杠轴向固定，此时刀架体 7 抬起。当刀架体抬至一定距离后，端面齿脱开。转位套 9 用销钉与蜗轮丝杠连接，随蜗轮丝杠一同转动，当端面齿完全脱开时，转位套 9 正好转过 160°（如图中 *A–A* 剖视所示），球头销 8 在弹簧力的作用下进入转位套 9 的槽中，带动刀架体转位。刀架体 7 转动时带着电刷座 10 转动，当转到程序指定的刀位号时，粗定位销 15 在弹簧的作用下进入粗定位盘 6 的槽中进行粗定位，同时电刷 13、14 接触导通，使电动机 1 反转，由于粗定位槽的限制，刀架体 7 不能转动，使其在该位置垂直落下，刀架体 7 和刀架底座 5 上的端面齿啮合，实现精确定位。电动机继续反转，此时蜗轮停止转动，蜗杆

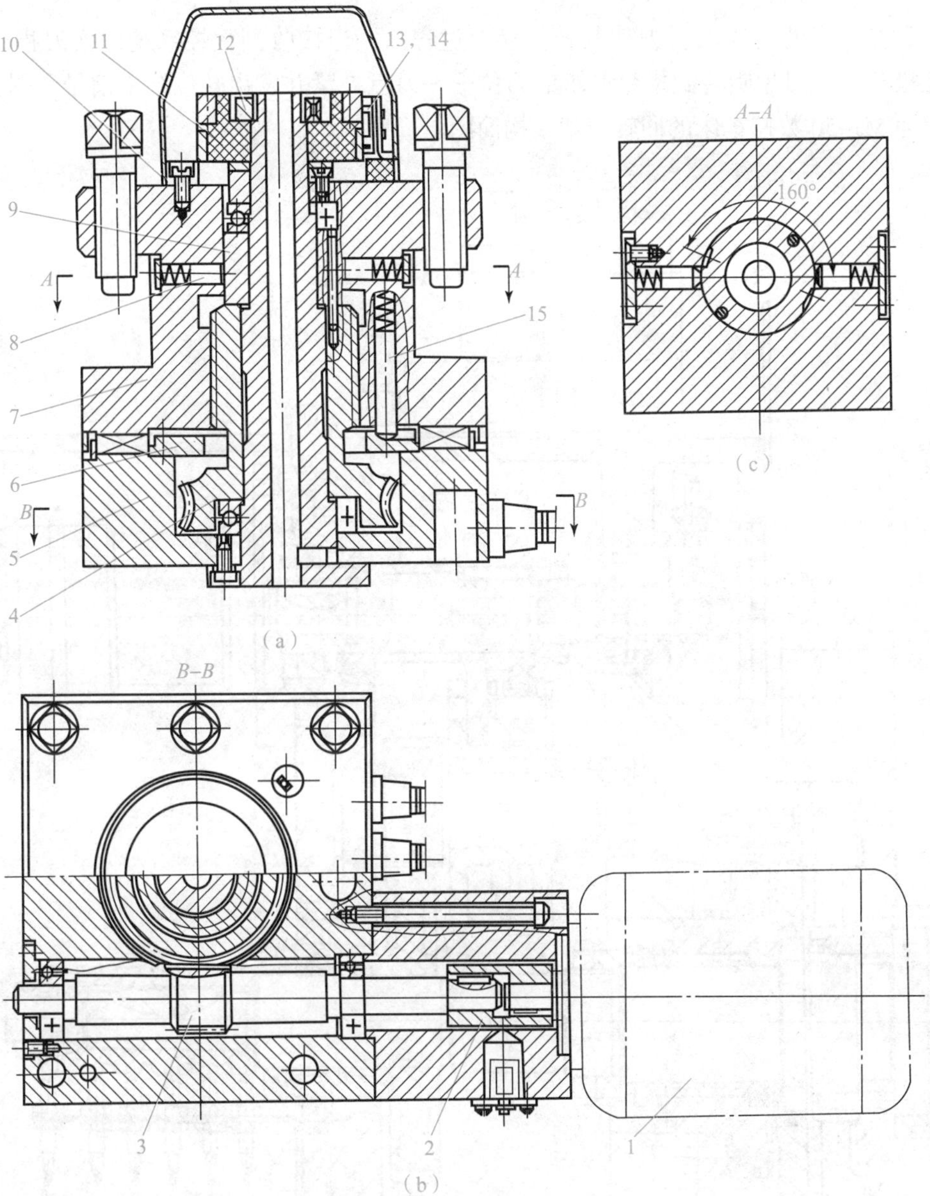

图 3-13　数控车床方刀架结构简图

1—电动机；2—联轴器；3—蜗杆轴；4—蜗轮；5—刀架底座；6—粗定位盘；7—刀架体；8—球头销；9—转位套；10—电刷座；11—发信体；12—螺母；13，14—电刷；15—粗定位销

轴 3 继续转动，随夹紧力增加，转矩不断增大，达到一定值时，在传感器的控制下，电动机 1 停止转动。译码装置由发信体 11、电刷 13、14 组成，电刷 13 负责发信，电刷 14 负责位置判断。当刀架定位出现过位或不到位时，可松开螺母 12，调好发信体 11 与电刷 14 的相对位置。这种刀架在经济型数控车床及普通车床的数控化改造中得到广泛应用。

四方回转刀架原理

3. 回转刀架

数控车床的自动回转刀架其转位换刀过程为：当接收到数控系统的换刀指令后，刀盘松开——刀盘旋转到指令要求的刀位——刀盘夹紧并发出转位结束信号。图 3-14 所示为 MJ-50 数控车床的回转刀架结构简图。

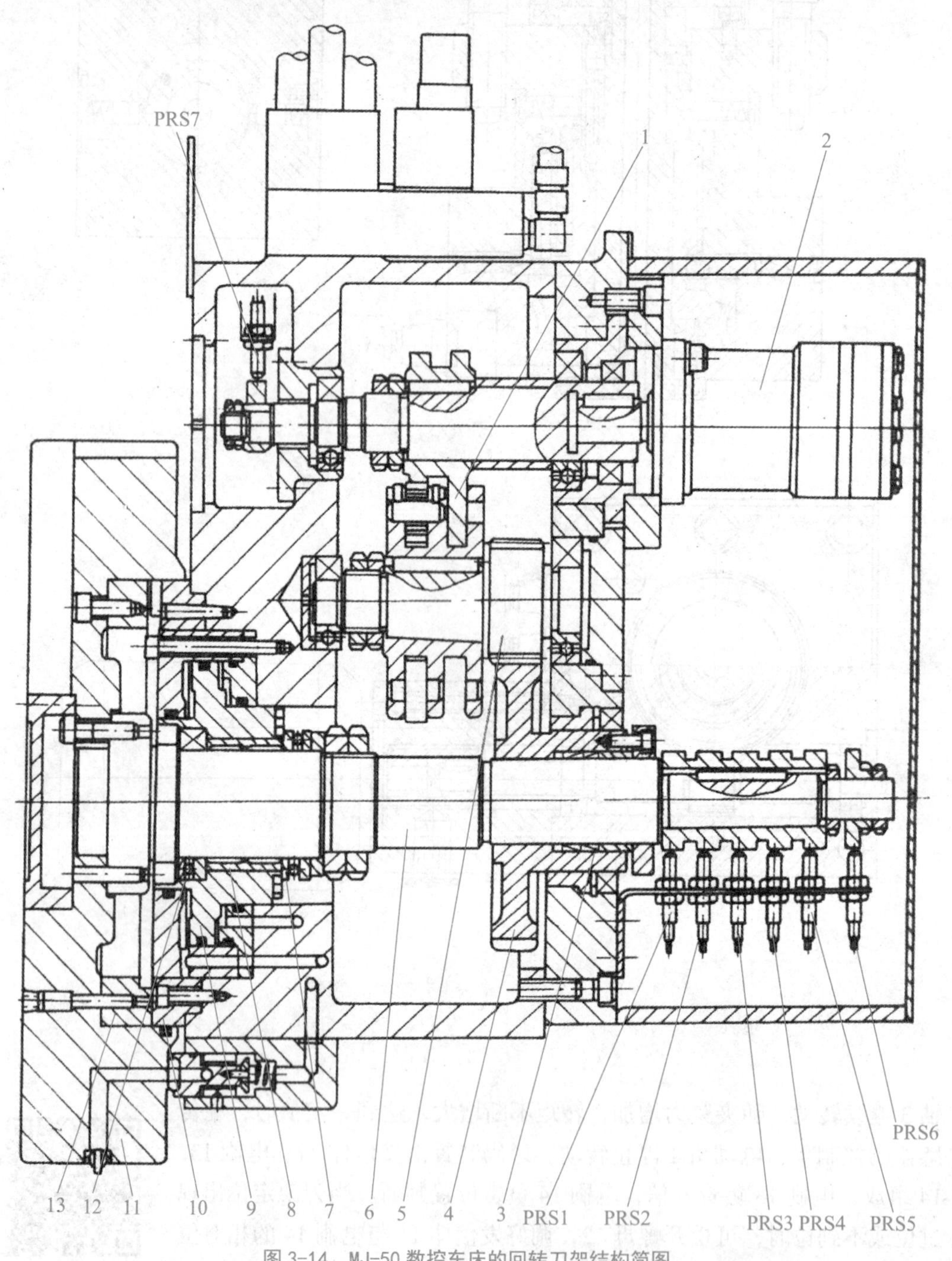

图 3-14　MJ-50 数控车床的回转刀架结构简图

1—凸轮；2—液压马达；4，5—齿轮；6—刀架主轴；7，12—球轴承；8—滚针轴承；9—活塞；10，13—鼠牙盘；11—刀盘如图 3–14 所示，该回转刀架的夹紧与松开、刀盘的转位均由液压系统驱动、PC 顺序控制来实现。11 是安装刀具的刀盘，它与刀架主轴轴 6 固定连接。当刀架主轴 6 带动刀盘旋转时，其上的鼠牙盘 13 和固定在刀架上的鼠牙盘 10 脱开，旋转到指定刀位后，刀盘的定位由鼠牙盘的啮合来完成。

学习笔记

活塞 9 支承在一对推力球轴承 7 和 12 及双列滚针轴承 8 上，它可以通过推力轴承带动刀架主轴移动。当接到换刀指令时，活塞 9 及轴 6 在压力油的推动下向左移动，使鼠牙盘 13 与 10 脱开，液压马达 2 启动带动平板共轭分度凸轮 1 转动，经齿轮 5 和齿轮 4 带动刀架主轴及刀盘旋转。刀盘旋转的准确位置，通过开关 PRS1、PRS2、PRS3、PRS4 的通断组合来检测确认。当刀盘旋转到指定的刀位后，接近开关 PRS7 通电，向数控系统发出信号，指令液压马达停转，这时压力油推动活塞 9 向右移动，使鼠牙盘 10 和 13 啮合，刀盘被定位夹紧。接近开关 PRS6 确认夹紧并向数控系统统发出信号，于是刀架的转位换刀循环完成。

在机床自动工作状态下，当指定换刀的刀号后，数控系统可以通过内部的运算判断，实现刀盘就近转位换刀，既刀盘可正传也可反转。但当手动操作机床时，从刀盘方向观察，只允许刀盘顺时针转动换刀。

知识点 4　尾座

MJ–50 数控车床出厂时一般配置标准尾座。图 3–15 所示为尾座结构简图。尾座体的移动由滑板带动移动。尾座体移动后，由手动控制的液压缸将其锁紧在床身上。

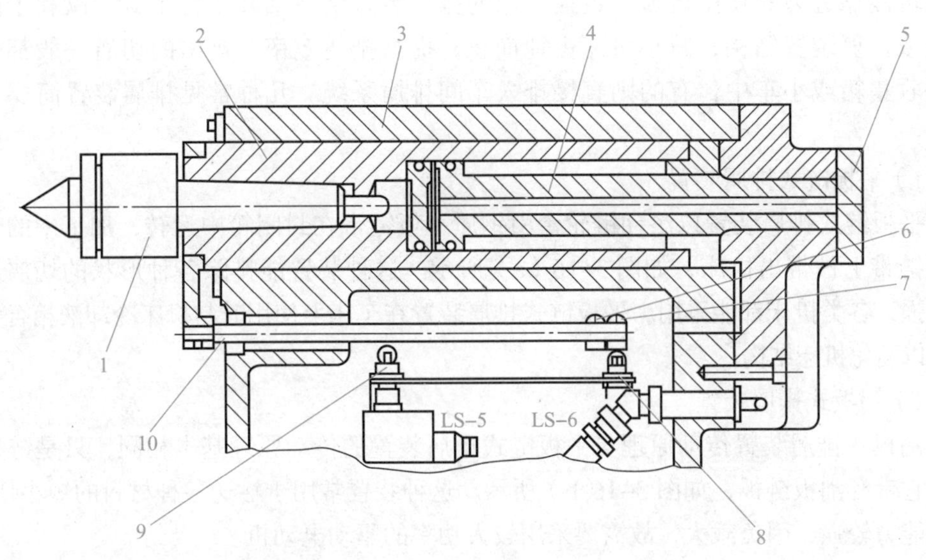

图 3–15　尾座结构简图

1—顶尖；2—尾座套筒液压缸；3—外壳；4—活塞杆；5—法兰；6，7—挡块；8，9—确认开关；10—行程杆

在调整机床时，可以手动控制尾座套筒移动。顶尖 1 与尾座套筒用锥孔连接，尾座套筒可带动顶尖一起移动。在机床自动工作循环中，可通过加工程序由数控系统控

学习笔记

制尾座套筒的移动。当数控系统发出尾座套筒伸出的指令后，液压电磁阀动作，压力油通过活塞杆 4 的内孔进入套筒液压缸 2 的左腔推动尾座套筒伸出。当数控系统指令使其退回时，压力油进入套套筒液压的右腔，从而使尾座套筒退回。

数控车床液压尾座动画

尾座套筒移动的行程，靠调整套筒外部连接的行程杆 10 上面的移动挡块 6 来完成。图 3–15 中所示移动挡块的位置在右端极限位置时，套筒的行程最长。

当套筒伸出到位时，行程杆上的挡块 6 压下确认开关 9，向数控系统发出尾座套筒到位信号。当套筒退回时，行程上的固定挡块 7 压下确认开关 8，向数控系统发出套筒退回的确认信号。

知识点 5　排屑装置

1. 排屑装置在数控机床中的作用

（1）排屑装置的主要作用是将切屑从加工区域排出到数控机床之外。

（2）切屑中往往混合着切削液，排屑装置必须将切屑从其中分离出来，送入切屑收集箱或小车里，而将切削液回收到冷却液箱。

2. 排屑装置的种类

排屑装置的种类繁多，图 3–16 所示为其中的几种。排屑装置的安装位置一般都尽可能靠近刀具切削区域。数控车床的排屑装置装在回转工件下方，以利于简化机床或排屑装置结构，减小机床占地面积，提高排屑效率。排出的切屑一般都落入切屑收集箱或小车中，有的则直接排入车间排屑系统。几种常见排屑装置简要介绍如下：

1）平板链式排屑装置

平板链式排屑装置以滚动链轮牵引钢质平板链带在封闭箱中运转，加工中的切屑落到链带上被带出机床，如图 3–16（a）所示。这种装置能排除各种形状的切屑，适应性强，各类机床都能采用。平板链式排屑装置在车床上使用时与机床冷却液箱合为一体，以简化机床结构。

2）刮板式排屑装置

刮板式排屑装置传动原理与平板链式排屑装置的传动原理基本相同，只是链板不同，它带有刮板链板，如图 3–16(b）所示。这种装置常用于输送各种材料的短小切屑，排屑能力较强，因负载大，故需要采用较大功率的驱动电动机。

3）螺旋式排屑装置

螺旋式排屑装置是采用电动机经减速装置驱动安装在沟槽中的一根长螺旋杆进行驱动。螺旋杆转动时，沟槽中的切屑即由螺旋杆推动连续向前运动，最终排入切屑收集箱，如图 3–16（c）所示。螺旋杆有两种形式：一种是用扁形钢条卷成螺旋弹簧状；另一种是在轴上焊上螺旋形钢板。这种装置占据空间小，适合安装在机床与立柱间空隙狭小的位置上。螺旋式排屑装置结构简单，排屑性能良好，但只适于沿水平或小角度倾斜直线方向排运切屑，不能大角度倾斜、提升或转向排屑。

学习笔记

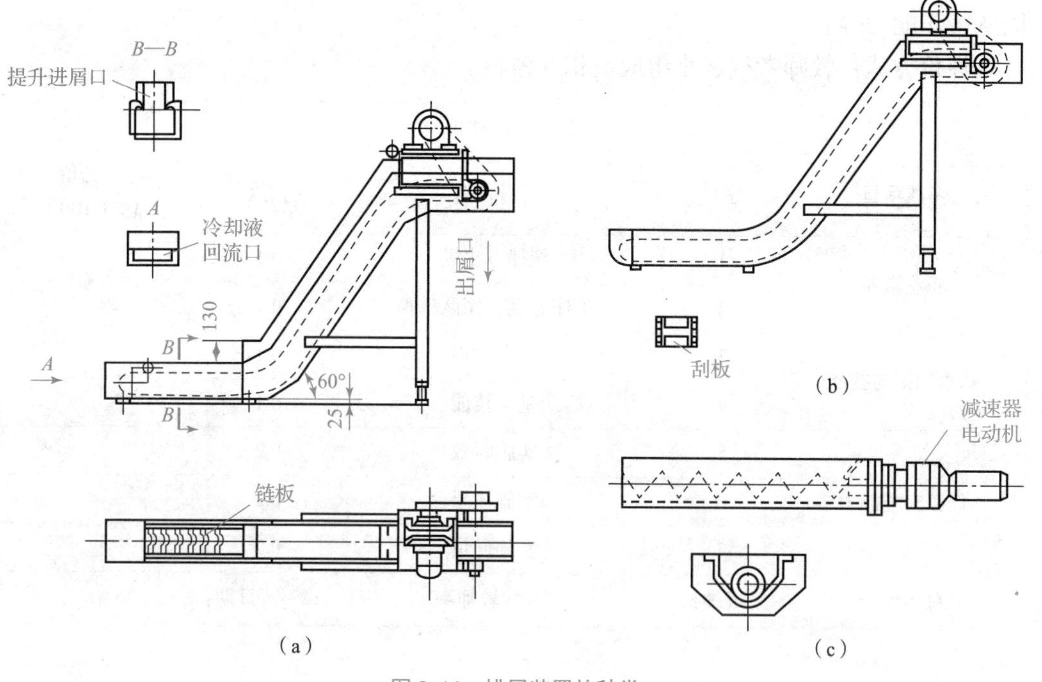

图 3-16　排屑装置的种类

(a) 平板链式排屑装置；(b) 刮板式排屑装置；(c) 螺旋式排屑装置

任务实施

根据本任务的相关知识点与技能点，绘制知识导图。

学习笔记

考核内容：职业素养、基本知识、基本技能、任务实施、工作态度、纪律出勤、团队合作能力等。

评价方式：教师考核、小组成员相互考核。

任务考核评价				
考核项目	序号	考核内容	权重	评价分值（总分 100）
职业素养	1	纪律、出勤	0.1	
	2	工作态度、团队精神	0.1	
基本知识与技能	3	基本知识	0.1	
	4	基本技能	0.1	
任务实施能力	5	实施时效	0.2	
	6	实施成果	0.2	
	7	实施质量	0.2	
总体评价	成绩：	教师：	日期：	

任务3　初识车削中心

车削中心是在普通数控车床的基础上，增加了 C 轴和动力头，有的数控车床带有刀库，可控制 X、Z 和 C 三个坐标轴，联动控制轴可以是（X、Z）、（X、C）或（Z、C）。由于增加了 C 轴和铣削动力头，故这种数控车床的加工功能大大增强，除可以进行一般车削外，还可以进行径向和轴向铣削、曲面铣削、中心线不在零件回转中心的孔和径向孔的钻削等加工。还增加了动力铣、钻、镗，以及副主轴的功能，使需要多道工序车削加工的零件在车削中心上一次性完成。它是一种复合式的车削加工机械，能让加工时间大大减少，不需要重新装夹，以达到提高加工精度的目的。

知识点1　车削中心的工艺范围

车削中心比数控车床工艺范围宽，工件一次安装几乎能完成所有表面的加工，如内外圆表面、端面、沟槽、内外圆及端面上的螺旋槽、非回转轴心线上的轴向孔、径向孔等。

学习笔记

车削中心回转刀架上可安装如钻头、铣刀、铰刀、丝锥等回转刀具，它们由单独电动机驱动，也称自驱动刀具。在车削中心上用自驱动刀具对工件的加工分为两种情况：一种是主轴分度定位后固定，对工件进行钻、铣、攻螺纹等加工；另一种是主轴运动作为一个控制轴（*C*轴），*C*轴运动和*X*、*Z*轴运动合成为进给运动，即三坐标联动，铣刀在工件表面上铣削各种形状的沟槽、凸台、平面等。在很多情况下，工件无须专门安排一道工序单独进行钻、铣加工，消除了二次安装引起的同轴度误差，缩短了加工周期。

车削中心回转刀架通常可装刀具12 ~ 16把，这对无人看管柔性加工来说，刀架上的刀具数是不够的。因此，有的车削中心装备有刀具库，刀具库有筒形或链形，刀具更换和存储系统位于机床一侧，刀具库和刀架间的刀具交换由机械手或专门机构进行。

车削中心采用可快速更换的卡盘和卡爪，普通卡爪更换时间需要5 ~ 10 min，而快速更换卡盘、卡爪的时间可控制在2 min以内。卡盘有3 ~ 5套快速更换卡爪，以适应不同直径的工件。如果工件直径变化很大，则需要更换卡盘。有时也采用人工在机床外部用卡盘夹持好工件，用夹持有新工件的卡盘更换已加工的工件卡盘，工件—卡盘系统更换常采用自动更换装置。由于工件装卸在机床外部，故实现了辅助时间和机动时间的重合，因而几乎没有停机时间。

现代车削中心工艺范围宽，加工柔性高，人工介入少，加工精度、生产效率和机床利用率都很高。

知识点2　车削中心主传动系统与C轴

车削中心的主传动系统与数控车床基本相同，只是增加了主轴的*C*轴坐标功能，以实现主轴的定向停车和圆周进给，并在数控装置控制下实现*C*轴、*Z*轴联动插补，或*C*轴、*X*轴联动插补，以进行圆柱面上或端面上任意部位的钻削、铣削、攻螺纹及曲面铣削加工，图3–17所示为*C*轴功能示意图。图3–17（a）让*C*轴分度定位（主轴不转动），在圆柱面或端面上铣直槽；图3–17（b）让*C*轴、*Z*轴实现插补进给，在圆柱面上铣螺旋槽；图3–17（c）让*C*轴、*X*轴实现插补进给，在端面上铣螺旋槽；图3–17（d）让*C*轴、*X*轴实现插补，在圆柱面上或端面上铣直线和平面。

*C*轴传动有多种结构形式，图3–18所示为MOC200MS3车削柔性加工单元的主轴传动系统结构和*C*轴传动及主传动系统简图。*C*轴分度采用可啮合和脱开的精密蜗轮蜗杆副结构，由伺服电动机驱动蜗杆1及主轴上的蜗轮3，当机床处于铣削和钻削状态，即主轴需要通过*C*轴回转或分度时，蜗杆与蜗轮啮合。*C*轴的分度精度由脉冲编码器7保证，分度精度为0.01°。

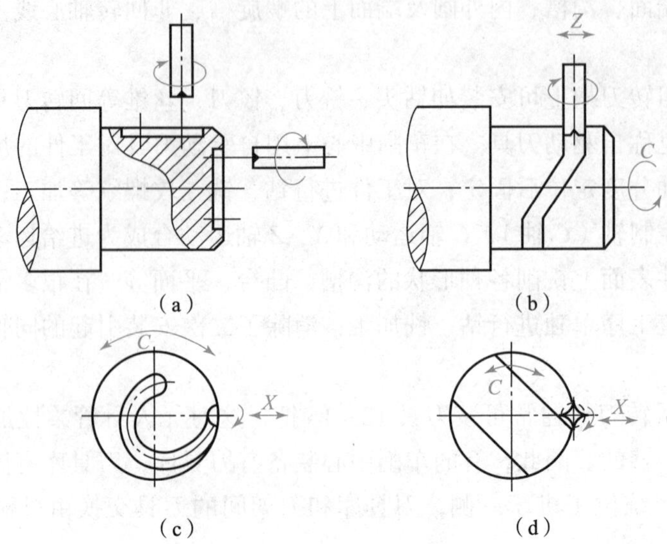

图 3-17　*C* 轴功能示意图

（a）在圆柱面或端面上铣槽；（b）在圆柱面上铣螺旋槽；

（c）在端面上铣螺旋槽；（d）铣直线和平面

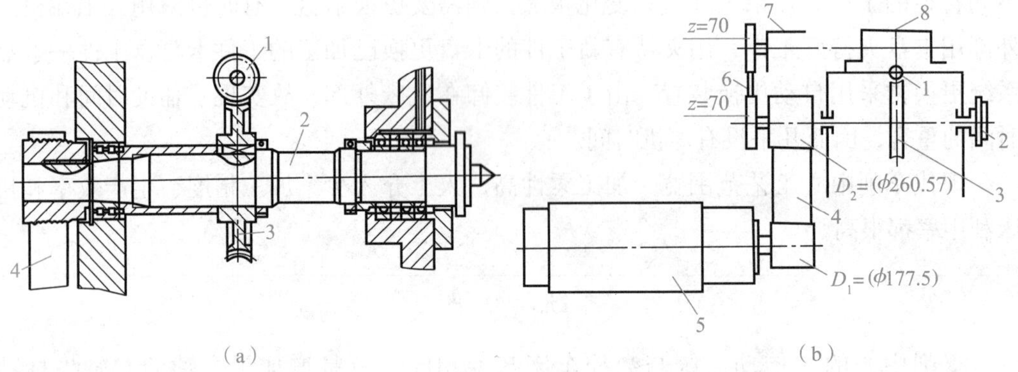

图 3-18　MOC200MS3 的 *C* 轴传动系统

（a）主轴结构简图；（b）*C* 轴传动及主传动系统简图

1—蜗杆；2—主轴；3—蜗轮；4—齿形带；5—主轴电动机；6—同步带；

7—脉冲编码器；8—*C* 轴伺服电动机

图 3-19 所示为 CH6144 车削中心的 *C* 轴传动系统简图。该部件由主轴箱和 *C* 轴控制箱两部分组成。当主轴处在一般工作状态时，换位液压缸 6 使滑移齿轮 5 与主轴齿轮 7 脱离啮合，制动液压缸 10 脱离制动，主轴电动机通过 V 带传动齿轮 11 使主轴 8 旋转。当主轴需要 *C* 轴控制做分度或回转时，主轴电动机处于停止状态，齿轮 5 与齿轮 7 啮合。在制动液压缸未制动状态下，*C* 轴伺服电动机根据指令脉冲值旋转，通过 *C* 轴变速箱变速，经齿轮 5、7 使主轴分度，然后制动液压缸工作制动主轴。在进行铣削时，除制动液压缸不制动主轴外，其他运行与上述相同，此时主轴按指令做缓慢的连续旋转进给运动。

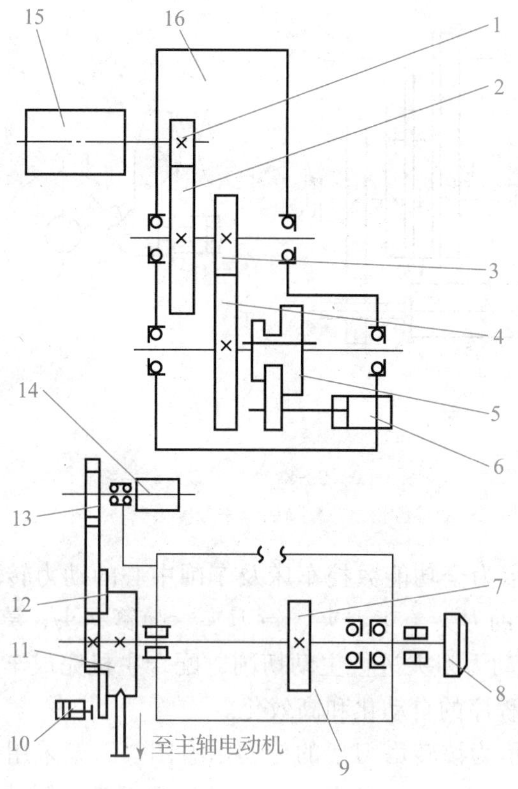

图 3-19　CH6144 车削中心的 C 轴传动系统简图

1,2,3,4—传动齿轮；5—滑移齿轮；6—换位液压缸；7—主轴齿轮；8—主轴；9—主轴箱；10—制动液压缸；11—V 带轮；12—主轴制动盘；13—同步带轮；14—脉冲编码器；15—C 轴伺服电动机；16—C 轴控制箱

图 3-20 所示为 S3-317 型车削中心的 C 轴传动系统简图。C 轴的传动是通过安装在伺服电动机上的滑移齿轮带动主轴旋转，可实现主轴旋转的进给和分度。当不使用 C 轴传动时，伺服电动机轴上的滑移齿轮脱开，主轴由主电动机带动（图中未画出）。为了防止主传动和 C 轴传动之间产生干涉，在伺服电动机上滑移齿轮的啮合位置装有检测开关（图中未画出），利用开关的检测信号识别主轴的工作状态，当 C 轴工作时，主电机就不能启动。主轴分度是采用安装在主轴上的三个 120°齿的分度齿轮来实现的。在安装时三个齿轮分别错开一个齿，以实现主轴的最小分度值 1°。主轴定位依靠带齿的连杆完成，定位后通过液压缸压紧。三个液压缸分别配合三个连杆协调动作，用电气实现自动定位控制。

知识点 3　车削中心自驱动力刀具典型结构

车削中心能在一次装夹过程中完成工件的车削、铣削、孔加工等工艺内容，因此其使用的刀架主要由三部分组成：动力源、变速装置和刀具附件（钻孔附件和铣削附件等）。

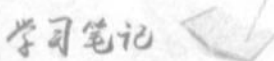

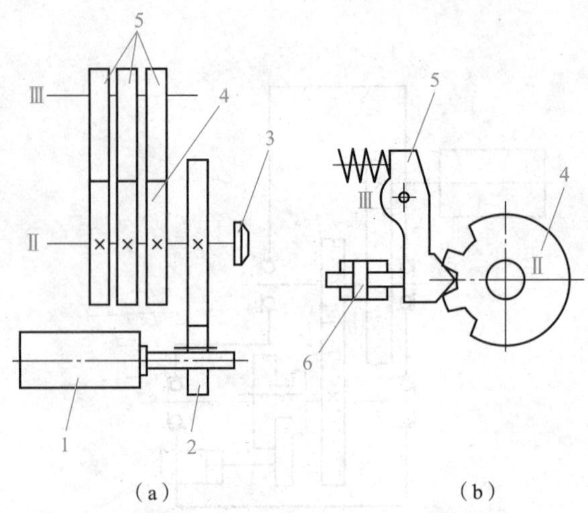

图 3-20　S3-317 的 C 轴传动系统

1—C 轴伺服电动机；2—滑移齿轮；3—主轴；4—分度齿轮；5—插销连杆；6—压紧液压缸

图 3-21（a）所示为全功能数控车床及车削中心的动力转塔刀架。刀盘上既可以安装各种非动力辅助刀夹（车刀夹、镗刀夹、弹簧夹头、莫氏刀柄），夹持刀具进行加工，还可安装动力刀夹进行主动切削，配合主机完成车、铣、钻、镗等各种复杂工序，实现加工程序的自动化和高效化。

图 3-21（b）所示为该转塔刀架的传动示意图。刀架采用端齿盘作为分度定位元件，刀架转位由三相异步电动机驱动，电动机内部带有制动机构，刀位由二进制数绝对编码器识别，并可双向转位和任意刀位就近选刀。动力刀具由交流伺服电动机驱动，通过同步齿形带、传动轴、传动齿轮、端面齿离合器将动力传递到动力刀夹，再通过刀夹内部的齿轮传动，刀具回转，实现主动切削。

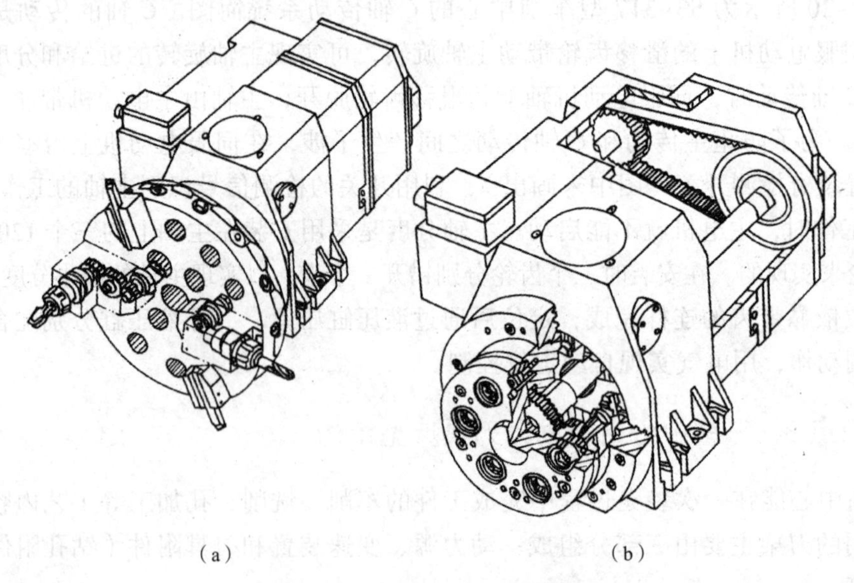

图 3-21　动力转塔刀架

（a）刀架外形；（b）传动示意图

图 3-22 所示为高速钻孔附件。轴套 4 的 A 部装入转塔刀架的刀具孔中，刀具主轴 3 的右端装有锥齿轮 1，与动力转塔刀架的中央锥齿轮相啮合。主轴前端支承是三个角接触球轴承 5，后支承为滚针轴承 2，主轴头部有弹簧夹头 6。拧紧外面的轴套，即可靠锥面的收紧力来夹持刀具。

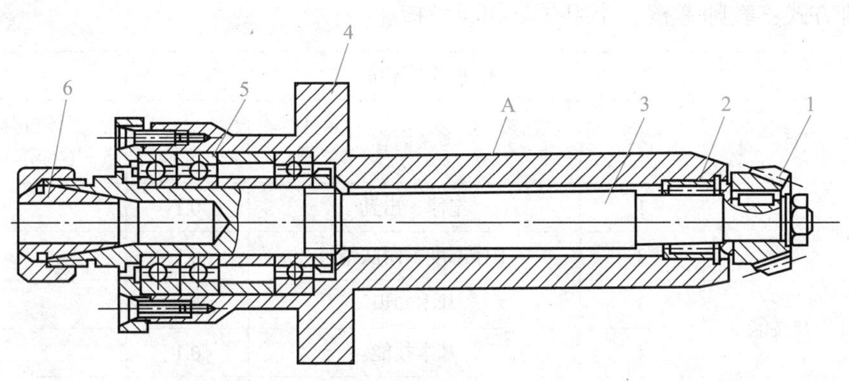

图 3-22 高速钻孔附件

1—锥齿轮；2—滚针轴承；3—主轴；4—轴套；5—角接触球轴承；6—弹簧夹头

任务实施

根据本任务的相关知识点与技能点，绘制知识导图。

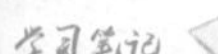

考核评价

考核内容：职业素养、基本知识、基本技能、任务实施、工作态度、纪律出勤、团队合作能力等。

评价方式：教师考核、小组成员相互考核。

任务考核评价				
考核项目	序号	考核内容	权重	评价分值（总分 100）
职业素养	1	纪律、出勤	0.1	
	2	工作态度、团队精神	0.1	
基本知识与技能	3	基本知识	0.1	
	4	基本技能	0.1	
任务实施能力	5	实施时效	0.2	
	6	实施成果	0.2	
	7	实施质量	0.2	
总体评价	成绩：	教师：	日期：	

任务 4　数控车床操作

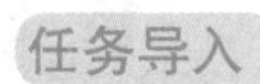

任务导入

以 2020 年“1+X”数控车铣初级考证样题为例，使用华中 HNC-818A 系统数控车床完成程序编辑和零件加工。如图 3-23 所示，毛坯：ϕ50 mm 棒料，长度 100 mm，材料 2A12 铝。

工艺过程分析：

（1）车右端端面，粗、精车右端 $\phi 48_{-0.039\,\text{mm}}^{\;0}$ 外圆、ϕ43 mm 外圆，ϕ32 mm 与 $\phi 38_{-0.039\,\text{mm}}^{\;0}$ 外圆，车 C10 倒角，至图纸要求。

（2）掉头装夹，校准同轴度小于 0.02 mm。

（3）车左端端面，保证总长 75 mm，粗、精车左端 ϕ43 mm 外圆与 M30×2-6 g 螺纹达到尺寸要求。

（4）锐边倒钝，去毛刺。

刀具选择：

外圆粗车刀，T0101；

外圆精车刀，T0202；

切槽刀，T0303，刀宽 3 mm；

外螺纹车刀，T0404。

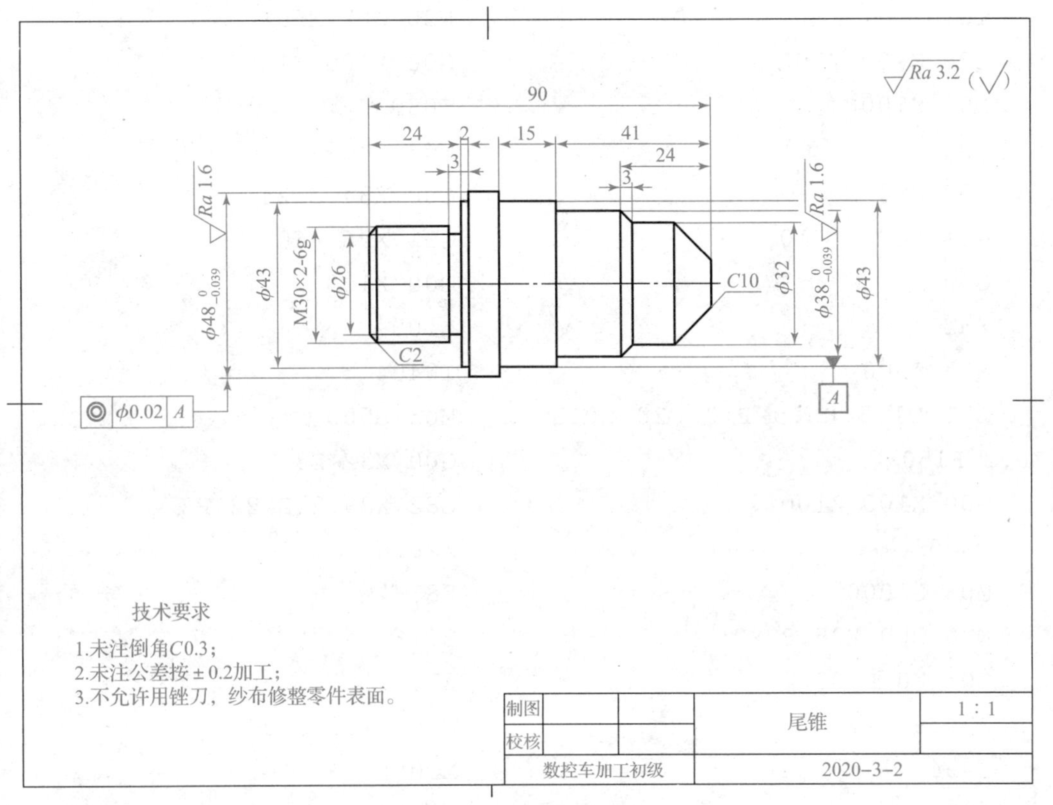

图 3-23　1+X 数控车铣初级考证样题

参考程序如下：

1. 工件右端程序

```
%1
T0101
G00 X100 Z100
M03 S1000
M08
G00 X54 Z0
G01 X-0.5 F100
G00 Z2
X52
M03 S500
G71 U1.5 R0.5 P10 Q20 X0.3
Z0.2 F150
G00 X100 Z100
T0202
M03 S1000
N10 G00 X12 Z2
G01 Z0 F100
X32 Z-10
Z-21
X38 Z-24
Z-41
X43
Z-56
X48
Z-64.5
N20 G01 X50
G00 X100 Z100
M30
```

学习笔记

2. 工件左端程序

```
%2
T0101
G00 X100 Z100
M03 S1000
M08
G00 X54 Z0
G01 X-0.5 F100
G00 Z2
X52
M03 S500
G71 U1.5 R0.5 P10 Q20 X0.3 Z0.2 F150
G00 X100 Z100
T0202
M03 S1000
N10 G00 X25.8 Z2
G01 Z0 F100
X29.8 Z-2
Z-24
X43
Z-26
N20 G01 X50
G00 X100 Z100
T0303
M03 S400
G00 X34 Z-24
G01 X26 F60
G00 X100
Z100
T0404
M03 S500
G00 X32 Z3
G82 X29.2 Z-22 F2
X28.6
28
27.6
27.4
G00 X100 Z100
M30
```

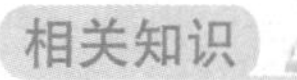

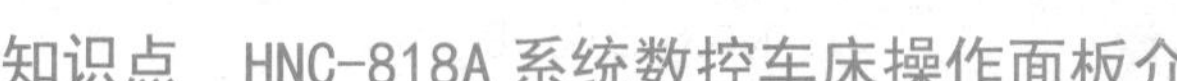

知识点 HNC-818A 系统数控车床操作面板介绍

1. 控制面板的布局

HNC-818A 系统数控车床数控装置操作台为标准固定结构，外形尺寸为 230 mm×330 mm×110 mm（*W*×*H*×*D*）。控制面板一般由机床操作面板和系统操作面板组成，主要包括机床控制面板、液晶显示器、功能软键、主菜单键、MDI 键盘和“急停”按钮等，其布局如图 3-24 所示。

HNC-818A-T 机床操作面板

2. 急停按钮

机床运行过程中，在危险或紧急情况下按下“急停”按钮，数控系统即进入急停状态，伺服进给及主轴运转立即停止工作（控制柜内的进给驱动电源被切断）；松开“急停”按钮（右旋此按钮，自动跳起），系统进入复位状态。

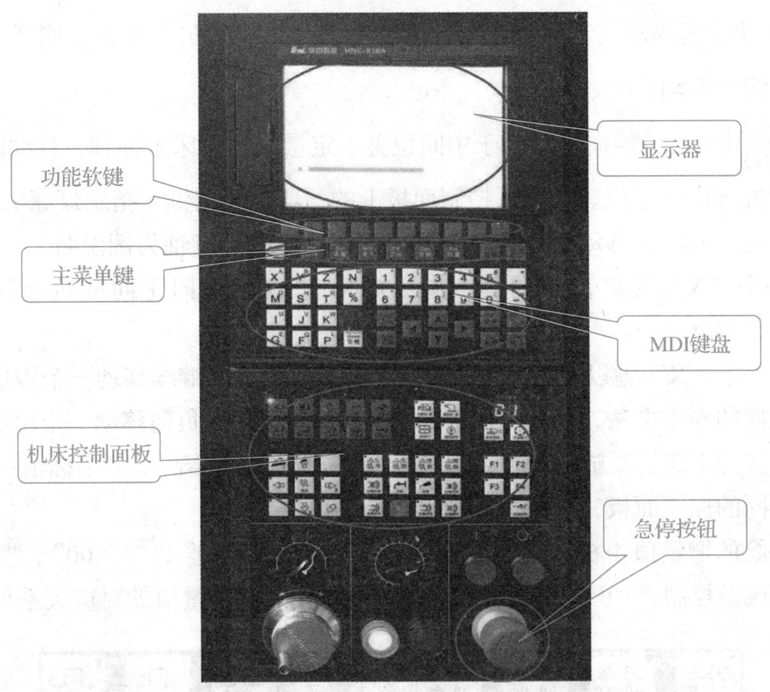

图 3-24　华中数控系统 HNC-818 数控车床控制面板布局图

解除急停前，应先确认故障原因是否已经排除，而急停解除后，应重新执行回参考点操作，以确保坐标位置的正确性。在上电和关机之前应按下“急停”按钮，以减少设备电冲击。

3. 机床控制面板

1）工作方式选择键

数控系统通过工作方式选择键，对操作机床的动作进行分类，在选定的工作方式下，只能做相应的操作。各工作方式及其工作范围如下：

（1）自动：自动连续加工工件；模拟加工工件；在 MDI 方式下运行指令。

（2）单段：一次只执行一行程序，一般用于校验程序、试加工，也可用于 MDI 方式下运行指令。

（3）手动：移动机床坐标轴；手动换刀；主轴正、反、停转；冷却液开、关。按一下“手动”按键（指示灯亮），系统处于手动运行方式，可点动移动机床坐标轴（下面以点动移动 X 轴为例说明）：

①按下“X”按键以及方向键（指示灯亮），X 轴将产生正向或负向连续移动；

②松开“X”按键以及方向键（指示灯灭），X 轴即减速停止。

用同样的操作方法，使用“Z”按键可使 Z 轴产生正向或负向连续移动。

在手动运行方式下，同时按压 X、Z 方向的轴手动按键，能同时手动控制 X、Z 坐标轴连续移动。

学习笔记

快进 手动快速移动：在手动进给时，若同时按压“快进”按键，则产生相应轴的正向或负向快速移动。

（4）增量 增量：（换向开关处于中间位置）定量移动机床坐标轴，移动距离由倍率调整，控制机床精确定位。按一下控制面板上的“增量”按键（指示灯亮），系统处于增量进给方式，可增量移动机床坐标轴（下面以增量进给 X 轴为例说明）：

①按一下“X”键以及方向键（指示灯亮），X 轴将向正向或负向移动一个增量值；

②再按一下“X”键以及方向键，X 轴将向正向或负向继续移动一个增量值；

③用同样的操作方法，使用“Z”键可使 Z 轴向正向或负向移动一个增量值；

④同时按一下 X、Z 方向的轴手动按键，能同时增量进给 X、Z 坐标轴；

根据不同的控制面板，增量值的按键不同：

增量进给的增量值由机床控制面板上的“×1”，“×10”，“×100”，“×1000”四个增量倍率按键控制，如图 3-25 所示。增量倍率按键和增量值的对应关系见表 3-1。

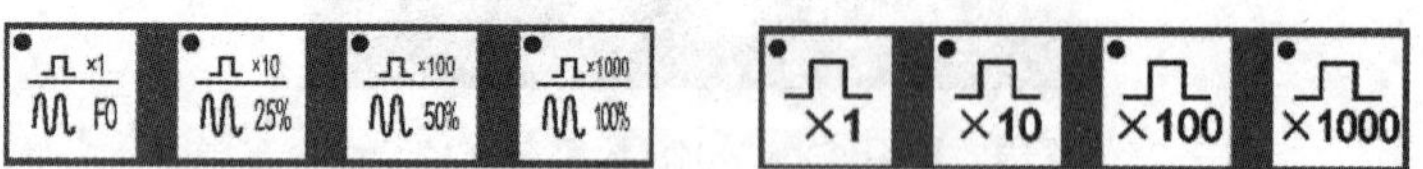

图 3-25 增量倍率按键

表 3-1 增量倍率按键与增量值的对应关系

增量倍率按键	×1	×10	×100	×1000
增量值 /mm	0.001	0.01	0.1	1

注意：这几个按键互锁，即按下其中一个（指示灯亮），其余几个会失效（指示灯灭）。

（5）手摇：当手持单元的坐标轴选择波段开关置于“X”“Y”“Z”“4TH”挡（对车床而言，只有“X”“Z”有效）时，按一下控制面板上的“增量”按键（指示灯亮），系统处于手摇进给方式，可手摇进给机床坐标轴。

以 X 轴手摇进给为例：

①手持单元的坐标轴选择波段开关置于“X”挡；

②顺时针 / 逆时针旋转手摇脉冲发生器一格，可控制 X 轴向正向或负向移动一个增量值。用同样的操作方法使用手持单元，可以控制 Z 轴向正向或负向移动一个增量值。手摇进给方式每次只能增量进给一个坐标轴。

（6）回参考点 回参考点：手动返回参考点，建立机床坐标系。控制机床运动的前提是建立机床坐标系，为此，系统接通电源、复位后首先应进行机床各轴的回参考点操作。

2）机床操作按键

（1）循环启动：在“自动”“单段”方式下有效；按下该键后，机床可以进行自动加工或模拟加工（程序校验或机床锁住时）。

（2）进给保持：自动加工过程中，按下该键，机床上刀具相对于工件的进给运动停止，但机床的主运动和辅助动作并不停止；再按下“循环启动”键后，继续运行下面的进给运动。

（3）机床锁住：在“手动”或“手摇”工作方式下按下该键，机床的所有动作无效（不能手动自动控制进给轴、主轴、冷却等实际动作），但指令运算有效，可以模拟运行程序；在其他工作方式下不能切换此键。

（4）超程解除：当机床超出安全行程时，行程开关撞到机床上的挡块，切断机床的伺服强电，机床不能动作，起到保护作用。如要重新工作，需一直按下该键，接通伺服电源，同时再在“手动”工作方式下按超程的反向移动机床，使行程开关离开挡块。在伺服轴行程的两端各有一个极限开关，作用是防止伺服碰撞而损坏。每当伺服碰到行程极限开关时，就会出现超程。当某轴出现超程（“超程解除”按键内指示灯亮）时，系统视其状况为紧急停止，要退出超程状态时，可进行以下操作：

①置工作方式为“手动”或“手摇”方式；

②一直按压着“超程解除”按键（控制器会暂时忽略超程的紧急情况）；

③在“手动”或“手摇”方式下，使该轴向相反方向退出超程状态；

④松开“超程解除”按键；

⑤若显示屏上运行状态栏“运行正常”取代了“出错”，则表示恢复正常，可以继续操作。

（5）MST 锁住：该功能用于禁止 M、S、T 辅助功能。在只需要机床进给轴运行的情况下，可以使用“MST 锁住”功能：在手动方式下，按一下“MST 锁住”按键（指示灯亮），机床辅助功能 M 指令、S 指令、T 指令均无效。

（6）手动换刀：在“手动”方式下，按一下“手动换刀”按键，系统会预先计数转塔刀架转动一个刀位，依次类推，按几次“手动换刀”键，系统就预先计数转塔刀架转动几个刀位，松开后，转塔刀架才真正转动至指定的刀位。此为预选刀功能，可避免因换刀不当而导致的撞刀。操作示例如下：当前刀位为 1 号刀，要转换到 4 号刀，可连续按“手动换刀”键 3 次，4 号刀就会转至正确的位置。

（7）主轴正转：在“手动”或“手摇”方式下按下该键，主轴正转；反转无效。

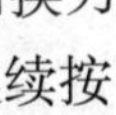

（8）主轴反转：在“手动”或“手摇”方式下按下该键，主轴反转；正转无效。

（9）主轴停止：按下该键，主轴停转；机床在做进给运动时，该键无效。

（10）主轴点动：在“手动”方式下可点动转动主轴：

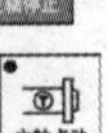

①按压主轴点动，按键指示灯亮，主轴将产生正向连续转动；

学习笔记

②松开主轴点动，按键指示灯灭，主轴即减速停止。

（11）空运行：在“自动”方式下按下该键，机床以系统最大快移速度运行程序，一般在程序校验时用，本机床无效。

（12）主轴修调：主轴正转及反转的速度可通过主轴修调调节，旋转主轴修调波段开关，倍率的范围为 50% ~ 120%；机械齿轮换挡时，主轴速度不能修调。

（13）快速修调：调节程序中 G00 快速移动的速度。根据不同的控制面板，快移修调的操作方法不同：

①修调波段开关：在“自动”方式或 MDI 运行方式下，旋转快移修调波段开关，修调程序中编制的快移速度，修调范围为 0% ~ 100%；

②修调倍率按钮：在“自动”方式或 MDI 运行方式下，按下相应的快移修调倍率按钮。

（14）进给修调：调节手动进给速度和程序中 G01 工作进给的速度。

在“自动”方式或 MDI 运行方式下，当 F 代码编程的进给速度偏高或偏低时，可旋转进给修调波段开关，修调程序中编制的进给速度，修调范围为 0% ~ 120%。在手动连续进给方式下，此波段开关可调节手动进给速率。

（15）倍率选择键：在“增量”和“手摇”方式下调节定量移动的距离量。

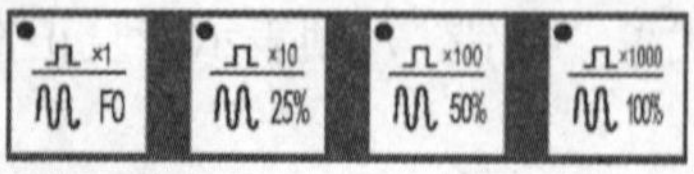

（16）坐标轴手动按键：在“手动”“增量”和“回零”方式下有效。“回零”时确定参考点的轴和方向；“增量”时确定机床定量移动的轴和方向；“手动”时确定机床移动的轴和方向。通过这些按键，可以手动控制刀具或工作台的运动（移动和快速移动）。

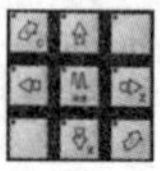

（17）卡盘松紧：在“手动”方式下，按一下“卡盘松紧”按键松开工件（默认值为夹紧），可以进行更换工件操作，再按一下为夹紧工件，可以进行加工工件操作，如此循环。本机床无效。

（18）冷却启动与停止：在“手动”方式下，按一下“冷却”按键，冷却液开（默认值为冷却液关），再按一下为冷却液关，如此循环。

4. 系统操作面板

1）显示屏

显示屏是数控系统人机对话的界面，显示一系列的数字、文字、符号以及向用户反应机床的即时信息。其布局如图 3–26 所示。

显示屏包含主要内容如下：

（1）标题栏：

①主菜单名：显示当前激活的主菜单名；

②工位信息：显示当前工位号；

③加工方式：系统工作方式根据机床控制面板上相应按键的状态可在“自动”（运行）、“单段”（运行）、“手动”（运行）、“增量”（运行）、“回零”和“急停”之间切换；

④主菜单名：显示当前激活的主菜单按键；

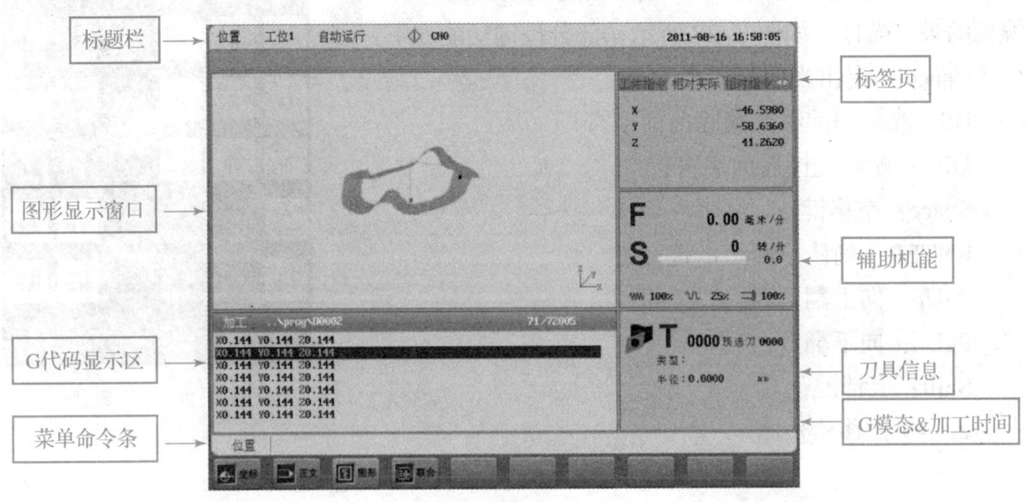

图 3–26　数控系统显示屏

⑤通道信息：显示每个通道的工作状态，如“运行正常”“进给暂停”“出错”；

⑥系统时间：当前系统时间（机床参数里可选）；

⑦系统报警信息。

（2）图形显示窗口：这块区域显示的画面，根据所选菜单键的不同而不同。

（3）G 代码显示区：预览或显示加工程序的代码。

（4）菜单命令条：通过菜单命令条中对应的功能键来完成系统功能的操作。

（5）标签页：用户可以通过切换标签页，查看不同的坐标系类型。

（6）辅助机能：自动加工中的 F、S 信息，以及修调信息。

（7）刀具信息：当前所选刀具。

（8）G 模态 & 加工时间（在“程序”主菜单下）：显示加工过程中的 G 模态，以及系统本次加工的时间。

2）功能软键

如图 3–27 所示，功能软键用来选择显示屏中对应的菜单，完成系统功能，不同菜单层对应的功能不同。

学习笔记

学习笔记

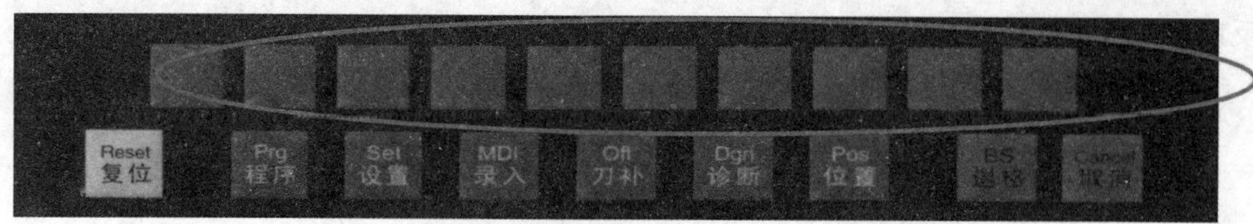

图 3-27　功能软键

3）MDI 键盘

和计算机键盘按键功能一样，MDI 键盘包括字母键、数字键、编辑键和光标移动键等，用于参数设置和程序编辑的录入操作。如图 3-28 所示，部分按键功能如下：

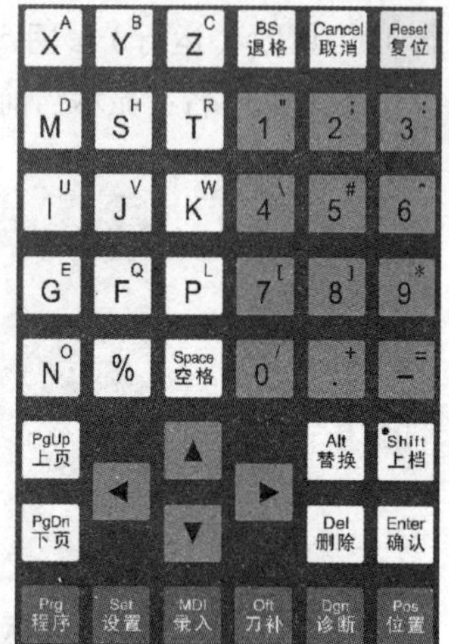

图 3-28　MDI 键盘

Cancel：退出当前窗口；

BS：光标向前移并删除前面字符；

DEL：删除光标后面字符；

Space：空格键；

ENTER：确认（回车）键；

PgUp：向上翻页；

PgDn：向下翻页；

Shift：上档键；

▲、▼：移动光标。

任务实施

1. 零件加工的操作流程

（1）开机；

（2）回零；

（3）编辑零件加工程序；

（4）装夹工件，加工零件右端；

（5）装刀；

（6）对刀设置工件坐标系及磨损量；

（7）右端程序模拟运行；

（8）执行程序，加工零件右端；

（9）测量、修调磨损量；

（10）再次加工；

（11）再次测量直至零件合格；

（12）零件掉头装夹，加工零件左端；

（13）对刀设置工件坐标系及磨损量；

（14）左端程序模拟运行；

学习笔记

（15）执行程序，加工零件左端；

（16）测量、修调磨损量；

（17）再次加工；

（18）再次测量直至零件合格；

（19）加工完毕后清扫、保养机床并关机。

HNC-818A-T 系统操作面板

2. 开机

急停→接通外部电源→接通机床电源→复位（右旋急停）。

接通数控装置电源后，HNC-818A 自动运行系统软件。此时，液晶显示器显示如图 3-28 所示的系统上电屏幕（软件操作界面），工作方式为“急停”。

注意：为了保护机床，开关机以前一定要先把机床“急停”。

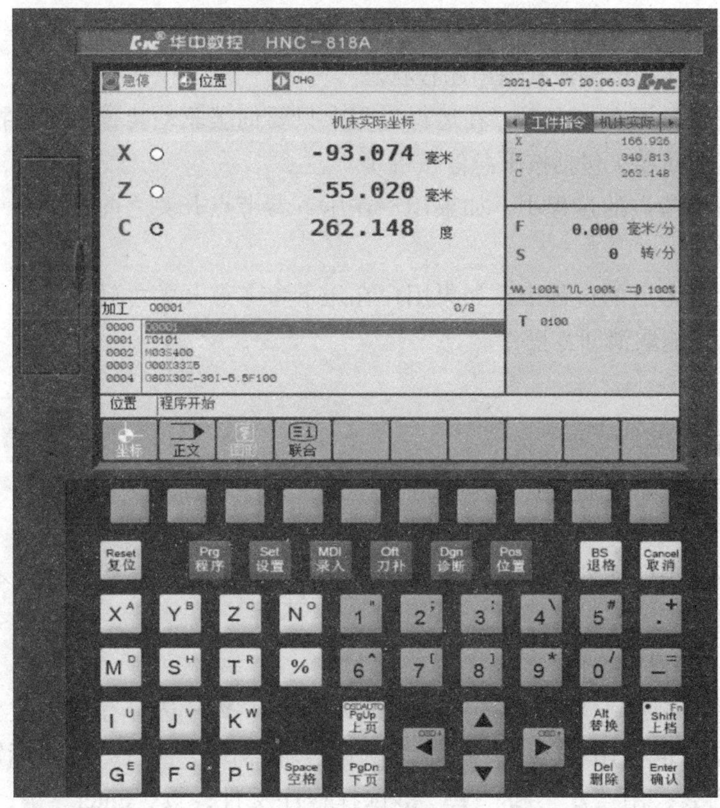

图 3-28 开机后“急停”状态

3. 回零

控制机床运动的前提是建立机床坐标系，为此，系统接通电源、复位后首先应进行机床各轴回参考点操作。方法如下：

（1）如果系统显示的当前工作方式不是回零方式，则按一下控制面板上的“回零”按键，确保系统处于“回零”方式。

学习笔记

（2）根据 X 轴机床参数“回参考点方向”，按一下“+X”（回参考点方向为“+X”）或“–X”（回参考点方向为“–X”）按键，X 轴回到参考点后，“+X”或“–X”按键内的指示灯亮。

（3）用同样的方法使用“+Z”“–Z”按键，使 Z 轴回参考点。

所有轴回参考点后，即建立了机床坐标系。

注意：

（1）在每次电源接通后，必须先完成各轴的返回参考点操作，然后再进入其他运行方式，以确保各轴坐标的正确性。

（2）同时按下 X、Z 轴向选择按键，可以使 X、Z 轴同时返回参考点。

（3）在回参考点前，应确保回零轴位于参考点的“回参考点方向”相反侧（如 X 轴的回参考点方向为负，则回参考点前，应保证 X 轴当前位置在参考点的正向侧），否则应手动移动该轴直到满足此条件。

（4）在回参考点过程中，若出现超程，则按住控制面板上的“超程解除”按键，向相反方向手动移动该轴使其退出超程状态。

（5）系统各轴回参考点后，在运行过程中只要伺服驱动装置不出现报警，其他报警都不需要重新回零（包括按下急停按键）。

（6）在回参考点的过程中，如果用户在压下参考点开关之前按下“复位”键，则回零操作被取消。

（7）在回参考点的过程中，如果用户在压下参考点开关之后按下“复位”键，则按此键无效，不能取消回零操作。

4. 编辑程序

1）编辑新程序

按“程序→编辑→新建”对应功能键，输入文件名后，按“Enter”键确认，即可编辑新文件了。

注意：新建程序文件的默认目录为系统盘的 prog 目录；新建文件名不能和已存在的文件名相同。

2）选择已有程序编辑

按“程序→选择”对应功能键，用“▲”和“▼”选择存储器类型（系统盘、U 盘、CF 卡），也可用“Enter”键查看所选存储器的子目录；用光标键“▸”切换至程序文件列表；用“▲”和“▼”键选择程序文件；按“Enter”键，即可将该程序文件选中并调入加工缓冲区。如果被选程序文件是只读 G 代码文件，则有［R］标识。

注意：

（1）如果用户没有选择，则系统指向上次存放在加工缓冲区的一个加工程序；

（2）程序文件名一般是由字母“O”开头，后跟四个（或多个）数字或字母组成，系统默认程序文件名是由 O 开头的；

（3）HNC-818 系统支持的文件名长度为 8+3 格式：文件名由 1 ~ 8 个字母或数字组成，再加上扩展名（0 ~ 3 个字母或数字组成），如“MyPart.001”“O1234”等。

学习笔记

3）后台编辑已有程序

按“程序→选择→选择程序→后台编辑”对应功能键，即可编辑当前载入的文件。

4）后台编辑新程序

按“程序→选择→后台编辑→后台新建”对应功能键，系统自动新建一个文件，按“Enter”键后，即可编写新建的加工程序。

5）程序删除

按“程序→程序管理”对应功能键，选择文件盘符→用光标选择文件或文件夹→按“删除”键，系统询问“确定要删除文件吗？（Y/N）”→按“Y”键，则删除所选盘符的所有文件，按“N”键，则取消操作。

注意：当前运行的程序不可直接删除，可通过“标记”功能进行多选删除，删除的程序文件不可恢复。

6）程序复制

在“程序→选择”子菜单下，选择需要复制的文件→用户可以按“设置标记”，进行文件的多选操作→按“复制”对应功能键→选择目的文件夹（注意：必须是不同的目录）→按“粘贴”对应功能键，完成拷贝文件的工作。

5. 程序模拟运行

手动→机床锁住→空运行→自动→程序→选择→利用光标上下键选择需要程序的文件名，并按“Enter”键确认→按“位置”软键→按“图形”软键切换到轨迹界面→循环启动→观察程序规定刀具的轨迹，检查程序的正确性。

注意：若运行当前程序，则可以省略选择程序步骤；若不选择程序校验直接循环启动，则为仿真校验；若选择程序校验可以不锁住机床，则为快速轨迹校验。为了避免程序在没有校验是否正确前加工，应该锁住机床进行校验。

6. 工件的装夹

利用三爪卡盘装夹工件，它的三个爪通过螺杆一起移动，而且夹紧力较大。由于其装夹后自动定心，所以装夹效率较高，装夹时如有跳动，则必须用划线盘或百分表找正，使工件回转中心与车床主轴中心对齐。图 3–29 所示为用百分表找正外圆的示意图。

7. 数控车床的刀具安装

在 1 号刀位装上外圆车刀，在 2 号刀位上装上切断刀。

刀杆安装时应注意的问题：

（1）车刀安装时其底面应清洁、无黏着物。若使用垫片调整刀尖高度，垫片应平直，最多不能超过 3 块。如果内侧和外侧面需要作安装定位面，则也应擦净。

学习笔记

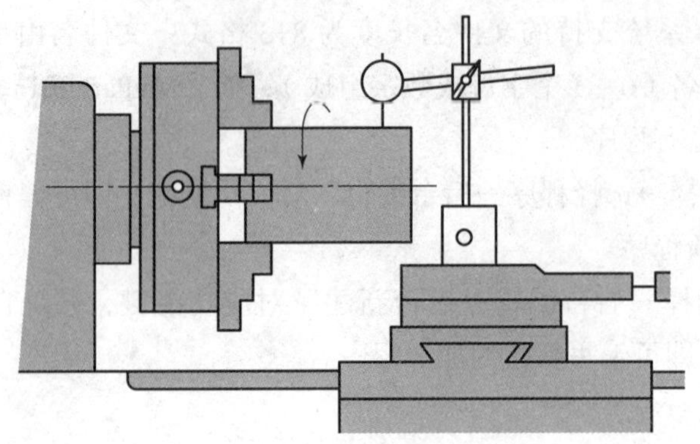

图 3-29　工件装夹找正

（2）刀杆伸出长度在满足加工要求下应尽可能短，一般伸出长度是刀杆高度的 1.5 倍。如确实要伸出较长才能满足加工需要，则也不能超过刀杆高度的 3 倍。

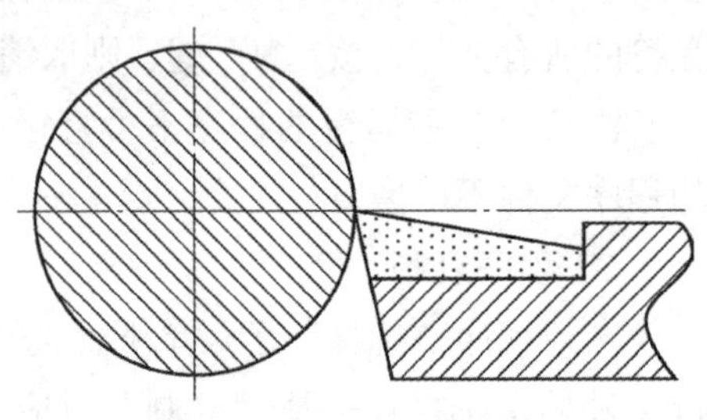

图 3-30　车刀刀尖应与工件中心等高

（3）车刀刀杆中心线应与进给方向垂直，车刀刀尖与工件中心等高，刀尖不对中心会留有凸头或崩刃，如图 3-30 所示。

注意：刀具装好后，一定要把刀具钥匙取下。

8. 对刀设置工件坐标系

编程前要先在零件图纸上建立工件坐标系，本项目中将工件坐标系建立在工件轴心线与右端面的交点处。

外圆刀采用试切法对刀设置工件坐标系，试切对刀的基本操作步骤如表 3-2 所示。

表 3-2　华中数控系统数控车床外圆车刀试切对刀的基本操作步骤

步骤	操作内容	操作示意（结果）图
1	选择“刀补”	Reset 复位　Prg 程序　Set 设置　MDI 录入　Oft 刀补　Dgn 诊断　Pos 位置　BS 退格　Cancel 取消
2	选择“刀偏”	刀偏表　刀偏　刀补　刀架平移　试切直径　试切长度 Reset 复位　Prg 程序　Set 设置　MDI 录入　Oft 刀补　Dgn 诊断　Pos 位置　BS 退格　Cancel 取消

续表

学习笔记

步骤	操作内容	操作示意（结果）图
3	将光标移动到要设置的刀具上	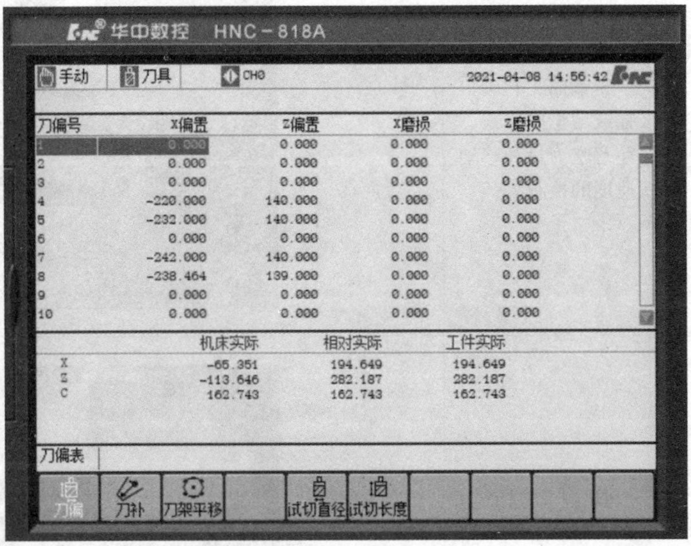
4	选择“手动”	
5	选择“主轴正转”	
6	定位（利用坐标轴移动键，注意倍率和方向的控制）	

学习笔记

续表

步骤	操作内容	操作示意（结果）图
7	车端面（利用手摇或增量的方式，注意吃刀量和移动速度的控制）	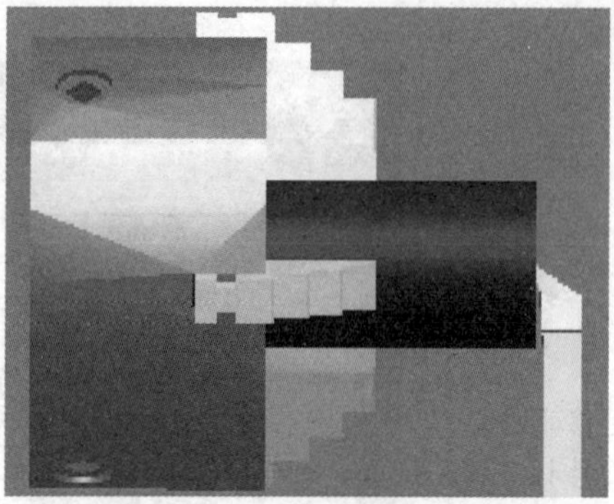
8	退刀（X向退刀，注意不要移动Z轴）	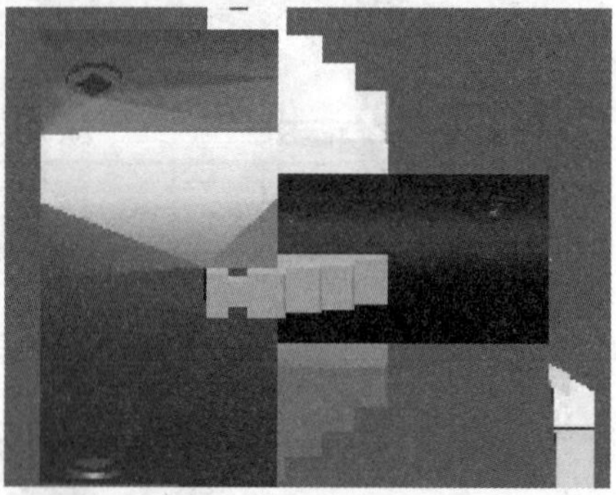
9	光标移动到对应刀号（使用光标移动键），按“试切长度”软键并输入“Z0”	
10	按下“Enter”键	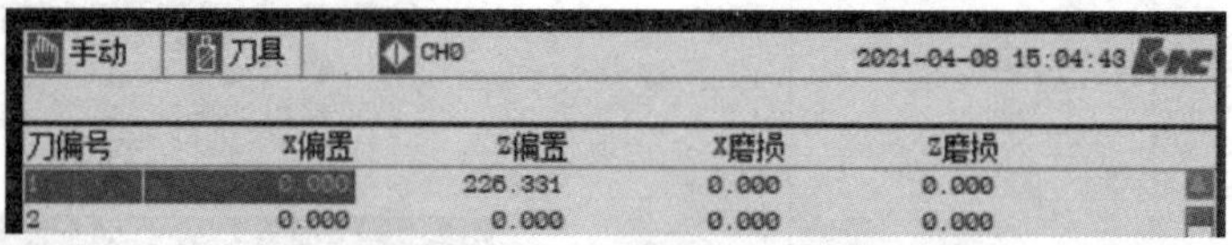
11	定位（利用坐标轴移动键，注意倍率和方向的控制）	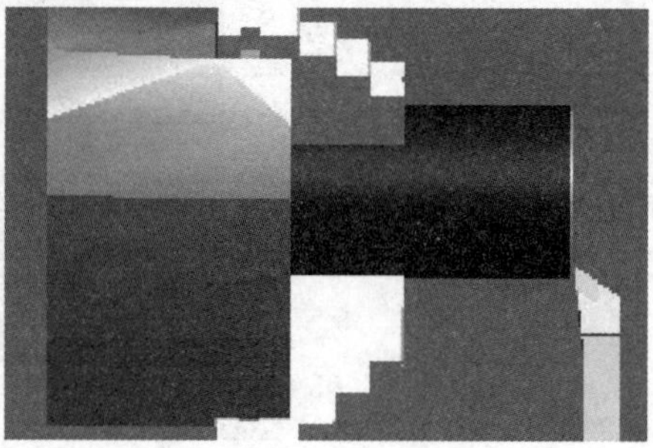

步骤	操作内容	操作示意（结果）图
12	车外圆（利用手摇或增量的方式，注意吃刀量和移动速度的控制）	
13	退刀（Z向退刀，注意不要移动X轴）	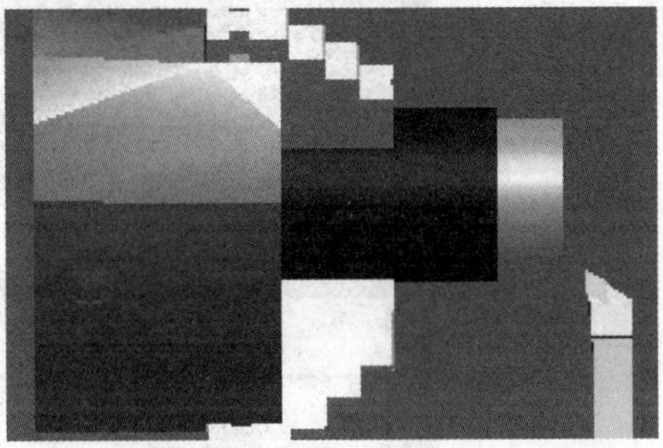
14	选择“主轴停止”	 主轴正转 主轴停止 主轴反转
15	测量试切外圆直径（可选择游标卡尺或外径千分尺）	
16	光标移动到对应刀号（使用光标移动键），按“试切直径”软键并输入X+所测外圆直径	 刀偏表 X30.24 刀偏 刀补 刀架平移 试切直径 试切长度
17	按下“Enter”键	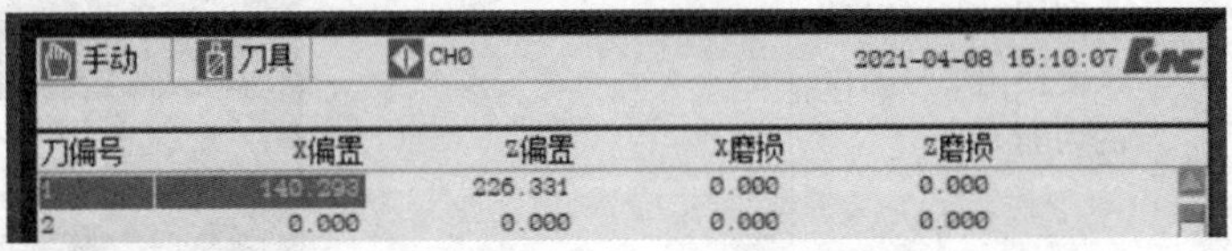 手动 刀具 CH0 2021-04-08 15:10:07 刀偏号 X偏置 Z偏置 X磨损 Z磨损 1 140.293 226.331 0.000 0.000 2 0.000 0.000 0.000 0.000

学习笔记

由于外圆刀采用试切法对刀设置工件坐标系后，切断刀对刀时就不能采用试切法对刀，否则切断刀的工件（加工）坐标系和外圆刀的工件（加工）坐标系不能完全重叠，所以切断刀采用贴碰法对刀。贴碰法对刀的基本操作步骤如表 3–3 所示。

表 3–3　华中数控系统数控车床切断刀贴碰法对刀的基本操作步骤

步骤	操作内容	操作示意（结果）图
1	选择“刀补”	
2	选择“刀偏”	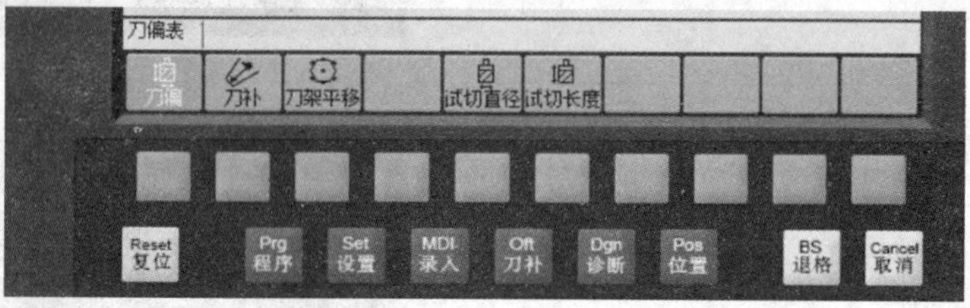
3	将光标移动到要设置的刀具上	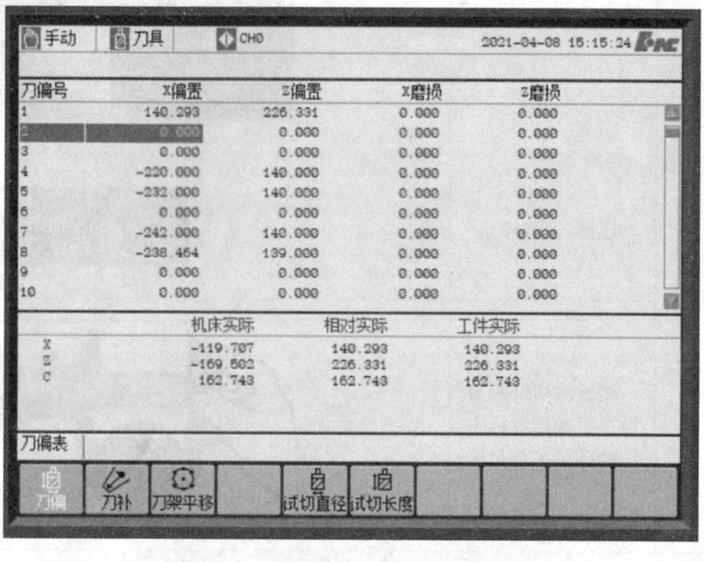
4	选择“手动”	
5	利用“刀位转换”按键换出 2 号刀位的切断刀	

续表

步骤	操作内容	操作示意（结果）图
6	选择“主轴正转”	 主轴正转 主轴停止 主轴反转
7	定位（利用坐标轴移动键，注意倍率和方向的控制）	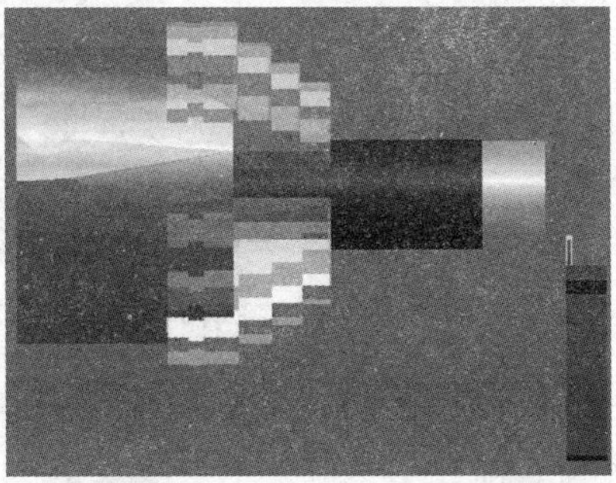
8	贴碰端面（利用手摇或增量的方式，注意移动速度的控制）	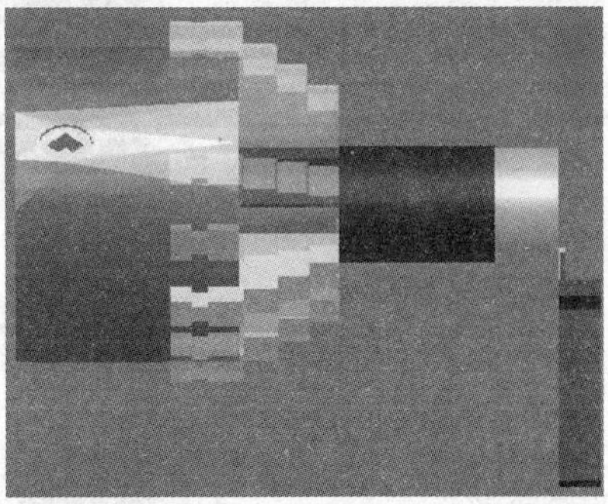
9	退刀（X向退刀，注意不要移动Z轴）	
10	光标移动到对应刀号（使用光标移动键），按“试切长度”软键并输入“Z0”	 刀偏表 Z0 刀偏 刀补 刀架平移 试切直径 试切长度
11	按下“Enter”键	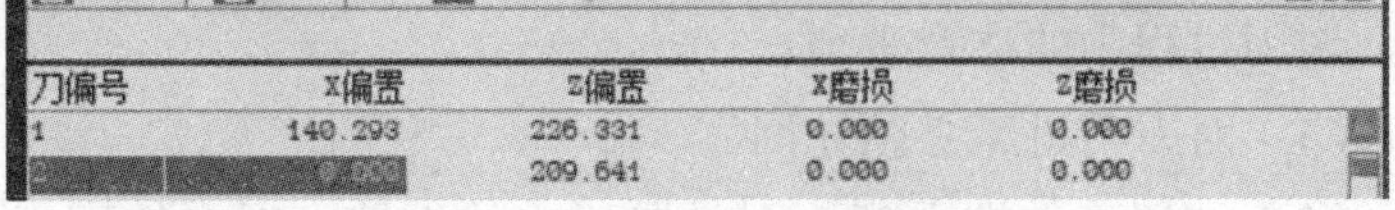 手动 刀具 CH0 2021-04-08 15:26:21 刀偏号 X偏置 Z偏置 X磨损 Z磨损 1 140.293 226.331 0.000 0.000 2 0.000 209.641 0.000 0.000

学习笔记

续表

步骤	操作内容	操作示意（结果）图
12	定位（利用坐标轴移动键，注意倍率和方向的控制）	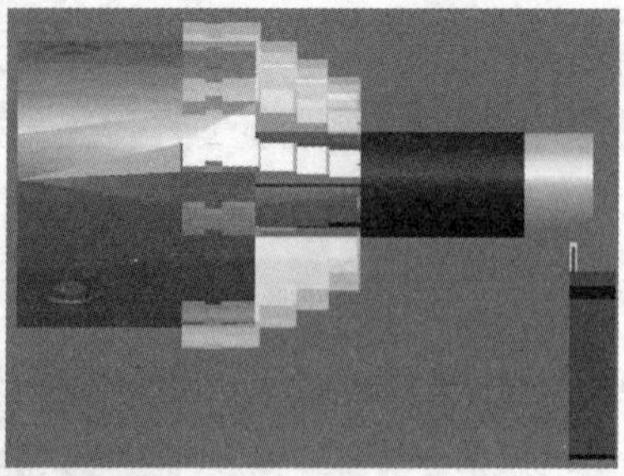
13	贴碰外圆（利用手摇或增量的方式，注意移动速度的控制）	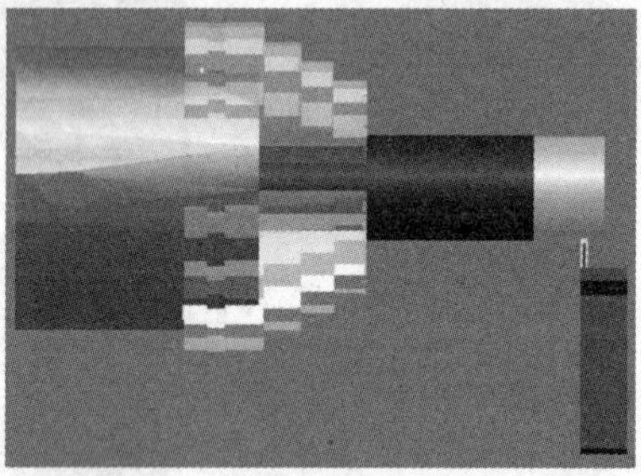
14	退刀（*Z*向退刀，注意不要移动*X*轴）	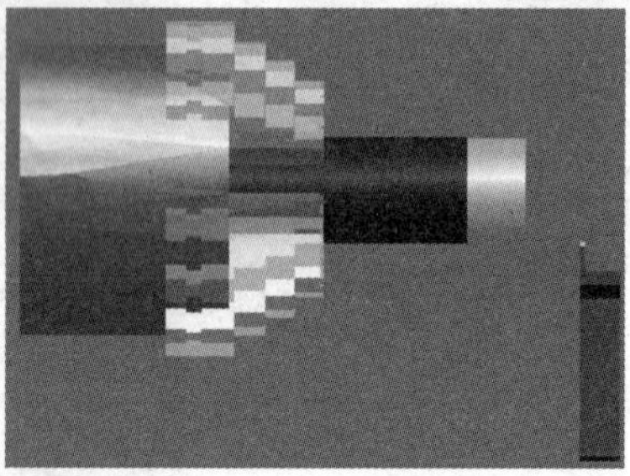
15	光标移动到对应刀号（使用光标移动键），按“试切直径”软键并输入*X*+外圆直径	
16	按下“Enter”键	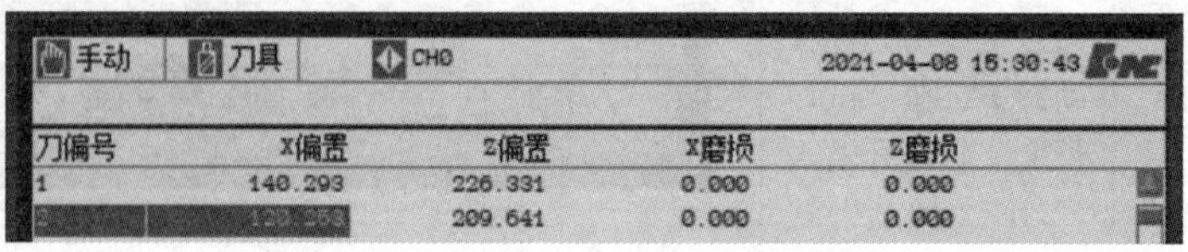

对刀过程中的注意事项：

（1）对刀前机床必须先回零。

（2）试切工件端面到该刀具要建立的工件坐标系的零点位置的有向距离，也就是试切工件端面在要建立的工件坐标系中的 Z 轴坐标值。

学习笔记

（3）设置的工件坐标系 X 轴零点偏置等于当前刀尖点机床坐标系 X 坐标减去试切直径，因而试切工件外径后不得移动 X 轴。

（4）设置的工件坐标系 Z 轴零点偏置等于当前刀尖点机床坐标系 Z 坐标减去试切长度，因而试切工件端面后，不得移动 Z 轴。

（5）试切时，主轴应处于转动状态，且吃刀量不能太大。

（6）对刀时，最好用手摇方式，且手摇倍率应小于“×100”，如果在手动方式下对刀，则应将进给倍率调小至适当值，否则容易崩刀。

9. 零件加工

1）自动运行

选择自动加工方式→按“程序”软键→按“选择”软键→利用光标上下键选择需要程序的文件名，并按“Enter”键确认→循环启动。

2）单段运行

选择单段加工方式→按“程序”软键→按“选择”软键→利用光标上下键选择需要程序的文件名，并按“Enter”键确认→循环启动。

3）指定行运行

按“程序→任意行→指定行号”对应功能键，在系统给出的编辑框中输入开始运行行的行号；按“Enter”键确认操作；按机床控制面板上的“循环启动”键，程序从指定行号开始运行。

10. 零件加工精度保证（见表 3-4）

表 3-4　刀具磨损量的设置

步骤	操作内容	操作示意（结果）图
1	开机回零完成后，选择“刀补”按键	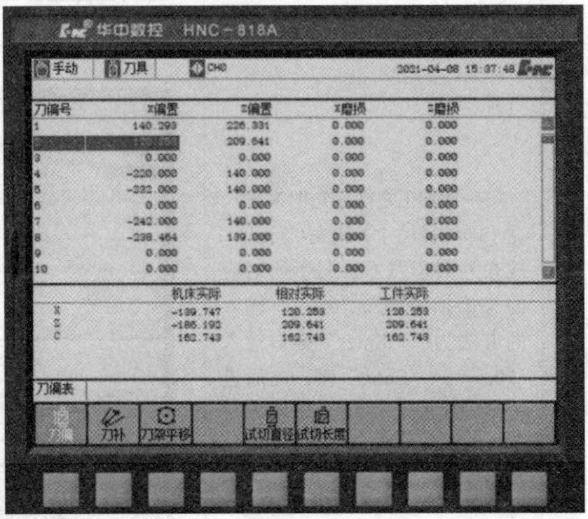

续表

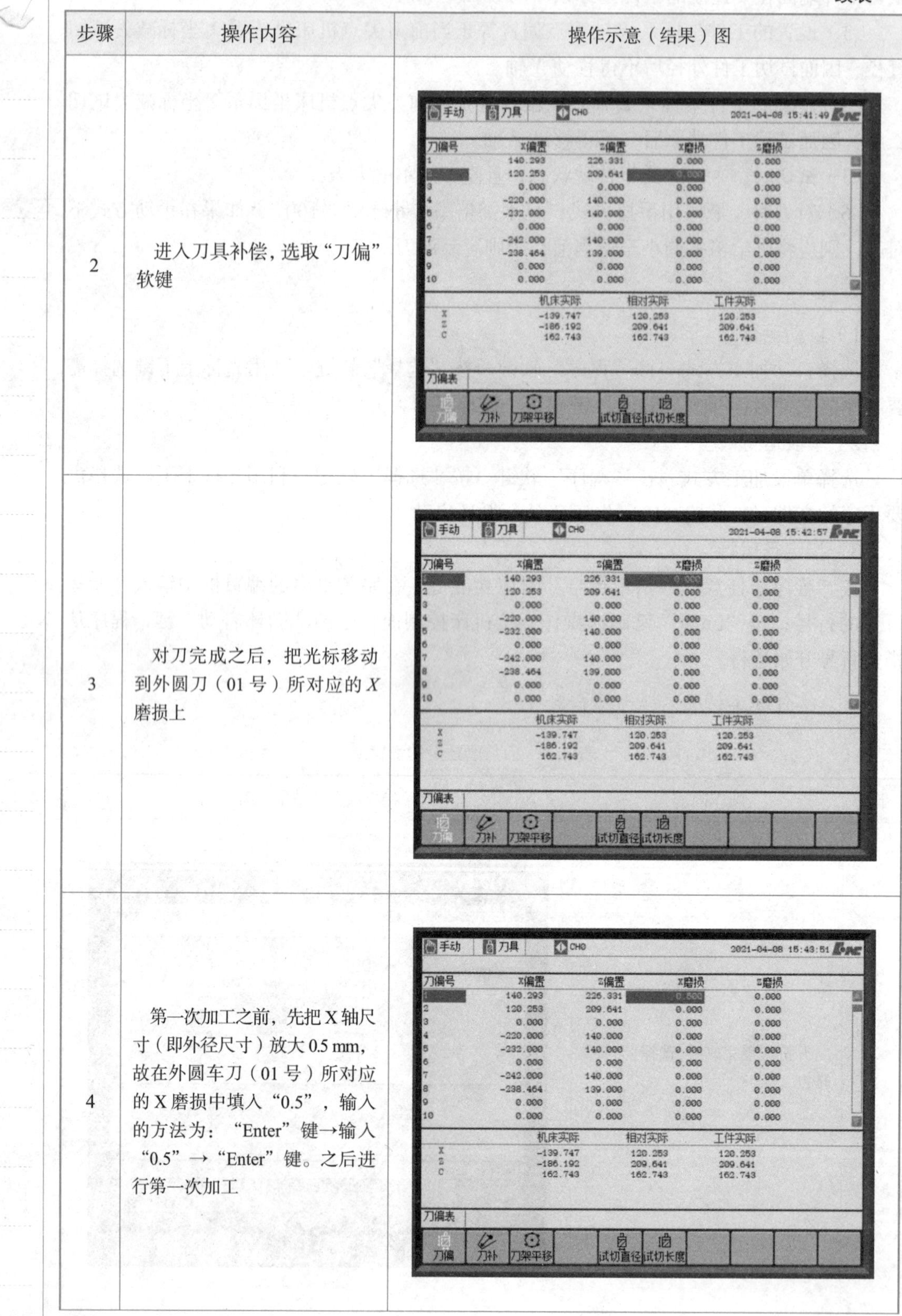

步骤	操作内容	操作示意（结果）图
2	进入刀具补偿，选取“刀偏”软键	
3	对刀完成之后，把光标移动到外圆刀（01号）所对应的 *X* 磨损上	
4	第一次加工之前，先把X轴尺寸（即外径尺寸）放大0.5 mm，故在外圆车刀（01号）所对应的X磨损中填入“0.5”，输入的方法为：“Enter”键→输入“0.5”→“Enter”键。之后进行第一次加工	

学习笔记

续表

步骤	操作内容	操作示意（结果）图
5	第一次加工完毕之后，测量加工后的外径尺寸，与所需要的尺寸进行比较，然后再对 X 磨损进行修调。例如要加工一个 ϕ28 mm 的外圆，第一加工完毕之后，测量结果为 ϕ28.47 mm，理论上做成 ϕ27.99 mm 最佳，其差值为 –0.48 mm，就应把 X 磨损在现有值（0.5 mm）的基础上减去 0.48 mm，应该是 0.02 mm，即把 X 磨损改成 0.02 mm。改好后把零件直接用精加工的方式加工一遍，再测量，与理论值 ϕ27.99 mm 作比较，直至符合为止。 提示：精加工每次的加工量不宜过小，否则对表面粗糙度会有坏的影响	

11. 加工零件左端

掉头装夹，加工零件左端，并保证其加工精度。其操作过程参考零件右端加工操作，不再赘述。

12. 现场清理及关机

“手动”方式→利用“轴移动”键（“+X”“+Z”“–X”“–Z”）或者手摇脉冲发生器将机床各坐标轴移动到中间位置→按“急停”→关闭机床电源→关闭外部电源。

注意：关机时不能把机床停留在零点位置，以免长时间压迫零位限位开关，造成零位限位开关失灵。

HNC-818 华中数控车床基本操作

HNC-818 华中数控系统面板介绍

考核评价

考核内容：职业素养、基本知识、基本技能、任务实施、工作态度、纪律出勤、团队合作能力等。

评价方式：教师考核、小组成员相互考核。

学习笔记

任务考核评价				
考核项目	序号	考核内容	权重	评价分值（总分 100）
职业素养	1	纪律、出勤	0.1	
	2	工作态度、团队精神	0.1	
基本知识与技能	3	基本知识	0.1	
	4	基本技能	0.1	
任务实施能力	5	实施时效	0.2	
	6	实施成果	0.2	
	7	实施质量	0.2	
总体评价	成绩：	教师：	日期：	

拓展阅读

【中国梦·大国工匠篇】车工“龙一刀”的“微米”时代

在重型装备制造加工行业，有一个对于大型轴类件精深加工的精度指标——μ级，即微米级（0.001 mm）。常规而言，通过普通数控车床的切削加工，使重达上百吨的大型轴类件产品精度达到μ级，几乎是不可能的事。但是，“龙一刀”龙小平做到了。

“团队有一种不服输的劲”

国机重装二重装备铸锻公司加工一厂的车间内，机器轰隆，大型数控卧式车床排排而立。在这里，龙小平带领团队完成了多件百万级核电、水电、火电等大型轴类件产品的精深加工。

“大只是外在，精才是内在。”龙小平这样评价，要将大型轴类件产品的加工精度控制在μ级，是非常难的。他举了一个例子，2014 年加工 300 MW 发电机转子时，要求架口圆度控制在 0.007 5 mm 之内。“就是磨床上都达不到这个精度，更何况是在车床上。”因此，突破架口精度加工瓶颈是首要技术难点。

在加工第一件转子架口时，龙小平和他的团队仍沿用老工艺，但该方法局限性很大，最终架口精度仅达到 0.009 mm，且效率低，光是磨架口就耗时近半个月，无法跟上合同规定的一个月出产 1 支的节奏。

龙小平回忆这段经历时说，他的团队有一种不认输的劲，“大家就憋着一口气，一定要把这个技术突破”。之后的日子，龙小平带领团队夜以

学习笔记

继日，经过无数次尝试之后，终于研发出了利用双托静压系统加工架口的全新工艺方案，不仅达到μ级，而且还非常稳定，成功实现了300 MW发电机转子精加工批量出产。

龙小平还针对不同型号的发电机转子制定不同的系统参数，形成固定模板产品，大大提高了加工效率。300 MW发电机转子的精深加工周期，已由当初的3个月缩至20天，并且在2017年实现了连续12件300 MW发电机转子精加工零缺陷。

“把每件产品当成自己的孩子来孕育”

最令龙小平印象深刻的，是完成对世界首件CAP1400核电转子的精加工。该转子重达264 t，总长17 395 mm，最大直径2 044 mm，工件过重、过长、过大。其中，加工难度最大的要数架口部位，形位公差要求在0.01 mm以内。

2014年12月，龙小平接到了这个“跟天气一样严酷”的任务。“我们是第一次加工这么大的核电转子，对整个团队都是一种挑战。”不停地试切、失败、调整，再试切、再失败、再调整……龙小平在车床旁一站，往往就是十几个小时。

功夫不负有心人。经过不断摸索尝试，龙小平和他的团队终于一步步顺利完成了对CAP1400核电转子的精加工，并做到交检时转轴架口圆度达到惊人的0.003 mm，大大超过了0.01 mm的技术标准。这件产品也打破了日本对该类型产品的技术垄断，填补了国内核电市场空白，并大大降低了核电企业的生产成本。

“0.003 mm相当于头发丝的1/30～1/20，是加工的极限了。”龙小平对记者介绍道，加工要达到如此高的精度，是不太可能通过设备去支持的，“就是靠我们工人的技能，不断改变参数和方法，最终取得成功。”

“把每件产品当成自己的孩子来孕育”，这是龙小平的信念。“我们这个工作虽然看起来是跟冰冷的机器打交道，但每一件产品都倾注了很多心血，真的是把它们当作自己子女，爱不释手。”龙小平笑着说：“尤其是在产品发运的时候，确实有种难以割舍的情怀，不愿意看到产品被运走。”采访间隙龙小平给记者展示他的手机相册，那里面存得最多的照片，就是自己加工的各种产品。

“一定要脚踏实地、把基本功练好”

“没想过从事其他职业。”龙小平说自己真的是非常喜欢机械和车床，“着魔的感觉”。“我年轻刚进来的时候，是待在小车床，下班了还会去琢磨如何把加工工艺做得更好。”

学习笔记

从18岁进入二重装备起，30年间龙小平磨炼出了堪称“一绝”的刀工。他在车削直径很小的双头梯形内螺纹时，即使闭上眼睛，仅凭声音就能准确判断出刀具的走动位置，还能巧妙改变工件和刀具的相对旋转关系，为车床增加“以车代镗、铣”功能。

下刀快、稳、准，一个精密公差尺寸最多三刀就可以搞定。出神入化的刀工，也让龙小平在业界赢得了“龙一刀”的美誉。

“从事我们这个职业一定要脚踏实地，把基本功练好，不断积累经验和技能，耐得住孤单枯燥，才能成功。”龙小平这样勉励行业内的年轻人。而如何培养出更多技能人才，打破目前关键核心加工领域唯“龙一刀”不可的僵局，也是他目前在思考的问题。

作为四川省龙小平劳模创新工作室的领军人物，他编制了《大型轴类转子精加工工艺流程操作手册》，为今后同等级及以上精加工产品实现自主化、标准化、规模化生产提供了强有力的支撑。同时，工作室还承担了二重装备车工总教头的重任，带领学员参加各级职工职业技能大赛，徒弟20余人中，4人已成功晋级高级技师。

“择一业、精一事”就是被评为首届“四川工匠”的龙小平对“工匠”的理解，他以自己的责任担当，开启了全新的大型轴类件精深加工的微米时代，更以产品“零缺陷”的优质率诠释着工匠精神，践行和见证着“一场中国制造的品质革命”。

资料来源：新华网客户端（https://baijiahao.baidu.com/s?id=159650367252585129 8&wfr=spider&for=pc）

项目自测

一、判断题

1．影响机床刚度的主要因素是机床各构件、部件本身的刚度和它们之间的接触刚度。 （ ）

2．数控机床主轴传动方式中，带传动主要是适用于低扭矩要求的小型数控机床中。 （ ）

3．一般中小型数控机床的主轴部件多采用成组高精度滚动轴承。 （ ）

4．在数控机床的操作面板上，“JOG”表示“手动”操作方式。 （ ）

5．只有在EDIT或MDI方式下才能进行程序的输入操作。 （ ）

6．当数控车床的最高转速达到2 000 r/min，必须采用高速动力卡盘才能保证安全可靠地进行加工。 （ ）

7．试切对刀法是数控系统用新建立的工件坐标系取代前面建立的机床坐标系。 （ ）

8．在自动加工方式的空运行状态下，刀具的移动速度与程序中指令的 F 值无关。（　　）

学习笔记

9．当刀具磨损、刀尖半径变小或刀具更换、刀尖半径变大时，只需通过更改输入的刀具半径补偿值，而不需要修改程序和纸带。（　　）

10．数控车床脱离了普通车床的结构形式，由床身、主轴箱、刀架、冷却、润滑系统等部分组成。（　　）

二、填空题

1．数控机床机械结构与普通机床的区别是________________________。

2．数控机床的主传动方式主要有变速齿轮、带传动和________________三种形式。

3．数控系统的报警大体可以分为操作报警、程序错误报警、驱动报警及系统错误报警，当显示“没有 Y 轴反馈”时属于______________。

4．选择停必须与______________指令结合使用，才有效。

5．长城机床厂 CK7815 型数控车床配有的数控系统是_____________。

6．在车床上，刀尖圆弧只有在加工_____________时才产生加工误差。

7．数控机床上的限位开关起________________作用。

8．数控机床的主体主要包括床身、主轴箱、工作台和_____________等机械部件。

9．在手动方式下每一次按轴移动键机床部件相应移动，当释放时就停止进给的操作方式称为_____________。

三、问答题

1．数控车床按照进给运动形式可分为哪几种？各有什么特点？

2．数控车床有哪些布局形式？各有什么特点？

3．数控车床进给传动系统由哪几部分组成？

4．数控车床主传动系统有哪些类型？

5．数控车床刀架系统有哪几种？各有什么特点？

6．常见的数控车床排屑装置有几种类型？各有什么特点？

7．车削中心的加工对象是什么？ C 轴具有什么功能？

8．数控车床回零的目的是什么？回零时应注意什么问题？

9．对比外圆刀、切槽刀、螺纹刀对刀的过程，简述其区别。

学习笔记

项目四　数控铣床与操作

任务1　简述数控铣床基本特征

任务导入

数控铣床是在普通铣床的基础上发展起来的，两者的加工工艺基本相同，结构也有些相似，但数控铣床是靠程序控制的自动加工机床，所以其结构与普通铣床也有很大区别。在功能上数控铣床能够完成基本的铣削、镗削、钻削、攻螺纹及自动工作循环等工作，可加工各种形状复杂的凸轮、样板及模具零件等。

数控铣床的特点、加工工艺范围

相关知识

知识点1　数控铣床的基本组成

数控铣床一般由数控系统、主轴系统、进给伺服系统、机床基础件和辅助装置等几大部分组成。立式数控铣床的基本布局如图4-1所示。

数控铣床的基本组成

数控铣床基本组成动画

1. 数控系统

数控系统是数控机床的核心，一般由数控柜、工业PC机及操作面板等组成。数控系统负责接收由输入装置输入的数字信息（主要是零件加工程序），经存储、译码、运算及控制处理后，将指令信息输出到伺服系统，从而控制机床按照要求的轨迹运动，协调地完成零件加工操作。

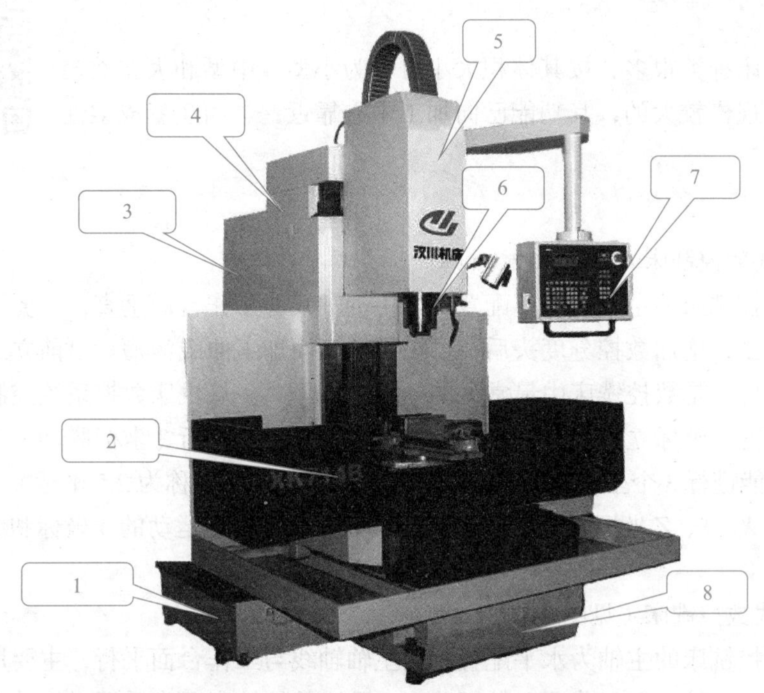

图 4-1　立式数控铣床的基本布局

1—冷却液箱；2—工作台；3—电气柜；4—立柱；5—主轴箱；
6—主轴；7—控制面板；8—床身

2. 主轴系统

主轴系统由主轴伺服驱动器、主轴电动机、主传动系统、主轴箱和主轴组成，其主要功能是装夹刀具并带动刀具旋转，主轴转速范围与输出扭矩对零件加工效率和质量有直接的影响。主轴转速一般通过主轴变频器改变主轴电动机的转速来实现无级变速。

3. 进给伺服系统

进给伺服系统由伺服驱动器、进给电动机和进给执行机构组成，其主要功能是把来自数控系统的脉冲信号转换成机床移动部件的精确运动，使机床按照程序设定的进给速度与移动距离实现刀具和工件的相对运动，包括直线运动和回转运动。进给伺服系统对零件的加工效率和加工质量有直接的影响。

4. 机床基础件

机床基础件通常是指床身、底座、立柱、横梁、工作台等，它是整个机床的基础和框架。

5. 辅助装置

辅助装置包括液压、气动、润滑、冷却系统和排屑、防护等装置，其主要作用在于缩短零件加工的辅助时间，提高机床加工效率及机床的安全性能。

学习笔记

知识点 2　数控铣床的分类

数控铣床的分类

数控铣床种类很多，按其体积大小可分为小型、中型和大型数控铣床，其中规格较大的，其功能已向加工中心靠近，进而演变成柔性加工单元。

1. 按主轴布置形式分类

1）立式数控铣床（见图 4–2（a））

立式数控铣床的主轴为垂直配置，其主轴轴线与工作台面垂直，主要用于水平面内的型面加工，增加数控分度头后，可在圆柱表面加工曲线沟槽。目前立式数控铣床应用范围最广，是数控铣床中最常见的一种布局形式。从机床数控系统控制的坐标数量来看，目前 3 坐标立式数控铣床仍占大多数；一般可进行 3 坐标联动加工，但也有部分机床只能进行 3 个坐标中的任意两个坐标联动加工（常称为 2.5 坐标加工）。此外，还有主轴绕 X、Y、Z 坐标轴中的一个或两个轴做数控摆角运动的 4 坐标和 5 坐标立式数控铣床。

2）卧式数控铣床（见图 4–2（b））

卧式数控铣床的主轴为水平配置，其主轴轴线与工作台面平行，主要用来加工箱体类零件。为了扩大加工范围和扩充功能，卧式数控铣床通常采用增加数控转盘或万能数控转盘来实现 4、5 坐标加工。这样，不但工件侧面上的连续回转轮廓可以加工出来，而且可以实现在一次安装中，通过转盘改变工位，进行“四面加工”。对于箱体类零件或在一次安装中需要改变工位的工件来说，应该优先考虑选择带数控转盘的卧式数控铣床进行加工。卧式数控铣床相比于立式数控铣床，结构复杂，在加工时不便观察，但排屑顺畅。

3）立卧两用数控铣床（见图 4–2（c））

立卧两用数控铣床的主轴轴线可以变换，使一台铣床具备立式数控铣床和卧式数控铣床的功能。这类机床功能更全，适应性更强，应用范围更广，选择加工对象的余地更大，尤其适合于多品种、小批量且需立卧两种方式加工的情况，但其主轴部分结构较为复杂。立卧两用数控铣床主轴方向的更换方法有自动和手动两种。采用数控万能主轴头的立卧两用数控铣床，其主轴头可以任意改变方向，加工出与水平面成不同角度的工件表面。当立卧两用数控铣床增加数控转盘以后，甚至可以对工件进行“五面加工”。所谓“五面加工”就是除了工件与转盘贴合的定位面外，其余表面都可以在一次安装中进行加工。带有数控万能主轴头的立卧两用数控铣床或加工中心将是今后国内外数控机床生产的重点，代表了数控机床的发展方向。

2. 按照构造形式分类

1）工作台升降式数控铣床（见图 4–3（a））

这类数控铣床采用工作台移动、升降，而主轴不动的方式，小型数控铣床一般采用此种方式。

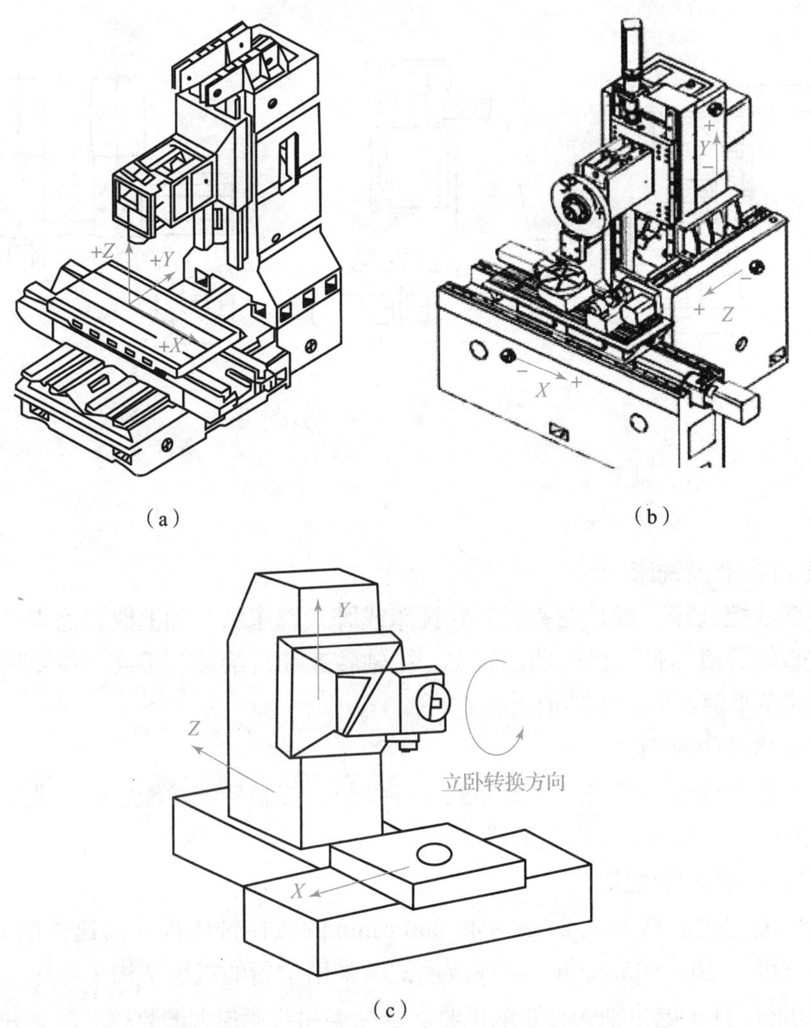

(a)　　　　(b)

(c)

图 4-2　数控铣床按主轴布置形式分类

(a)立式数控铣床;(b)卧式数控铣床;(c)立卧两用数控铣床

2)主轴头升降式数控铣床(见图 4–3(b))

这类数控铣床采用工作台纵向和横向移动，且主轴沿垂向溜板上下运动；主轴头升降式数控铣床在精度保持、承载重量、系统构成等方面具有很多优点，已成为数控铣床的主流。

卧式数控铣床
基本结构动画

3)龙门式数控铣床(见图 4–3(c))

这类数控铣床主轴可以在龙门架的横向与垂向溜板上运动，而龙门架则沿床身做纵向运动。大型数控立式铣床因要考虑到扩大行程、缩小占地面积及刚性等技术上的问题，故大多采用龙门式布局，在结构上采用对称的双立柱结构，以保证机床整体刚性、强度。其中工作台床身特大时多采用前者。龙门式数控铣床适合加工大型零件，主要在汽车、航空、航天、航海和机床等行业使用。

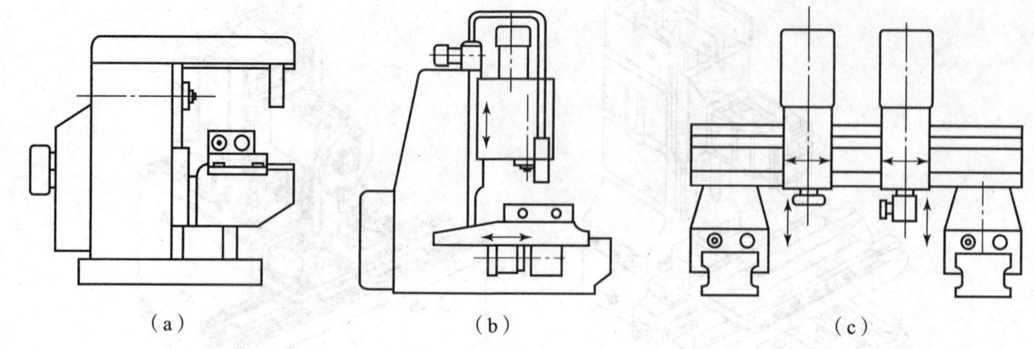

图 4-3　数控铣床按构造形式分类

（a）工作台升降式数铣；（b）主轴头升降式数铣；（c）龙门式数控铣床

3. 按数控系统的功能分类

1）经济型数控铣床

经济型数控铣床一般是在普通立式铣床或卧式铣床的基础上改造而来的，采用经济型数控系统，成本低，机床功能较少，主轴转速和进给速度不高，主要用于精度要求不高的简单平面或曲面零件加工。

2）全功能数控铣床

全功能数控铣床一般采用半闭环或闭环控制，控制系统功能较强，数控系统功能丰富，一般可实现四坐标或以上的联动，加工适应性强，应用最为广泛。

3）高速铣削数控铣床

我们一般把主轴转速在 8 000 ~ 40 000 r/min 的数控铣床称为高速铣削数控铣床，其进给速度可达 20 ~ 50 m/min。这种数控铣床采用全新的机床结构（主体结构及材料变化）、功能部件（电主轴、直线电机驱动进给）和功能强大的数控系统，并配以加工性能优越的刀具系统，可对大面积的曲面进行高效率、高质量的加工。高速铣削是数控加工的一个发展方向，目前，其技术日趋成熟，并逐渐得到广泛应用，但机床价格昂贵，使用成本较高。

知识点 3　数控铣床的特点

1. 数控铣床结构特点

与普通铣床相比，数控铣床在结构上具有以下特点：

1）半封闭或全封闭式防护

经济型数控铣床多采用半封闭式；全功能型数控铣床会采用全封闭式防护，防止冷却液和切屑溅出，以确保操作者安全。

2）主轴无级变速且变速范围宽

主传动系统采用伺服电动机（高速时采用无传动方式——电主轴）运用变频调速技术实现主轴无级变速，且调速范围较宽，这既保证了良好的加工适应性，同时也为小直径铣刀工作提供了必要的切削速度。

3）刀具装卸方便

数控铣床虽然没有配备刀库，采用手动换刀，但数控铣床主轴部件通常配有液压或气压自动松刀机构和蝶形弹簧自动紧刀机构，因此刀具装卸方便、快捷。

4）多坐标联动

立式数控铣床至少配备三个坐标轴（即 X、Y、Z 三个直线运动坐标），通常可实现三轴联动，以完成平面轮廓及曲面的加工。大部分卧式数控铣床通常采用增加数控转盘或万能数控转盘的方式来实现 4、5 坐标加工，可实现五轴联动。

2. 数控铣床加工特点

数控铣削加工除了具有普通铣床加工的特点外，还有以下特点：

（1）零件加工的适应性强、灵活性好，能加工轮廓形状特别复杂或难以控制尺寸的零件，如模具类零件、壳体类零件等。

（2）能加工普通机床无法加工或很难加工的零件，如用数学模型描述的复杂曲线零件以及三维空间曲面类零件。

（3）能加工一次定位装夹后，需进行多道工序加工的零件。

（4）加工精度高、加工质量稳定可靠。数控加工避免了操作人员的操作误差，大大提高了同一批工件尺寸的统一性。

（5）生产自动化程度高，可以减轻操作者的劳动强度，有利于生产管理自动化。

（6）生产效率高。

（7）对刀具的要求较高。从切削原理上讲，无论是端铣还是周铣均属于断续切削方式，因此，刀具应具有良好的抗冲击性、韧性和耐磨性。在干性切削状况下，还要求有良好的红硬性。

知识点 4　数控铣床的加工工艺范围

数控铣床主要是采用铣削和钻削方式加工工件的数控机床，铣削加工是机械加工中最常用的加工方法之一，它主要包括平面铣削、轮廓铣削以及曲面铣削，钻削加工主要包括对零件进行钻、扩、铰、镗、锪加工及螺纹加工等。数控铣床主要适合下列几类零件的加工。

1. 平面类零件

加工面平行、垂直于水平面或与水平面成固定角度的零件称为平面类零件，这一类零件的特点是：加工单元面为平面或可展开成平面。其数控铣削相对比较简单，一般用两坐标联动就可以加工出来。平面类零件如图 4–4 所示。

2. 曲面类零件

加工面为空间曲面的零件称为曲面类零件，其特点是加工面不能展开成平面，加工中铣刀与零件表面始终是点接触。曲面类零件如图 4–5 所示。

学习笔记

学习笔记

图 4-4　平面类零件

图 4-5　曲面类零件

AR资源

3. 变斜角类零件

加工面与水平面的夹角呈连续变化的零件称为变斜角类零件，以飞机零部件最为常见，如飞机上的整体梁、框、缘条与肋等，此外还有检验夹具与装配型架等。其特点是加工面不能展开成平面，加工中加工面与铣刀周围接触的瞬间为一条直线。变斜角类零件如图 4-6 所示。

4. 孔及螺纹

零件中的孔一般使用定尺寸刀具，采用钻、扩、铰、镗及攻丝等方法进行加工，数控铣床一般都具有镗、钻、铰功能。孔及螺纹类零件如图 4-7 所示。

AR资源

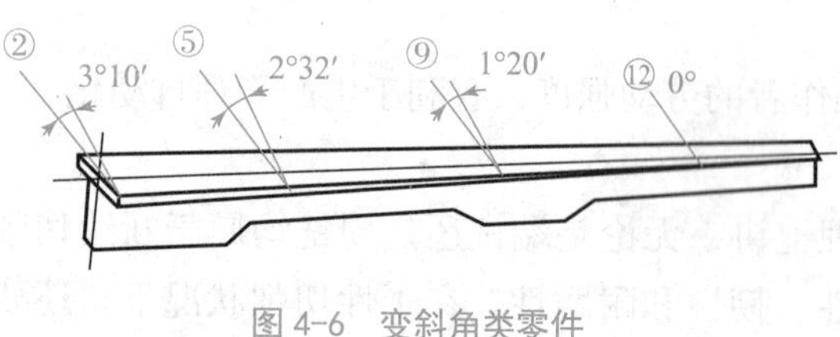

图 4-6　变斜角类零件

图 4-7　孔及螺纹类零件

AR资源

任务实施

根据本任务的相关知识点与技能点，绘制知识导图。

考核评价

考核内容：职业素养、基本知识、基本技能、任务实施、工作态度、纪律出勤、团队合作能力等。

评价方式：教师考核、小组成员相互考核。

任务考核评价				
考核项目	序号	考核内容	权重	评价分值（总分 100）
职业素养	1	纪律、出勤	0.1	
	2	工作态度、团队精神	0.1	
基本知识与技能	3	基本知识	0.1	
	4	基本技能	0.1	
任务实施能力	5	实施时效	0.2	
	6	实施成果	0.2	
	7	实施质量	0.2	
总体评价	成绩：	教师：	日期：	

任务 2　认知数控铣床典型机械结构

任务导入

数控铣床与数控车床都是数控机床，其运动方式基本相同，都主要是由进给系统和主传动系统两大核心系统组成的。只不过数控车床通常都是两轴的，而数控铣床为三轴、四轴或者更多，其进给系统的结构和工作原理基本一致，主要的不同点在于它们的主传动系统。数控铣床的主传动系统有什么特殊性呢？本任务将进行详细介绍。

相关知识

知识点 1　主轴部件典型结构

主轴部件是机床的重要部件之一，它带动刀具旋转完成切削，其精度、抗振性和热变形对加工质量有直接影响。特别是数控机床在加工过程中不进行人工调整，这些影响就更为严重。数控机床主轴部件在结构上要解决好主轴的支承、主轴内刀具的自动装夹、主轴的定向停止等问题。

学习笔记

主轴端面有一端面键，既可通过它传递刀具的扭矩，又可用于镗孔刀具的周向定位。主轴的主要尺寸参数包括主轴的直径、内孔直径、悬伸长度和跨距。评价和考虑主轴主要尺寸参数的依据是主轴的刚度、结构工艺性和主轴组件的工艺适用范围。主轴材料的选择主要是根据刚度、载荷特点、耐磨性和热处理变形大小等因素确定的。

主轴部件典型结构

1. 主轴的支承

根据数控铣床不同的适用场合，其主轴的支承主要有三种配置形式，如图 4–8 所示。

1）高刚度型

高刚度型支承结构为前支承采用双列短圆柱滚子轴承和双向推力角接触球轴承组合，后支承采用成对向心推力球轴承。这种结构的综合刚度高，可以满足强力切削要求，是目前各类数控机床普遍采用的形式。

2）高速轻载型

高速轻载型支承结构为前支承采用多个高精度双列向心推力球轴承，后支承采用单个向心推力球轴承。这种配置的高速性能好，但承载能力较小，因而适用于高速、轻载和精密数控机床。

3）低速重载型

低速重载型支承结构为前支承采用双列圆锥滚子轴承，后支承为单列圆锥滚子轴承。这种配置的径向和轴向刚度很高，可承受重载荷，但这种结构限制了主轴最高转速和精度，因而仅适用于中等精度、低速与重载的数控机床主轴。

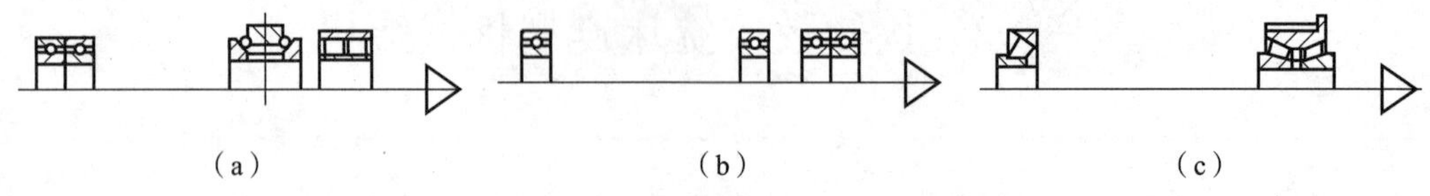

图 4–8　主轴支承配置形式

（a） 高刚度型；（b） 高速轻载型；（c） 低速重载型

2. 主轴传动形式

根据加工要求的不同，目前数控铣床主轴传动系统大致可以分为直接传动主轴系统、一级传动主轴系统、二级传动主轴系统和内装电动机主轴系统等四类。

1）直接传动主轴系统

这种传动形式为电动机直接带动主轴旋转，其优点是结构紧凑，占用空间少，但主轴转速的变化及转矩的输出和电动机的输出特性完全一致，因而在使用上受到一定的限制。其结构如图 4–9 所示。

2）一级传动主轴系统

这种形式为电动机的转动经过一级变速传给主轴，目前多用带传动来完成，其优点是结构简单、安装调试方便，且在一定程度上满足转速与转矩的输出要求，但其调速范围仍与电动机一样，其机构如图 4–10 所示。

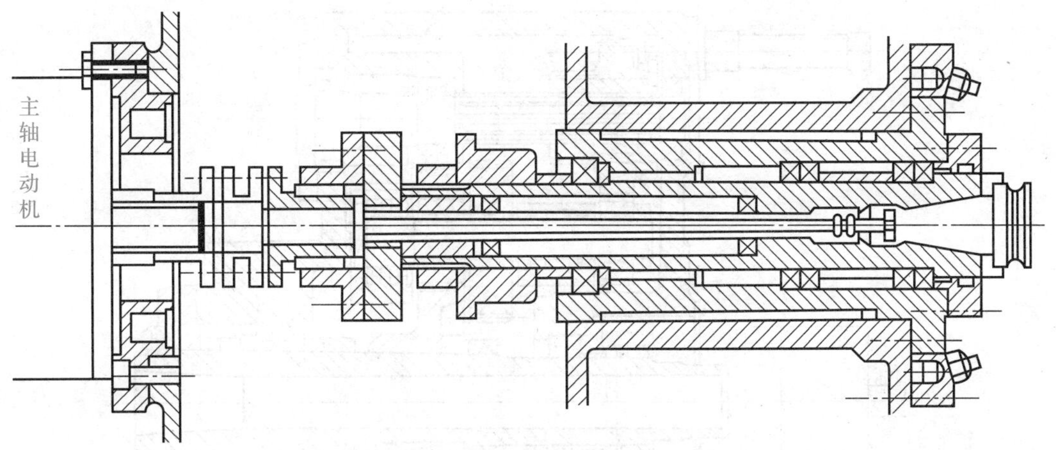

图 4-9　直接传动主轴系统

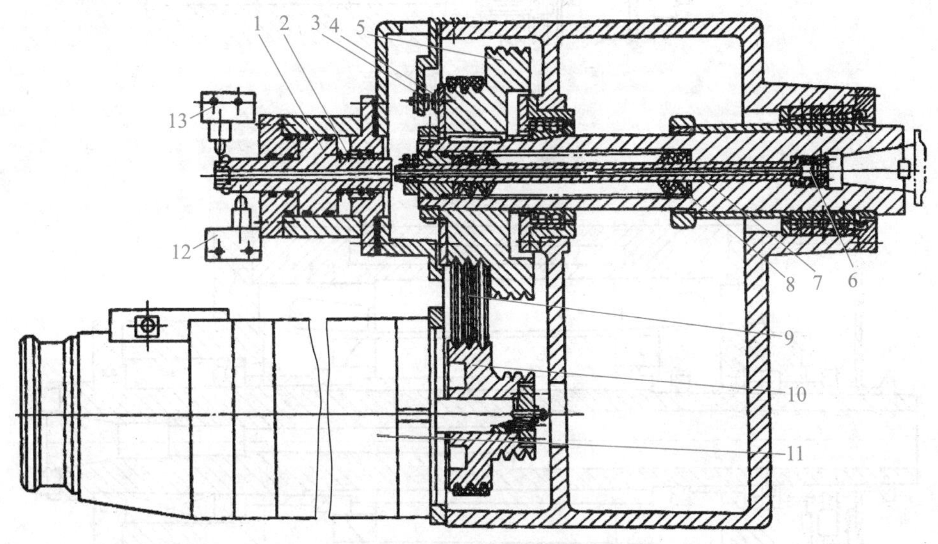

图 4-10　一级传动主轴系统

1—活塞；2—弹簧；3—磁传感器；4—磁铁；5，10—带轮；6—钢球；7—拉杆；8—蝶形弹簧；9—带；11—电动机；12，13—限位开关

3）二级传动主轴系统

这种形式为电动机的转动经过二级以上变速传给主轴，目前多用齿轮来完成，其优点是能够满足各种切削转矩输出，且具有很大范围的速度变化能力。但是由于其结构相对比较复杂，需要增加润滑及温度控制系统，因而成本较高。此外，其制造与维修也比较困难，结构如图 4-11 所示。

4）内装电动机主轴系统

这种形式中主轴与电动机合为一体，简称电主轴，其优点是主轴部件结构紧凑，重量轻，惯量小，可以提高启动、停止的响应特性，并利于控制振动和噪声。其缺点是电动机运转产生的热量易使主轴产生热变形，因此温度的控制和冷却问题是其必须解决的关键问题。目前高速加工机床大多使用电动机主轴系统。其结构如图 4-12 所示。

学习笔记

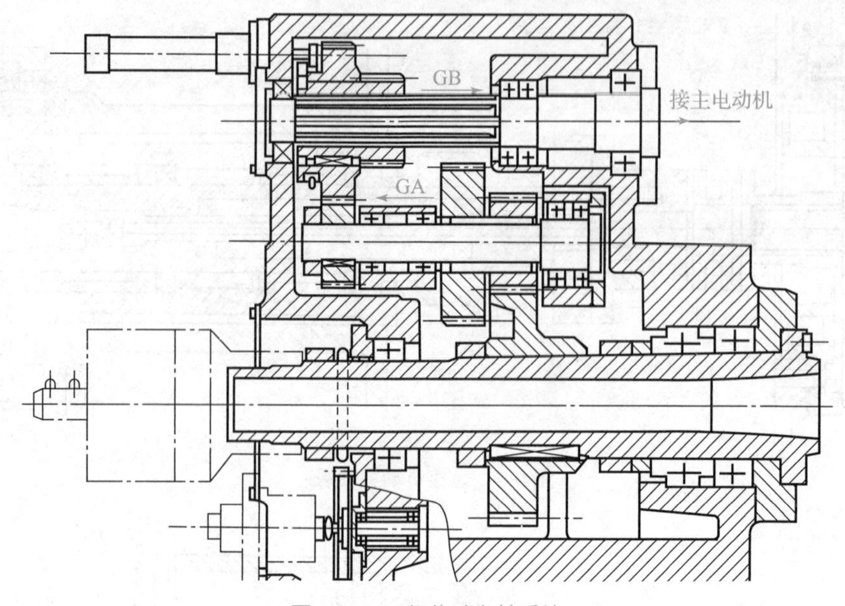

图 4-11　二级传动主轴系统

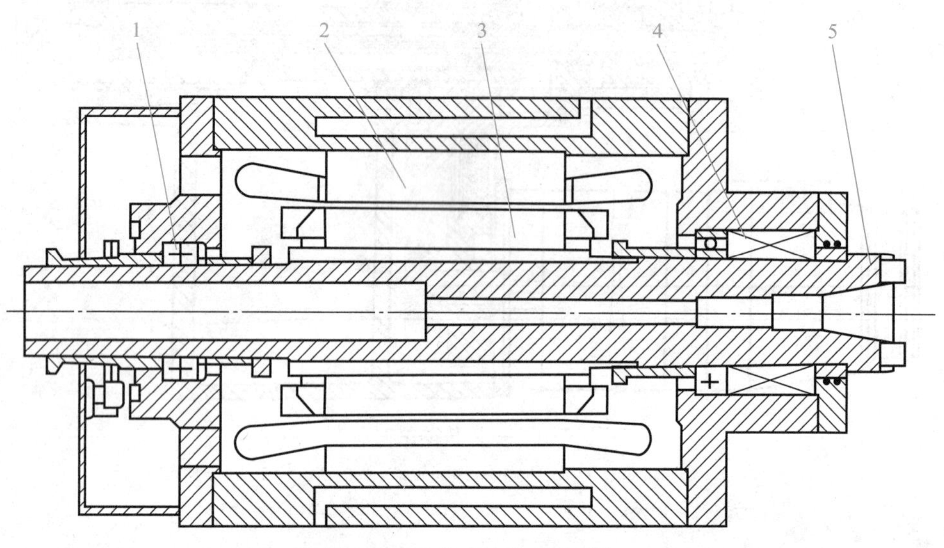

图 4-12　内装电动机主轴系统

1，4—轴承；2—定子绕组；3—转子绕组；5—主轴

3. 主轴结构

为了节省辅助时间，提高机床的使用效率，数控铣床通常都具备刀具快换系统，即主轴部件配备刀具自动松开、夹紧装置，加工用刀具通过各种标准工具系统（刀柄、刀杆、接杆等）安装在主轴上，工具系统以锥度为 7∶24 的锥柄（BT 或 JT 类型）安装在主轴 1 前端的锥孔中定位，并通过安装在锥柄尾部的拉钉 2 紧固在主轴锥孔中。数控铣床主轴部件主要由主轴 1、拉钉 2、钢球 3、拉杆 7、蝶形弹簧 8、弹簧 9、活塞 10、液（气）压缸 11 等组成，数控铣床主轴的结构简图如图 4–13 所示。

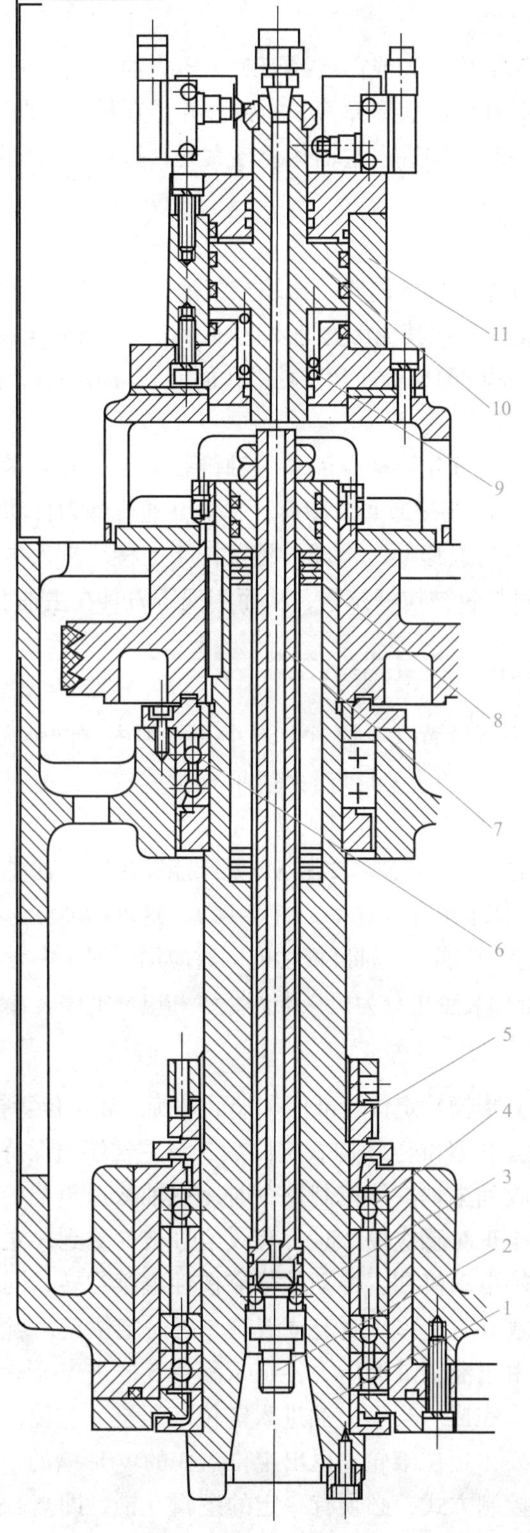

图 4-13　主轴结构简图

1—主轴；2—拉钉；3—钢球；4、6—轴承；5—螺母；7—拉杆；
8—蝶形弹簧；9—弹簧；10—活塞；11—液（气）压缸

学习笔记

1）刀具松开工作过程

主轴部件工作原理动画

当第一次使用机床需要装刀或需要换刀时，压力油（气）进入液压缸 11 的上腔，活塞 10 克服蝶形弹簧 8 的弹力并推动拉杆 7 向下移动，钢球 3 随拉杆 7 一起下移进入主轴孔径较大处，拉杆 7 前端将刀具顶松，刀具松开。

2）锥孔清洁工作过程

在刀具从主轴锥孔中松开的同时，压缩空气通过活塞杆 10 和拉杆 7 的中心孔把主轴锥孔吹干净，并防止切屑或其他污物进入主轴锥孔，有效防止主轴锥孔表面和刀柄锥面被划伤，从而确保装刀时刀柄锥面和主轴锥孔面能够紧密贴合，保证刀具的正确定位。

3）刀具夹紧工作过程

当需要夹紧刀具时，首先刀柄锥面和主轴锥孔表面相互压紧，刀具在主轴锥孔内定位，然后液压缸 11 的上腔接通回油卸荷，弹簧 9 通过弹力推动活塞 10 上移，拉杆 7 在蝶形弹簧 8 的作用下向上移动，钢球 3 随拉杆 7 上移，进入主轴孔径较小处，被迫收拢，这样刀具就通过拉钉被拉杆拉紧，从而实现了刀具在主轴上的定位夹紧。

知识点 2　主轴准停装置典型结构

主轴准停装置

在数控镗铣床上进行镗背孔（通过上端小孔镗削内壁同轴大孔）加工和精镗孔加工时，为了防止刀具与上端小孔碰撞或拉毛已精加工的孔表面，保证加工孔的表面质量，进刀或退刀前必须先沿镗刀刀尖相反方向偏移一定尺寸（让刀），这就要求数控镗铣床能够控制主轴在其回转圆周方向上停于某一特定角度位置（见图 4–14），这种功能称为主轴准停功能，又称主轴定位功能。主轴准停功能同时应用于加工中心自动换刀控制场合。主轴准停装置可分为机械准停装置和电气准停装置。

1. 机械准停装置

机械准停装置有 V 形槽轮定位盘准停和端面螺旋凸轮准停等控制方式。图 4–15 所示为典型的 V 形槽轮定位盘准停结构。定位盘 3 与主轴端面保持一定的位置关系，以确定定位位置。当接收到主轴准停控制指令时，主轴减速至某一可以设定的低速转动速度，当无触点开关 1 正对感应块 2 时，有效信号被检测到，立即使主轴电动机停转并断开主传动链，主轴电动机和主传动件依靠惯性继续空转，同时压力油进入定位液压缸 4 右腔，定位活塞 6 向左移，使定位滚轮 5 压向定位盘，当定位盘 3 的 V 形槽与定位滚轮 5 正对时，由于液压缸的压力，定位滚轮 5 插进 V 形槽中，LS2 准停到位信号有效，表明准停动作完成。当压力油进入定位液压缸 4 左腔，定位活塞 6 向右移到位时，行程开关 LS1 发出定位滚轮 5 退出定位盘 3 的 V 形槽的信号，此时主轴可启动工作。采用这种准停控制方式，必须有一定的逻辑互锁，即当 LS2 有效时，才能进行让刀（换刀）动作，而只有当 LS1 有效时，才能启动主轴电动机正常运转。准停功能通常由数控系统 PLC 来完成。端面螺旋凸轮准停装置的基本工作原理是一样的。

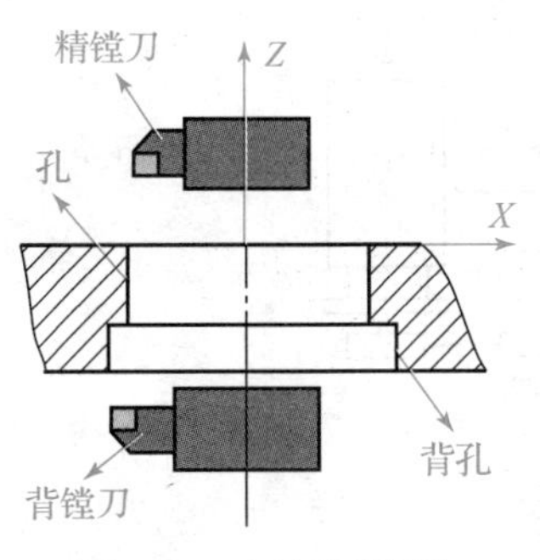

图 4-14　主轴准停镗孔

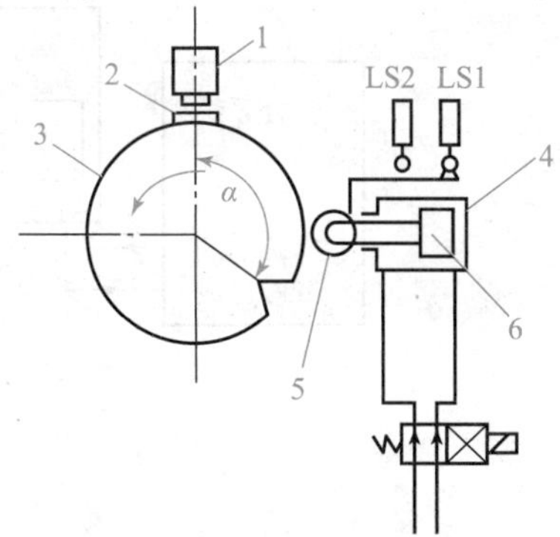

图 4-15　典型 V 形槽轮定位盘准停结构

1—无触点开关；2—感应块；3—定位盘；
4—定位液压缸；5—定位滚轮；
6—定位活塞

2. 电气准停装置

机械准停装置比较准确可靠，但结构较复杂。目前国内外中、高档数控铣床一般都采用电气式主轴准停装置。与机械准停装置相比，电气准停装置具有以下优点。

V 形槽轮定位盘准停装置工作原理动画

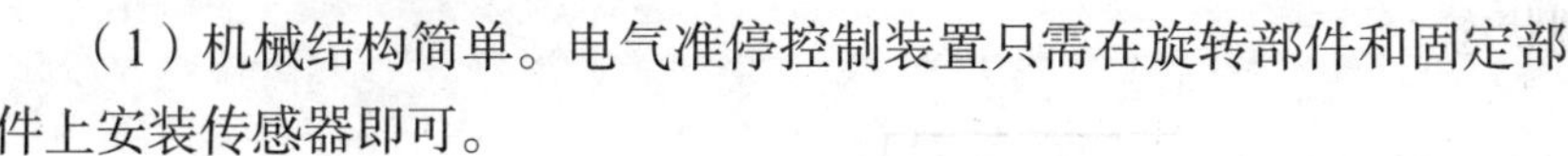

（1）机械结构简单。电气准停控制装置只需在旋转部件和固定部件上安装传感器即可。

（2）准停时间短。即使主轴高速转动时也能快速定位于准停位置，大大节省了准停时间。

（3）可靠性高。由于无须复杂的机械、开关和液压系统等装置，也没有机械准停控制所形成的冲击，因而准停控制的寿命与可靠性大大增加。

（4）性价比高。由于简化了机械结构和强电逻辑控制，大大降低了成本，故总体上性价比大大提高了。

目前电气准停装置通常有磁传感器型主轴准停装置、编码器型主轴准停装置和数控系统控制主轴准停装置三种形式。

1）磁传感器型主轴准停装置

磁传感器型主轴准停装置的基本结构如图 4-16 所示，它是利用磁性传感器进行检测定位的。在主轴上安装一个发磁体，在距离发磁体旋转外轨迹 1 ~ 2 mm 处固定一个磁传感器，经过放大器与主轴控制单元连接。当主轴控制单元接收到数控装置发来的准停开关信号 ORT 时，主轴速度变为准停时的设定速度，当永久磁铁对准磁传感器时，磁传感器发出准停信号，此信号经放大后，发送到主轴控制单元，主轴驱动立即进入磁传感器作为反馈元件的位置闭环控制，目标位置即为准停位置，由定向电路使电动机准确地停止在规定的周向位置上。准停后，主轴驱动装置向数控系统发出准停完成信号 ORE。这种准停装置机械结构简单，发磁体与磁传感器间没有接触摩擦，准停的定位精度可达 ±1°，而且定向时间短，可靠性较高。

学习笔记

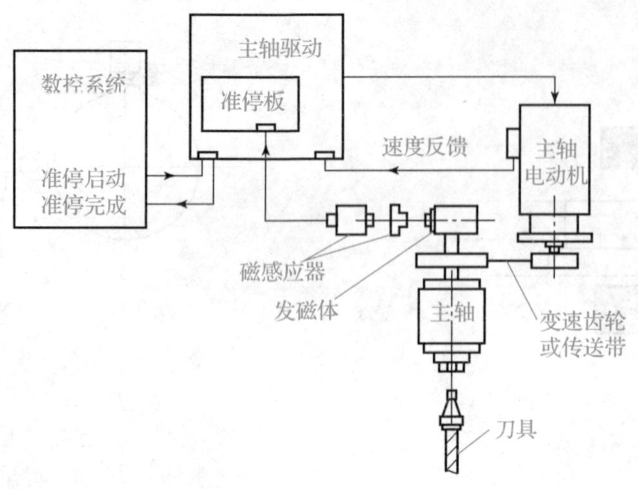

图 4–16 磁传感器型主轴准停装置的基本结构

2）编码器型主轴准停装置

编码器型主轴准停装置的基本结构如图 4–17 所示，它是通过主轴电动机内置安装的位置编码器或在机床主轴箱上安装一个与主轴 1 : 1 同步旋转的位置编码器来实现准停控制的，准停角度可任意设定。主轴驱动装置内部可自动转换，使主轴驱动处于速度控制或位置控制状态。

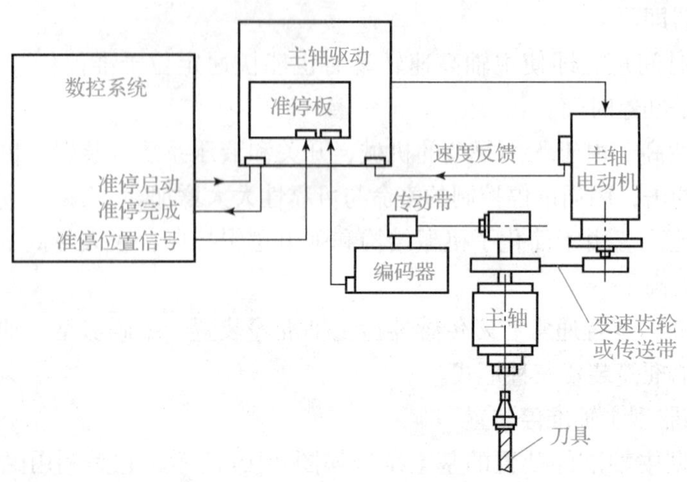

图 4–17 编码器型主轴准停装置的基本结构

3）数控系统控制主轴准停装置

数控系统控制主轴准停装置的基本结构如图 4–18 所示，其准停的角度可由数控系统内部设定成任意值，准停由数控代码 M19 执行。当执行 M19 或 M19 S×× 时，数控系统先将 M19 信号送至 PLC，处理后送出控制信号，控制主轴电动机由静止迅速升速或在原来运行的较高速度下迅速降速到定向准停设定的速度 n 运行，寻找主轴编码器零位脉冲 C，然后进入位置闭环控制状态，并按系统参数设定定向准停。若执行 M19 而无 S 指令，则主轴准停于相对 C 脉冲的某一默认位置；若执行 M19 S×× 指令，则主轴准停于指令位置，即相对零位脉冲度处。主轴定向准停的具体控制过程，不同的系统其执行过程略有区别，但大同小异。

学习笔记

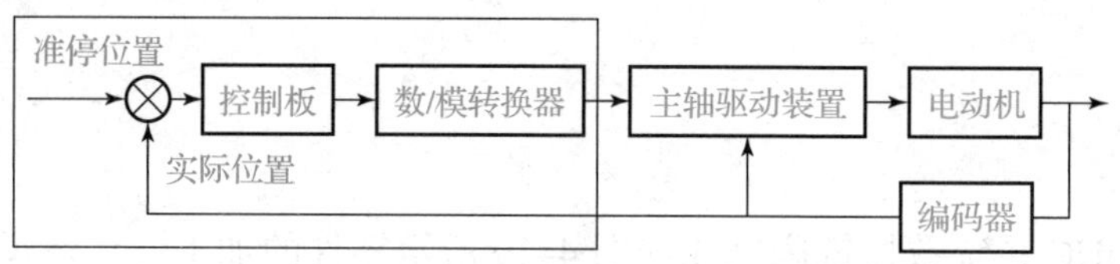

图 4-18　数控系统控制主轴准停装置的基本结构

任务实施

根据本任务的相关知识点与技能点，绘制知识导图。

考核评价

考核内容：职业素养、基本知识、基本技能、任务实施、工作态度、纪律出勤、团队合作能力等。

评价方式：教师考核、小组成员相互考核。

任务考核评价				
考核项目	序号	考核内容	权重	评价分值（总分 100）
职业素养	1	纪律、出勤	0.1	
	2	工作态度、团队精神	0.1	
基本知识与技能	3	基本知识	0.1	
	4	基本技能	0.1	
任务实施能力	5	实施时效	0.2	
	6	实施成果	0.2	
	7	实施质量	0.2	
总体评价	成绩：	教师：	日期：	

学习笔记

任务3 FANUC 系统数控铣床操作

任务导入

使用 FANUC 系统数控铣床完成如图 4-19 所示零件的加工，毛坯尺寸 110 mm×110 mm×30 mm。

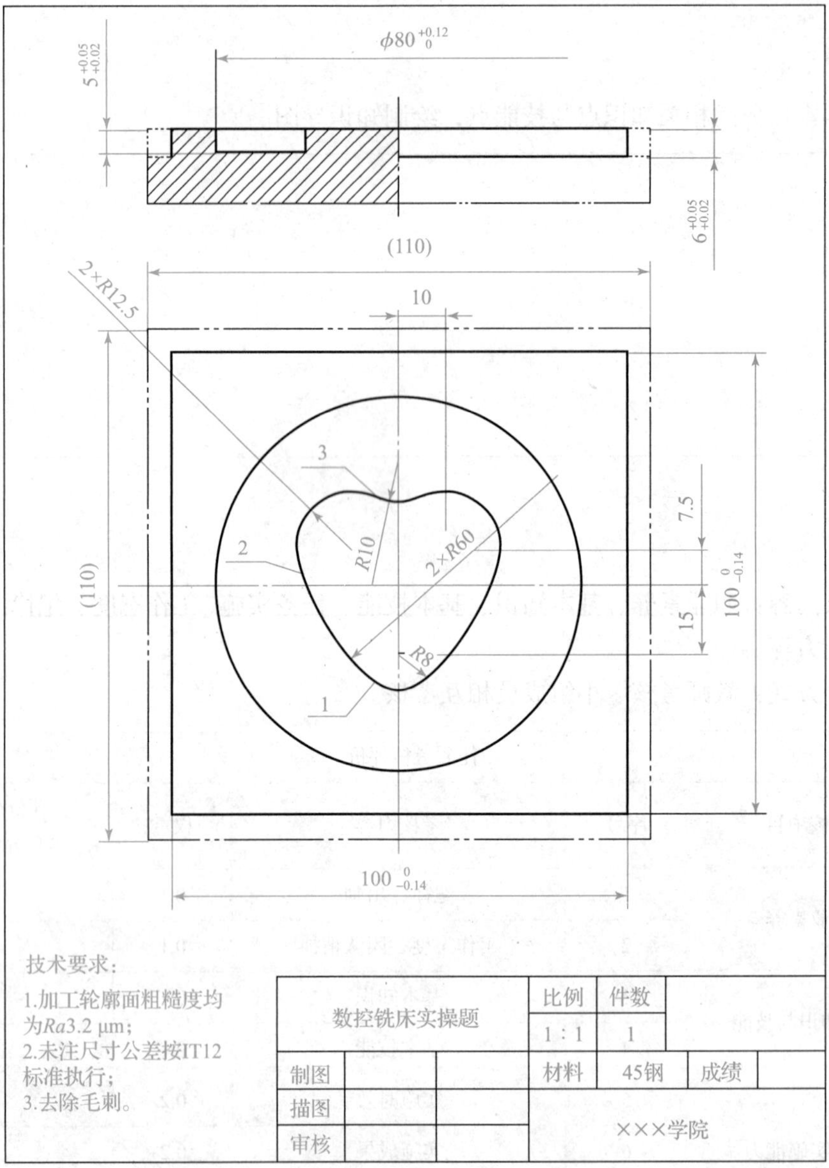

技术要求：

1.加工轮廓面粗糙度均为*Ra*3.2 μm；

2.未注尺寸公差按IT12标准执行；

3.去除毛刺。

数控铣床实操题			比例	件数	
			1∶1	1	
制图			材料	45钢	成绩
描图			×××学院		
审核					

图 4-19 数控铣床实操试题

零件加工参考程序如下：

```
%
O1314
N15 G54 G80 G90 G17
N20 G00 G43 Z100 H01
N25 G40 X-100 Y-70 M03 S450
N30 G00 Z10
N35 G01 Z-6 F3000
N40 G41 X-50 D01 M8
N45 G01 Y50 F100
N50 X50
N55 Y-50
N60 X-70
N65 G00 G40 X-100 Y-70 M9
N70 G00 Z10
N75 G40 G00 X0 Y-33.5
N80 G01 Z0.2 F3000
N85 G03 X0 Y-33.5 Z-5 I0 J33.5 F25
N90 G01 Y-31.5 F80
N95 G41 X8.5 D01
N100 G03 X0 Y-23 R8.5
N110 G02 X-5.325 Y-20.97 R8
N115 G02 X-21.74 Y3.209 R60
N120 G02 X-4.444 Y18.698 R12.5
N125 G03 X4.444 Y18.698 R10
N130 G02 X21.74 Y3.209 R12.5
N135 G02 X5.325 Y-20.97 R60
N140 G02 X0 Y-23 R8
N145 G03 X0 Y-40 R8.5
N150 G03 X0 Y-40 J40
N155 G03 X8.5 Y-31.5 R8.5
N160 G01 G40 X0 F500
N165 G00 Z100
N170 G00 G49 Z200 M9
N175 M30
%
```

学习笔记

学习笔记

相关知识

知识点　FANUC 系统数控铣床操作面板介绍

FANUC 系统通常其中文译名为发那科，在中国市场有非常悠久的历史，有多种型号的产品在使用，其中较为广泛的产品有 FANUC 0、FANUC16、FANUC18、FANUC21 等。在这些型号中，使用最为广泛的是 FANUC 0 系列，系统在设计中大量采用模块化结构。这种结构易于拆装，各个控制板高度集成，使可靠性有很大的提高，而且便于维修和更换。

FANUC 0i M 系统操作面板

1. 系统操作面板

系统操作面板分为手动数据输入面板和功能选择面板两大部分，如图 4-20 所示。

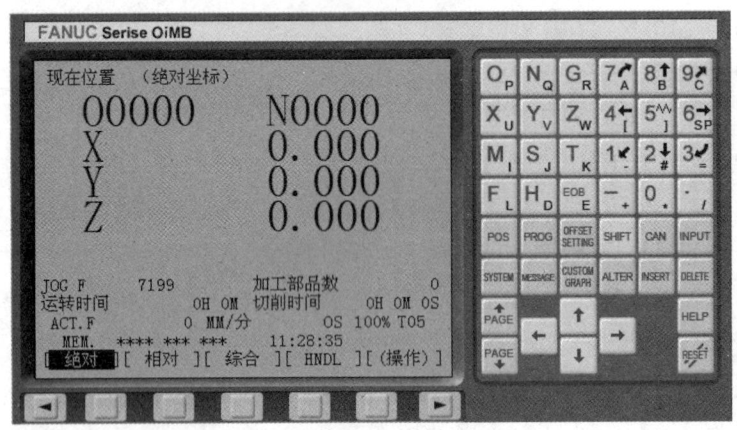

图 4-20　FANUC 0i 系统操作面板

1）字母键 / 数字键

其主要用于程序指令输入和参数设置。对于有多个字母的按键，通过“Shift”键切换输入内容，如 X_U 键，若直接按下则输入“X”；若先按“Shift”键再按字母键，则输入“U”。字母键 / 数字键 EOB_E 用于加工程序输入时，作为每个程序段的结束符。

2）程序编辑键

在程序编辑模式下进行程序编辑。

（1）替换键“ALTER”：利用缓存区中的内容替换光标指定的内容。

（2）插入键“INSERT”：将缓存区中的内容插入到光标的后面。

（3）删除键“DELETE”：删除程序中光标指定位置的内容。

（4）换档键“SHIFT”：切换同一按键中不同字符的输入。

（5）取消键“CAN”：删除缓存区中最后一个字符。

学习笔记

3）输入键“INPUT”

将缓存区中的参数写入到寄存器中，与屏幕底端操作软键中的“INPUT”键功能相同。

4）屏幕功能键

用于选择将要显示的屏幕的种类。

（1）位置屏幕显示功能键“POS”：按该键并结合扩展功能软键，可显示当前位置在机床坐标系、工件坐标系、相对坐标系中的坐标值，以及在程序执行过程中各坐标轴距指定位置的剩余移动量。

（2）程序屏幕显示功能键“PROG”：在“EDIT”（编辑）模式下，可进行程序的编辑、修改、查找操作，结合扩展功能软键可进行 CNC 系统与计算机的程序传输。在“MDI”模式下，可写入指令值，控制机床执行相应的操作；在“MEM”（程序自动运行）模式下，可显示程序内容及其执行进度。

（3）偏置 / 设置屏幕显示功能键“OFF/SET”：设定加工参数，结合扩展功能软键可进入刀具长度补偿、刀具半径补偿值设定页面，系统状态设定页面，系统显示与系统运行方式有关的参数设定界面，以及工件坐标系设定页面。

（4）系统屏幕显示功能键“SYSTEM”：用于设置、编辑参数，显示、编辑 PMC 程序等。这些功能仅供维修人员使用，通常情况下禁止修改，以免出现设备故障。

（5）信息屏幕显示功能键“MESSAGE”：可用于显示报警信息。

（6）刀具路径图形模拟页面功能键“CUSTOM GRAPH”：结合扩展功能软键可进入动态刀具路径显示、坐标值显示以及刀具路径模拟有关参数设定页面。

5）复位键“RESET”

用于系统取消报警等。有些参数要求在热启动系统中才可使修改生效。

6）帮助键“HELP”

提供对“MDI”键操作方法的帮助信息。

7）操作软键

不同的屏幕对应不同的菜单，如图 4–21 所示。

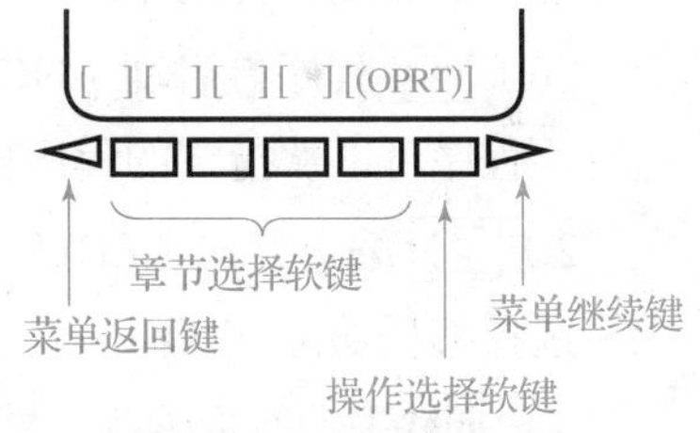

图 4–21 操作软键

2. 机床操作面板

机床操作面板主要由工作方式选择键、主轴转速倍率调整旋钮、进给速度调节旋钮、各种辅助功能键、手轮、各种指示灯等组成，如图 4–22 所示。

1）自动运行方式（MEM）

可实现自动加工、程序校验、模拟加工等功能，在这种方式下包含以下几种辅助功能：

（1）单程序段（SINGLE BLOCK）：启动“单程序段”功能，每按一次“循环启动”键只执行一段，然后处于进给保持状态。用这种功能可以检查程序。

（2）选择跳段（BLOCK DELETE）：当“选择跳段”功能起作用时，程序执行到带有“/”语句后，则跳过该段不执行。

学习笔记

AR资源

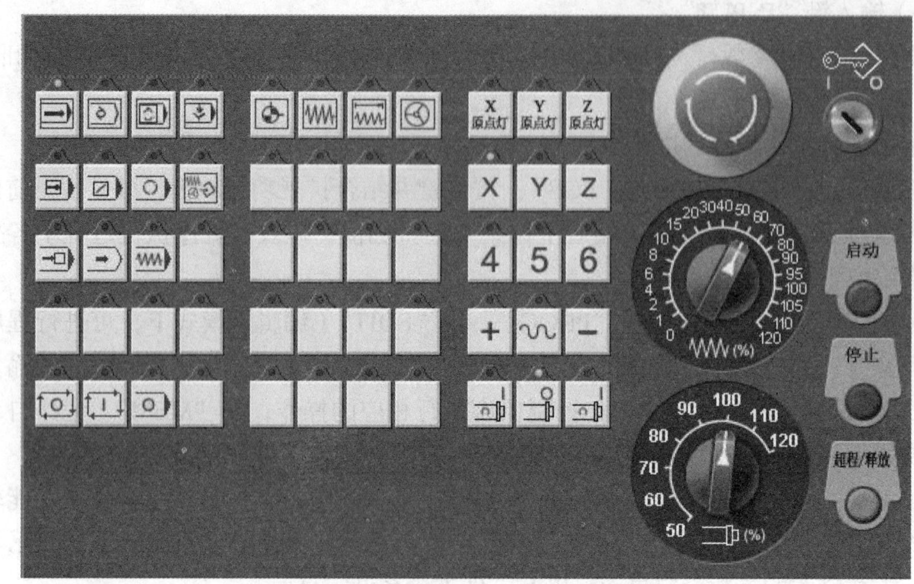

图 4-22　FANUC 0i 数控机床操作面板

（3）选择停止（OPTION STOP）：当“选择停止”功能起作用时，程序执行到“M01”指令后，程序暂停，机床处于进给保持状态。

（4）试运行（DRY RUN）：利用一个参数设定速度代替程序中的所有 F 值。通过操作面板上的旋钮控制刀具运动的速度，常用于检验程序。

（5）机床锁住状态（MACHINE LOCK）：机床坐标轴处于停止状态，只有轴位置显示在变。将机床闭锁功能与试运行功能同时使用，用于快速校验程序。

（6）程序再启动（NC RESTART）：由于刀具破损或节假日等原因自动操作停止后，程序可以从指定的程序段重新启动。

2）编辑方式（EDIT）

选择编程功能 PROG 和编辑方式，可输入及编辑加工程序。

3）手动数据输入方式（MDI）

在 MDI 方式下，通过 MDI 面板，可编制最多 10 行的程序并被执行，程序格式和普通程序一样。用于简单测试操作。

4）在线加工方式（RMT）

同步执行机床存储器以外存储器（电脑硬盘、移动存储设备（CF 卡））中的程序。

5）回零方式（REF）

利用操作面板上的回零按键（*X* 轴回零、*Y* 轴回零、*Z* 轴回零）使机床各移动轴返回到机床参考点位置，即手动回参考点。

6）手动连续运行方式（JOG）

通过机床控制面板上的相关按键来控制机床的动作，如各坐标轴的连续（快速）移动，刀库动作，主轴的正、反转和停止，冷却液的开关等。

（1）坐标轴轴选择键：在手动进给方式下，选择相应的坐标轴。

（2）快速进给键（手动方式）：按下此键后，在连续运行方式下执行各坐标轴的移动时为快速移动。

（3）主轴正转：使主轴电动机正方向（顺时针）旋转。

（4）主轴反转：使主轴电动机反方向（逆时针）旋转。

（5）主轴停转：使主轴电动机停转。

（6）超程解除：当发生硬超程时，按下此键强制伺服电动机上电。

（7）冷却液通断：开或者关冷却液，可交替使用该功能。

7）手轮操作方式（HANDLE）

通过手摇脉冲发生器相关控件（轴选择按钮开关、倍率选择开关和手摇轮）来控制机床运动（连续移动、点动）。

8）步进方式（INC）

通过机床控制面板上相关按键精确地移动机床各坐标轴。

9）手轮示教方式

10）程序执行键

程序执行键的功用：启动程序自动运行加工零件或者暂停加工。

（1）循环启动：启动程序自动运行加工零件，自动操作开始。

（2）进给保持：暂停加工，自动操作停止。

（3）程序停止：自动操作中用 M00 程序停止操作时，该按钮显示灯亮。

数控铣床机床操作面板

11）倍率修调

主轴倍率修调旋钮、进给倍率修调旋钮和快速倍率按键。

12）存储器保护钥匙

转至“0”时保护无效，转至“1”时保护生效。

任务实施

1. 数控铣床安全操作规程

（1）工作之前认真检查电网电压及油泵、润滑、油量是否正常，检查气压、冷却及油管、刀具、工装夹具是否完好，并做好机床的定期保养。

（2）机床启动后，先 Z 轴回零，再 X、Y 轴回零，然后试运行 5 min，确认机械、刀架、夹具、工件、数控参数等正确无误后，方能开始正常工作。

数控铣床安全操作规程

（3）手动操作时，操作者必须先设定确认好手动进给倍率、快速进给倍率，操作过程中时刻注意观察主轴所处位置，避免主轴及主轴

学习笔记

上的刀具与机用平口钳、工件之间发生干涉或碰撞。

（4）认真仔细地检查程序编制、参数设置、动作顺序、刀具干涉、工件装夹、开关保护等环节是否正确无误，并进行程序校验。调试完程序后做好保存，不允许运行未经校验和内容不明的程序。

（5）在手动进行工件装夹和换刀时，要将机床处于锁住状态，其他无关人员禁止操作数控系统面板；工件及刀具装夹要牢固，完成装夹后要立即拿开调整工具，并放回指定位置，以免加工时发生意外。

（6）在主轴旋转做手动操作时，一定要使身体和衣物远离旋转及运动部件，以免将衣物卷入发生意外，且禁止用手触摸刀具和工件。

（7）在自动循环加工时，应关闭机床防护门；在主轴旋转做手动操作时，一定要使身体或衣物远离旋转及运动部件，以免将衣物卷入造成事故。

（8）铣床运转中，操作者不得离开岗位；出现报警、发生异常声音和夹具松动等异常情况时必须立即停车保护现场，及时上报，做好记录，并进行相应处理。

（9）工作完毕后，应将机床导轨、工作台擦干净，依次关掉机床操作面板上的电源和总电源，并认真填写好工作日志。

2. 实训步骤

1）开机

数控铣床基本操作

接通气源（气源电源及气源管道阀）→按下“急停”按钮→接通外部电源→接通机床电源→接通系统电源→右旋“急停”按钮（按下“急停”按钮是为了避免开机强电流对系统的冲击）。

注意：为了保护机床，开、关机以前要先把机床的“急停”按钮按下。

2）回参考点

按下 按键，选择回参考点（REF）工作方式→按下“Z”按键→按下“+”按键让 Z 轴回到参考点→按下“X”按键→按下“+”按键让 X 轴回到参考点→按下“Y”按键→按下“+”按键让 Y 轴回到参考点（先回 Z 轴，再回 X 和 Y 轴）。

注意：采用绝对式编码器的机床开机后不需要进行回参考点操作。

3）装夹工件

用锉刀把工件各棱边毛刺去除干净，并将机用平口钳和垫铁擦拭干净；选择合适的垫铁组合，以保证工件毛坯露出虎钳高度大于工件外轮廓的高度；将垫铁置于平口钳钳口底部，然后将工件置于钳口内垫铁之上，使工件定位基准面分别紧贴虎钳固定钳口和垫铁上表面；转动虎钳扳手预紧工件，用木榔头敲击工件上表面以保证工件下表面与垫铁紧密接触（见图 4–23），再次转动虎钳扳手夹紧工件。工件装夹示意图如图 4–24 所示。

注意：当工件本身尺寸较大时可以不使用垫铁而直接将其定位在平口钳内。

用机床用平口虎钳装夹工件时应注意以下几点：

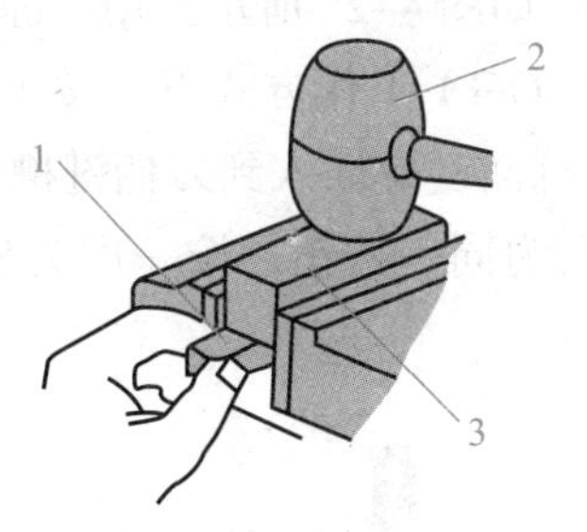

图 4-23 用木榔头敲实工件

1—垫铁；2—木榔头；3—工件毛坯

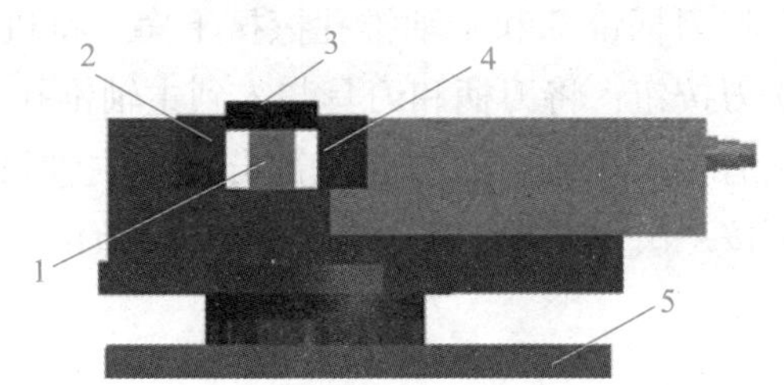

图 4-24 工件装夹示意图

1—垫铁；2—固定钳口；3—工件毛坯；4—活动钳口；5—机床工作台

（1）初次将平口虎钳安装到机床工作台时，应先将虎钳校正，使虎钳钳口与铣床 Y 向（或 X 向）进给方向平行。

用百分表校正虎钳的步骤如下：

用扳手稍微预紧虎钳和工作台的紧固螺母后，用磁性表座将百分表吸附在机床主轴或主轴箱上，并使百分表触头垂直压入虎钳的固定钳口，将百分表测头与定钳口长度方向的中部接触，如图 4-25 所示。然后利用手动或手摇的工作方式移动 Y 向（或 X 向）工作台，根据显示值误差微量调整回转角度，直至钳口与 Y 向（或 X 向）平行（百分表上指针的摆差在允许范围内）。同时，移动铣床 Z 向，可以校核固定钳口与工作台面的垂直度误差。注意防止百分表座与连接杆的松动，以免影响找正精度。

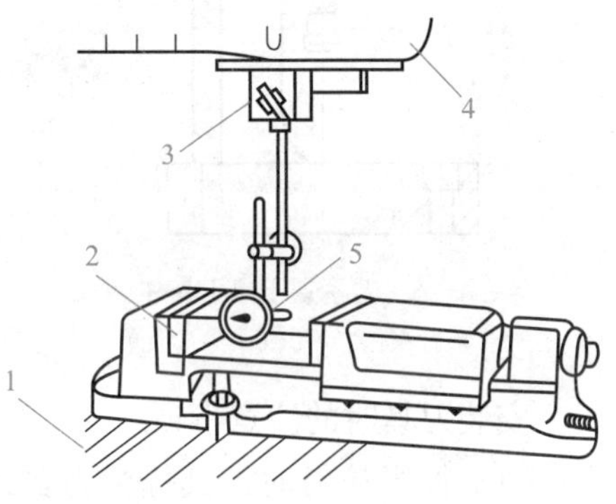

图 4-25 百分表的安装

1—工作台；2—固定钳口；3—磁性表座；4—主轴；5—百分表

（2）必须将工件的定位基准面紧贴固定钳口和虎钳导轨或垫铁上表面，尽量以固定钳口承受铣削力。

（3）工件加工表面余量层必须稍高出钳口，工件应装夹在钳口中间部位，以使夹紧稳固、可靠。

（4）装夹硬度较低和粗糙度值小的工件毛坯时，应在毛坯面与钳口之间垫上薄铜皮等物，并应检查钳口与夹持表面间的接触情况，若接触不好，则应垫实找正。

（5）在把工件毛坯装到虎钳内时，必须注意毛坯表面的状况，若是粗糙不平或有硬皮，则必须在两钳口上垫紫铜皮。

（6）夹紧工件时夹紧力要合适，太大容易夹伤工件，太小又易造成夹不紧。

4）装刀

将刀柄置于紧刀座上，将拉钉旋入刀柄的尾部，用扳手拧紧，装夹示意图如图 4-26 所示；将弹簧夹套装入到锁紧螺母中，然后将弹簧夹套和锁紧螺母一起旋入刀柄的前端（不要拧紧）；将刀具插入到弹簧夹套中（一般使立铣刀的夹持柄部伸出弹簧

学习笔记

夹套 3 ~ 5 mm）；用月牙扳手拧紧锁紧螺母，装好的刀具如图 4–27 所示；用干净的抹布将刀柄锥部和主轴锥孔擦拭干净，将机床置于手动（JOG）工作方式下，按下主轴松刀按钮，将刀柄和刀具装入到主轴锥孔中（注意主轴端面键应插入到刀柄键槽中），然后按下主轴夹紧按钮（部分机床主轴松刀和主轴夹紧为同一按钮，按一次为松刀，再按一次为夹紧，松刀和夹紧往复循环），刀具安装完毕。

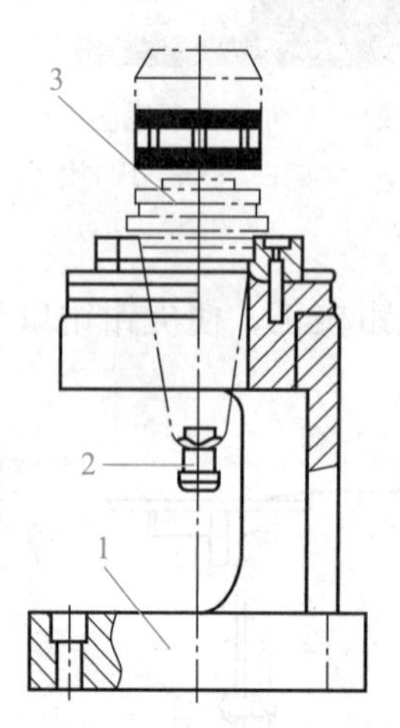

图 4–26　刀柄置于紧刀座中

1—紧刀座；2—拉钉；3—刀柄

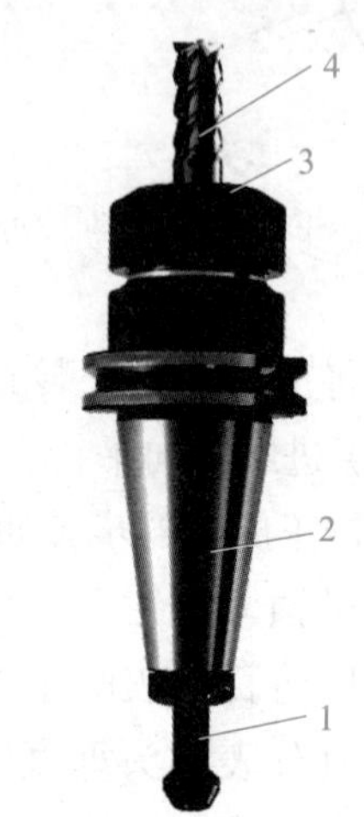

图 4–27　刀具安装在刀柄中

1—拉钉；2—刀柄；3—锁紧螺母；4—立铣刀

安装刀具时的注意事项：

（1）拧紧拉钉时，其拧紧力要适中，拧紧力过大易造成拆卸困难甚至损坏拉钉；拧紧力过小会造成刀柄链接不可靠，加工时易产生事故。

（2）安装直柄立铣刀时，一般使立铣刀的夹持柄部伸出弹簧夹头 3 ~ 5 mm，伸出过长将降低刀具的铣削刚性。

（3）禁止将加长套筒套在月牙扳手上拧紧刀柄，也不允许使用榔头敲击月牙扳手的方式来紧固刀具，否则将会损坏月牙扳手或锁紧螺母。

（4）装卸刀具时务必弄清扳手的旋转方向，特别是拆卸刀具时的旋转方向，否则将影响刀具的装卸甚至损坏锁紧螺母或刀柄。

（5）安装铣刀时，铣刀应垫棉纱并握圆周，防止刀刃划伤手。

（6）刀柄装入主轴锥孔前一定要把刀柄和锥孔擦拭干净，以免造成刀具与主轴不同轴。

5）对刀设置工件坐标系

编程前要先在零件图纸上建立工件坐标系，本项目中假设工件坐标系建立在正中心与上表面的交点处，如图 4–28 所示。对刀的基本操作步骤如表 4–1 所示。

学习笔记

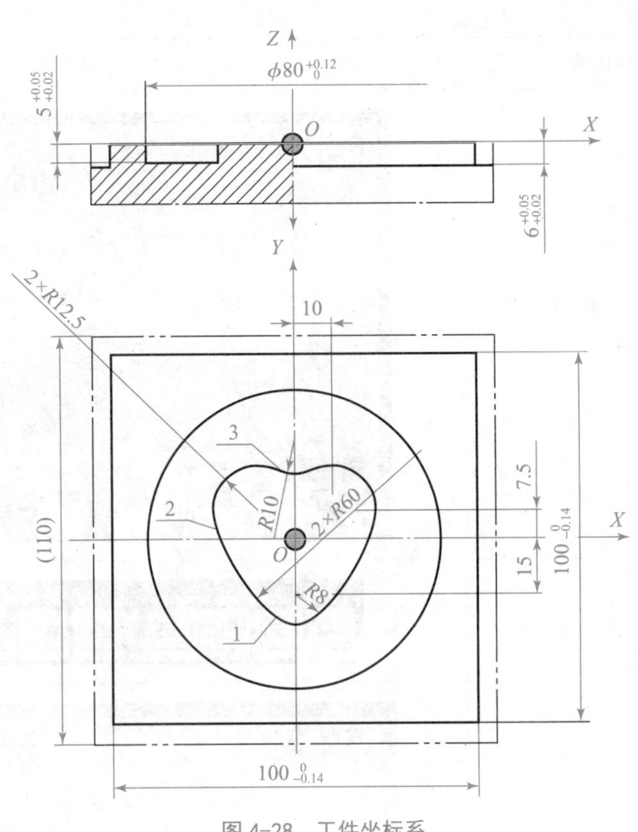

图 4-28　工件坐标系

表 4-1　FANUC 0i 数控系统数控铣床对刀设置工件坐标系操作步骤

步骤	操作内容	操作示意（结果）图
1	分别在工件毛坯的 *YZ* 基准面、*ZX* 基准面和 *XY* 基准面上贴上一小片沾油的纸片	
2	按“PROG”按键，进入程序屏幕界面	

学习笔记

续表

步骤	操作内容	操作示意（结果）图
2	按“PROG”按键，进入程序屏幕界面	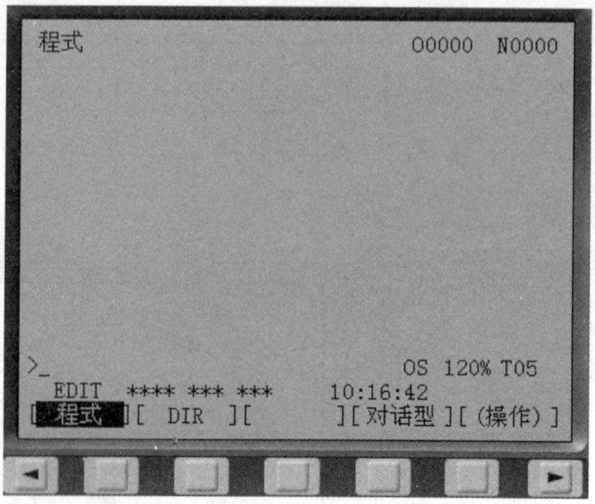 程式 O0000 N0000 >_ OS 120% T05 EDIT **** *** *** 10:16:42 [程式][DIR][ ][对话型][(操作)]
3	选择“MDI”方式，进入手动数据输入界面	 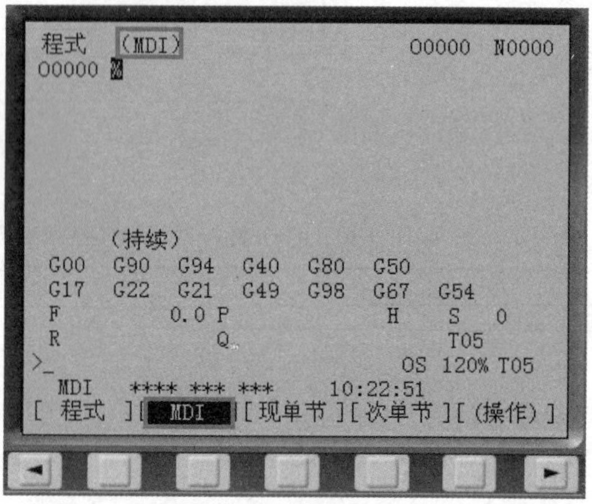 程式 (MDI) O0000 N0000 O0000 % (持续) G00 G90 G94 G40 G80 G50 G17 G22 G21 G49 G98 G67 G54 F 0.0 P H S 0 R Q T05 >_ OS 120% T05 MDI **** *** *** 10:22:51 [程式][MDI][现单节][次单节][(操作)]
4	在缓存区中输入“; M03 S100; ”（启动主轴正转 100 r）。	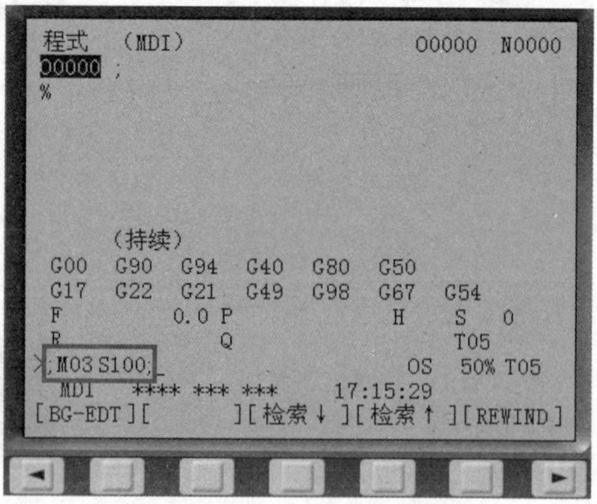 程式 (MDI) O0000 N0000 O0000 ; % (持续) G00 G90 G94 G40 G80 G50 G17 G22 G21 G49 G98 G67 G54 F 0.0 P H S 0 R Q T05 >; M03 S100;_ OS 50% T05 MDI **** *** *** 17:15:29 [BG-EDT][ ][检索↓][检索↑][REWIND]

续表

学习笔记

步骤	操作内容	操作示意（结果）图
5	按“INSERT”键，将主轴正转程序输入到内存中	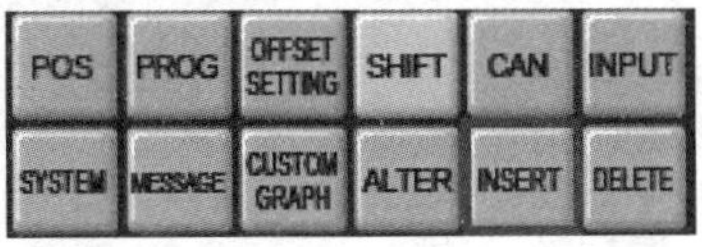 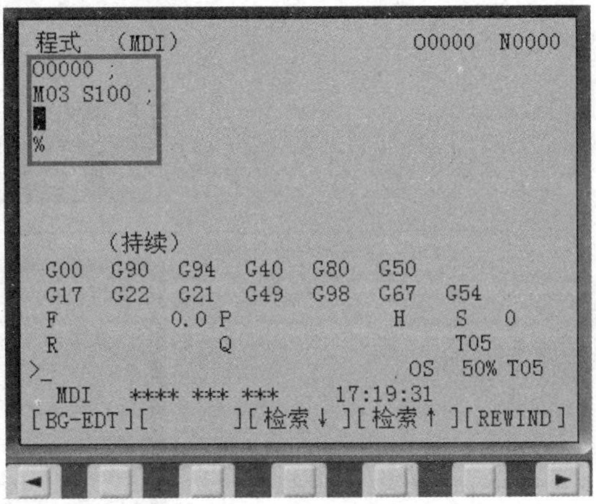
6	按“循环启动”键（让主轴刀具正转）	
7	按“OFS/SET”键，进入偏置 / 设置界面	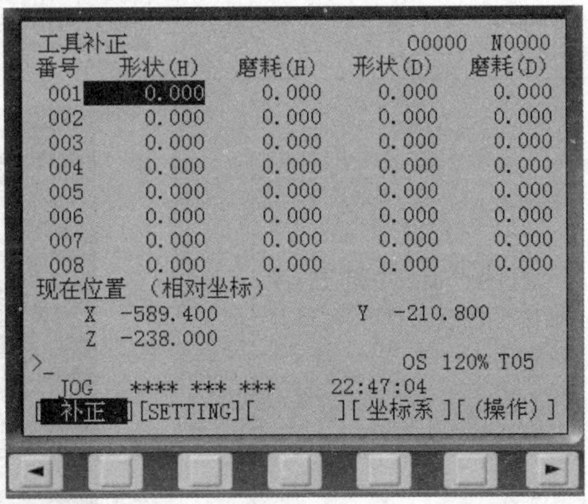

学习笔记

续表

步骤	操作内容	操作示意（结果）图
8	按“坐标系”对应功能软键，进入坐标系界面	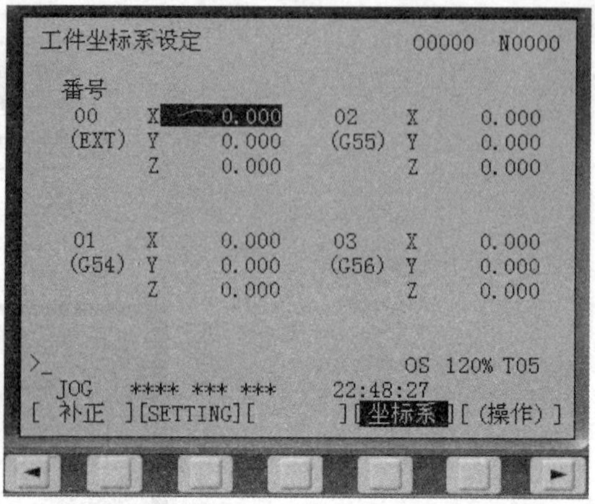 工件坐标系设定 O0000 N0000 番号 00 X 0.000 02 X 0.000 (EXT) Y 0.000 (G55) Y 0.000 Z 0.000 Z 0.000 01 X 0.000 03 X 0.000 (G54) Y 0.000 (G56) Y 0.000 Z 0.000 Z 0.000 >_ OS 120% T05 JOG **** *** *** 22:48:27 [补正][SETTING][ ][坐标系][(操作)]
9	利用光标移动键将光标移动到对应的坐标系	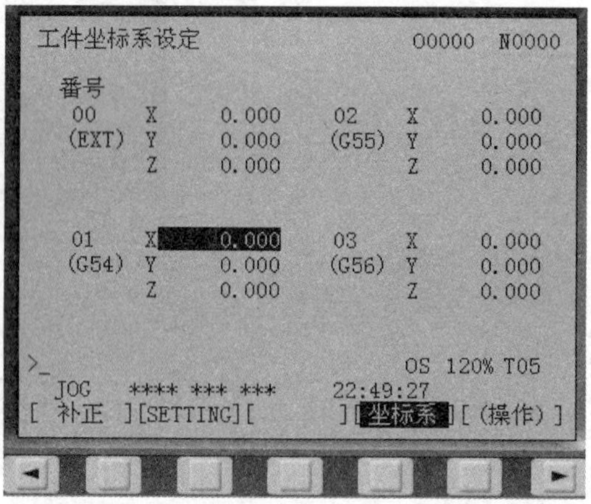 工件坐标系设定 O0000 N0000 番号 00 X 0.000 02 X 0.000 (EXT) Y 0.000 (G55) Y 0.000 Z 0.000 Z 0.000 01 X 0.000 03 X 0.000 (G54) Y 0.000 (G56) Y 0.000 Z 0.000 Z 0.000 >_ OS 120% T05 JOG **** *** *** 22:49:27 [补正][SETTING][ ][坐标系][(操作)]
10	选择“JOG”（手动）工作方式	
11	通过操作面板中相应的各轴移动按键将刀具移动到工件附近	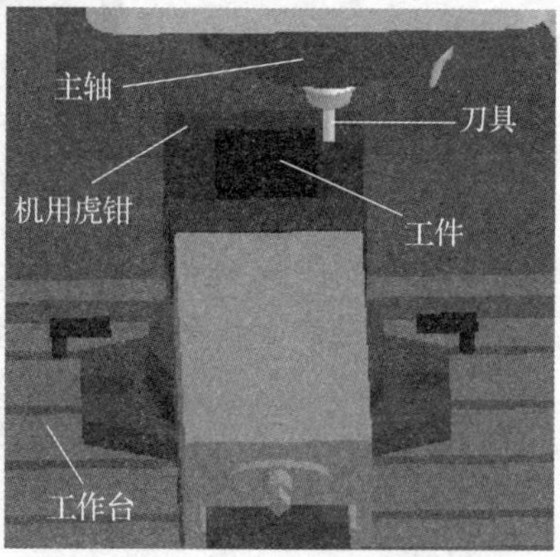 主轴 刀具 机用虎钳 工件 工作台

续表

学习笔记

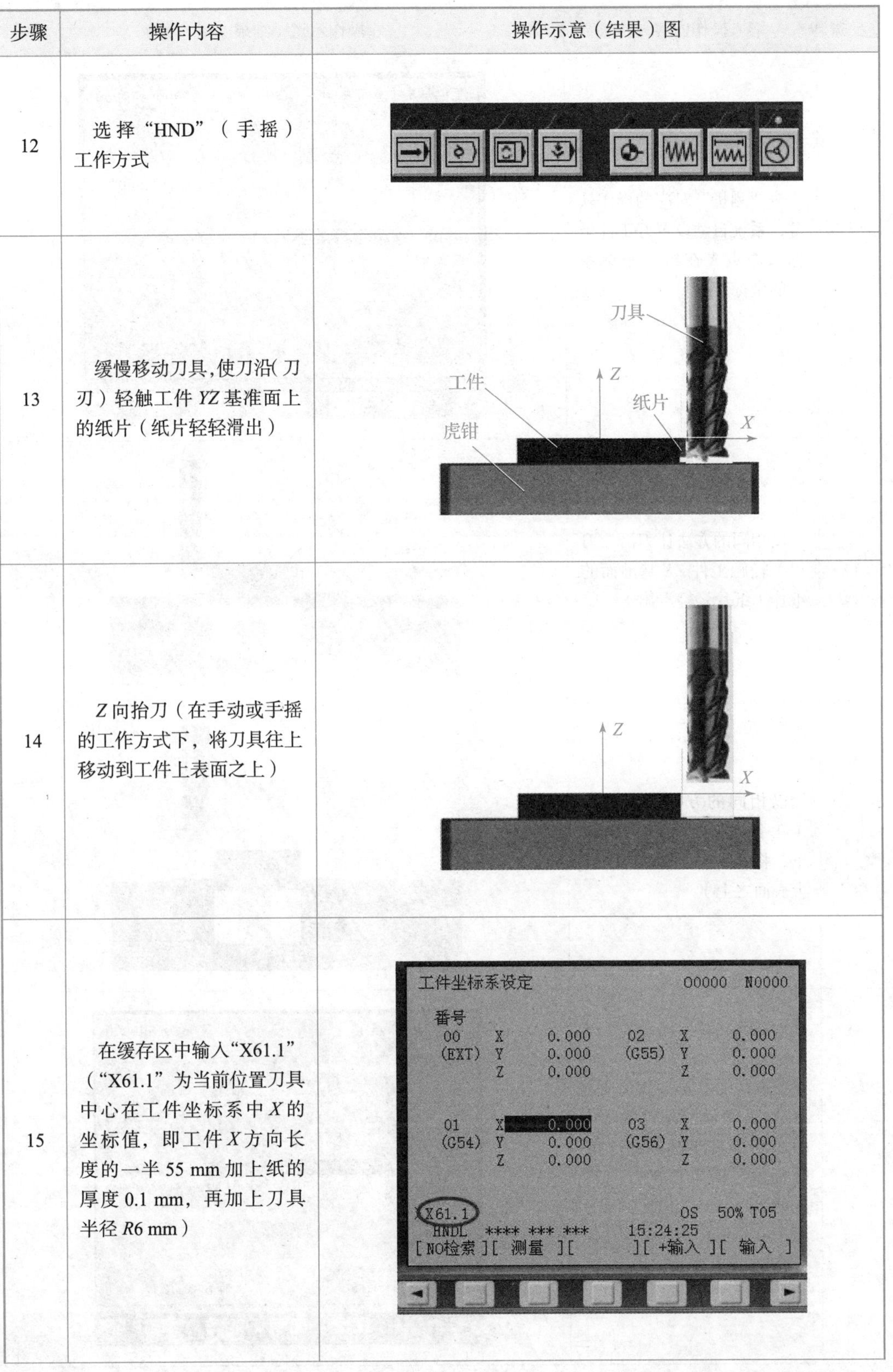

步骤	操作内容	操作示意（结果）图
12	选择“HND”（手摇）工作方式	
13	缓慢移动刀具，使刀沿（刀刃）轻触工件 *YZ* 基准面上的纸片（纸片轻轻滑出）	
14	*Z* 向抬刀（在手动或手摇的工作方式下，将刀具往上移动到工件上表面之上）	
15	在缓存区中输入“X61.1”（“X61.1”为当前位置刀具中心在工件坐标系中 *X* 的坐标值，即工件 *X* 方向长度的一半 55 mm 加上纸的厚度 0.1 mm，再加上刀具半径 *R*6 mm）	

学习笔记

续表

步骤	操作内容	操作示意（结果）图
16	按“测量”对应的操作软键，系统自动设置好工件坐标系原点 *X* 在机床坐标系中的坐标	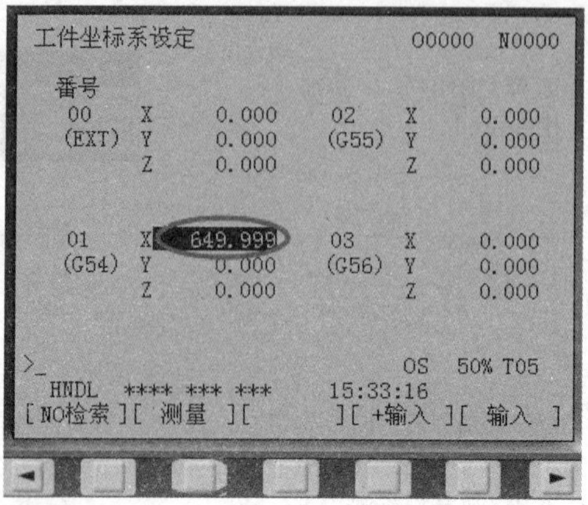 工件坐标系设定 O0000 N0000 番号 00 X 0.000 02 X 0.000 (EXT) Y 0.000 (G55) Y 0.000 Z 0.000 Z 0.000 01 X 649.999 03 X 0.000 (G54) Y 0.000 (G56) Y 0.000 Z 0.000 Z 0.000 >_ OS 50% T05 HNDL **** *** *** 15:33:16 [NO检索][测量][ ][+输入][输入]
17	以相同的方法让刀沿（刀刃）轻触工件 *ZX* 基准面的纸片（纸片轻轻滑出）	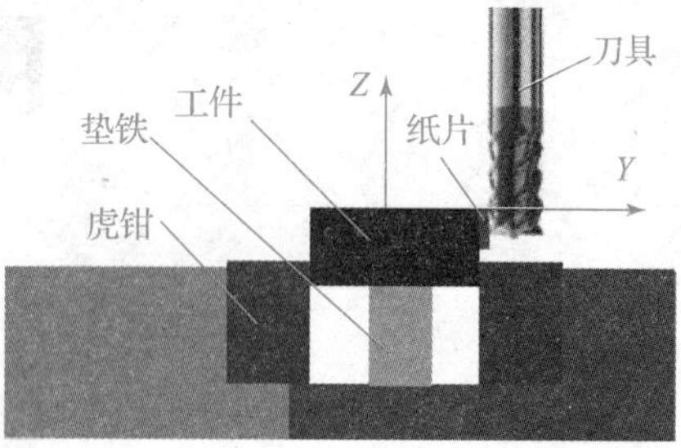 刀具 *Z* 工件 垫铁 纸片 *Y* 虎钳
18	以相同的方法 *Z* 向抬刀（在手动或手摇的工作方式下，将刀具往上移动到工件上表面之上）	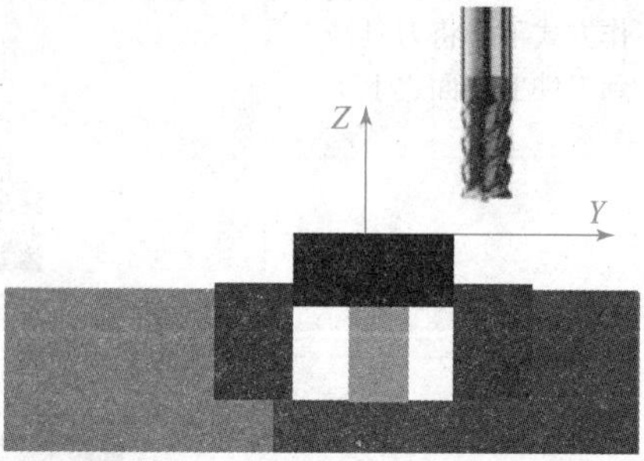 *Z* *Y*
19	在缓存区中输入“Y61.1”（“Y61.1”为当前位置刀具中心在工件坐标系中 *Y* 的坐标值，即工件 *Y* 方向长度的一半 55 mm 加上纸的厚度 0.1 mm，再加上刀具半径 *R*6 mm）	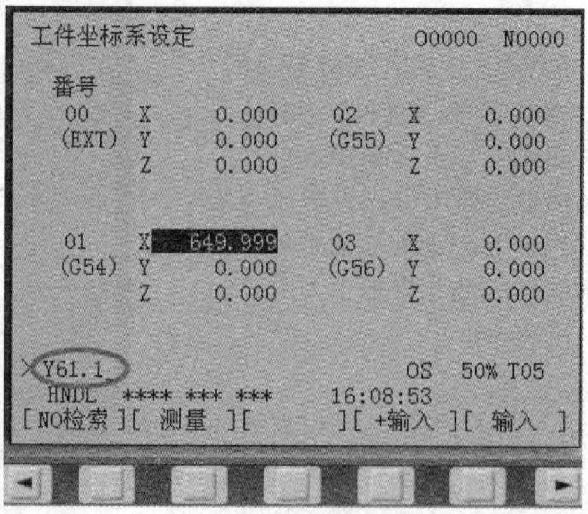 工件坐标系设定 O0000 N0000 番号 00 X 0.000 02 X 0.000 (EXT) Y 0.000 (G55) Y 0.000 Z 0.000 Z 0.000 01 X 649.999 03 X 0.000 (G54) Y 0.000 (G56) Y 0.000 Z 0.000 Z 0.000 >Y61.1 OS 50% T05 HNDL **** *** *** 16:08:53 [NO检索][测量][ ][+输入][输入]

续表

步骤	操作内容	操作示意（结果）图
20	按“测量”对应的操作软键，系统自动设置好工件坐标系原点 Y 在机床坐标系中的坐标	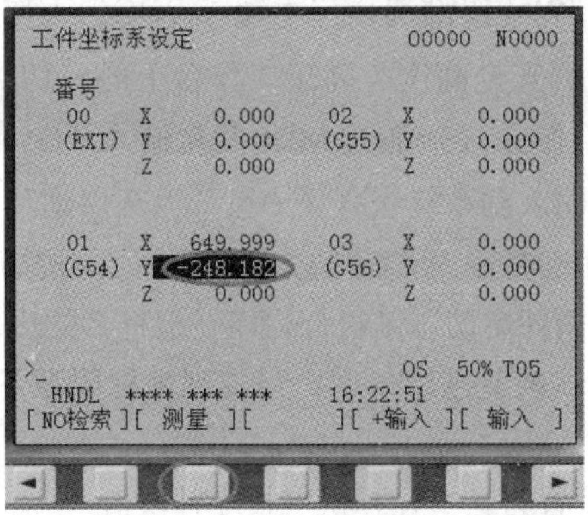
21	以相同的方法让刀沿（刀刃）轻触工件 XY 基准面的纸片（纸片轻轻滑出）	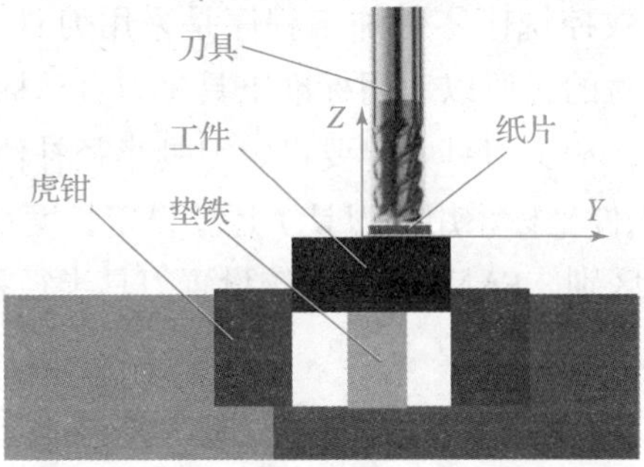
22	在缓存区中输入“Z0.1”（“Z0.1”为当前位置刀具中心在工件坐标系中 Z 的坐标值）	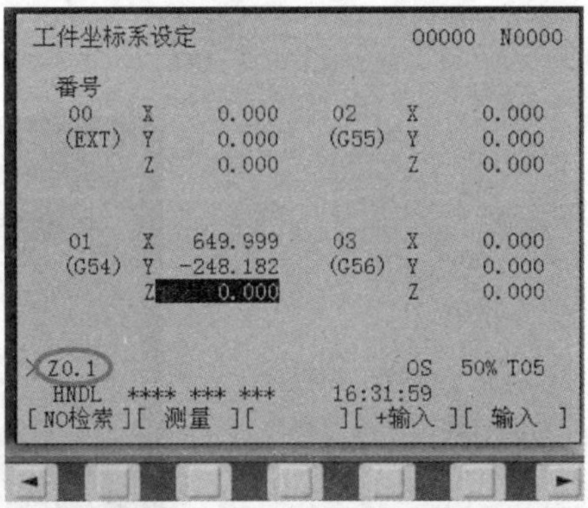
23	按“测量”对应的操作软键，系统自动设置好工件坐标系原点 Z 在机床坐标系中的坐标	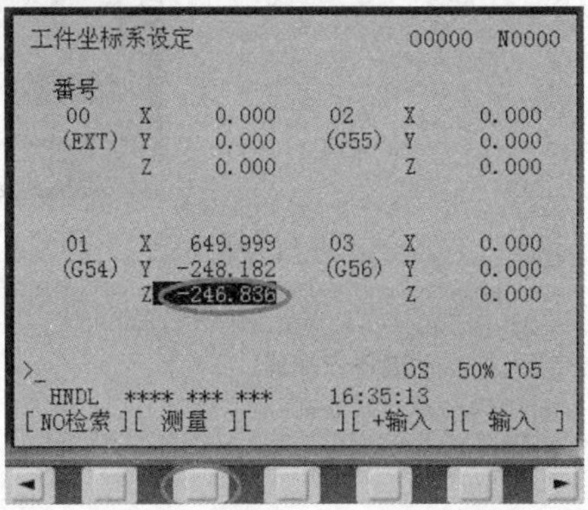

注意：一般情况下为了确保加工安全，设置完工件坐标系后通常要检验坐标系的正确性，以免发生安全事故。检验坐标系正确性的操作方法如下：

按下 [WW] 按键选择“手动”（JOG）工作方式→按下“Z”按键→按下“+”按键让 Z 轴抬到安全高度（高于工作台上的一切）→按下 [◙] 按键，选择手动数据输入“MDI”工作方式→通过 MDI 键盘输入“G54 G00 X0 Y0；”→按“INSERT”（插入）键将程序输入到系统缓存区→按“循环启动” [◫] 键执行程序，检查 X、Y 的正确性→通过 MDI 键盘输入“G01 Z5 F3000；”→按插入键“INSERT”将程序输入到系统缓存区→按“循环启动”键执行程序→检查 Z 的正确性。

注意：调节进给倍率，当发现坐标明显不对时，应及时终止机床运动，以免出现安全事故。

6）设置刀具半径补偿与长度补偿值

因为数控铣床零件加工程序是采用刀具半径补偿方式直接按照刀具中心沿工件轮廓来编写的，所以利用标准工具（刀具、标准棒、机械或光电寻边器）建立好工件坐标系后，加工刀具一定要设定刀具半径补偿值，若使用多把刀具加工，则其他刀具（除设置工件坐标系用的刀具）还要设定长度补偿。不同的数控系统设置刀具补偿的界面会有所区别，FANUC 0i 系统设置刀具半径补偿和长度补偿的操作步骤分别如表 4-2 和表 4-3 所示。

表 4-2　FANUC 0i 系统设置刀具半径补偿的操作步骤

步骤	操作内容	操作示意（结果）图
1	按“补正（偏置）”所对应的功能软键，进入刀具补正设置界面	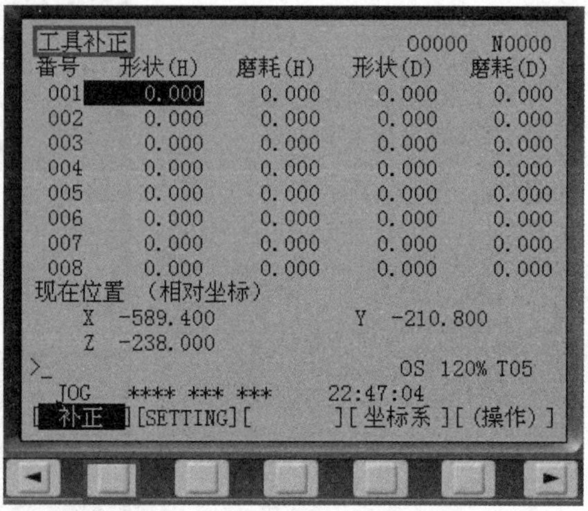
2	利用光标移动键将光标移动到对应的半径补偿地址	

续表

步骤	操作内容	操作示意（结果）图
2	利用光标移动键将光标移动到对应的半径补偿地址	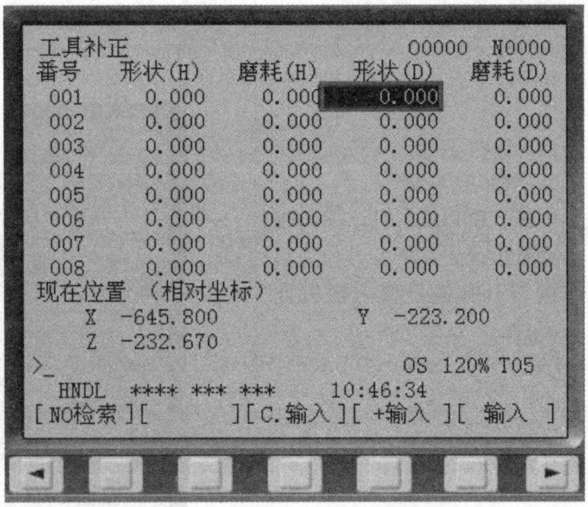 工具补正 O0000 N0000 番号 形状(H) 磨耗(H) 形状(D) 磨耗(D) 001 0.000 0.000 0.000 0.000 002 0.000 0.000 0.000 0.000 003 0.000 0.000 0.000 0.000 004 0.000 0.000 0.000 0.000 005 0.000 0.000 0.000 0.000 006 0.000 0.000 0.000 0.000 007 0.000 0.000 0.000 0.000 008 0.000 0.000 0.000 0.000 现在位置 （相对坐标） X -645.800 Y -223.200 Z -232.670 >_ OS 120% T05 HNDL **** *** *** 10:46:34 [NO检索][ ][C.输入][+输入][输入]
3	运用 MDI 键盘在缓存区中输入刀具半径偏置值	 O P N Q G R 7 A 8 B 9 C X U Y V Z W 4 [5] 6 SP M I S J T K 1 - 2 # 3 = F L H D EOB E - + 0 * . /
		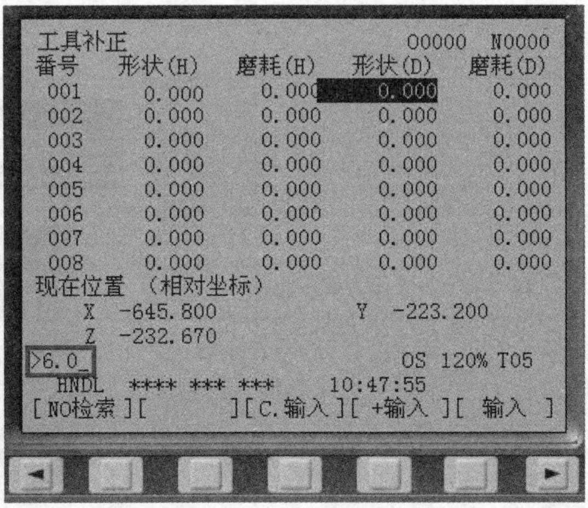 工具补正 O0000 N0000 番号 形状(H) 磨耗(H) 形状(D) 磨耗(D) 001 0.000 0.000 0.000 0.000 002 0.000 0.000 0.000 0.000 003 0.000 0.000 0.000 0.000 004 0.000 0.000 0.000 0.000 005 0.000 0.000 0.000 0.000 006 0.000 0.000 0.000 0.000 007 0.000 0.000 0.000 0.000 008 0.000 0.000 0.000 0.000 现在位置 （相对坐标） X -645.800 Y -223.200 Z -232.670 >6.0_ OS 120% T05 HNDL **** *** *** 10:47:55 [NO检索][ ][C.输入][+输入][输入]

学习笔记

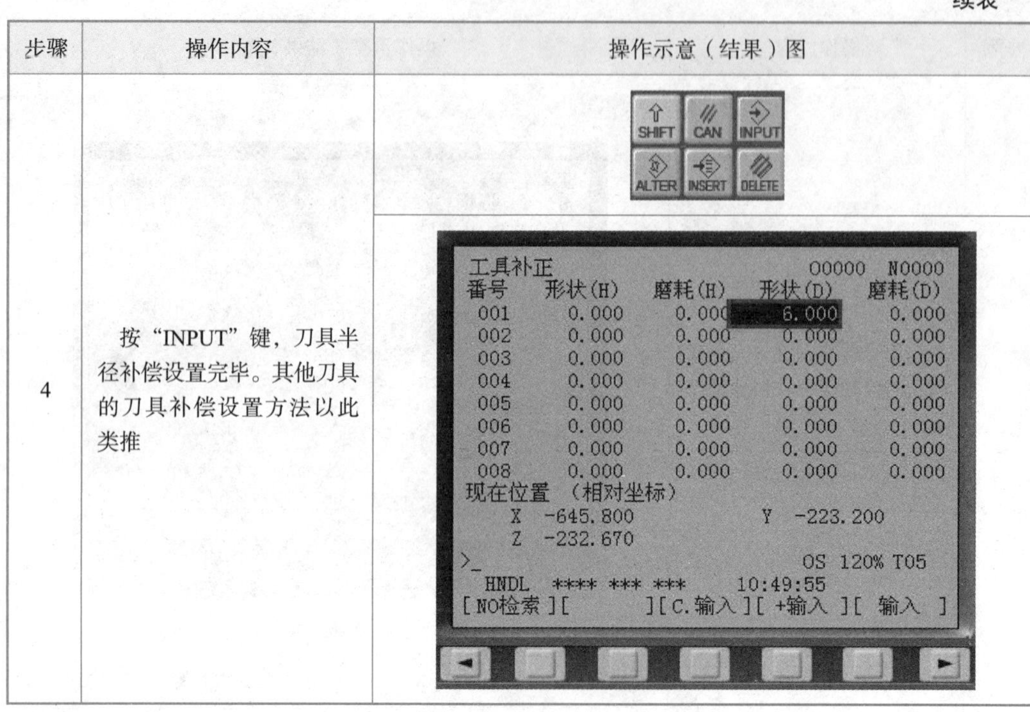

步骤	操作内容	操作示意（结果）图
4	按“INPUT”键，刀具半径补偿设置完毕。其他刀具的刀具补偿设置方法以此类推	

表 4–3 FANUC 0i 系统设置刀具长度补偿的操作步骤

步骤	操作内容	操作示意（结果）图
1	在工件上表面（*XY* 基准面）上贴沾油纸片	纸 工件 纸
2	在“手动”工作方式下将要设置刀具长度补偿值的刀具安装到机床主轴上	

步骤	操作内容	操作示意（结果）图
3	按下主轴转动按键，启动主轴	
4	选择“手动”或“手摇”工作方式	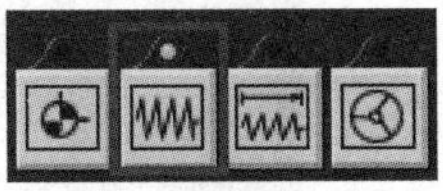 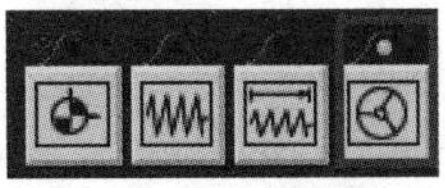
5	利用对刀的方法让刀具底刃轻触工件 *XY* 基准面纸片（纸片轻轻滑出）	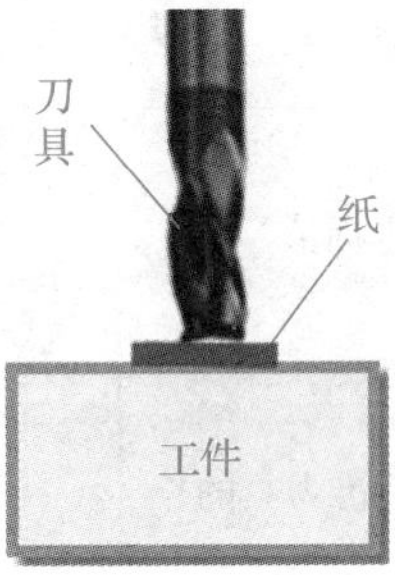 刀具 纸 工件
6	按“POS”键，显示选择坐标位置界面	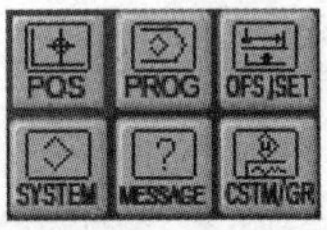 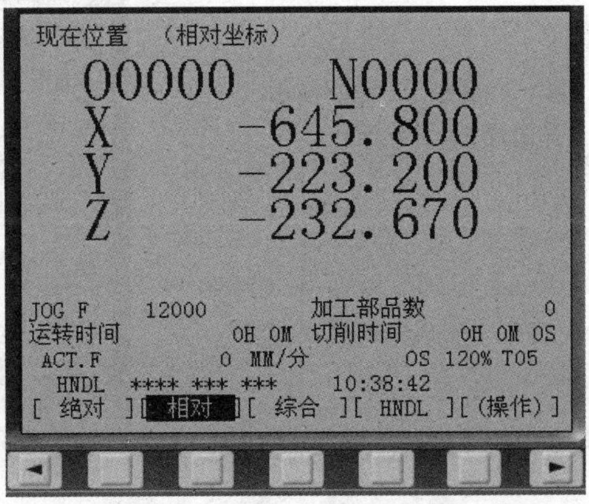 POS PROG OFS/SET SYSTEM MESSAGE CSTM/GR 现在位置 （相对坐标） O0000 N0000 X -645.800 Y -223.200 Z -232.670 JOG F 12000 加工部品数 0 运转时间 0H 0M 切削时间 0H 0M 0S ACT.F 0 MM/分 0S 120% T05 HNDL **** *** *** 10:38:42 [绝对][相对][综合][HNDL][(操作)]

学习笔记

续表

步骤	操作内容	操作示意（结果）图
7	选择“绝对坐标”	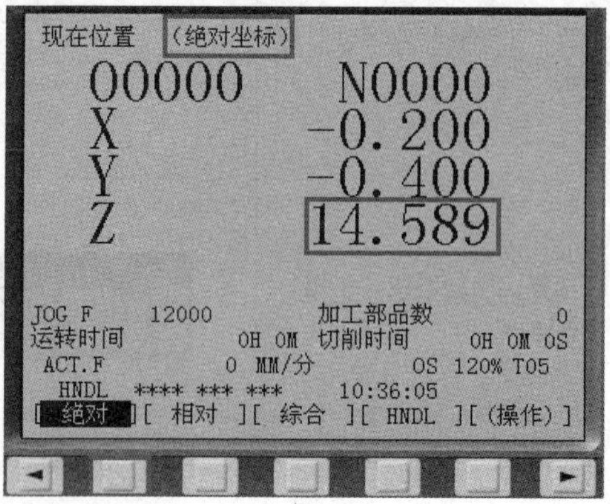
8	记录下 Z 的坐标值	Z_1=14.589
9	计算刀具与标准刀具的长度差	$\Delta H=Z_1-t$=14.589−0.08=14.509 （t 为纸的厚度）
10	按“OFS/SET”键，显示选择偏置 / 设置界面	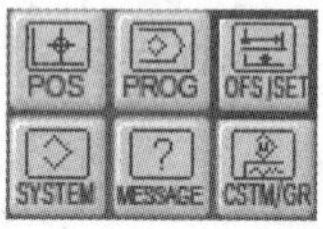
		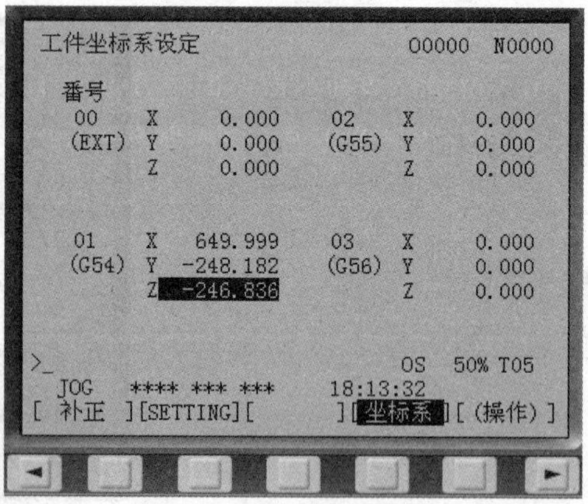

续表

步骤	操作内容	操作示意（结果）图
11	按“补正（偏置）”所对应的功能软键，进入刀具补正设置界面	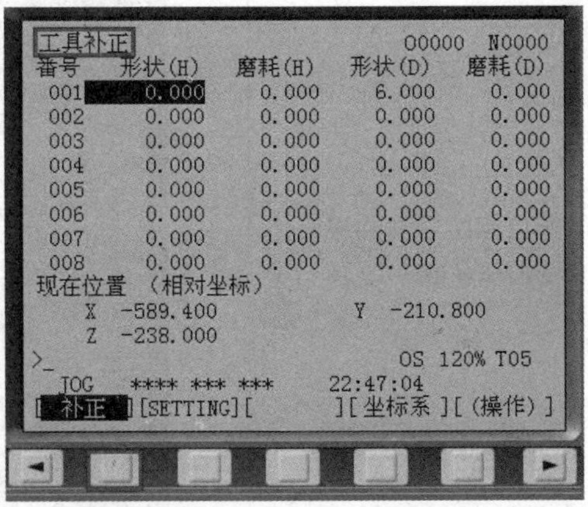
12	利用光标移动键将光标移动到对应的长度补偿地址	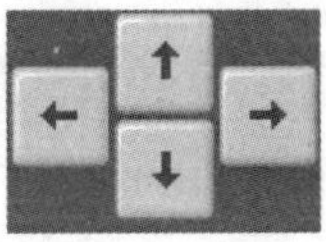 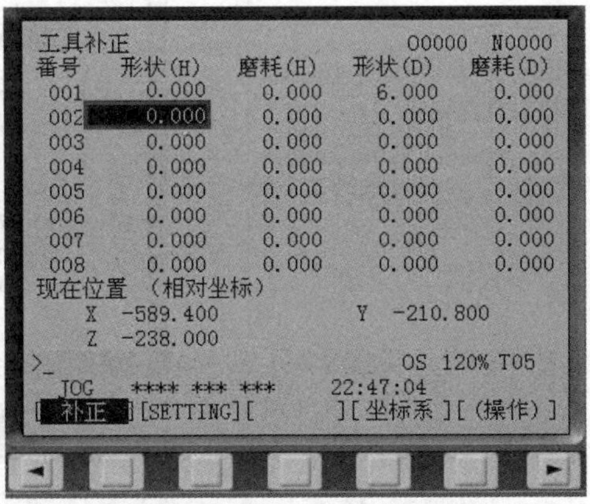
13	运用 MDI 键盘在缓存区中输入 ΔH 值	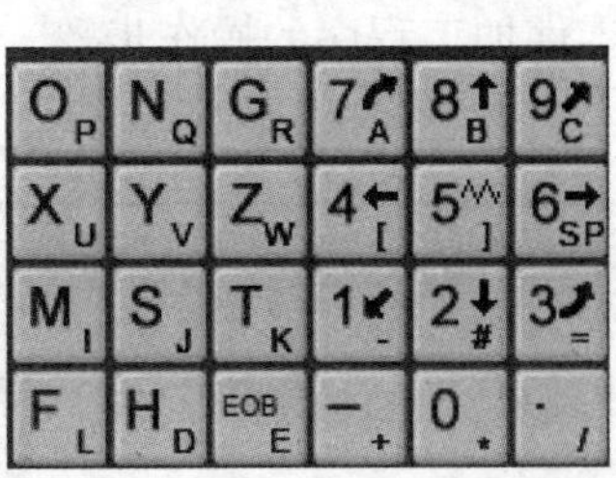

续表

步骤	操作内容	操作示意（结果）图
13	运用 MDI 键盘在缓存区中输入 ΔH 值	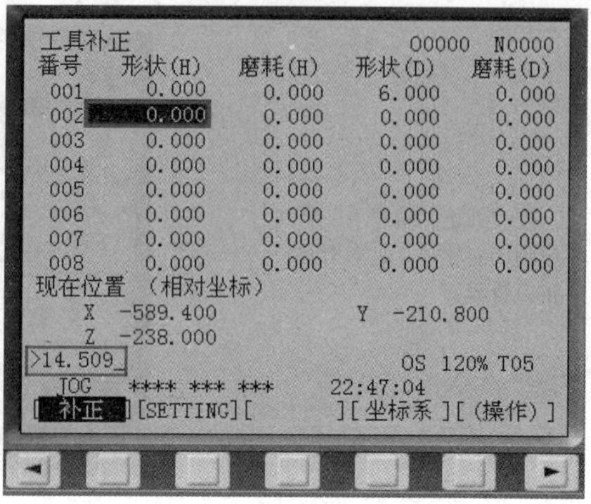
14	按“INPUT”键，刀具长度补偿设置完毕	 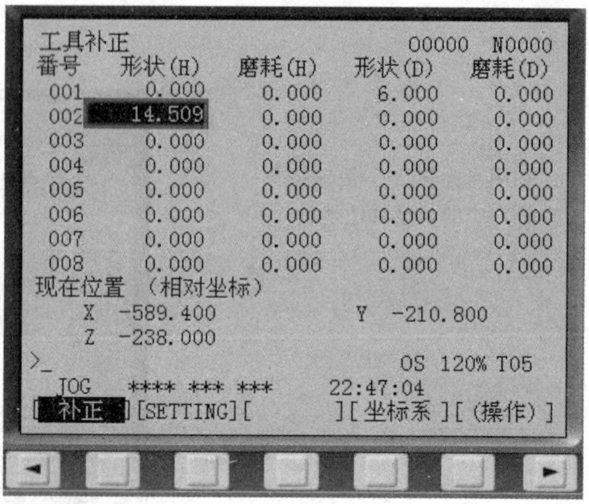

7）输入零件加工程序

（1）输入零件加工程序的操作步骤，如表 4–4 所示。

表 4–4　输入零件加工程序的操作步骤

步骤	操作内容	操作示意（结果）图
1	选择“编辑”（EDIT）工作方式	

续表

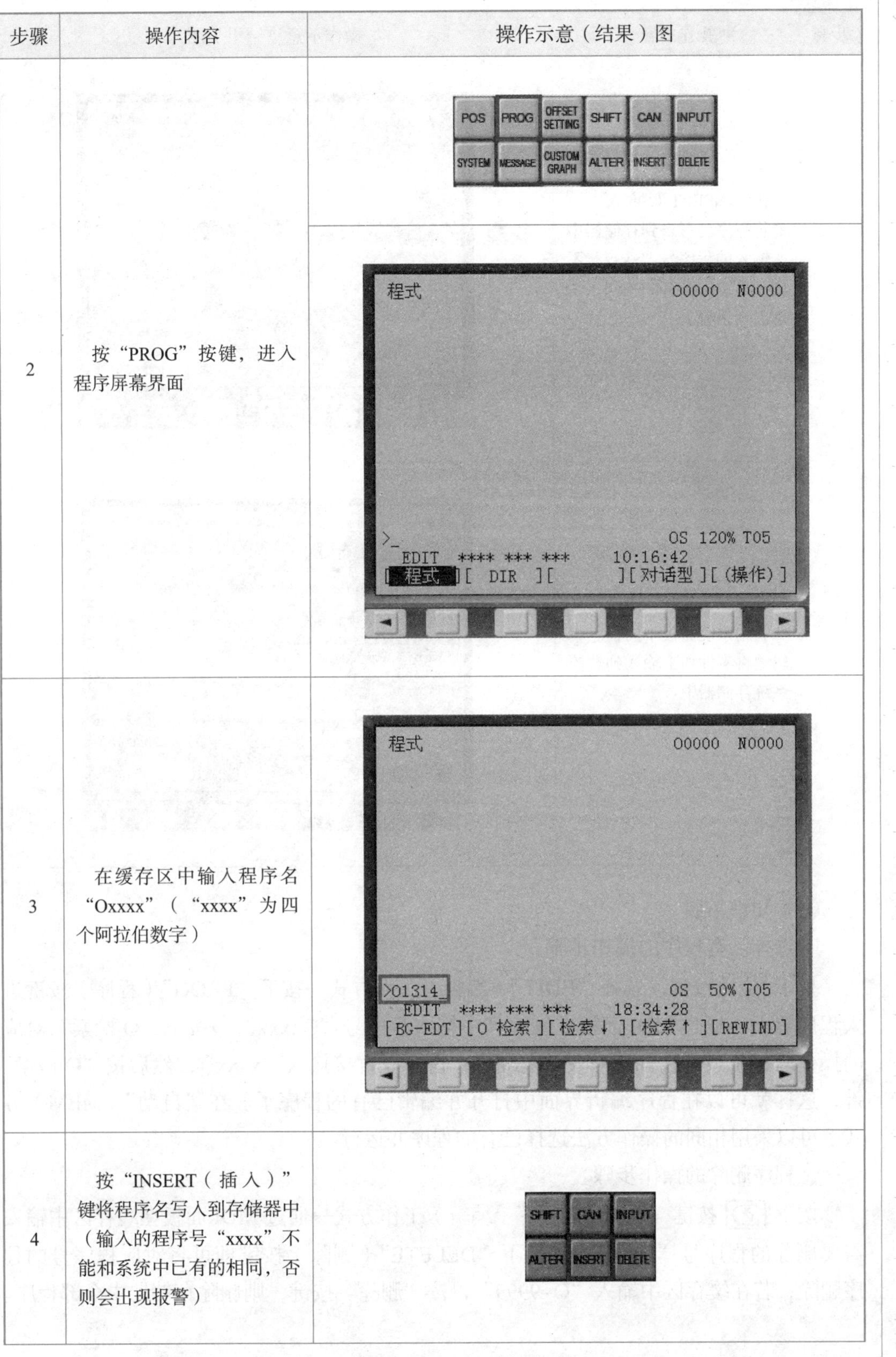

步骤	操作内容	操作示意（结果）图
2	按“PROG”按键，进入程序屏幕界面	
3	在缓存区中输入程序名“Oxxxx”（“xxxx”为四个阿拉伯数字）	
4	按“INSERT（插入）”键将程序名写入到存储器中（输入的程序号“xxxx”不能和系统中已有的相同，否则会出现报警）	

学习笔记

学习笔记

续表

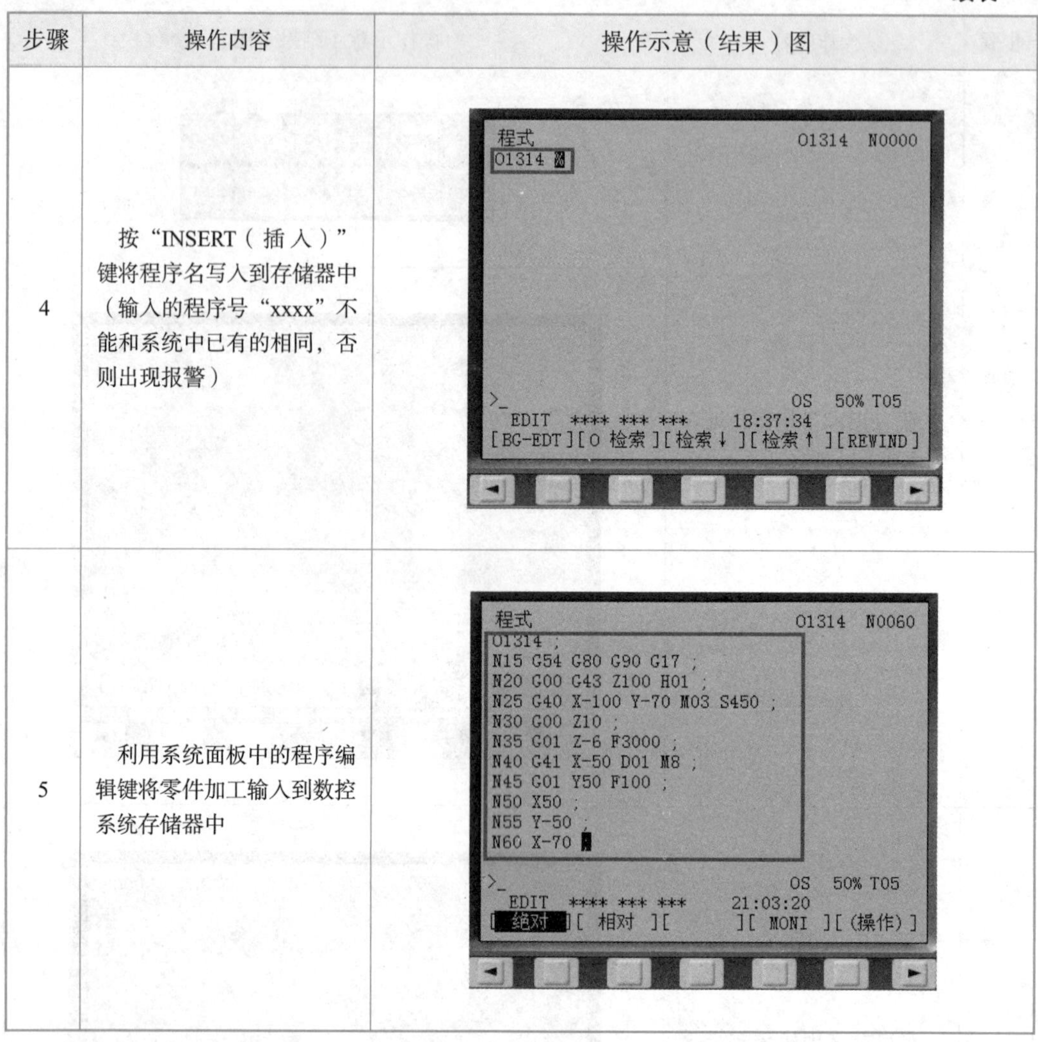

步骤	操作内容	操作示意（结果）图
4	按“INSERT（插入）”键将程序名写入到存储器中（输入的程序号“xxxx”不能和系统中已有的相同，否则出现报警）	程式 O1314 N0000 O1314 % >_ OS 50% T05 EDIT **** *** *** 18:37:34 [BG-EDT][O 检索][检索↓][检索↑][REWIND]
5	利用系统面板中的程序编辑键将零件加工输入到数控系统存储器中	程式 O1314 N0060 O1314 ; N15 G54 G80 G90 G17 ; N20 G00 G43 Z100 H01 ; N25 G40 X-100 Y-70 M03 S450 ; N30 G00 Z10 ; N35 G01 Z-6 F3000 ; N40 G41 X-50 D01 M8 ; N45 G01 Y50 F100 ; N50 X50 ; N55 Y-50 ; N60 X-70 >_ OS 50% T05 EDIT **** *** *** 21:03:20 [绝对][相对][ ][MONI][(操作)]

（2）知识拓展。

①选择已有程序的操作步骤。

按下 按键，选择“EDIT”（编辑）工作方式→按下“PROG”（程序）按键进入程序界面→通过 MDI 面板在缓存区中输入程序号“Oxxxx”→按下“O 检索”对应的操作软键（或者按向下移动光标键），也可以直接输入“xxxx”，然后按“O 检索”键，这样就可以在程序编辑界面中打开并编辑已有的程序了。在“自动”（MEM）方式下可以采用相同的操作方法选择已有的程序并运行。

②程序删除的操作步骤。

按下 按键，选择“EDIT”（编辑）工作方式→通过 MDI 面板在缓存区中输入需要删除的程序号“Oxxxx”→按下“DELETE”（删除）按键即可将对应程序号的程序删除；若在缓存区中输入“O-9999”再按“删除”按键，则删除存储器中全部程序。

③后台编辑程序。

在任何工作方式中，按下“PROG”（程序）按键→按“OPRT”（操作）菜单对应的功能软键→按“NEXT”（下一页）菜单对应的功能软键→按“BG-END”（后台编辑）菜单对应的功能软键即可进入到后台编辑的界面，此时可进行新建程序、检索程序和编辑程序等操作。注意在“自动”方式下当前执行的程序不可以在后台编辑。

8）程序调试与运行

按下 [⇒] 按键，选择“自动”（MEM）工作方式→按下 ⇒ 机床锁住按键→按下“空运行”按键 [⇝] →按下“PROG”（程序）按键进入程序界面→通过 MDI 面板在缓存区中输入需要校验程序的程序号“Oxxxx”→按下“O 检索”对应的操作软键或者按向下移动光标键（如果要执行的程序已经在前台了，则可省略选择程序的步骤）→按下“CSTM/GR”按键进入图形模拟界面→按下“循环启动”按键 [□] →观察程序规定刀具的轨迹，检查程序的正确性。机床锁住功能只能锁住机床的移动轴，并不能锁住机床的主轴旋转和切削液等辅助功能，所以模拟过程中应关好防护门，以免在模拟的过程中发生意外；有 MST 锁住功能的机床在校验时最好择此功能。当校验过程中发生报警或发现图形显示轨迹和零件特征不符时，应先按“复位”（RESET）键取消报警，然后按“编辑”按键进入编辑界面，再通过 MDI 键盘利用程序编辑键修改程序。

9）零件加工

当工件坐标系及刀具补偿等参数设置完毕，且程序调试正确后，可以进入到零件自动加工的环节，但在调试程序之后、零件自动加工之前一定要再次执行回参考点的操作，否则极有可能发生安全事故。回参考点的操作步骤同开机后回参考点的操作步骤。零件加工的基本操作步骤如下：

（1）自动运行。

按下 [⇒] 按键，选择“自动”（MEM）工作方式→按下“PROG”按键进入程序界面→通过 MDI 面板在缓存区中输入需要执行程序的程序号“Oxxxx”→按下“O 检索”对应的操作软键或者按向下移动光标键→按下“循环启动”键（如 [□] 果要执行的程序已经在前台了，则直接按“循环启动”键即可）。

（2）单段运行。

按下 [⇒] 按键，选择“自动”（MEM）工作方式→按下 [⇒] 按键选择单段→按下“PROG”按键进入程序界面→通过 MDI 面板在缓存区中输入需要执行程序的程序号“Oxxxx”→按下“O 检索”对应的操作软键或者按向下移动光标键→按下“循环启动”键 [□]（如果要执行的程序已经在前台了，则直接按“循环启动”键即可）。

（3）指定行运行。

按下 [⊘] 按键，选择“编辑”（EDIT）工作方式→按下“PROG”按键进入程序界面→通过 MDI 面板在缓存区中输入需要执行程序的程序号“Oxxxx”→按下“O 检索”对应的操作软键或者按向下移动光标键→通过 MDI 面板在缓存区中输入需要开始执行的程序段号“Nxx”→按下“N 检索”对应的操作软键或者按向下移动光标键→按下 [⇒] 按键，选择“自动”（MEM）工作方式→按下“循环启动”键。

学习笔记

学习笔记

10）关机

按下“急停”按钮→关闭系统电源→关闭机床电源→关闭外部电源→关闭气源（气源电源及气源管道阀）。

11）数控铣床日常维护和保养

数控铣床属于贵重精密设备，为了保证设备的精度保持性和延长设备的使用寿命，下班前应对数控铣床进行必要的日常保养与维护。数控铣床日常维护保养的内容如表 4–5 所示。

表 4–5　数控铣床日常维护保养的内容

<table>
<tr><th rowspan="2">日常保养内容和要求</th><th colspan="2">定期保养的内容和要求</th></tr>
<tr><th>保养部位</th><th>内容和要求</th></tr>
<tr><td rowspan="7">一、班前
1．对重要部位进行检查。
2．擦拭外露导轨面按规定加油。
3．空运转，察看润滑系统是否正常。
二、班后
1．清扫铁屑。
2．擦拭机床。
3．各部归位。
4．认真填写好交接班记录及其他记录</td><td>表面</td><td>1．清洗机床身表面死角，做到漆见本色、铁见光。
2．清除导轨面行刺，无研伤</td></tr>
<tr><td>主轴箱</td><td>1．清洁。
2．润滑良好</td></tr>
<tr><td>工作台</td><td>1．调整夹紧间隙。
2．润滑良好</td></tr>
<tr><td>升降台</td><td>1．调整夹紧间隙。
2．润滑良好</td></tr>
<tr><td>液压</td><td>1．液压箱清洁，油量充足。
2．调整压力表。
3．清洗油泵、滤油网</td></tr>
<tr><td>电气</td><td>1．擦拭电动机，箱外无灰尘、油垢。
2．各接触点良好，不漏电。
3．箱内整洁，无杂物</td></tr>
</table>

数控铣床日常保养注意事项如下：

（1）每天做好各导轨面的清洁润滑，有自动润滑系统的机床要定期检查、清洗自动润滑系统，检查油量，及时添加润滑油，并检查油泵是否定时启动打油及停止。

（2）每天检查主轴箱自动润滑系统工作是否正常，定期更换主轴箱润滑油。

（3）注意检查电器柜中冷却风扇是否工作正常，风道过滤网有无堵塞，并清洗黏附的尘土。

（4）注意检查冷却系统，检查液面高度，及时添加油或水，油、水脏时要更换清洗。

（5）注意检查主轴驱动皮带，调整松紧程度。

（6）注意检查导轨镶条松紧程度，调节间隙。

（7）注意检查机床液压系统油箱油泵有无异常噪声、工作油面高度是否合适、压力表指示是否正常、管路及各接头有无泄漏。

（8）注意检查导轨、机床防护罩是否齐全有效。

（9）注意检查各运动部件的机械精度，减少形状和位置偏差。

（10）每天下班做好机床清扫卫生，清扫铁屑，擦静导轨部位的冷却液，防止导轨生锈。

12）填写工作日志

工作日志应包括交接班前完成的主要工作任务、设备的运转和保养等基本情况。

考核内容：职业素养、基本知识、基本技能、任务实施、工作态度、纪律出勤、团队合作能力等。

评价方式：教师考核、小组成员相互考核。

任务考核评价				
考核项目	序号	考核内容	权重	评价分值（总分 100）
职业素养	1	纪律、出勤	0.1	
	2	工作态度、团队精神	0.1	
基本知识与技能	3	基本知识	0.1	
	4	基本技能	0.1	
任务实施能力	5	实施时效	0.2	
	6	实施成果	0.2	
	7	实施质量	0.2	
总体评价	成绩：	教师：	日期：	

任务4 华中 HNC-818B 系统数控铣床操作

利用 HNC-818B 系统数控铣床加工如图 4-29 所示端盖零件图，该题为 2020 年“1+X”数控车铣初级考证样题，毛坯：76 mm×76 mm×23 mm，材料：2A12 铝。

工艺加工过程：

（1）粗、精铣 $\phi 30^{+0.033}_{0}$ mm内孔、$\phi 45$ mm 凸台、65 mm×65 mm 凸台、腰形槽等

使其尺寸达到图纸要求；钻中心孔及钻 4-ϕ7 mm 孔且速度达到要求。

（2）锐边倒钝，去毛刺。

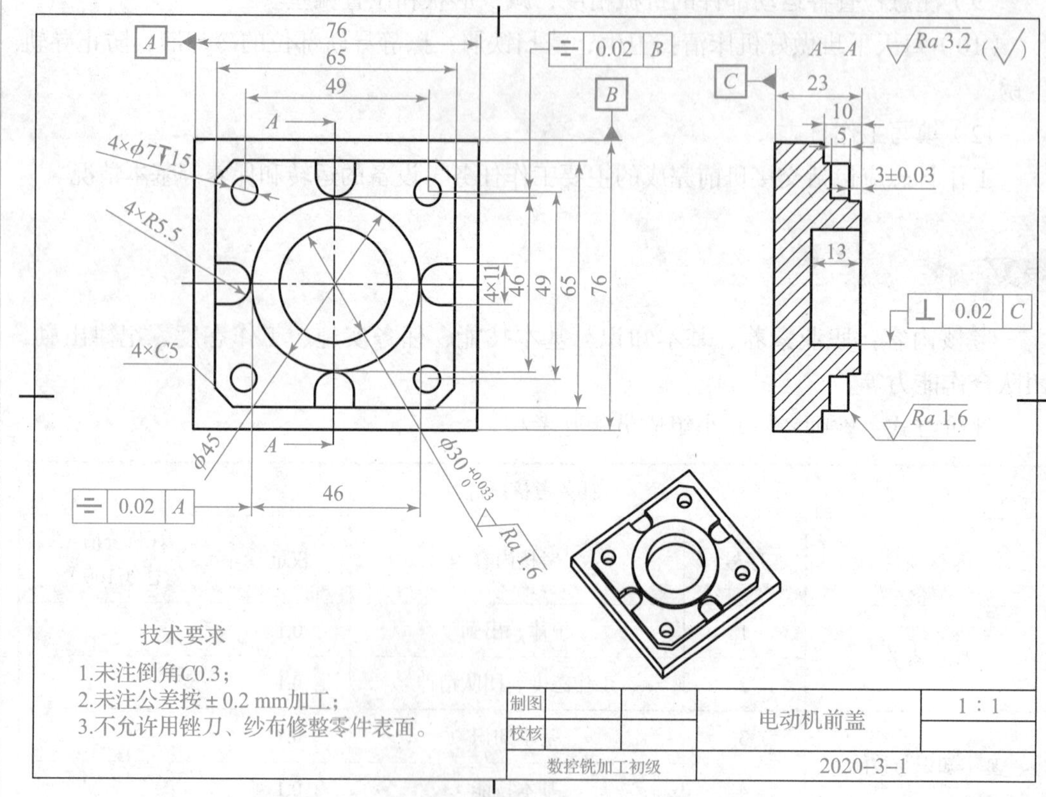

图 4-29　2020 年“1+X”数控车铣初级考证样题

零件加工参考程序如下（孔加工程序略）：

%1　铣削 ϕ30 mm 的圆形型腔，ϕ20 mm 键槽铣刀	
G54 G17 G90 G40 G49	G41 G01 X-12 Y-3 D01
G00 Z100	G03 X0 Y-15 R12
M08	G03 I0 J15
M03 S600	G03 X12 Y-3 R12
G00 X0 Y0	G40 G01 X0 Y0
G43 G00 Z5 H01	G49 G00 Z100
G01 Z-13 F100	M30

%2 铣削 ϕ45 mm 的圆台，ϕ20 mm 立铣刀	
G54 G17 G90 G40 G49	G41 G01 X-22.5 D02 F100
G00 Z100	Y0
M08	G02 I22.5 J0
M03 S600	G03 X-52.5 R15
G00 X-50 Y-50	G40 G01 X-55
G43 G00 Z5 H02	G49 G00 Z100
G01 Z-3 F300	M30
%3 铣削倒 C5 的 65 mm×65 mm 凸台，ϕ20 mm 立铣刀	
G54 G17 G90 G40 G49	X27.5
G00 Z100	X32.5 Y27.5
M08	Y-27.5
M03 S600	X27.5 Y-32.5
G00 X-50 Y-50	X-27.5
G43 G00 Z5 H03	G91 X-15 Y15
G01 Z-10 F300	G90 G40 X-55
G41 G01 X-32.5 D03 F100	G49 G00 Z100
Y27.5	M30
X-27.5 Y32.5	
%4 铣削倒宽 11 mm 的 U 形槽，ϕ10 mm 立铣刀	
G54 G17 G90 G40 G49 G69	G00 Z5
G00 Z100	G68 X0 Y0 P180
M08	G00 X0 Y-50
M03 S600	G01 Z-8 F200
G00 X0 Y-50	G41 G01 X5.5 D04 F100
G43 G00 Z5 H04	Y-28.5
G00 X0 Y-50	G03 X-5.5 R5.5

学习笔记

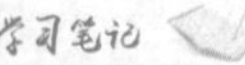

%4　铣削倒宽 11 mm 的 U 形槽，ϕ10 mm 立铣刀	
G01 Z-8 F200	G01 Y-48
G41 G01 X5.5 D04 F100	G40 X0 Y-55
Y-28.5	G00 Z5
G03 X-5.5 R5.5	G68 X0 Y0 P270
G01 Y-48	G00 X0 Y-50
G40 X0 Y-55	G01 Z-8 F200
G00 Z5	G41 G01 X5.5 D04 F100
G68 X0 Y0 P90	Y-28.5
G00 X0 Y-50	G03 X-5.5 R5.5
G01 Z-8 F200	G01 Y-48
G41 G01 X5.5 D04 F100	G40 X0 Y-55
Y-28.5	G00 Z5
G03 X-5.5 R5.5	G69
G01 Y-48	G49 G00 Z100
G40 X0 Y-55	M30

相关知识 

知识点　华中 HNC-818B 系统数控铣床操作面板介绍

1. 控制面板布局

HNC-818 数控铣床操作面板介绍

HNC-818 数控铣床基本操作

HNC-818B 数控铣床装置操作台为标准固定结构，外形尺寸为 425 mm×430 mm×145 mm（$W \times H \times D$）。控制面板中一般有机床操作面板和系统操作面板，主要包括机床控制面板、液晶显示器、功能软键、主菜单键、MDI 键盘和急停按钮等，其布局如图 4-30 所示。

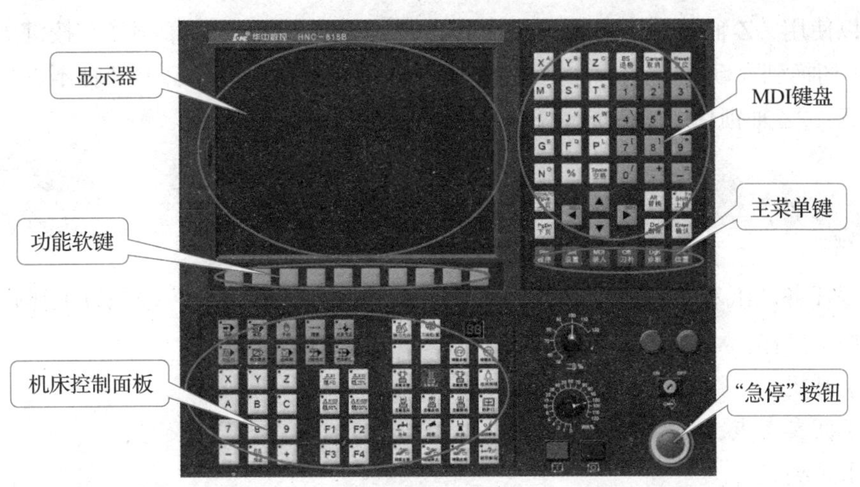

图 4-30 HNC-818B 系统数控铣床操作面板

2. 机床操作面板

HNC-818B 数控铣床机床操作面板按钮与项目三介绍的 HNC-818A 机床操作面板大体一致，相同之处将不作复述，那么下面介绍与 HNC-818A 数控车床面板的不同之处。

机床操作按键：

（1）换刀允许：在“手动”方式下按一下“换刀允许”按键（指示灯亮）为允许刀具松 / 紧操作，再按一下又为不允许刀具松 / 紧操作（指示灯灭），如此循环。

（2）刀具松紧：在“换刀允许”有效时（指示灯亮）按一下“刀具松 / 紧”按键为松开刀具（默认值为夹紧），再按一下又为夹紧刀具，如此循环。

（3）吹屑启动与停止：在“手动”方式下按一下“吹屑”按键（指示灯亮）启动吹屑，再按一下“吹屑”按键（指示灯灭）吹屑停止，如此循环。

（4）自动断电：在“手动”方式下按一下“自动断电”，当程序出现 M30 时，在定时器定时结束后机床自动断电。

（5）排屑正转：在“手动”方式下按一下“排屑正转”按键，排屑器向前转动，能将机床中的切屑排出。

（6）排屑反转：在“手动”方式下按一下“排屑反转”按键，排屑器反转，有利于清除排屑器中的堵塞物和切屑。

（7）排屑停止：在“手动”方式下按一下“排屑停止”按键，排屑器停止转动。

（8）Z 轴锁住：该功能用于禁止进刀。在只需要校验 *XY* 平面的机床运动轨迹

学习笔记

时，可以使用“Z 轴锁住”功能。在“手动”方式下按一下“Z 轴锁住”按键（指示灯亮），再切换到自动方式运行加工程序，Z 轴坐标位置信息变化，但 Z 轴不进行实际运动。注意：“Z 轴锁住”键在自动方式下按压无效。

任务实施

根据任务图纸和参考程序，使用华中数控 HNC-818B 系统，按照以下操作流程完成零件加工操作。

（1）开机。

（2）回参考点。

（3）装夹工件。

（4）装刀。

（5）对刀设置工件坐标系，见表 4-6。

表 4-6　对刀设置工件坐标系

步骤	操作内容	操作示意（结果）图
1	按“设置”主菜单功能键，进入手动建立工件坐标系的方式	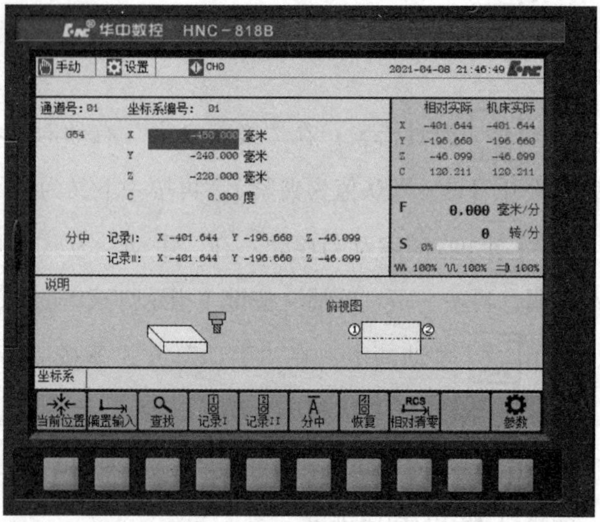

续表

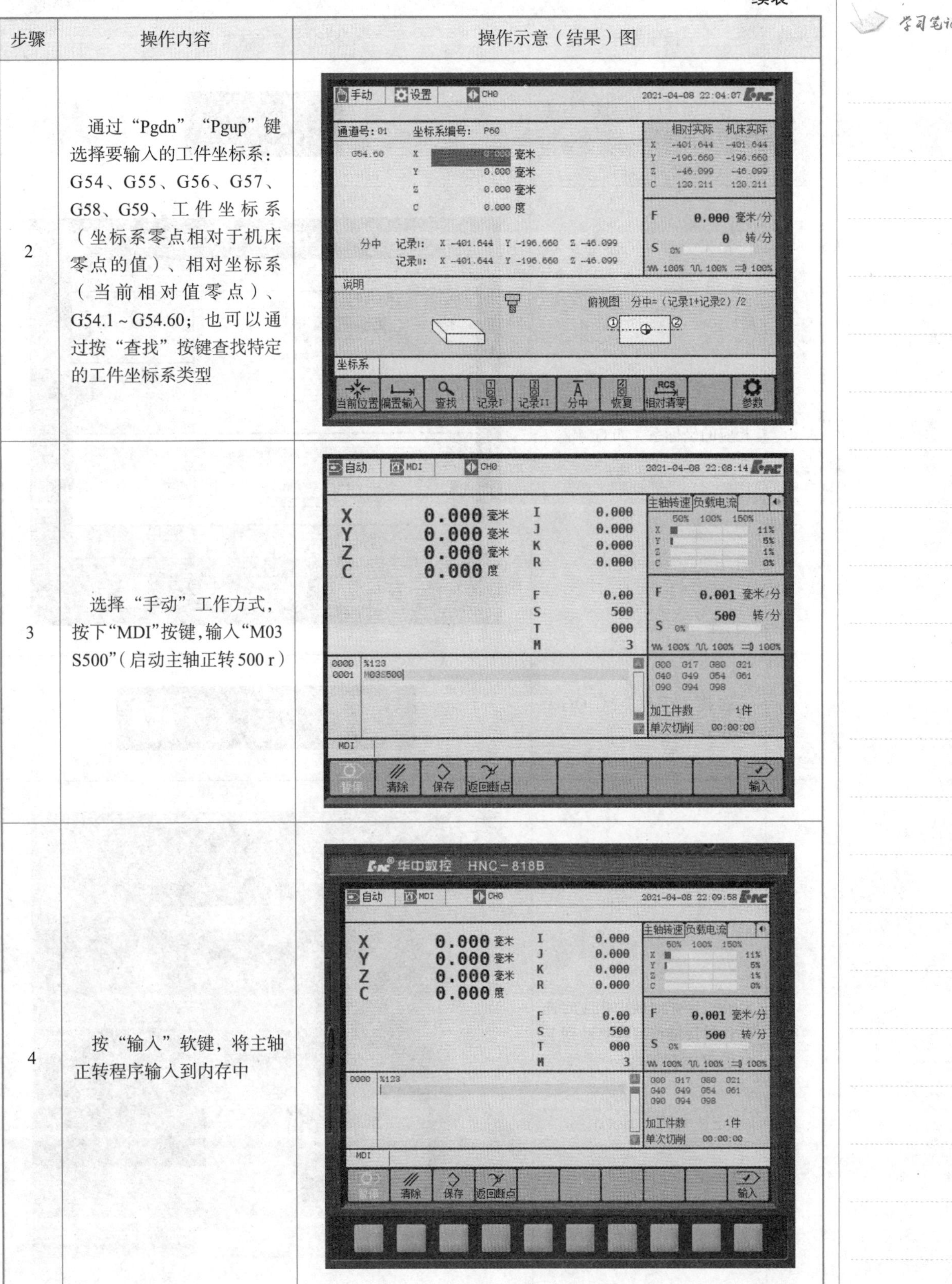

步骤	操作内容	操作示意（结果）图
2	通过“Pgdn”“Pgup”键选择要输入的工件坐标系：G54、G55、G56、G57、G58、G59、工件坐标系（坐标系零点相对于机床零点的值）、相对坐标系（当前相对值零点）、G54.1 ~ G54.60；也可以通过按“查找”按键查找特定的工件坐标系类型	
3	选择“手动”工作方式，按下“MDI”按键，输入“M03 S500”（启动主轴正转 500 r）	
4	按“输入”软键，将主轴正转程序输入到内存中	

学习笔记

续表

步骤	操作内容	操作示意（结果）图
5	按“循环启动”键（让主轴刀具正转）	
6	按下“设置”键，并选择相应的坐标系，如 G54	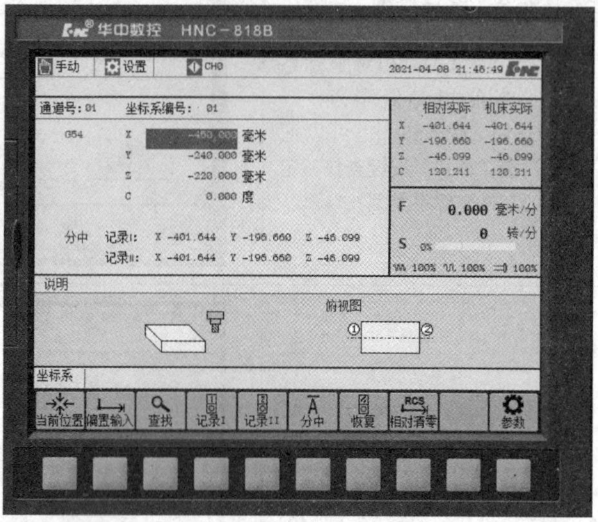
7	选择“手动”（JOG）工作方式	
8	通过操作面板中相应的各轴移动按键将刀具移动到工件的 X 轴右侧面	

学习笔记

续表

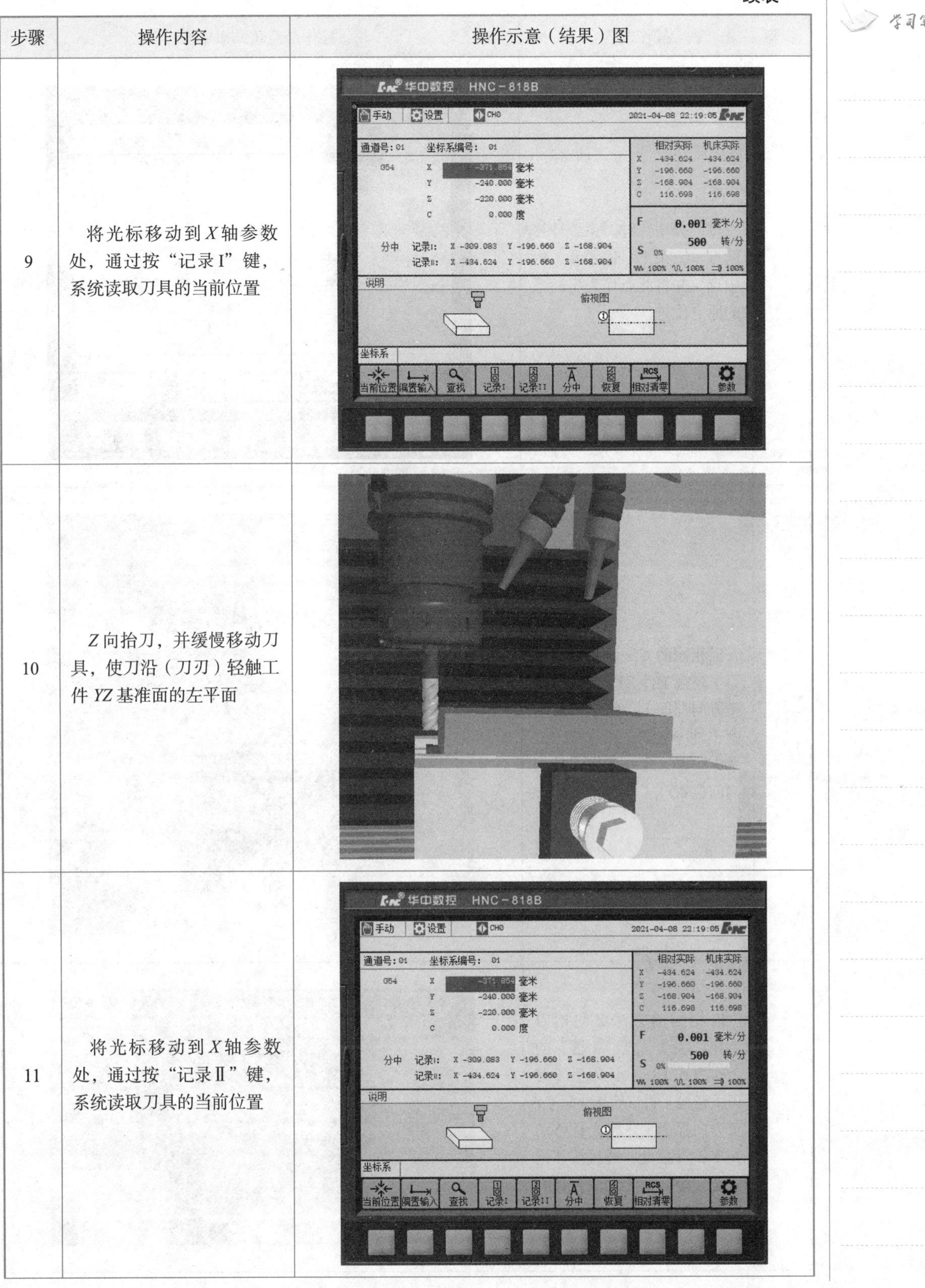

步骤	操作内容	操作示意（结果）图
9	将光标移动到 X 轴参数处，通过按“记录I”键，系统读取刀具的当前位置	
10	Z 向抬刀，并缓慢移动刀具，使刀沿（刀刃）轻触工件 YZ 基准面的左平面	
11	将光标移动到 X 轴参数处，通过按“记录Ⅱ”键，系统读取刀具的当前位置	

学习笔记

续表

步骤	操作内容	操作示意（结果）图
12	按“分中”键，系统计算两点（记录Ⅰ、记录Ⅱ）的中点，并将此点作为坐标系的原点位置	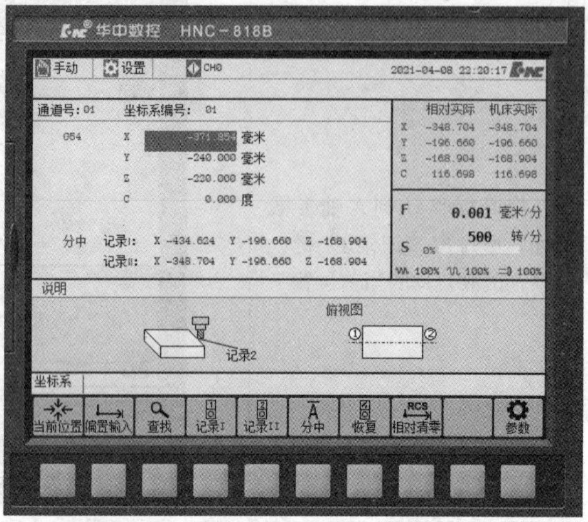
13	以相同的方法让刀沿（刀刃）轻触工件 *ZX* 基准面（*Y* 正方向那面）。将光标移动到 *Y* 轴参数处，通过按“记录Ⅰ”键，系统读取刀具的当前位置	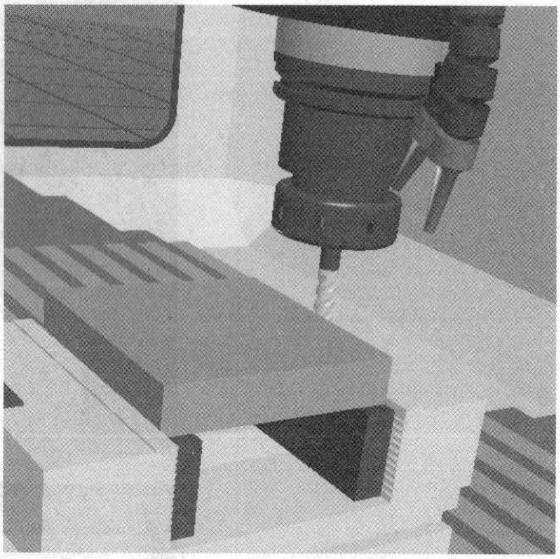
14	以相同的方法 *Z* 向抬刀（在“手动”或“手摇”的工作方式下），让刀沿（刀刃）轻触工件 *ZX* 基准面（*Y* 负方向那面）。将光标移动到 *Y* 轴参数处，通过按“记录Ⅱ”键，系统读取刀具的当前位置	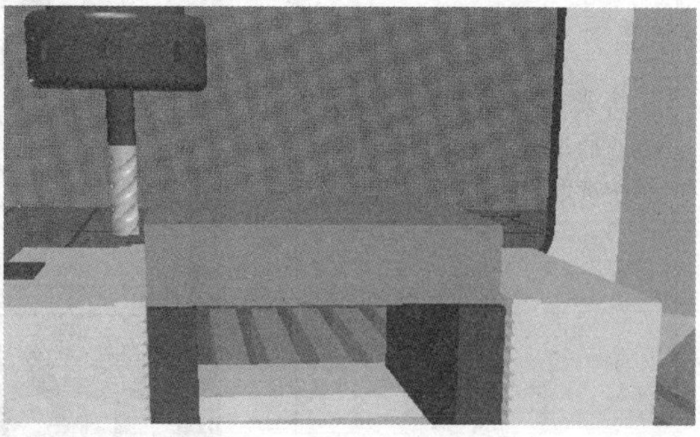

学习笔记

续表

步骤	操作内容	操作示意（结果）图
15	按“分中”键，系统计算两点（记录Ⅰ、记录Ⅱ）的中点，将此点作为坐标系的原点位置	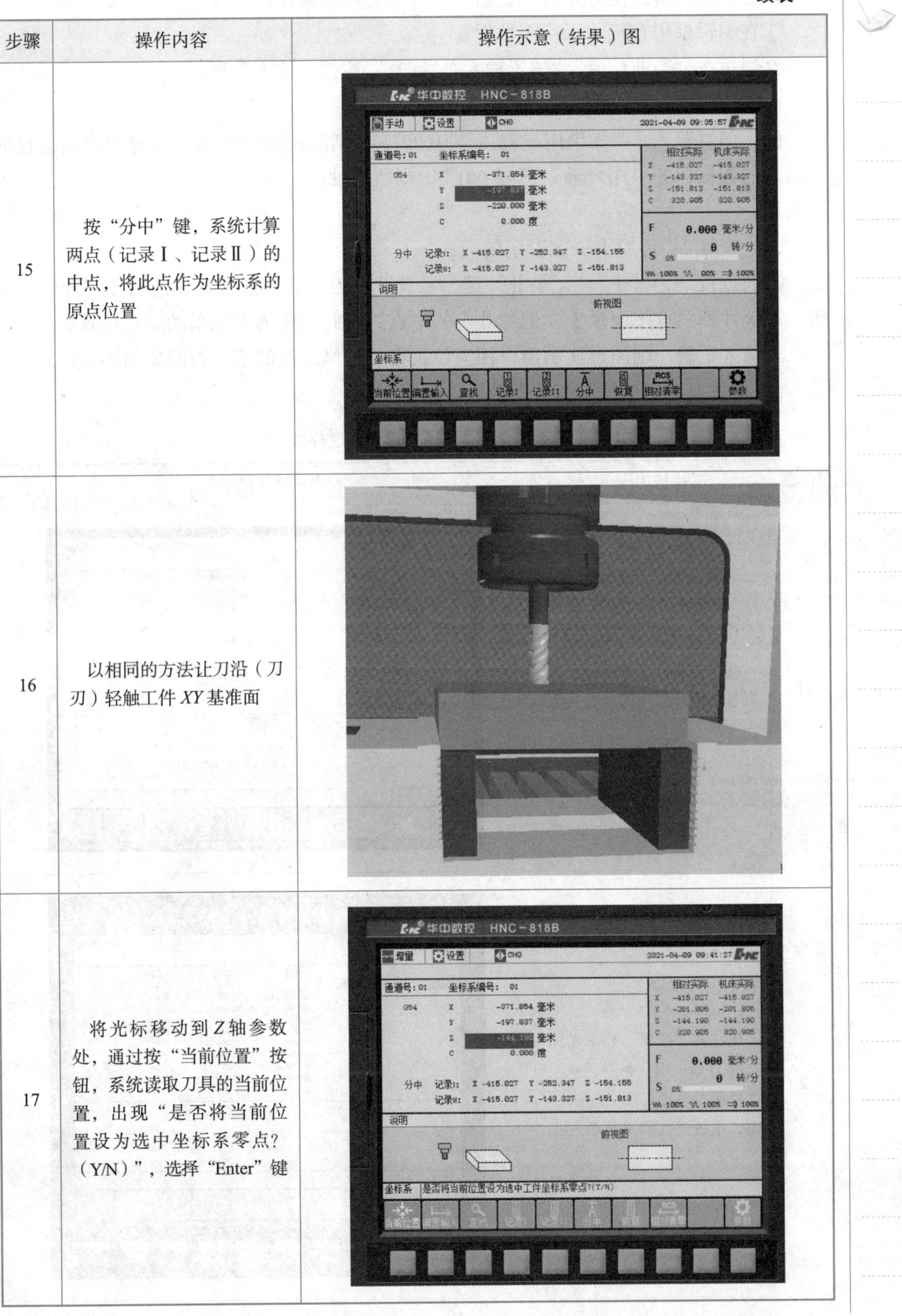
16	以相同的方法让刀沿（刀刃）轻触工件 *XY* 基准面	
17	将光标移动到 *Z* 轴参数处，通过按“当前位置”按钮，系统读取刀具的当前位置，出现“是否将当前位置设为选中坐标系零点？（Y/N）”，选择“Enter”键	

学习笔记

注意：输入所选坐标系的位置信息，操作者可以采用以下任何一种方式实现：

①在编辑框中直接输入所需数据；

②通过按“当前位置”“偏置输入”“恢复”按钮，输入数据；

a.［当前位置］：系统读取当前刀具位置；

b.［偏置输入］：如果用户输入“+0.001”，则所选轴的坐标系位置为当前位置加上输入的数据；如果用户输入“–0.001”，则所选轴的坐标系位置为当前位置减去输入的数据；

c.［恢复］：还原上一次设定的值；

③通过按“记录Ⅰ”“记录Ⅱ”键，系统读取刀具的当前位置，然后按“分中”按钮，系统计算两点（记录Ⅰ、记录Ⅱ）的中点，将此点作为坐标系的原点位置。

若输入正确，则图形显示窗口相应位置将显示修改过的值，否则原值不变。

6）设置刀具半径补偿和长度补偿（见表 4–7）

表 4–7　刀具半径补偿和长度补偿设置

步骤	操作内容	操作示意（结果）图
1	按“刀补”主菜单键，图形显示窗口出现刀补数据表	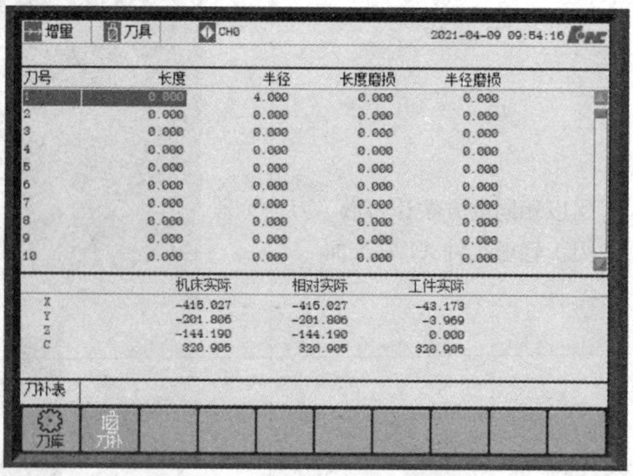
2	用“▲”“▼”移动光标选择刀号；用“►”“◄”选择编辑选项；按“Enter”键，系统进入编辑状态	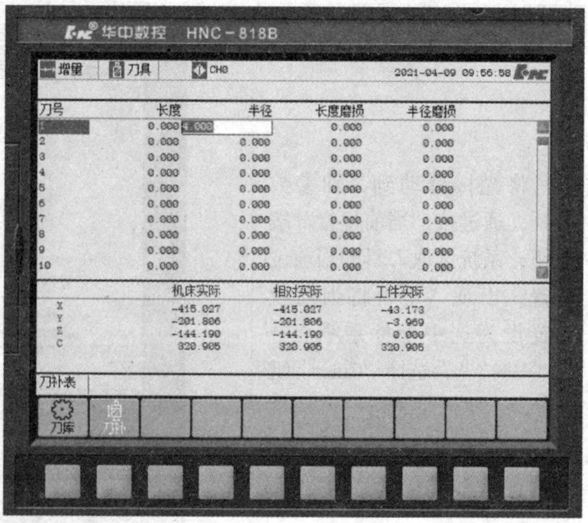

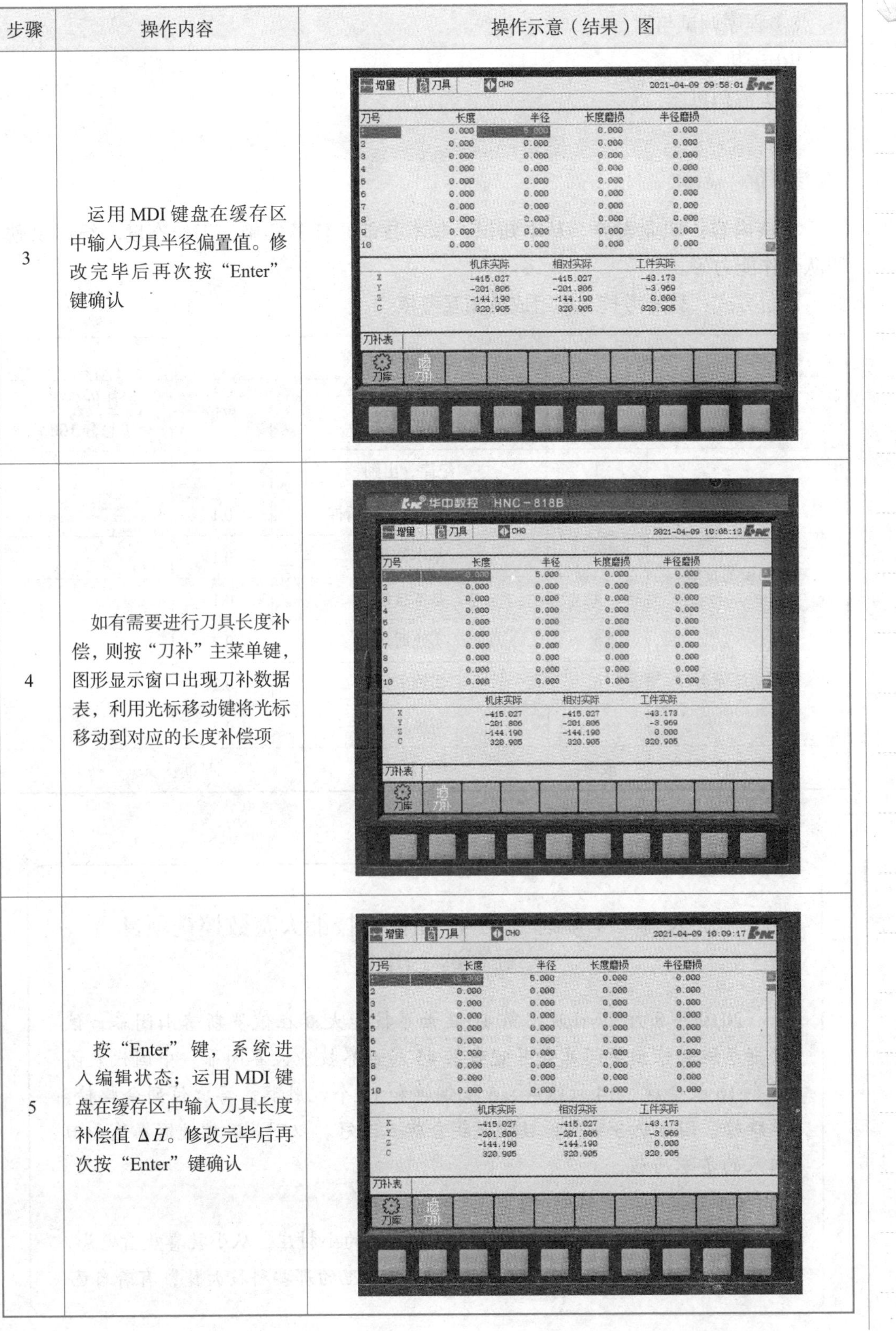

步骤	操作内容	操作示意（结果）图
3	运用MDI键盘在缓存区中输入刀具半径偏置值。修改完毕后再次按“Enter”键确认	
4	如有需要进行刀具长度补偿，则按“刀补”主菜单键，图形显示窗口出现刀补数据表，利用光标移动键将光标移动到对应的长度补偿项	
5	按“Enter”键，系统进入编辑状态；运用MDI键盘在缓存区中输入刀具长度补偿值 ΔH。修改完毕后再次按“Enter”键确认	

学习笔记

7）输入零件加工程序

8）程序调试与运行

9）关机

10）清扫机床

考核评价

考核内容：职业素养、基本知识、基本技能、任务实施、工作态度、纪律出勤、团队合作能力等。

评价方式：教师考核、小组成员相互考核。

任务考核评价				
考核项目	序号	考核内容	权重	评价分值（总分 100）
职业素养	1	纪律、出勤	0.1	
	2	工作态度、团队精神	0.1	
基本知识与技能	3	基本知识	0.1	
	4	基本技能	0.1	
任务实施能力	5	实施时效	0.2	
	6	实施成果	0.2	
	7	实施质量	0.2	
总体评价	成绩：	教师：	日期：	

拓展阅读

“一人有一个梦想”第 45 届世界技能大赛数控铣项目冠军选手田镇基

2019 年 8 月 27 日晚，第 45 届世界技能大赛在俄罗斯喀山闭幕，俄罗斯总统普京出席闭幕式并宣布第 45 届世界技能大赛闭幕。中国代表团勇夺 16 枚金牌、14 枚银牌、5 枚铜牌和 17 个优胜奖，再次位列金牌榜、奖牌榜、团体总分第一！数控铣获金牌三连冠。以下是数控铣冠军选手田镇基的备赛历程。

【不忘初心　追梦前行】

田镇基，来自广东省普宁市的一个美丽的小村庄，从小就喜欢看电影，特别是那种科幻电影，田镇基特别崇尚电影里的那些科技大佬，有着自己独特的技能，可以呼风唤雨，叱咤风云。这，也让田镇基对学习技能有了梦想的初心。

2013 年，田镇基从初中毕业后就来到了广东省机械技师学院，渴望学习一技之长。

在 2015 年的一个夏天，班主任提及学校要从各班级通过笔试选拔一批人，征召进入学校的集训队。

听说可以学习更多技能，田镇基就特别兴奋，没有丝毫犹豫，自告奋勇地就去报了名。

在学校集训队一百多人的选拔中，田镇基最终被选去数控铣方向。

在经过学校教练漫长的选拔，最终，田镇基和另外两名同学被确认去参加第 45 届世界技能大赛数控铣项目广东省选拔赛。

2018 年，广东省选拔赛正式打响。三个模块总分排名第二，田镇基有幸进入到第 45 届世界技能大赛全国选拔赛。

【坚持，每天进步一点点】

2018 年 6 月，第 45 届世界技能大赛全国选拔赛数控铣项目正式开赛。

第一天抽签确定工位，田镇基的工位恰好在正门的第一台设备，起初没什么感觉，但是到了第三天正式开赛时，人流量开始突然暴增。

这是田镇基第一次在那么大的场合下比赛，心态波动太大，导致太过紧张，第一个模块一下子就作废了，比赛成绩瞬间就被排到六七名去了。

顿时，田镇基心灰意冷。痛定思痛，田镇基没有放弃，继续后面两个模块的追赶。最后，总分排名第四名，进入了第 45 届世界技能大赛国家集训队。

在国赛后的一个月里，大家全月无休地训练，不断地找到适合自己的方法，调整心态。在北京集训基地进行数控铣项目 10 进 5 淘汰赛时，田镇基获得了第二名，进入了下一轮的考核。

这一轮要选出两人或三人，压力巨大，为了克服工件类型多样和变形所带来的尺寸不稳定，田镇基开始加强练习画图基本功，练习多样化零件。

那个时候，基本上每天都要熬到凌晨一两点，田镇基也没多想，就想着坚持，每天进步一点点。

最终，在广东基地里选出数控铣项目选手，也就是在 5 进 2 淘汰赛的时候，田镇基终于获得了第一名。

很久都没有得过第一名的田镇基，突然拿了个第一，这让他觉得之前所付出的汗水并没有白流。

学习笔记

学习笔记

【超越自己，收获一个更好的自己】

接下来，就是2进1淘汰赛，成败将在此一举。

田镇基忽然发现，自己平时很多细节没有做得很好，速度又很慢，每次都会出些细小的差错，深知细节决定成败，田镇基就不断练习编程，改进方法，重复练习零件，增加熟练度，抠细节。

拿出更多的时间去弥补自己的不足，提高自己的速度。

在日复一日的训练中，田镇基的技艺日益精进，最终，在经过6轮的北上异地考核后，在2进1的淘汰赛中，终于成功晋级，成为代表数控铣项目参加第45届世界技能大赛的正选选手。

相信一分耕耘一分收获，只有不断努力克服困难，才能超越自己，才能获得更好的自己，才能在第45届世界技能大赛中取得更好的成绩。

田镇基说，现在正是备战第45届世界技能大赛的关键时刻，积极训练，坚持不懈，自己不敢有丝毫怠慢。只有这样，才能用最好的状态，在喀山的赛场上发挥出自己的实力，实现自己的梦想。

资料来源：搜狐网搜狐号——技能中国，https: //www.sohu.com/a/331923941_652718

项目自测

一、判断题

1. 数控机床的定位精度与重复定位精度具有相同的含义，没有本质的区别。（　　）

2. 为提高检测精度，编码器在实际工作中必须处于静止状态。（　　）

3. 直流伺服电动机实现调速比较容易，其机械特性比较硬，在数控机床上得到了广泛的应用。（　　）

4. 数控机床主轴传动方式中，带传动主要适用于低扭矩要求的小型数控机床中。（　　）

5. 一般中小型数控机床的主轴部件多采用成组高精度滚动轴承。（　　）

6. 按下急停按钮后，除能对机床进行手轮操作外，其余的所有操作都不能进行。（　　）

7. 数控机床中的精密多齿分度盘，其分度精度可达 ±0.1°。（　　）

8. 机床通电后，CNC装置尚未出现位置显示或报警画面之前，应不要碰MDI面板上的任何键。（　　）

9. 控铣床上采用多把刀具加工同一零件，换刀时需重新对 X、Y、Z 轴建立工件原点。（　　）

10．分度工作台一般只能回转规定的角度，如 90°、60°和 45°等。（　　）

学习笔记

二、填空题

1．数控机床的分度精度会影响到零件的______________。

2．提高数控机床抗振性的具体措施可以从减少内部振源、提高静刚度等方面着手。

3．数控机床主轴滚动轴承的预紧作用主要是________________________。

4．数控机床的主运动系统广泛采用交流调速电动机或________________作为驱动元件。

5．数控机床采用伺服电动机实现无级变速仍采用齿轮传动的主要目的是增大__________________。

6．数控机床进给操作时，每按按键一次，只进给一个设定单位的控制称为________________________。

7．数控升降台铣床的拖板前后运动坐标轴是__________________。

8．在“机床锁定”（FEED HOLD）方式下，进行自动运行，____________功能被锁定。

9．端面多齿盘齿数为 72，则分度最小单位为__________度。

10．数控机床在开机后，须进行回零操作，使 *X*、*Y*、*Z* 各坐标轴运动回到______________。

三、问答题

1．数控铣床一般由哪几部分组成？

2．数控铣床适合于哪些类型零件的加工？

3．数控铣床主轴传动系统大致可以分为哪几类传动形式？各有什么特点？

4．简述数控铣床刀具自动松开和夹紧的工作过程。

5．简述磁传感器型主轴准停装置的基本工作过程。

6．简述 FANUC 系统数控铣床系统面板中程序编辑键的功能和含义。

7．简述 FANUC 系统数控铣床机床面板中工作方式键的功能、含义及运用场合。

8．简述数控铣床刀具安装过程中的注意事项。

9．简述 FANUC 系统数控铣床对刀设置工件坐标系的基本操作步骤。

10．简述使用数控铣床加工零件的基本操作流程。

学习笔记

项目五　加工中心与操作

任务1　初识加工中心

任务导入

加工中心（Machining Center，MC）是数控机床中功能较全、加工精度较高的工艺装备。加工中心与普通数控铣床最大的区别在于其配备有自动换刀装置，每一台加工中心都配置有容量几十甚至上百把不同类型刀具的刀库，对工件进行一次安装可以完成铣削、镗孔、钻削、扩孔、铰孔、攻丝等多道工序内容。除此之外，加工中心的控制器具有三轴或多轴联动的能力，可以完成复杂型面的三维加工，对于配备了回转工作台的加工中心，对工件进行一次安装还可以实现多个面和多个角度的加工。

因此，工件在加工中心上加工时，加工工序高度集中，其生产效率比普通机床高5～10倍。加工中心特别适宜于形状复杂、精度要求高的单件或中小批量、多品种工件的加工。

相关知识

知识点1　加工中心的基本组成

加工中心和一般的数控铣床的结构组成基本相似，两者最大的区别在于：加工中心配置有刀库和自动换刀机构，如图5-1所示，在加工过程中可以自动更换刀具，而数控铣床没有刀库，要人工更换刀具。

图5-1　加工中心刀库

部分加工中心为使工件在一次安装后能够加工尽可能多的表面上的工序内容，配备有数控回转工作台。除此之外，有的加工中心为了进一步缩短非切削时间，配有两个自动交换工件托盘，一个安装在工作台上进行加工，另一个则位于工作台外进行装卸工件。当安装在工作台上的托盘中的工件完成加工后，便自动交换托盘，进行新零件的加工，这样可减少辅助时间，提高加工工效。

学习笔记

知识点 2　加工中心的分类

对加工中心的分类有多种不同的分类方法，通常可以按照加工中心可控制的联动轴数、换刀形式和主轴布局形式进行分类。

1. 按控制轴数分类

按控制轴数加工中心可分为三轴加工中心、四轴加工中心和五轴加工中心。

2. 按照换刀形式分类

1）带刀库、机械手的加工中心

加工中心的换刀装置是由刀库和机械手组成的，换刀机械手完成换刀工作，这是加工中心采用的最普遍的形式。

2）无机械手的加工中心

这种加工中心的换刀是通过刀库和主轴箱的配合动作来完成的，一般把刀库放在主轴箱可以运动到的位置，或整个刀库或某一刀位能够到主轴箱可以达到的位置。刀库中刀具的存放位置方向与主轴方向一致。换刀时，主轴运动到刀位上的换刀位置，由主轴直接取走或放回刀具，多用于采用 40 号以下刀柄的小型加工中心。

3）转塔刀库式加工中心

一般在小型立式加工中心上采用转塔刀库形式，主要以孔加工为主。

3. 按照机床形态及主轴布局形式分类

按照机床形态及主轴布局形式分类，分为卧式、立式和万能加工中心。

1）卧式加工中心

卧式加工中心是指主轴轴线与工作台平行设置的加工中心，主要适用于加工箱体类零件。卧式加工中心一般具有分度转台或数控转台，可加工工件的各个侧面；如果配备了数控转台，则可做多轴联动，以加工复杂的空间曲面。

2）立式加工中心

立式加工中心是指主轴轴线与工作台垂直设置的加工中心，主要适用于加工板类、盘类、模具及小型壳体类复杂零件。立式加工中心一般不带转台，仅做顶面加工。

此外，还有带立、卧两个主轴的复合式加工中心和主轴能调整成卧轴或立轴的立卧可调式加工中心，它们能对工件进行五个面的加工。

3）万能加工中心

万能加工中心又称多轴联动型加工中心，如图 5-2 所示，是指通过加工主轴轴线与工作台回转轴线的角度可控制联动变化，完成复杂空间曲面加工的加工中心，适用于加工具有复杂空间曲面的叶轮转子、模具和刃具等工件。

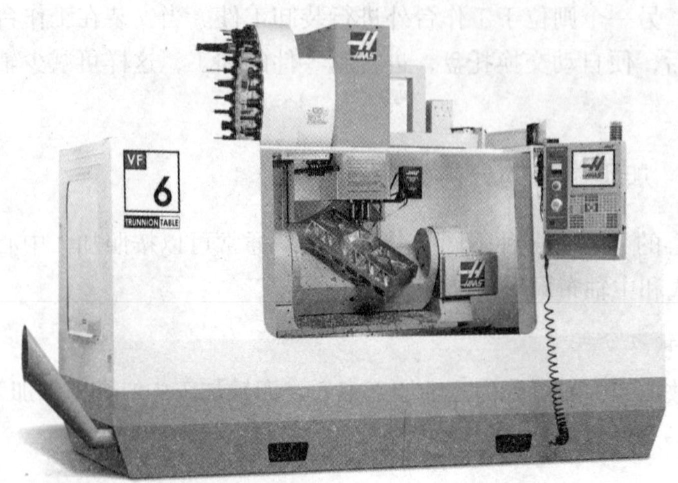

图 5-2　五轴联动加工中心

立式加工中心

卧式加工中心

知识点 3　加工中心的适用场合

通常能够在数控铣床上加工的工序内容，都可以在加工中心上加工。由于加工中心具备自动换刀的功能，并且其加工工序高度集中，因此对于在加工过程中需要调用多把刀具或者需要频繁换刀以及工序繁杂、生产周期较长、位置精度要求较高和不同表面间的尺寸精度要求较高的工序内容更适合在加工工心上加工。

加工中心加工的主要对象有箱体类零件、复杂曲面、异形件及盘、套、板类零件和新产品试制中的零件等。

1. 箱体类零件

箱体类零件一般是指具有一个以上孔系、内部有型腔且在长、宽、高方向有一定比例的零件，这类零件在机床、汽车、飞机制造等行业应用较多，如图 5-3 所示。箱体类零件一般都需要进行多工位孔系及平面加工，公差要求较高，特别是形位公差要求较为严格，通常要经过铣、钻、扩、镗、铰、锪、攻丝等工序，需要刀具较多。如果在普通机床上加工，则需要工装套数多，费用高，且需多次装夹、找正，手工测量次数多，加工时必须频繁地更换刀具，因此加工周期较长，更重要的是精度难以保证。

加工箱体类零件的加工中心，当加工工位较多、需工作台多次旋转才能完成的零件时，一般选卧式镗铣类加工中心。

图 5-3 箱体零件

在加工中心上加工箱体类零件，一次装夹后可完成普通机床 60%～95% 的加工内容。

2. 复杂曲面

复杂曲面类零件是指各种叶轮、导风轮、球面、各种曲面成形模具、螺旋桨及水下航行器的推进器，以及一些其他形状的自由曲面。复杂曲面在机械制造业，特别是航天航空工业中占有特殊的、重要的地位。复杂曲面采用普通机床加工方法是难以甚至无法完成的。在我国，传统的方法是采用精密铸造，但其精度和强度都难以满足要求。这类零件均可用加工中心进行加工，其中有些零件可以采用三轴联动的机床来完成，但效率较低，其加工质量也难以得到保证；而对于像整体叶轮（见图 4-5）这一类零件，由于会发生干涉，故根本无法用三轴联动的机床来完成加工任务，只能用具备多轴联动的加工中心来完成。

3. 异形件

异形件是外形不规则的零件，如图 5-4 所示，大多需要点、线、面多工位混合加工，在普通机床上通常采取工序分散的原则加工，需用工装较多，周期较长。此外，异形件的刚性一般较差，夹压变形难以控制，用普通机床加工其精度难以保证，甚至某些零件需要加工的部位用普通机床难以完成。

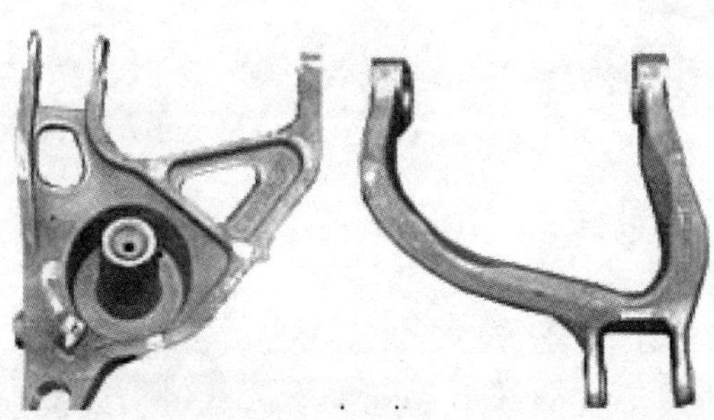
图 5-4 异形件

用加工中心加工时应采用合理的工艺措施，一次或两次装夹后，可利用加工中心加工工序高度集中的优点，完成大部分或全部的工序内容。

学习笔记

学习笔记

4. 盘、套、板类零件

此类零件指带有键槽，或径向孔，或端面有分布的孔系、曲面的盘套或轴类零件，如图 5-5 所示。如带法兰的轴套、带键槽或方头的轴类零件等；还有具有较多孔的板类零件，如各种电机盖等。一般端面有分布孔系及曲面的盘类零件宜选择立式加工中心，有径向孔的可选卧式加工中心。

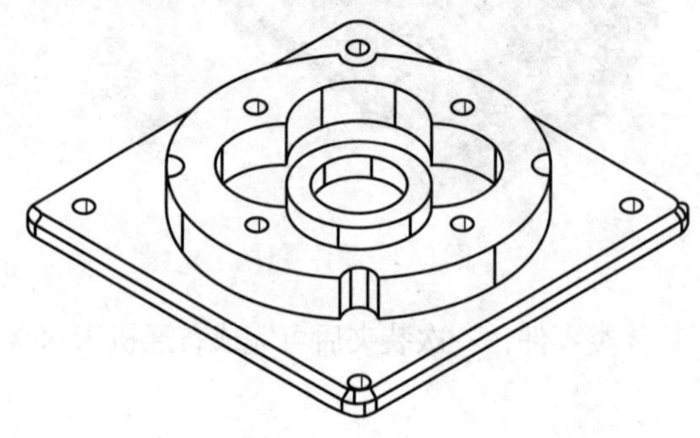

图 5-5　盘类零件

5. 新产品试制中的零件

新产品在定型之前，选择加工中心试制，可省去许多用通用机床加工所需的试制工装，从而极大地降低产品研制成本，缩短产品研制周期。

任务实施

根据本任务的相关知识点与技能点，绘制知识导图。

考核评价

考核内容：职业素养、基本知识、基本技能、任务实施、工作态度、纪律出勤、团队合作能力等。

评价方式：教师考核、小组成员相互考核。

任务考核评价				
考核项目	序号	考核内容	权重	评价分值（总分 100）
职业素养	1	纪律、出勤	0.1	
	2	工作态度、团队精神	0.1	
基本知识与技能	3	基本知识	0.1	
	4	基本技能	0.1	
任务实施能力	5	实施时效	0.2	
	6	实施成果	0.2	
	7	实施质量	0.2	
总体评价	成绩：	教师：	日期：	

任务 2　认知加工中心典型机械结构

任务导入

加工中心与数控铣床的结构基本一致，核心在于加工中心配备了刀库，能够实现自动换刀，其他结构与数控铣床没有太大差异。加工中心如何实现自动换刀呢？刀库有哪些特殊结构呢？4 轴、5 轴加工中心核心部件——回转工作台又是如何工作的呢？

相关知识

知识点 1　刀库的典型结构

刀库的功能是存储加工工序所需的各种刀具，并按程序指令把下一工序用的刀具准确送到换刀位置，并接收从主轴换下的刀具。它是自动换刀装置的重要部件，其容量、布局以及具体结构对加工中心的实际应用有很大影响。

学习笔记

1. 刀库的类型

在加工中心上使用的刀库主要有两种：一种是盘式刀库，一种是链式刀库。

1）盘式刀库

盘式刀库有单盘式与多盘式，多盘式刀库应用较少。单盘式刀库结构简单，刀库的容量较小，通常可装 16 ~ 24 把刀。

根据盘式刀库所需要的容量和取刀的方式，可以将刀库设计成多种形式，刀具可以沿刀库主轴轴向、径向或斜向安放，如图 5-6 所示。

（1）刀具轴线与盘轴线平行的盘式刀库。

如图 5-6 所示，刀具呈环形排列，其中图 5-6（a）所示为径向取刀形式，图 5-6（b）所示为轴向取刀式，两者刀座结构不同。

（2）刀具轴线与盘轴线不平行的盘式刀库。

在图 5-6 中，图 5-6（c）所示为径向布置形式，刀具轴线和盘轴线垂直；图 5-6（d）所示为斜向布置形式，刀具轴线和盘轴线成锐角。

这种刀库占据空间大，刀库安装位置及刀库容量受限制，应用较少。但这种刀库可减少机械手换刀动作，简化机械手结构。

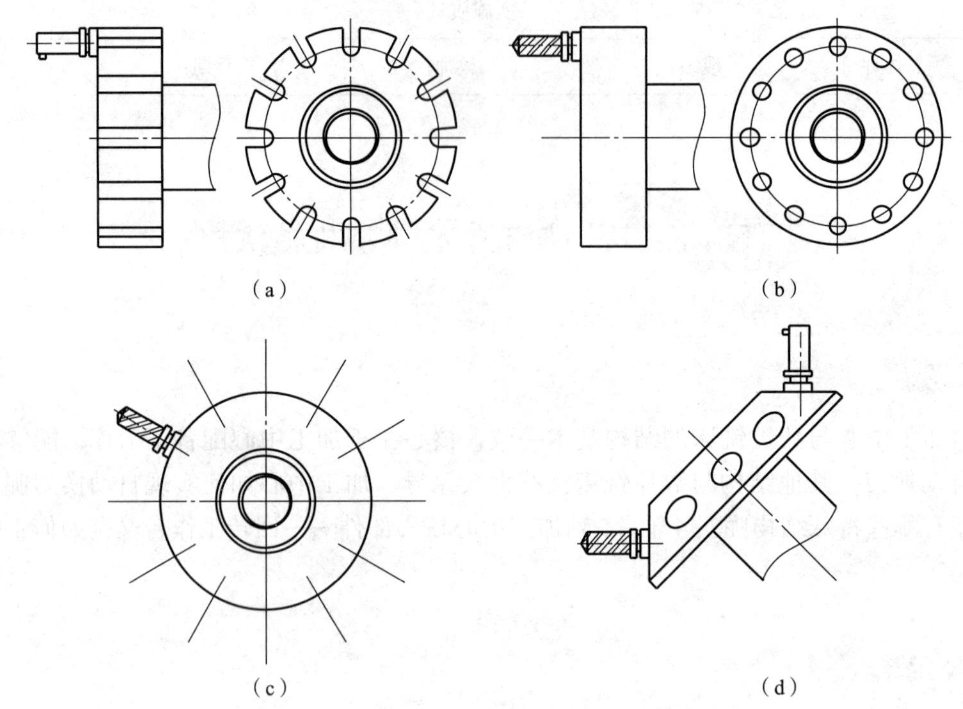

图 5-6 盘式刀库

（a）径向取刀形式；（b）轴向取刀形式；（c）径向布置形式；（d）斜向布置形式

2）链式刀库

链式刀库基本结构如图 5-7 所示。通常情况下，这种刀库的刀具容量要比盘式的大一些，一般都在20把以上，多的可以存上百把；结构也比较灵活，可以采用加长链带方式加大刀库容量，也可以采用链带折叠回绕的方式提高空间利用率。

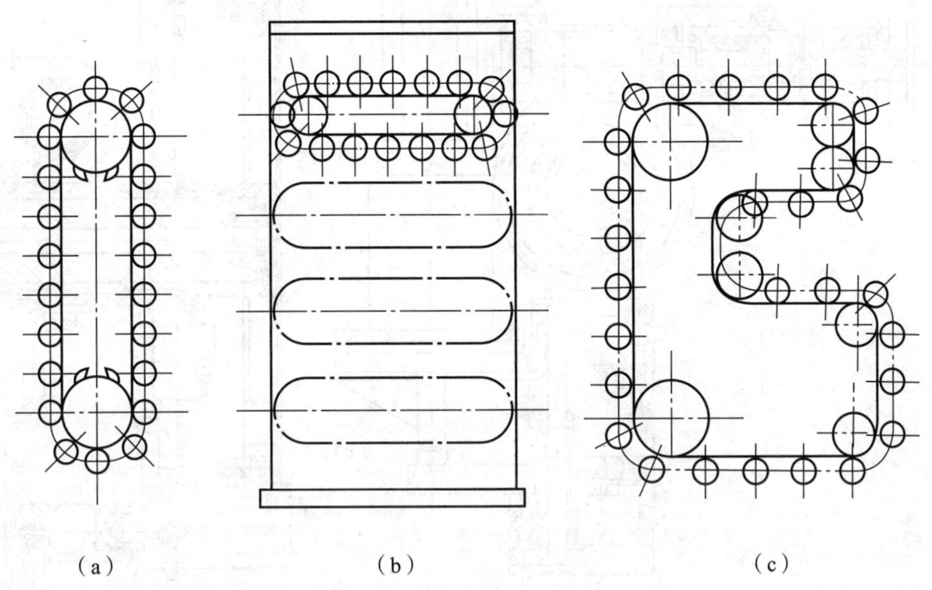

图 5–7　链式刀库基本结构

（a）单排链式刀库；（b）多排链式刀库；（c）加长链式刀库

这种刀库主要适用于大、中型加工中心，在换刀时需要借助机械手换刀。

2. 刀库的结构

图 5–8 所示为 JCS–018A 型加工中心的盘式刀库结构简图。当数控系统发出换刀指令后，直流伺服电动机 1 接通，其运动经过十字联轴器 2、蜗杆 4、蜗轮 3 传到刀盘 14，刀盘带动其上面的 16 个刀套 13 转动，完成选刀工作。每个刀套尾部有一个滚子 11，当待换刀具转到换刀位置时，滚子 11 进入拨叉 7 的槽内，同时气缸 5 的下腔通压缩空气，活塞杆 6 带动拨叉 7 上升，放开位置开关 9，用以断开相关的电路，防止刀库、主轴等有误动作，如图 5–8（b）所示。拨叉 7 在上升的过程中，带动刀套绕着销轴 12 逆时针向下翻转 90°，从而使刀具轴线与主轴轴线平行。

刀套下转 90°后，拨叉 7 上升到终点，压住定位开关 10，发出信号使机械手抓刀，通过图 5–8（a）中螺杆 8，可以调整拨叉的行程。拨叉的行程取决于刀具轴线相对于主轴轴线的位置。

刀套的结构如图 5–9 所示，*F–F* 剖视图中的件 7 即为图 5–8 中的滚子 11，*E–E* 剖视图中的件 6 即为图 5–8 中的销轴 12，刀套 4 的锥孔尾部有两个球头销钉 3，在螺纹套 2 与球头销之间装有弹簧 1。当刀具插入刀套后，由于弹簧力的作用，使刀柄被夹紧，拧动螺纹套可以调整夹紧力的大小。当刀套在刀库中处于水平位置时，靠刀套上部的滚子 5 来支承。

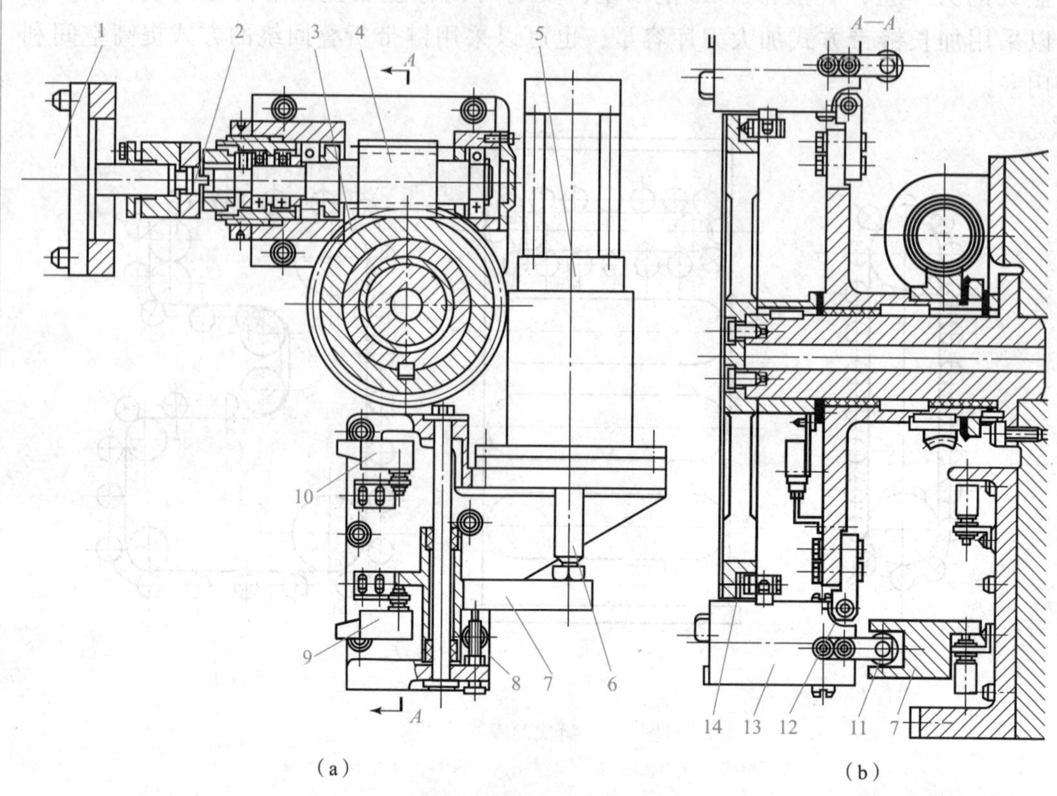

图 5-8 JCS-018A 型加工中心的盘式刀库结构简图

1—直流伺服电动机；2—十字联轴器；3—蜗轮；4—蜗杆；5—气缸；6—活塞杆；7—拨叉；8—螺杆；9—位置开关；10—定位开关；11—滚子；12—销轴；13—刀套；14—刀盘

知识点 2　回转工作台的典型结构

圆盘式立式加工中心刀库换刀

多数加工中心都配有回转工作台，实现在零件一次安装中多个待加工面的加工。加工中心转台分为分度工作台和数控回转工作台，分度工作台只做有级定位分度运动，分度精度根据端齿盘的齿数而定，通常最小分度为 1°（或 5°）。数控回转工作台的作用有两个，一是实现进给分度，即在非切削时，工件在 360°范围内进行分度旋转或任意分度，分度精度可达 0.001°（或 0.000 1°）；二是实现工作台沿圆周方向的进给运动，即在进行切削时，与 X、Y、Z 三个坐标轴联动，进行复杂曲面的加工。

1. 端齿盘分度工作台

端面齿盘式分度工作台是目前用得较多的一种精密的分度定位机构，它主要由工作台底座、夹紧液压缸、分度液压缸和端面齿盘等零件组成。

1）端齿盘分度工作台的工作原理

端齿盘分度工作台的分度转位动作过程可分为以下三个步骤：

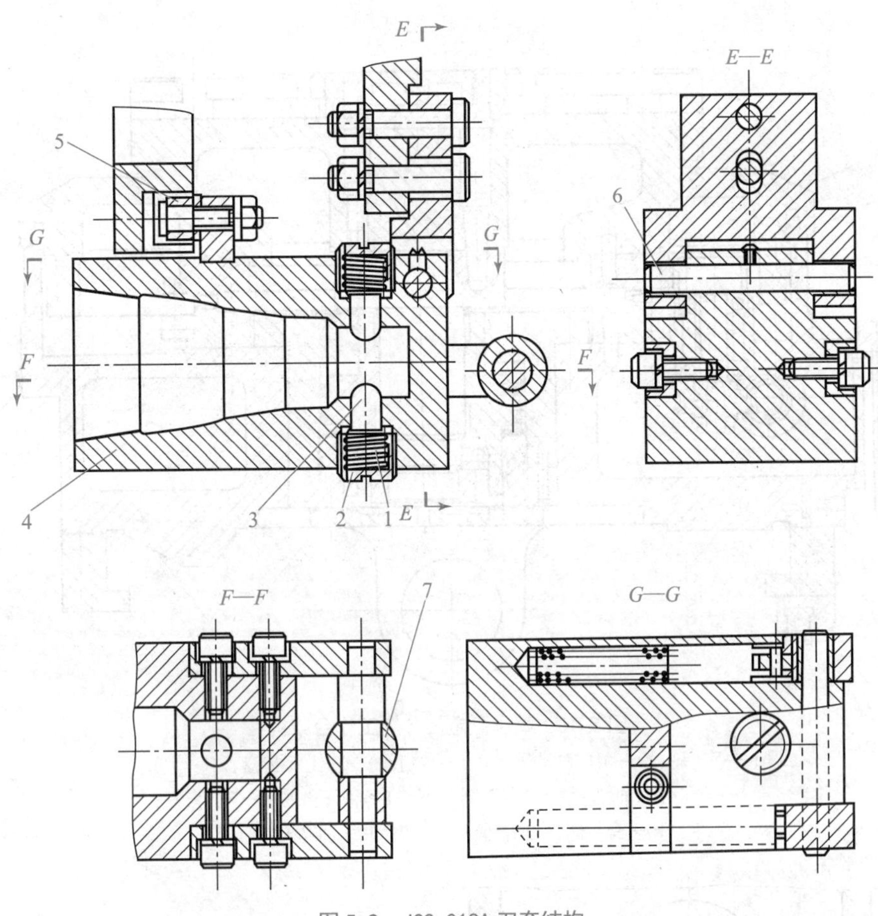

图 5-9　JCS-018A 刀套结构

1—弹簧；2—螺纹套；3—球头销钉；4—刀套；5—滚子；6—销轴；7—滚子

（1）工作台的抬起；

（2）工作台回转分度；

（3）工作台下降并定位锁紧。

图 5-10 所示为卧式加工中心端齿盘定位分度工作台结构，当需要分度时，液压缸 8 的下腔进压力油，活塞 5 抬起工作台，上多齿盘 4 离开下多齿盘 9，而当上多齿盘上到顶时，压下行程开关，发出开始分度的信号。此时伺服电动机启动，经过蜗轮副 1 和小轴端的小齿轮 3 带动上多齿盘 4 的大齿轮，按规定分度角度回转，转到位后发出下降信号，液压缸 8 的上腔进压力油，工作台下降，上、下多齿盘再度啮合，达到准确分度。此时压下另一行程开关，发出分度完毕信号，机床即可开始工作。

端齿盘分度工作台通常采用 PC 简易定位，驱动机构采用蜗轮副及齿轮副，电气定位与多齿盘定位会产生定位干涉，即所谓的过定位。当上多齿盘落下时，为了与下多齿盘正确啮合，工作台会产生附加扭转，一旦出现不正常的过大扭转，由于蜗杆的自锁作用，会导致驱动元件的损坏。为此，许多制造厂家在设计上采用了浮动蜗杆结构，如图 5-11 所示。

学习笔记

学习笔记

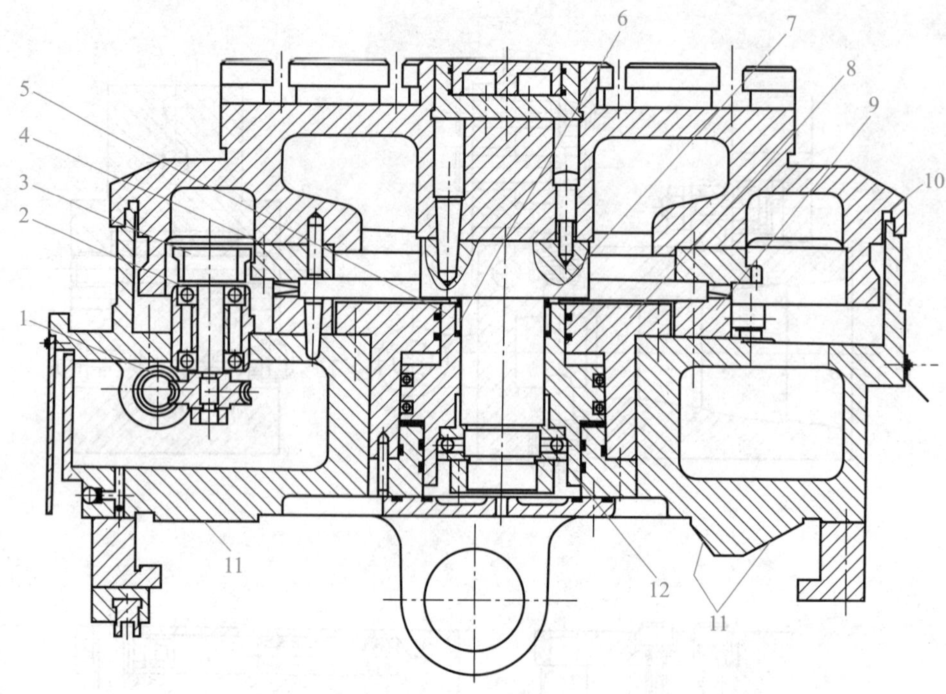

图 5-10　端齿盘定位分度工作台结构

1—蜗轮副；2—角接触球轴承；3—小齿轮；4—上多齿盘；5—活塞；
6—向心滚针轴承；7—止推滚针轴承；8—液压缸；9—下多齿盘；
10—密封圈；11—塑料导轨板；12—推力球轴承

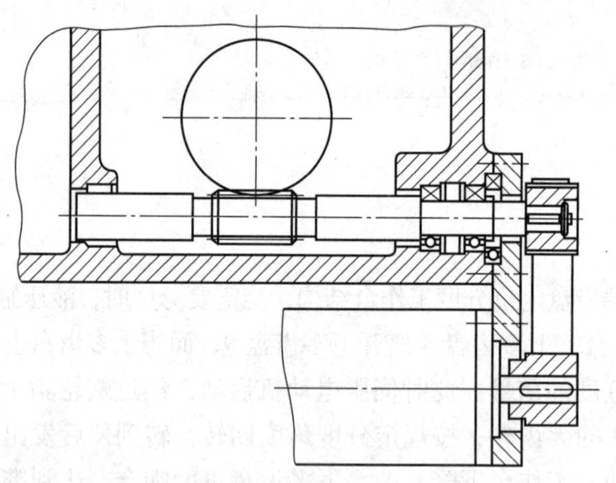

图 5-11　弹簧浮动蜗杆

端齿盘分度工作台

端齿盘分度可实现的分度角度为

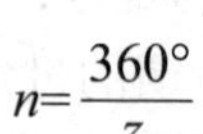

$$n=\frac{360^\circ}{z}$$

式中，n——分度角度；

z——端齿盘齿数。

学习笔记

2）端齿分度盘的特点

（1）端齿分度盘具有以下优点：

①定位精度高。大多数端齿盘采用向心多齿结构，它既可以保证分度精度，又可以保证定心精度，而且不受轴承间隙及正反转的影响，同时重复定位精度既高又稳定。

②承载能力强，定位刚度好。由于是多齿同时啮合，故一般啮合率不低于 90%，每齿啮合长度不少于 60%。

③使用寿命长。由于齿面的磨损对定位精度的影响不大，故随着不断的磨合，定位精度不仅不会下降，而且有可能提高；

④适用于多工位分度。由于齿数的所有因数都可以作为分度工位数，容易得到不等的分度，因此一种多齿盘可以用于分度数目不同的场合。

（2）端齿分度盘的主要缺点。端面齿盘的制造比较困难且不能进行任意角度的分度，其齿形及形位公差要求很高，而且成对齿盘的研磨工序很费工时，一般要研磨几十小时以上，因此生产效率低、成本也较高。

2. 数控回转工作台

数控回转工作台（简称数控转台）的功能是按数控系统的指令，带动工件实现连续回转运动。回转速度是无级、连续可调的，同时能实现任意角度的分度定位。由于数控回转工作台能实现自动圆周进给，因此，它和数控机床的进给驱动机构有相同之处。

数控回转工作台按伺服控制性质可分为开环和闭环两种类型。

1）开环数控回转工作台

图 5-12 所示为开环卧式数控回转工作台。步进电动机 3 的运动通过齿轮 2、6 输出，啮合间隙由调整偏心环 1 来消除。齿轮 6 与蜗杆 4 用花键连接，蜗杆 4 为双导程蜗杆，通过调整调整环 7（两个半圆环垫片）的厚度使蜗杆沿轴向产生移动，即可消除蜗杆 4 和蜗轮 15 的啮合间隙。蜗杆 4 的两端为滚针轴承，左端为自由端，右端为两个角接触球轴承，承受轴向载荷。蜗轮 15 下部的内、外两面装有夹紧瓦 18 和 19，在回转工作台固定支座 24 内均匀安装了 6 个液压缸 14。液压缸 14 上端进压力油时，柱塞 16 向下运动，通过钢球 17 推动夹紧瓦 18 和 19 将蜗轮夹紧，从而实现精确分度定位。

当数控回转工作台实现圆周进给运动时，控制系统发出指令，使液压缸 14 上腔的油液流回油箱，在弹簧 20 的作用下钢球 17 抬起，夹紧瓦 18 和 19 就松开蜗轮 15。柱塞 16 到达上位后发出信号，功率步进电动机启动并按指令脉冲的要求驱动数控回转工作台实现圆周进给运动。当数控回转工作台做圆周运动时，先分度回转再夹紧蜗轮，以保证定位的可靠，并提高承受负载的能力。

数控回转工作台设有零点，当执行回零操作时，工作台先快速回转，当转至挡块 11 压合微动开关 10 时，工作台由快速转动变为慢速转动，最后由功率步进电动机控制停在某一固定的通电相位上（称为锁相），从而使数控回转工作台准确地停在零点位置上。

学习笔记

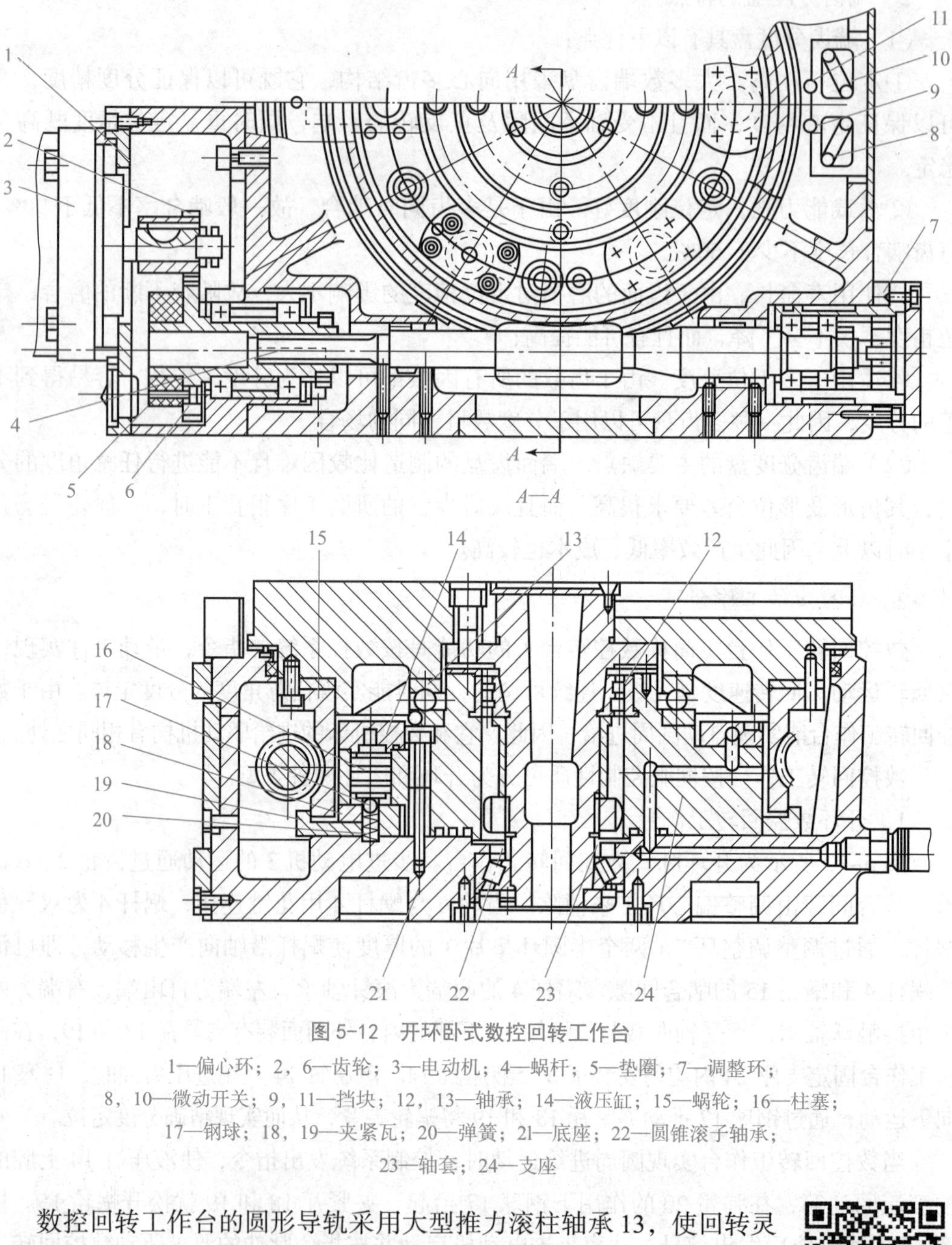

A—A

图 5-12　开环卧式数控回转工作台

1—偏心环；2，6—齿轮；3—电动机；4—蜗杆；5—垫圈；7—调整环；
8，10—微动开关；9，11—挡块；12，13—轴承；14—液压缸；15—蜗轮；16—柱塞；
17—钢球；18，19—夹紧瓦；20—弹簧；2l—底座；22—圆锥滚子轴承；
23—轴套；24—支座

数控回转工作台的圆形导轨采用大型推力滚柱轴承 13，使回转灵活，并由轴承 12 和圆锥滚子轴承 22 保证回转精度和定心精度。调整轴承 12 的预紧力，可以消除回转轴的径向间隙；调整轴套 23 的厚度可使导轨有一定的预紧力，提高导轨的接触刚度。

数控回转工作台

数控回转工作台的主要运动指标是脉冲当量，即每个脉冲对应于工作台回转的角度。数控回转工作台的脉冲当量在 0.001°/ 脉冲到 2′/ 脉冲之间，使用时应根据加工精度要求和数控回转工作台的直径大小来选择。

数控回转工作台的分度定位和分度工作台不同，它是按控制系统所给的脉冲指令决定转动角度的，没有附加定位元件。因此，开环数控回转工作台应满足传动精度高、传动间隙尽量小的要求。

2）闭环数控回转工作台

闭环回转工作台的结构与开环回转工作台的结构基本相同，只是多了角度检测装置，通常采用圆光栅或圆感应同步器。检测装置将实际转动角度反馈至系统，与指令值进行比较，通过差值控制回转工作台的运动，提高了圆周进给运动的精度。

图 5–13 所示为闭环立式数控回转工作台，回转工作台由伺服电动机 15 驱动，通过齿轮 14、16 及蜗杆 12、蜗轮 13 带动工作台 1 回转。工作台的转角位置由光栅 9 测量。当工作台静止时，由均布的 8 个液压缸 5 完成夹紧。此时，控制系统发出夹紧指令，液压缸上腔进压力油，活塞 6 向下移动，通过钢球 8 推开夹紧瓦 3 和 4，从而将蜗轮 13 夹紧。当数控回转工作台实现圆周进给运动时，控制系统发出指令，使液压缸 5 上腔的油液流回油箱，在弹簧 7 的作用下使钢球 8 抬起，夹紧瓦松开蜗轮 13。伺服电动机通过传动装置实现工作台的分度转动、定位、夹紧或连续回转运动。

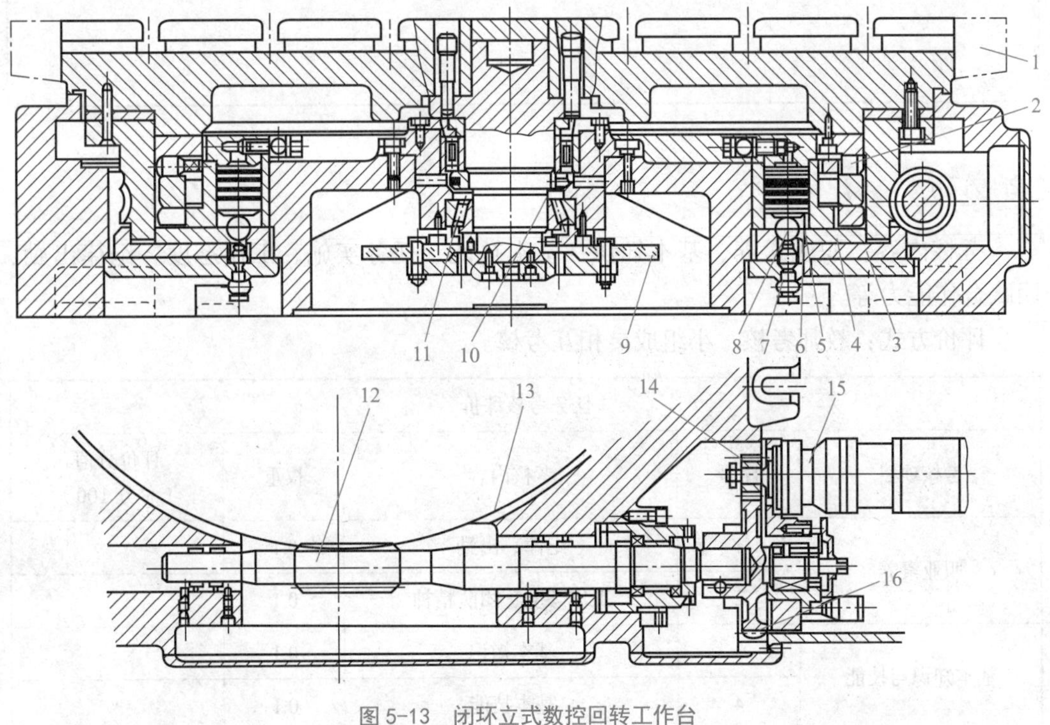

图 5–13 闭环立式数控回转工作台

1—工作台；2—镶钢滚柱导轨；3，4—夹紧瓦；5—液压缸；6—活塞；7—弹簧；8—钢球；9—光栅；10，11—轴承；12—蜗杆；13—蜗轮；14，16—齿轮；15—伺服电动机

转台的中心回转轴采用圆锥滚子轴承 11 及双列圆柱滚子轴承 10，并预紧消除其径向和轴向间隙，以提高工作台的刚度和回转精度。工作台支承在镶钢滚柱导轨 2 上，运动平稳且耐磨。

学习笔记

任务实施

根据本任务的相关知识点与技能点，绘制知识导图。

考核评价

考核内容：职业素养、基本知识、基本技能、任务实施、工作态度、纪律出勤、团队合作能力等。

评价方式：教师考核、小组成员相互考核。

任务考核评价				
考核项目	序号	考核内容	权重	评价分值（总分 100）
职业素养	1	纪律、出勤	0.1	
	2	工作态度、团队精神	0.1	
基本知识与技能	3	基本知识	0.1	
	4	基本技能	0.1	
任务实施能力	5	实施时效	0.2	
	6	实施成果	0.2	
	7	实施质量	0.2	
总体评价	成绩：	教师：	日期：	

任务3 五轴数控机床

学习笔记

任务导入

五轴联动数控机床是一种科技含量高、精密度高、专门用于加工复杂曲面的机床，这种机床系统对一个国家的航空、航天、军事、科研、精密器械、高精医疗设备等行业有着举足轻重的影响力。目前，五轴联动数控机床系统是解决叶轮、叶片、船用螺旋桨、重型发电机转子、汽轮机转子、大型柴油机曲轴等加工的唯一手段。五轴数控机床指的是 *X*、*Y*、*Z* 三根常见的直线轴上加上两根旋转轴，*A*、*B*、*C* 三轴中的两个旋转轴具有不同的运动方式。五轴加工中心有哪些类型？它又是如何工作的呢？

五轴机床

相关知识

知识点1 五轴数控机床常见分类及特点

为满足不同产品的加工需求，从五轴加工中心的机械设计角度分为多种运动模式，主要有工作台转动和主轴头摆动两种，通过不同的组合，主要有主轴倾斜式、工作台倾斜式以及工作台 / 主轴倾斜式三大类。

1. 主轴倾斜式五轴数控机床

两个旋转轴都在主轴头一侧的数控机床，称为主轴倾斜式五轴数控机床，或称为双摆头结构五轴数控机床。主轴倾斜式五轴数控机床是目前应用较为广泛的五轴数控机床形式之一，这类机床的结构特点是：主轴运动灵活，工作台承载能力强且尺寸可以设计得非常大。该结构的五轴数控机床适用于加工船舶推进器、飞机机身模具、汽车覆盖件模具等大型零部件，但将两个旋转轴都设置在主轴头一侧，使得旋转轴的行程受限，无法完成360°回转，且主轴的刚性和承载能力较低，不利于重载切削。

该类机床主要分为两种结构形式：

1）十字交叉型双摆头五轴数控机床结构

如图 5–14 所示，一般该结构的旋转轴部件 *A* 轴（或者 *B* 轴）与 *C* 轴在结构上十字交叉，且刀轴与机床 *Z* 轴共线。

2）刀轴俯垂型摆头五轴数控机床结构

如图 5–15 所示，该结构又称为非正交摆头结构，即构成旋转轴的部件（*B* 轴或者 *A* 轴）与 *Z* 轴成 45°夹角。刀轴俯垂型五轴数控机床通过改变摆头的承载位置和承载形式，有效提高了摆头的强度和精度，但采用非正交形式会增加回转轴的操作难度和 CAM 软件后置处理的定制难度。

学习笔记

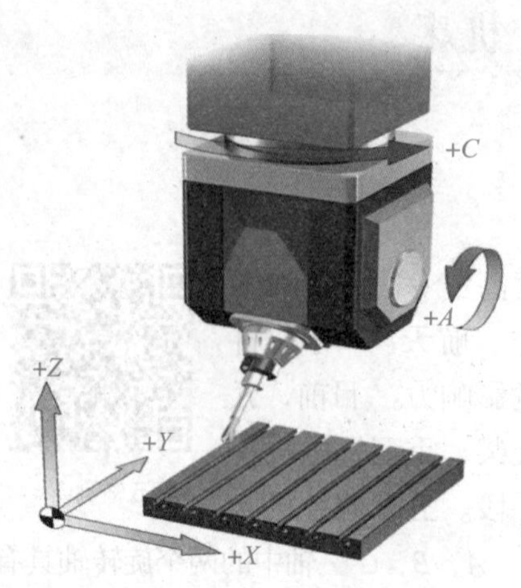

图 5-14　十字交叉型双摆头结构

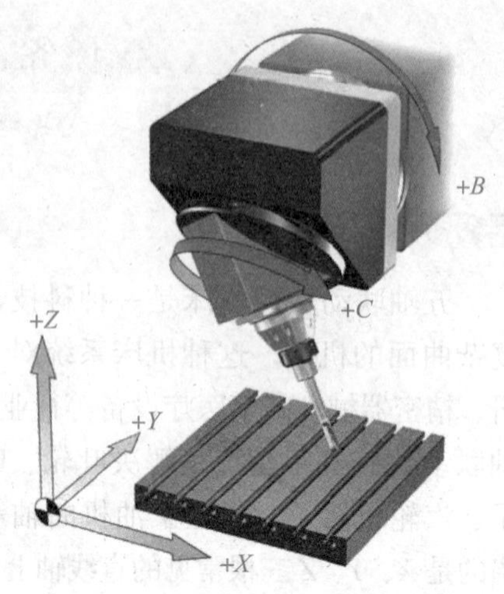

图 5-15　刀轴俯垂型摆头结构

2. 工作台倾斜式五轴数控机床

两个旋转轴都在工作台一侧的数控机床，称为工作台倾斜式五轴数控机床，或称为双转台五轴结构机床。这种结构的五轴数控机床的特点在于主轴结构简单，刚性较好，制造成本较低。工作台倾斜式五轴数控机床的 *C* 轴回转台可无限制旋转，但由于工作台为主要回转部件，尺寸受限，且承载能力不大，因此不适合加工过大的零件。

该类机床主要分为两种结构形式：

1）*B* 轴俯垂工作台五轴数控机床

如图 5-16 所示，*B* 轴为非正交 45°回转轴，*C* 轴为绕 *Z* 轴回转的工作台。该结构的五轴数控机床能够有效减小机床的体积，使机床的结构更加紧凑，但由于摆动轴为单侧支承，因此在一定程度上降低了转台的承载能力和精度。

2）双工作台五轴数控机床（或称为摇篮式五轴数控机床）

如图 5-17 所示，*A* 轴绕 *X* 轴摆动，*C* 轴绕 *Z* 轴旋转。该结构是目前最常见的五轴结构，其工作台的承载能力和精度均能够控制在用户期望的使用范围内，且根据不同的精度要求，可以选择摆动轴单侧驱动和双侧驱动两种形式，从而更加有效地改善回转轴的机械精度。但由于床身铸造及制造的工艺限制，目前加工范围最大的双工作台五轴数控机床的工作直径只能被限制在 1 400 mm 之内。

3. 工作台 / 主轴倾斜式五轴数控机床

两个旋转轴中的主轴头设置在刀轴一侧，另一个旋转轴在工作台一侧，该结构称为工作台 / 主轴倾斜式五轴结构，或称为摆头转台式五轴结构。此类机床的特点在于：旋转轴的结构布局较为灵活，可以是 *A*、*B*、*C* 三轴中的任意两轴组合，其结合了主轴倾斜和工作台倾斜的优点，加工灵活性和承载能力均有所改善，如图 5-18 所示。

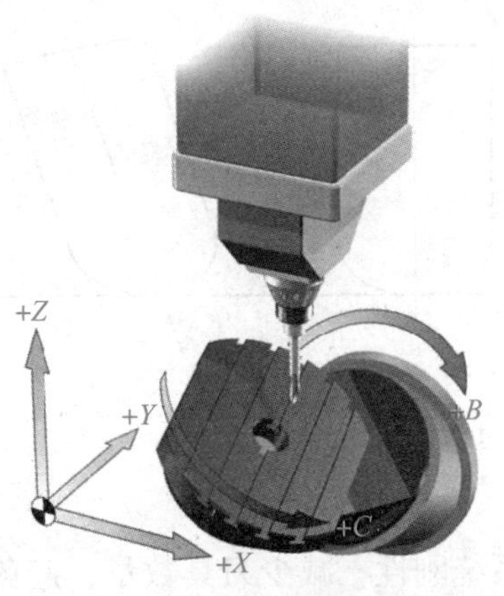

图 5-16　*B* 轴俯垂工作台结构

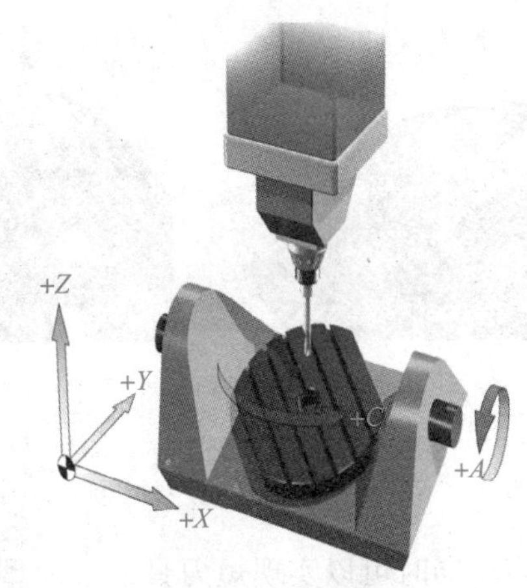

图 5-17　双工作台结构

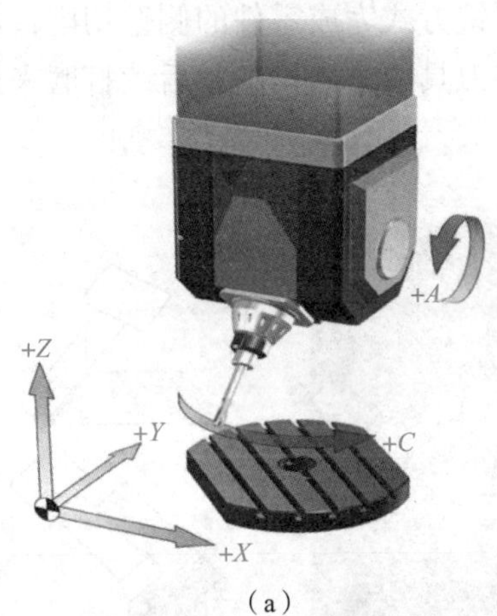

（a）

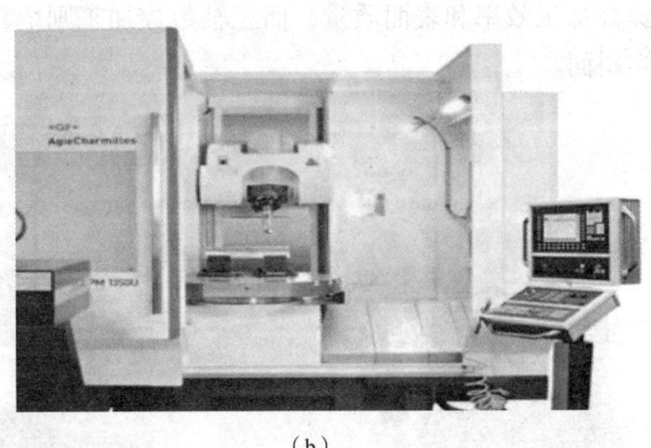

（b）

图 5-18　工作台 / 主轴倾斜式五轴数控机床结构

（a）工作台 / 主轴倾斜结构；（b）工作台 / 主轴倾斜结构机床

知识点 2　五轴数控加工的特点及优势

与三轴数控加工设备相比，五轴联动数控机床有以下特点及优势。

1. 改善切削状态和切削条件

如图 5–19（a）所示，左图为三轴切削方式，当切削刀具向顶端或工件边缘移动时，切削状态逐渐变差，为保持最佳切削状态，就需要旋转工作台。如果要完整加工不规则平面，还需要将工作台以不同方向多次旋转。

由图 5–19（b）所示刀尖位置比对图可知，五轴机床偏转刀具可以避免球头铣刀中心点切削速度为 0（图 5–19（b）左）的情况，以获得更好的表面质量。

2. 效率提升与干涉消除

如图 5–20 所示，针对叶轮、叶片和模具陡峭侧壁加工，三轴数控机床由于干涉问题无法满足加工要求，五轴数控机床则可以通过刀轴空间姿态角控制，完成此类加工

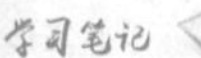

图 5-19　五轴切削加工优势对比

(a)三轴切削与五轴切削方式;(b)球刀刀尖位置比对图

内容。同时可以实现短刀具加工深型腔，有效提升系统刚性，减少刀具数量，避免专用刀具，扩大通用刀具的使用范围，从而降低了生产成本。此外，如图 5-21 所示，对于一些倾斜面，五轴数控加工能够利用刀具侧刃以周铣方式完成零件的侧壁切削，从而提高加工效率和表面质量，而三轴数控加工则依靠刀具的分层切削和后续打磨来逼近倾斜面。

图 5-20　五轴在陡峭侧壁加工避免刀具干涉

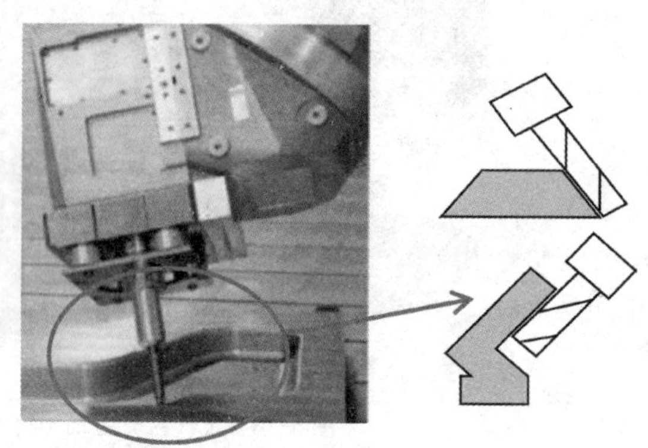

图 5-21　五轴在斜侧壁特征零件加工中的应用

3. 生产制造链和生产周期缩短

如图 5-22 所示，五轴数控机床通过主轴头偏摆进行侧壁加工，不需要进行多次零件装夹，有效减少了定位误差，提高了加工精度。同时五轴数控机床制造链的缩短，设备数量、工装夹具、车间占地面积和设备维护费的减少，更有效地提升了加工质量。此外，生产制造过程链的缩短，使生产管理和计划调度得以简化。复杂零件的五轴加工相对于传统工序分散的加工方法更具优势，尤其是在航空航天、汽车等领域，具备高柔性、高精度、高集成性和完整加工能力的五轴数控机床，能够很好地解决新产品研发过程中复杂零件加工的精度和周期问题，大大缩短了新产品研发周期并提高了研发成功率。

知识点 3　五轴加工典型应用

五轴加工机床的经济性和技术复杂性限制了其大范围应用，但在部分制造领域中已经普遍采用了五轴数控机床进行产品的制造。

学习笔记

1. 异形零部件的加工

五轴数控机床具有三个线性轴和两个旋转轴，刀具可以切削三轴机床和四轴机床无法切削的位置，尤其是对于一些具有非对称且不在一个基准平面上的异形零部件，具有一次装夹、一次加工成形的优势，在异形零部件的加工中应用广泛，如图 5-23 所示。

图 5-22　五轴一次装夹加工多面航空结构件

图 5-23　异形零部件的加工

2. 模具制造领域应用

五轴数控机床能够进行负角度曲面和大尺寸复杂曲面的铣削加工，且刀轴矢量的自由控制可以避免球头立铣刀的静点切削，从而有效提高模具曲面的铣削效率和质量。五轴加工技术在模具制造中应用较广，如曲面、清角、深腔、空间角度孔等的加工。它能够解决模具中超高型芯和超深型腔等加工难题，尤其是汽车覆盖件等大型模具的加工，如图 5-24 所示。

（a）

（b）

图 5-24　模具加工制造

（a）复杂模具加工；（b）冲压模具加工

3. 汽车领域结构壳体及箱体加工

汽车壳体和箱体类零件在传统加工中工艺复杂，且由于零件中的孔较多，故孔与孔之间具有位置公差。此外，一般箱体类零件的每个面都有待加工内容，因此此类零件的加工一般需要制作专用夹具，对零件进行多工序加工，以满足批量和精度等要求。故工序的分散和专用夹具的应用在一定程度上提高了生产成本，且增加了保证精度的难度。五轴数控机床的应用能够降低夹具的复杂性，通过简单的装夹方案，将工序进行集中，从而降低成本，提高加工精度。图 5–25 所示为壳体及箱体的加工实例。

（a）

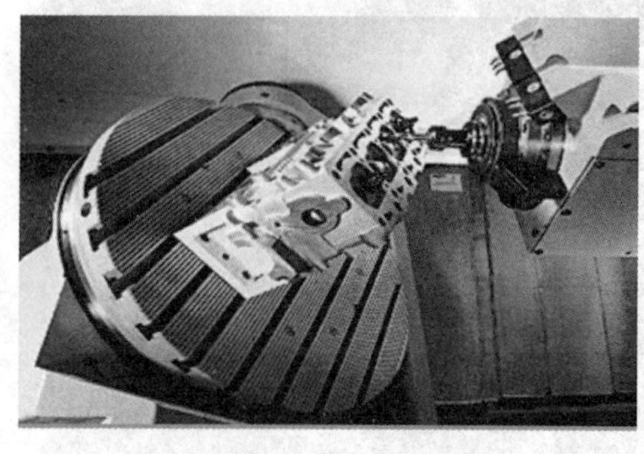
（b）

图 5-25　壳体及箱体的加工
（a）壳体加工；（b）箱体零件加工

4. 发动机领域叶轮及叶片加工

叶轮和叶片是涡轮增压器、航空发动机、船舶推进器等关键装置的核心零部件。叶片为空间自由曲面，精度和曲面质量要求较高，依靠传统加工方案无法生产加工。五轴数控机床能够控制刀轴的空间姿态，通过同步加工使刀具上某一最佳切削位置始终参与加工，实现曲面的跟随切削，极大地提高了整体叶轮的曲面精度和叶轮在使用中的工作效率。图 5–26 所示为叶轮五轴的加工实例。

（a）

（b）

图 5-26　叶轮五轴的加工实例
（a）半封闭式叶轮加工；（b）开放式叶轮加工

学习笔记

5. 航空、航天制造领域应用

五轴加工技术在航空、航天领域有大量应用，如图 5–27 所示，从早期的复杂曲面零件加工到结构件和连接件加工，应用越来越广泛。航空结构件变斜面整体加工效果的实现，需要机床五轴联动配合刀具侧刃进行切削，以保证曲面的连续性和完整性。此外，结构件连接肋板和强度肋板的负角度侧壁，以及大深度型腔的加工，都需要五轴控制刀轴矢量角来实现有效切削。

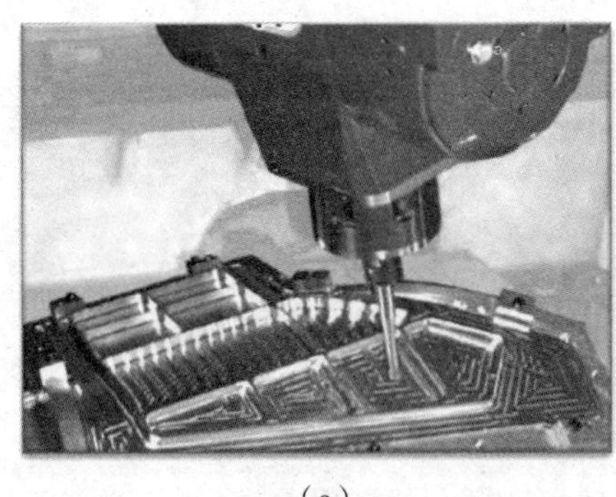

（a）（b）

图 5–27 航空结构件加工

（a）大型曲面加工；（b）变斜面结构件加工

6. 汽车及医疗领域应用

在加工汽车发动机关键部位时，由于发动机气缸结构复杂，且气缸孔是一个弯曲腔体，因此采用三轴机床是无法完成加工的，而通过五轴联动再配合管道的加工工艺方式则可以实现弯曲气缸孔壁的铣削加工，如图 5–28（a）所示。此外，医疗行业中骨板、牙模等空间异形零件，若采用五轴数控机床进行加工，则可以降低此类零件的制造难度，有效提高生产效率，如图 5–28（b）所示。

（a）（b）

图 5–28 汽车气缸及骨骼关节板的加工

（a）汽车气缸加工；（b）骨骼关节板加工

学习笔记

任务实施

根据本任务的相关知识点与技能点，绘制知识导图。

考核评价

考核内容：职业素养、基本知识、基本技能、任务实施、工作态度、纪律出勤、团队合作能力等。

评价方式：教师考核、小组成员相互考核。

任务考核评价				
考核项目	序号	考核内容	权重	评价分值（总分 100）
职业素养	1	纪律、出勤	0.1	
	2	工作态度、团队精神	0.1	
基本知识与技能	3	基本知识	0.1	
	4	基本技能	0.1	
任务实施能力	5	实施时效	0.2	
	6	实施成果	0.2	
	7	实施质量	0.2	
总体评价	成绩：	教师：	日期：	

任务4 加工中心操作

使用西门子系统加工中心，完成项目零件加工操作。如图 5-29 所示，已知零件的毛坯尺寸为 90 mm×90 mm×20 mm，零件材料为 LY12。

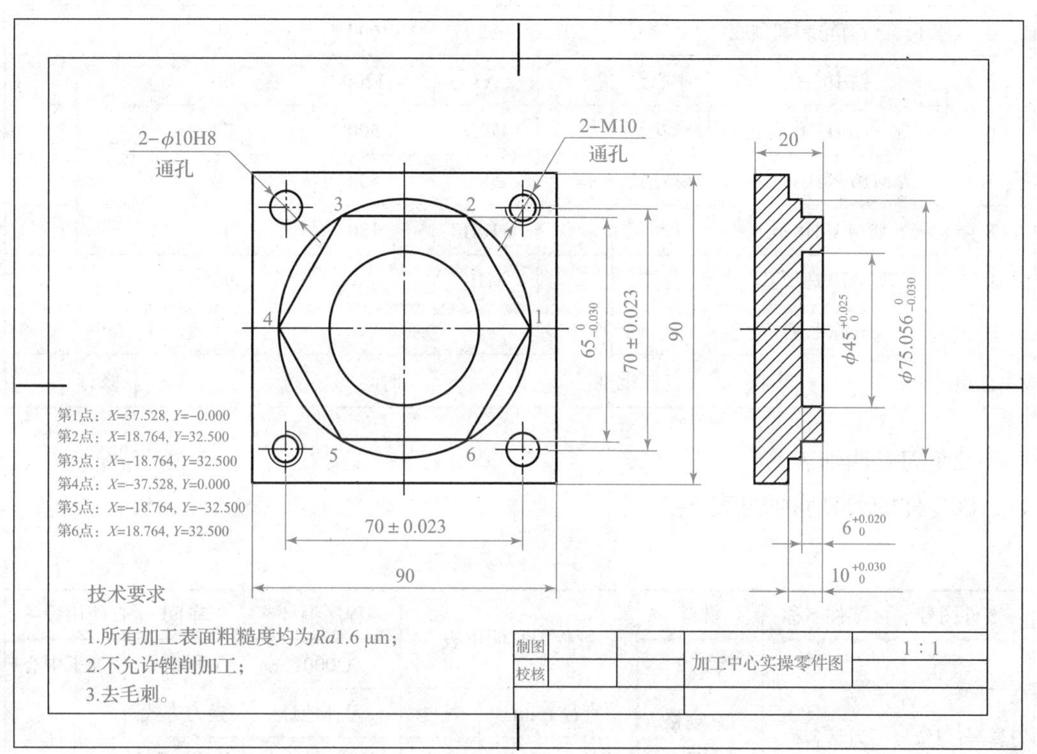

图 5-29 加工中心实操零件图

（1）加工工序。

该零件的加工工序卡见表 5-1。

表 5-1 加工工序卡

生产企业		产品名称			程序编号		材料牌号	LY12
工序号		零件名称			夹具名称	机用平口钳	车间	
工序名称		零件图号		设备名称	加工中心	数控加工工序卡片		
共 1 页	第 1 页	装配图号		设备型号				

续表

工步号	工步内容	刀具名称	刀具图号	刀具规格 /mm	主轴转速 /（$r \cdot min^{-1}$）	进给速度 /（$mm \cdot min^{-1}$）	切削深度	备注
1	粗铣六边形轮廓	立铣刀		$\phi20$	400	100		
2	粗铣 $\phi75.056$ mm 圆形轮廓	立铣刀		$\phi20$	400	100		
3	粗铣 $\phi45$ mm 圆形型腔	立铣刀		$\phi20$	400	100		螺旋下刀
4	精铣所有轮廓和型腔	立铣刀		$\phi20$	600	60		
5	钻中心孔	中心钻		A3	1200	60		
6	钻 $\phi10$H8 孔底孔	麻花钻		$\phi9.7$	500	70		
7	钻 M10 螺纹孔底孔	麻花钻		$\phi8.6$	550	70		
8	铰 $\phi10$H8 孔	铰刀		$\phi10$H8	180	200		
9	攻 M10 螺纹孔	丝锥		M10	60	90		
10	去除毛刺							
工艺员		审核		批准		时间		修订

（2）刀具明细表。

该零件的刀具明细见表 5–2。

表 5–2　刀具明细

零件图号		零件名称	材料	数控刀具明细表			程序编号		车间	使用设备
			LY12				O0001		工程中心	加工中心
刀具号	刀位号	刀具名称	刀具规格 /mm	直径 /mm		长度	刀补地址		换刀方式	备注
				设定	补偿	设定	直径	长度	自动 / 手动	
1	1	立铣刀	$\phi20$	10.2			D01	H01	自动	
2	2	立铣刀	$\phi20$				D02	H02	自动	
3	3	中心钻	A3					H03	自动	
4	4	麻花钻	$\phi9.7$					H04	自动	
5	5	麻花钻	$\phi8.6$					H05	自动	
6	6	铰刀	$\phi10$H8					H06	自动	
7	7	丝锥	M10					H07	自动	
编制		审核		批准			年　月　日		共 1 页	第 1 页

（3）零件加工程序。

零件的加工参考程序如下：

```
N10 T01 M06
N15 G54 G90 G17
N20 G00 Z100 M03 S400
N25 G40 X60 Y-60
N30 G00 Z10
N35 G01 Z-6 F3000
N40 G41 Y-32.5 D01 M8
N45 G01 X-18.764 F100
N50 X-37.528 Y0
N55 X-18.764 Y32.5
N60 X18.764
N65 X37.528 Y0
N70 X18.764 Y-32.5
N75 G03 X3.764 Y-47.5 CR=15
N80 G01 G40 X60 Y-60
N85 G01 Z-10 F3000
N90 X45 Y-45 F100
N95 G00 X60 Y-60
N100 Y60
N105 G01 X45 Y45
N110 G00 X60 Y60
N115 X-60
N120 G01 X-45 Y45
N125 G00 X-60 Y60
N130 Y-60
N135 G01 X-45 Y-45
N140 G00 X-60 Y-60
N145 G41 D01 X-37.528
N150 G01 Y0 F80
N155 G02 I37.528
N160 G01 Y30 F80
N165 G0 Z5
N170 G40 X12 Y0
N175 G01 Z0
N180 G03 X12 Y0 Z-6 I-12 F50
N185 G03 X12 Y0 I-12 F100
N190 G01 X0 Y0
```

学习笔记

学习笔记

```
N195 G41 D01 X-20 Y-2.5
N200 G03 X0 Y-22.5 CR=20
N205 G03 J22.5
N210 G03 X20 Y-2.5 CR=20
N215 G01 G40 X0 Y0
N220 G0 Z100 M09
N225 T02 M06
N230 G54 G90 G17
N235 G00 Z100 M03 S600
N240 G40 X60 Y-60
N245 G00 Z10
N250 G01 Z-6 F3000
N255 G41 Y-32.5 D01 M8
N260 G01 X-18.764 F60
N265 X-37.528 Y0
N270 X-18.764 Y32.5
N275 X18.764
N280 X37.528 Y0
N285 X18.764 Y-32.5
N290 G03 X3.764 Y-47.5 CR=15
N295 G01 G40 X60 Y-60
N300 G00 X-60
N305 G01 Z-10 F3000
N310 G41 D01 X-37.528
N315 G01 Y0 F60
N320 G02 I37.528
N325 G01 Y30
N330 G0 Z5
N335 G40 G00 X0 Y0
N340 G01 Z-6 F100
N345 G41 D01 X-20 Y-2.5
N350 G03 X0 Y-22.5 CR=20 F60
N355 G03 J22.5
N360 G03 X20 Y-2.5 CR=20
N365 G01 G40 X0 Y0
N370 G0 Z100 M09
N375 T03 M06
```

```
N380 G54 G90 G17
N385 G00 Z100 M03 S1200
N390 X35 Y35 F60
N395 CYCLE81（10, -10, 2, -13）
N400 X-35
N405 CYCLE81（10, -10, 2, -13）
N410 Y-35
N415 CYCLE81（10, -10, 2, -13）
N420 X35
N425 CYCLE81（10, -10, 2, -13）
N430 T04 M06
N435 G54 G90 G17
N440 G00 Z100 M03 S500
N445 X-35 Y35 F70
N450 CYCLE83（10, -10, 2, -25, -15,, 0, 0, 0, 1, 0）
N455 X35 Y-35
N460 CYCLE83（10, -10, 2, -25, -15,, 0, 0, 0, 1, 0）
N465 T05 M06
N470 G54 G90 G17
N475 G00 Z100 M03 S550
N480 X35 Y35 Z-25 R-8 Q5 F70
N485 CYCLE83（10, -10, 2, -25, -15, 0, 0, 0, 1, 0）
N490 X-35 Y-35
N495 CYCLE83（10, -10, 2, -25, -15,, 0, 0, 0, 1, 0）
N500 T06 M06
N510 G54 G90 G17
N515 G00 Z100 M03 S180
N520 X-35 Y35 Z-22 F200
N525 CYCLE85（10, -10, 2, -22,, 200, 200,）
N530 X35 Y-35
N535 CYCLE85（10, -10, 2, -22,, 200, 200,）
N540 T07 M06
N545 G54 G90 G17
N550 G00 Z100 M03 S60
N555 X35 Y35 Z-25 F90
N560 CYCLE840（10, -10, 2, -25, 1, 0, 3, 1）
N565 X-35 Y-35
```

学习笔记

学习笔记

```
N570 CYCLE840 (10, -10, 2, -25, 1, 0, 3, 1)
N575 G00 Z100
N580 G00 Z200 M9
N585 M30
%
```

相关知识 

知识点 1　西门子系统加工中心操作面板介绍

SINUMERIK 802D 的操作界面包括系统控制面板区域（也称 CRT/MDI 面板）和操作面板区域两部分。

1. SINUMERIK 802D 的 CRT/MDI 面板

图 5-30 所示为 802D 系统控制面板，包括 LCD 显示区和 NC 键盘区两大部分。各按键的主要功能如表 5-3 所示。

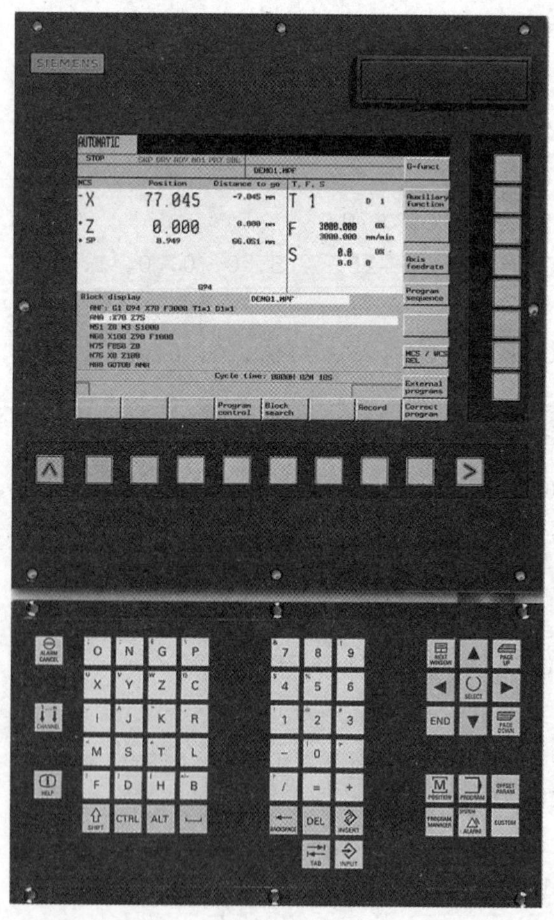

图 5-30　SINUMERIK 802D 的 CRT/MDI 面板

表 5-3　CRT/MDI 面板上按键功能

按键图符	按键名称	功能说明
^	返回键	返回到上一级菜单
>	菜单扩展键	进入同一级的其他菜单画面
ALARM CANCEL	报警应答键	报警出现时，按此键可以消除部分报警（取决于报警级别）
1…n CHANNEL	通道转换键	如果几个通道正在使用中，则可以在它们之间转换
HELP	帮助键	帮助功能键
SHIFT	上档键	按数字键或者字符键时，同时按此键可以使该数字 / 字符的左上角字符生效
CTRL	控制键	控制功能键
ALT	ALT 键	ALT 功能键
␣	空格键	在编辑程序时，按此键插入空格
BACKSPACE	删除 / 退格键	在程序编辑界面时，按此键删除（退格）光标前一字符
DEL	删除键	按此键删除光标后一字符
INSERT	插入键	在程序段进行指令插入
TAB	指标键	制表功能

学习笔记

学习笔记

续表

按键图符	按键名称	功能说明
INPUT	回车 / 输入键	按此键确认所输入的参数或者换行
M POSITION	加工操作区域键	进入加工操作区
PROGRAM	程序操作区域键	进入之前编辑的程序中
OFFSET PARAM	参数操作区域键	进入参数设置区（如坐标系设置、补偿设置、机床参数设置，等等）
PROGRAM MANAGER	程序管理操作区域键	进入程序目录区
SYSTEM ALARM	报警 / 系统操作区域键	当前报警原因显示
CUSTOM　NEXT WINDOW	未使用	—
PAGE UP　PAGE DOWN	翻页键	向上 / 下翻页
▲ ▼ ◀ ▶	光标移动键	用于光标上、下、左、右的移动
SELECT	选择 / 转换键	在设定参数时，按此键可以选择或转换参数
END	程序最后键	在编辑程序时，可以直接显示程序尾部
A J　W Z	字符键	用于字符输入，上档键可转换对应字符
) 0　(9	数字键	用于数字输入，上档键可转换对应字符

学习笔记

2. SINUMERIK 802D 的操作面板

如图 5-31 所示，操作面板主要用于控制机床的运动和选择机床的工作方式，包括手动进给方向按钮、主轴手动控制按钮、工作方式选择按钮、程序运行控制按钮、进给倍率调节旋钮和主轴倍率调节旋钮等。

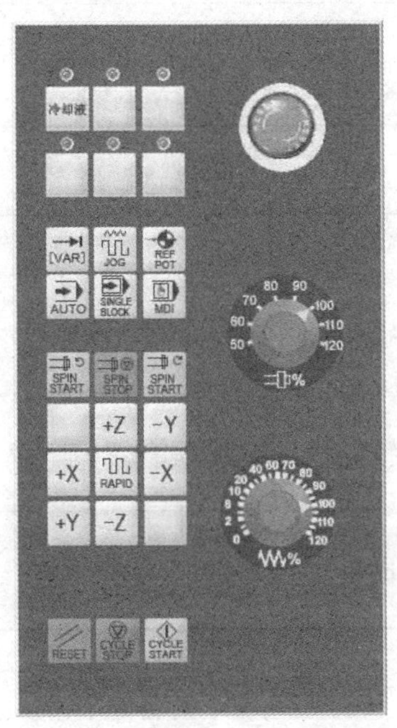

图 5-31　SINUMERIK 802D 的操作面板

各按键功能如表 5-4 ~ 表 5-7 所示。

表 5-4　工作方式选择键

按键图符	按键名称	功能说明
	用户自定义键	用户自定设计功能
[VAR]	增量选择键	脉冲移动量的确定
JOG	手动方式键	进入手动操作控制功能
REF POT	回参考点键	机床回参考点功能
AUTO	自动方式键	在此操作状态下，运行 NC 中的程序来实现对机床的控制

学习笔记

续表

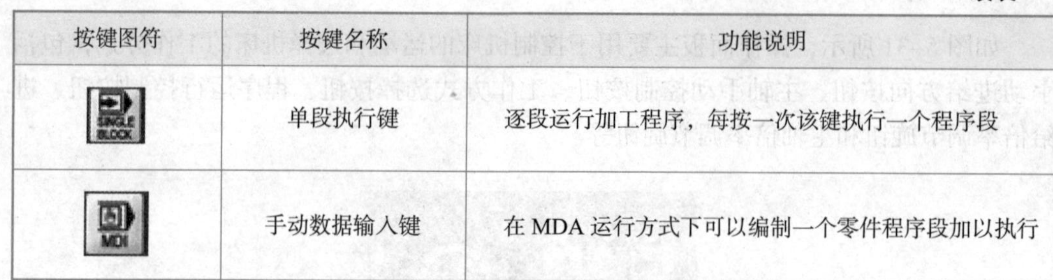

按键图符	按键名称	功能说明
SINGLE BLOCK	单段执行键	逐段运行加工程序，每按一次该键执行一个程序段
MDI	手动数据输入键	在 MDA 运行方式下可以编制一个零件程序段加以执行

表 5–5　主轴控制键

按键图符	按键名称	功能说明
SPIN START	主轴正转键	按下此键，主轴正转
SPIN START	主轴反转键	按下此键，主轴反转
SPIN STOP	主轴停止键	按下此键主轴停止

表 5–6　手动操作键

按键图符	按键名称	功能说明
+X -X +Y -Y +Z -Z	*X*、*Y*、*Z* 轴点动控制键	控制 *X*、*Y*、*Z* 轴手动进给的正、负方向
RAPID	快进键	加快 *X*、*Y*、*Z* 轴的手动移动速度

表 5–7　其他重要功能键

按键图符	按键名称	功能说明
RESET	复位键	系统复位，包括取消报警和中断程序加工
CYCLE START	循环启动键	按下此键，系统执行输入的指令或程序

续表

按键图符	按键名称	功能说明
	循环停止键	按下此键，指令或程序执行停止
	急停键（红色）	运转中遇到危险的情况时使用，机床停机断电前使用
	主轴转速修调旋钮	转动该按钮可以减少或增加已编程的主轴转速值 S（相对于 100% 而言）
	进给速度修调旋钮	转动该按钮可以减少或增加已编程的进给速率值 F（相对于 100% 而言）

技能点 1　SINUMERIK 802D 系统加工中心基本操作

1. 实训步骤

1）开、关机操作

（1）打开外部电源，并启动空压机。

（2）检查气压是否达到规定值，并打开机床电源开关。

（3）检查“急停”键 是否在松开状态，若未松开，则按“急停”键将其松开，然后按下操作面板的电源开关，系统进行自检后进入“JOG REF”回参考点方式的操作状态。开机屏幕界面如图 5-32 所示。

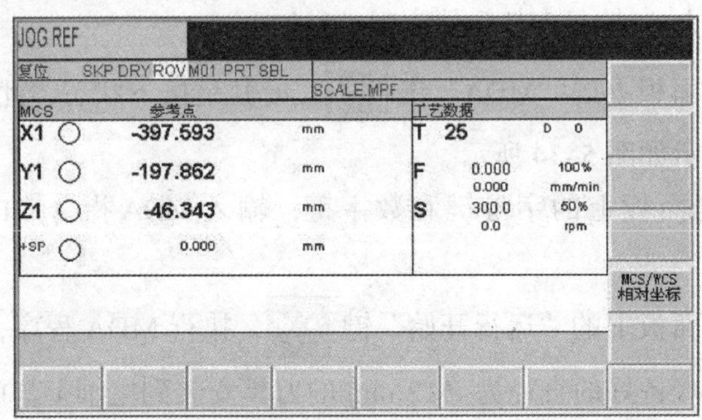

图 5-32　开机屏幕界面

正确关机对机床寿命很重要，关机操作如下：

（1）检查操作面板上表示循环启动的 LED 灯是否关闭。

（2）检查 CNC 机床的移动部件是否都已经停止。

学习笔记

（3）按下“急停”键。

（4）如果有外部的输入 / 输出设备连接到机床上，则先关掉外部输入 / 输出设备的电源。

（5）按下断开数控系统电源“POWER OFF”键停留大约 5 s。

（6）切断机床的电源。

2）手动返回参考点

（1）按下机床控制面板上的“手动”方式键，再按下“参考点”键，这时显示屏上 X、Y、Z 坐标轴后出现空心圆，如图 5-32 所示。

（2）通过手动逐一回参考点。先调整进给修调旋钮到 100% 的位置，然后按一下控制面板上的“+Z”键，再分别按下“+X”“+Y”键，机床则自行回零，直到参考点窗口显示屏上各坐标轴后的空心圆变为，且参考点的坐标值变为 0，则表示各轴的回参考点已经完成，如图 5-33 所示。

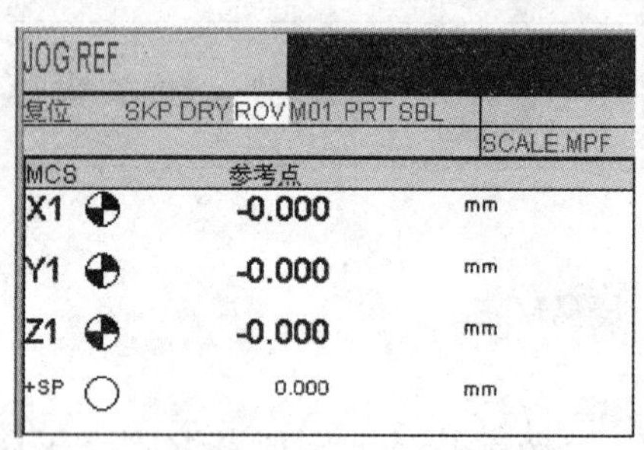

图 5-33　机床回参考点结果图

3）装夹工件

本例中，用已加工过的底面和相邻的两个侧面作为定位基准，用通用台虎钳装夹，工件坐标原点如图 5-33 所示。工件的具体安装、找正方法可参照项目四中任务 1 的内容执行。

4）装刀

本例采用直径为 ϕ12 mm 的平底立铣刀（高速钢），刀具在刀柄上的安装和刀柄在主轴上的安装方法可参照项目四中任务 1 的内容执行。不同的是加工中心具备自动换刀的功能，因此应在机床加工前将各把刀具预先安装在刀库中对应的刀座上。

设刀具的编号为“1”号刀，具体实现过程如下：

（1）按下操作面板上的“MDA”键，使其呈按下状态，此时机床进入 MDA 状态。CRT 界面显示如图 5-34 所示。

（2）通过控制面板上的字母键和数字键，输入 MDA 指令“T1M6”，如图 5-34 所示。

（3）按下操作面板上的“运行开始”键，执行 MDA 程序，等机械手自动换刀结束后，将已经准备好的直径为 ϕ12 mm 的刀具安装到主轴上，此时主轴上的刀具的编号即为“1”号刀。

（4）通过控制面板上的字母键和数字键，输入 MDA 指令“T0M6”，机械手将把当前主轴上的“1”号刀安放到刀库中，整个装刀过程结束。

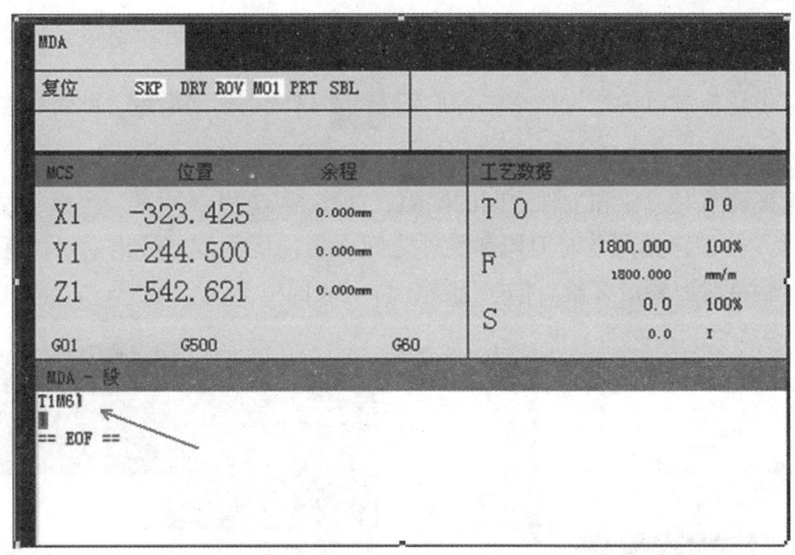

图 5-34 CRT 界面显示

5）工件坐标系设定（对刀）操作

准备好对刀工具：直径为 ϕ14 mm 的对刀棒，规格为 1 mm 的塞尺。

（1）*XY* 平面的对刀操作及坐标轴设定。

①将对刀棒安装到主轴上。

②按下机床控制面板上的“手动”方式键，机床在手动方式状态下运行。通过控制面板上的 +X -X +Y -Y +Z -Z 等方向键将刀具移动到工件附近，如图 5-35 所示。各轴移动速度可通过快速键和进给速度修调旋钮进行调节。

③当刀具靠近工件后，改用手轮控制器调节对刀棒和工件之间的间隙，由手轮控制器上的坐标轴和增量倍率选择旋钮来实现某坐标轴的移动及移动增量大小的调节。手轮控制器如图 5-36 所示。

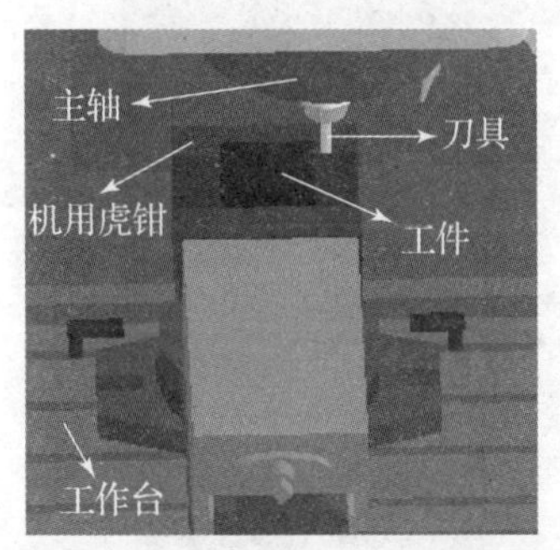

图 5-35 将刀具移动到工件附近

图 5-36 手轮控制器

通过手轮控制器将对刀棒调整到图 5-37（a）所示位置，以实现 *X* 方向的对刀（注：本例中，对刀棒位于工件的右侧）。当对刀棒到达图示位置后，将手轮坐标轴旋

学习笔记

钮 置于“X”挡，继续调整 X 方向上对刀棒和工件之间的间隙，当两者间隙较小时，调整手轮控制器的增量倍率选择旋钮 以减小移动增量。此时，左手持规格为 1 mm 的塞尺插入对刀棒和工件的侧隙间，并不断来回移动塞尺。与此同时，右手继续操作手轮来调节对刀棒和工件之间的间隙，如图 5–37（b）所示。当感觉左手移动塞尺稍费力时，右手停止调节对刀棒和工件之间 X 方向的间隙。拔出塞尺，保持 X 坐标轴静止，然后将对刀棒沿 Z 轴方向抬起到工件上表面以上。

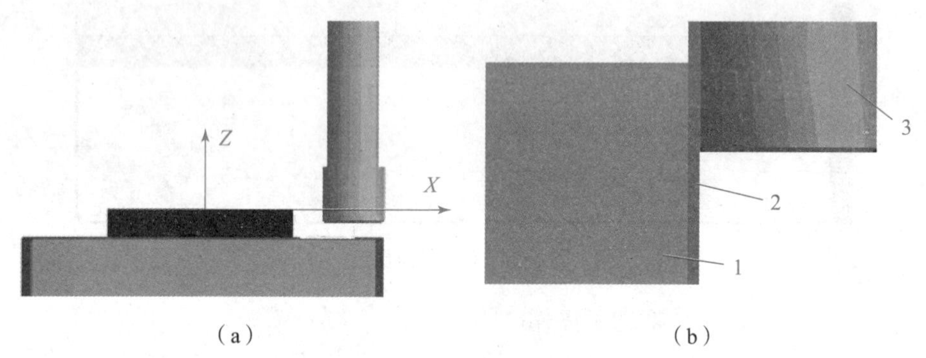

（a）　　（b）

图 5–37　X 方向对刀操作

1—工件；2—塞尺；3—对刀棒

④将工件坐标系原点到 X 方向基准边的距离记为 $X2$（本例中 $X2$=35）；将塞尺厚度记为 $X3$（本例中 $X3$=1）；将基准工具直径记为 $X4$（本例中 $X4$=14），将 $X2$+$X3$+$X4$/2 记为 DX，（本例中 DX =$X2$+$X3$+$X4$/2=35+1+7=43）。

⑤在手动状态下，按“加工操作”键 显示加工操作界面，如图 5–38 所示。

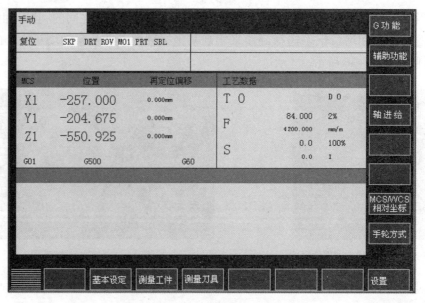

手动
复位　SKP DRY ROV M01 PRT SBL
MCS　位置　再定位偏移　工艺数据
X1　-257.000　0.000mm　T 0　D 0
Y1　-204.675　0.000mm　F　84.000　2%　4200.000　mm/m
Z1　-550.925　0.000mm　S　0.0　100%　0.0　I
G01　G500　G60
G 功能　辅助功能　轴进给　MCS/WCS 相对坐标　手轮方式
基本设定　测量工件　测量刀具　设置

图 5–38　加工操作界面

学习笔记

⑥单击界面下方软键 测量工件，进入“工件测量”界面，如图 5–39 所示。

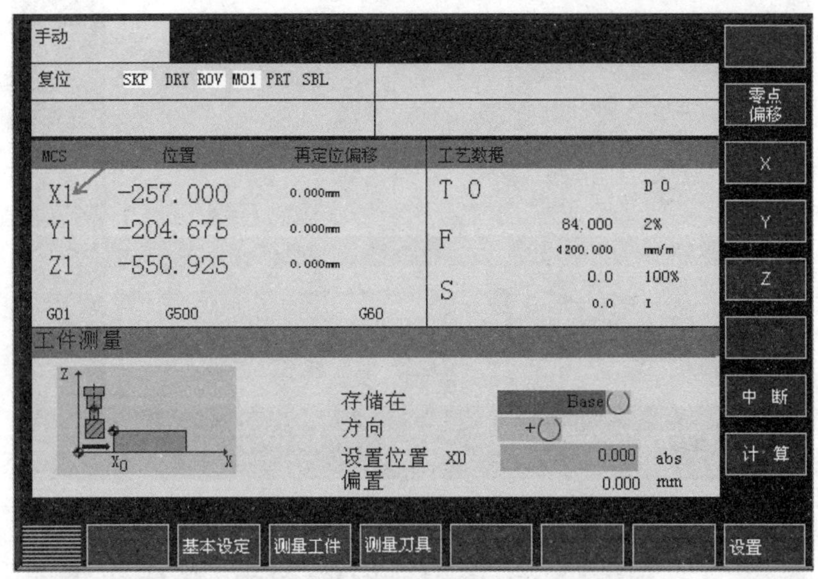

图 5–39 “工件测量”界面

a. 单击光标键 或 ，使光标停留在“存储在”栏中，在系统面板上单击 按钮，选择 G54 来保存工件坐标系原点。

b. 单击 按钮将光标移动到“方向”栏中，并通过单击 按钮选择方向为“–”。

注：在对刀时，对刀棒位于工件的左侧，选择方向为“+”。

c. 单击 按钮将光标移至“设置位置 X0”栏中，并在“设置位置 X0”文本框中输入 DX 的值为 43，即 *X*0=DX=43，并按下 键。

注：若“设置位置”不为“X0”，则需单击界面右侧的“X”软键。

d. 单击 计 算 软键，系统将会计算出工件坐标系原点的 *X* 分量在机床坐标系中的坐标值（本例为 –300.00），并将此数据保存到 G54 坐标偏置参数表中。

结果如图 5–40 所示。

⑦按图 5–40 右侧的“零点偏移”软键，可以查看工件坐标系（G54 ~ G59）设定状态，如图 5–41 所示。

⑧ *Y* 方向对刀同样可采用上述的② ~ ⑦步执行，不同的是在执行第⑥步时，需单击图 5–40 右侧的“Y”软键，将“设置位置 X0”变为“设置位置 Y0”，并向对应文本框中输入数值 43，即 *Y*0 也等于 43。

（2）*Z* 平面的对刀操作。

Z 方向对刀可采用试切对刀，其方法如下：

学习笔记

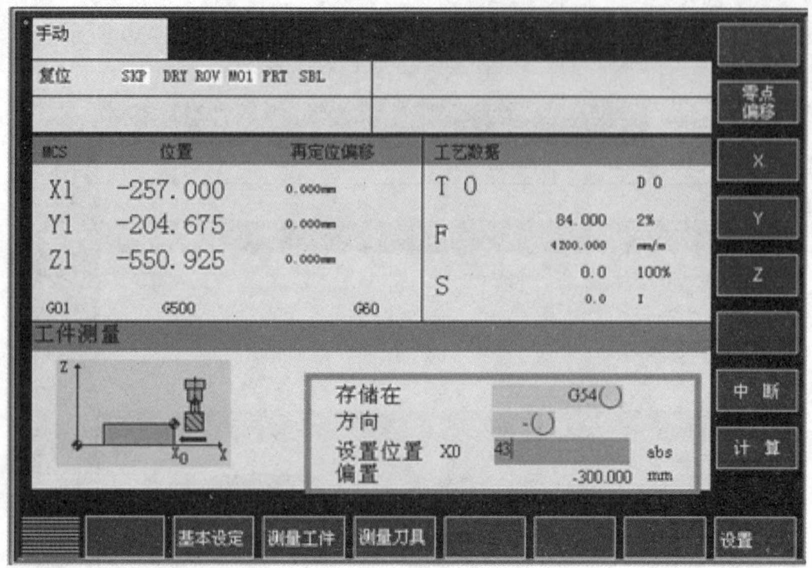

图 5-40 G54 坐标系 *X* 分量设置

手动

可设置零点偏移

WCS X	-257.000	mm	MCS X1	-257.000	mm
Y	-204.675	mm	Y1	-204.675	mm
Z	-550.925	mm	Z1	-550.925	mm

	X mm	Y mm	Z mm	X rot	Y rot	Z rot
基本	0.000	0.000	0.000	0.000	0.000	0.000
G54	-300.000	0.000	0.000	0.000	0.000	0.000
G55	0.000	0.000	0.000	0.000	0.000	0.000
G56	0.000	0.000	0.000	0.000	0.000	0.000
G57	0.000	0.000	0.000	0.000	0.000	0.000
G58	0.000	0.000	0.000	0.000	0.000	0.000
G59	0.000	0.000	0.000	0.000	0.000	0.000
程序	0.000	0.000	0.000	0.000	0.000	0.000
缩放	1.000	1.000	1.000			
镜像	0	0	0			
全部	0.000	0.000	0.000	0.000	0.000	0.000

下一个轴 | 测量工件 | 改变有效

刀具表 | 零点偏移 | R参数 | 设定数据 | 用户数据

图 5-41 G54 的设定状态

①按下操作面板上的“MDA”键 MDI ，使其呈按下状态，此时机床进入 MDA 状态，通过控制面板上的字母键和数字键输入 MDA 指令“T01 M06”。

②按主轴正转键 SPIN START 开启主轴正转。通过控制面板上的坐标轴移动键和手轮控制器将刀具移动到工件待加工表面需切除部位的上方，如图 5-42（a）所示。然后选择手轮控制器控制轴为 *Z* 轴，增量倍率为“×100”，将刀具向下移动。待刀具比较接近工件表面时，将增量倍率调到“×10”或“×1”，然后一格一格地转动手摇脉冲器，当刀具在工件表面有轻微划痕后即停止刀具移动，如图 5-42（b）所示。

学习笔记

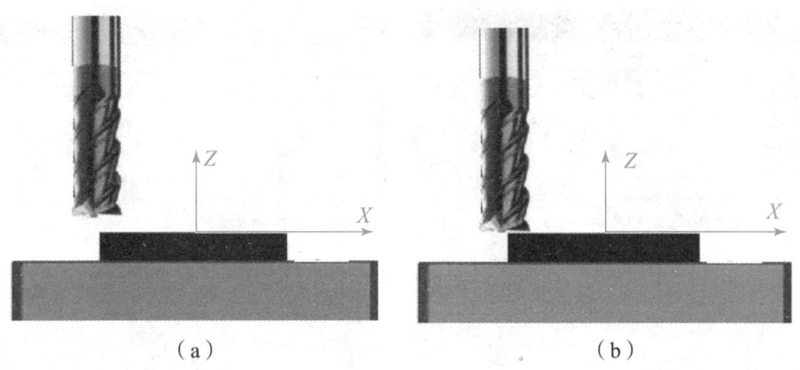

图 5-42　Z 方向对刀

③按加工操作键 M POSITION 显示加工操作界面。按窗口下方的“测量工件”软键进入对刀状态，按测量工件窗口右侧的“Z”轴键选择 Z 轴对刀，如图 5-43 所示。确认图中的“存储在”为“G54”，将“设置位置 Z0”文本框中值改为“0”，单击 计 算 软键，系统将会计算出工件坐标系原点的 Z 分量在机床坐标系中的坐标值（本例为 −544.986），并将此数据保存到 G54 坐标偏置参数表中。

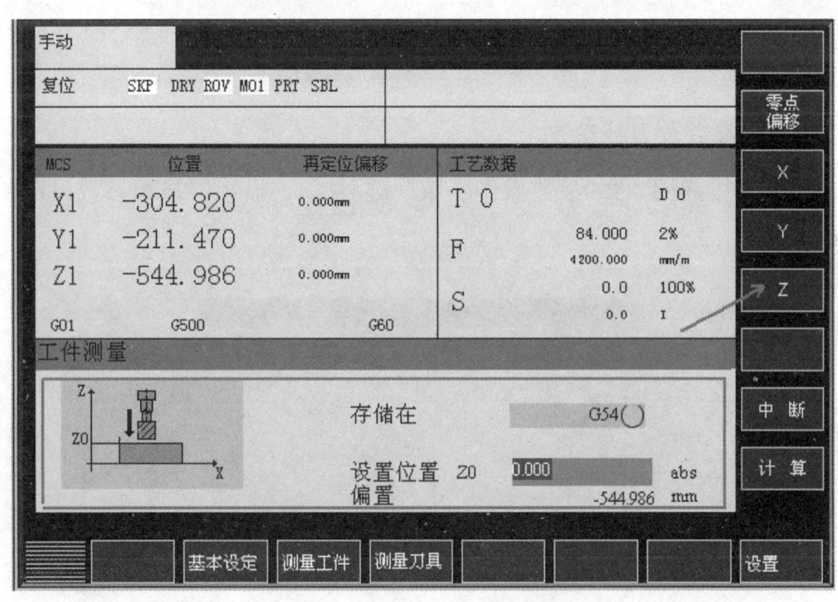

图 5-43　G54 坐标系 Z 分量设置

（3）对刀检查。

在手动方式下通过控制面板上的“+Z”键将刀具提起，并停止主轴转动。选择 MDA 方式，输入一个程序段（如：M3 S800 G54 G90 G1 X0 Y0 Z80 F500），单击操作面板上的“运行开始”按钮 CYCLE START，执行 MDA 程序，观察刀具与工件间的实际距离是否与输入运行程序段的数值相符，如图 5-44 所示。

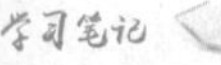

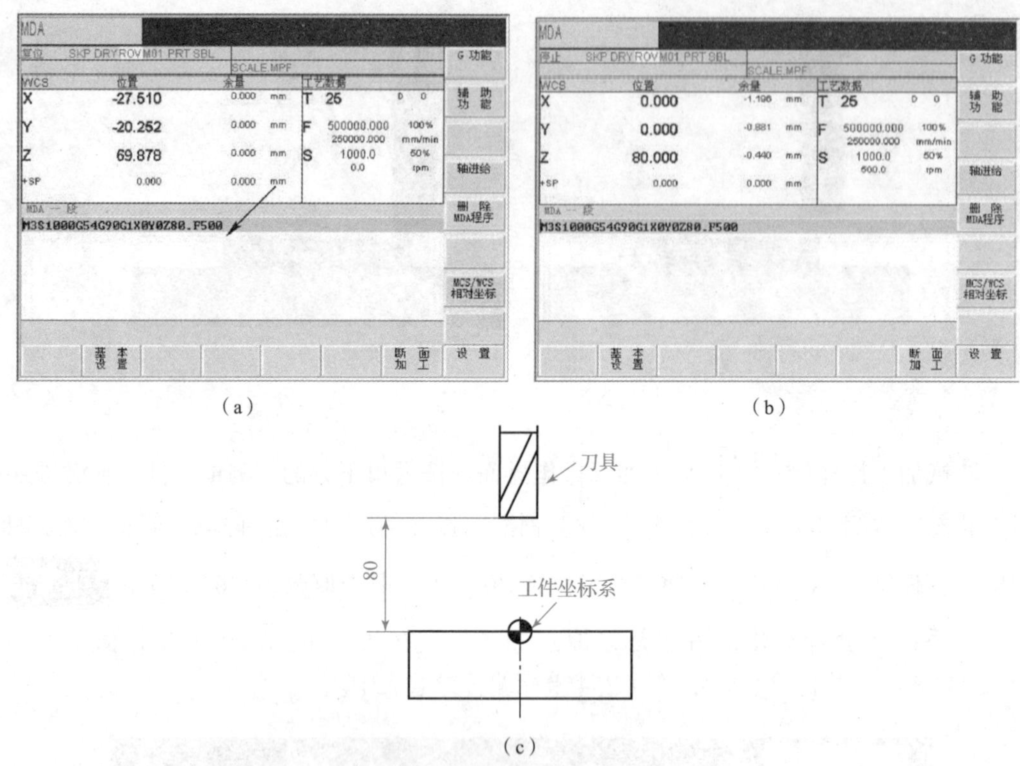

图 5-44　工件坐标系检查操作

6）设置刀具参数及刀补参数

（1）按下控制面板上的“参数操作区域”键 OFFSET PARAM，显示屏显示参数设定窗口，如图 5-45 所示。

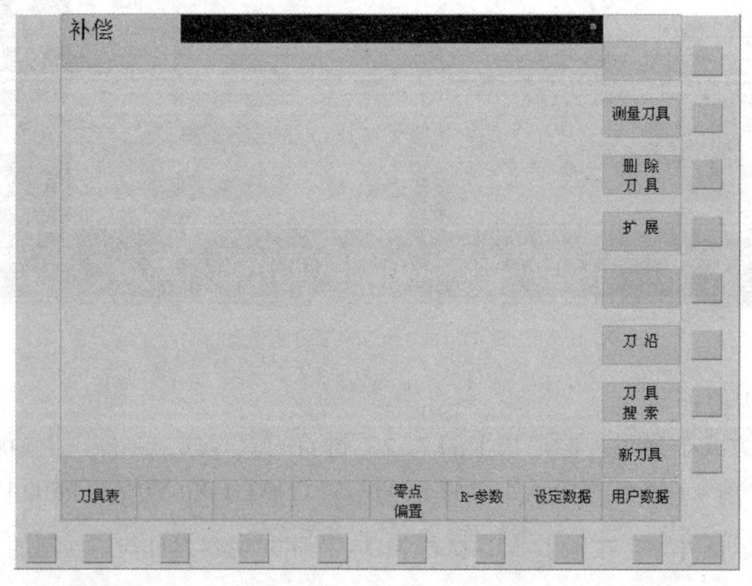

图 5-45　参数设定窗口

（2）单击界面下方的“刀具表”软键，打开刀具补偿设置窗口，如图 5–46 所示。

（3）单击右侧 新刀具 软键，如图 5–46 所示。

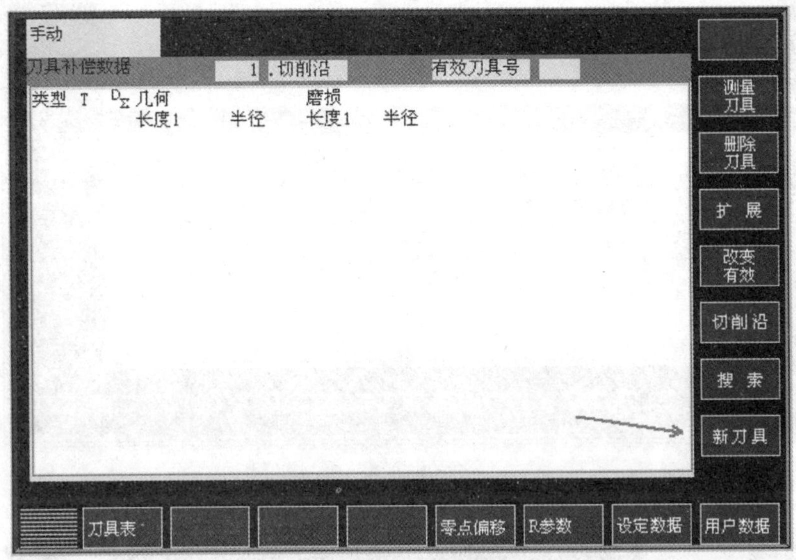

图 5–46　刀具补偿设置窗口

（4）选择新刀具类型为“铣刀”，如图 5–47 所示。

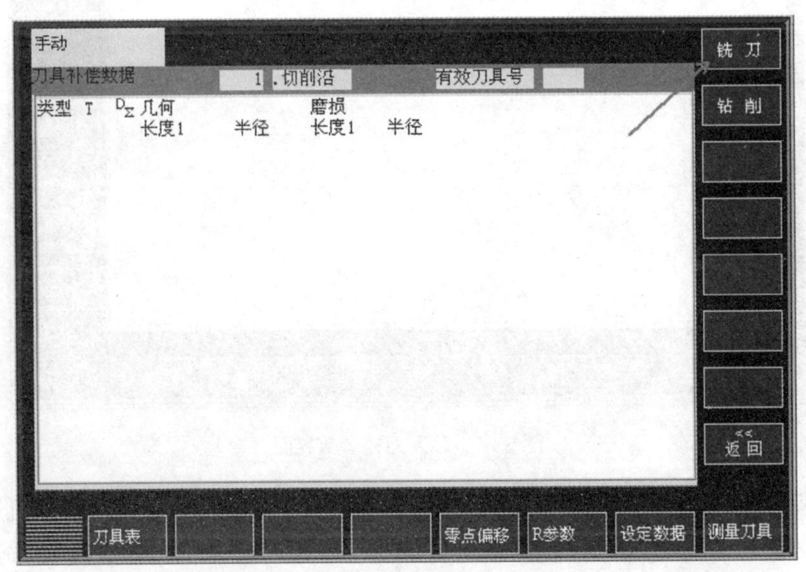

图 5–47　选择新刀具类型

（5）输入新刀具号，并单击右侧的“确认”软键，如图 5–48 所示。

（6）在如图 5–49 所示的窗口输入刀补参数，半径补偿参数为 6，长度补偿参数为 0。必须注意的是：本例中用来在 Z 平面对刀的刀具和实际加工的刀具必须是同一把刀具，否则这里的长度补偿参数不能为 0。

学习笔记

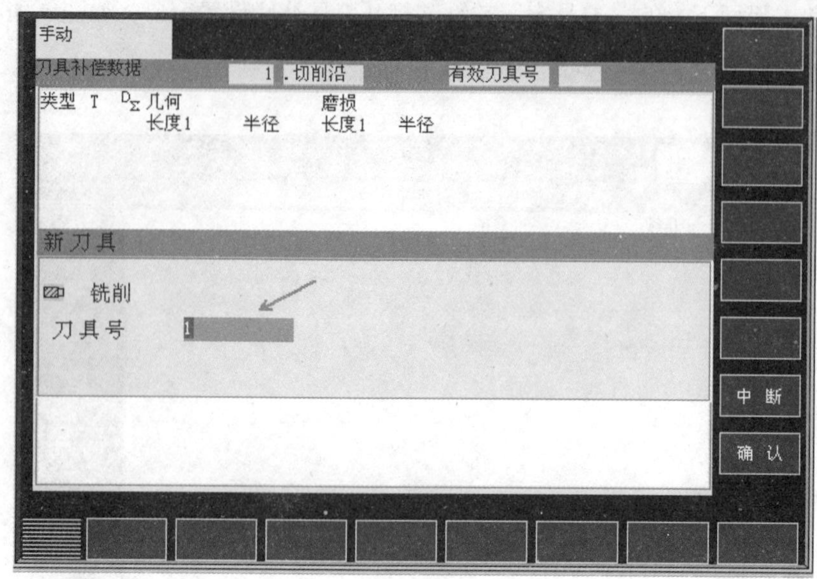

图 5-48 输入新刀具号

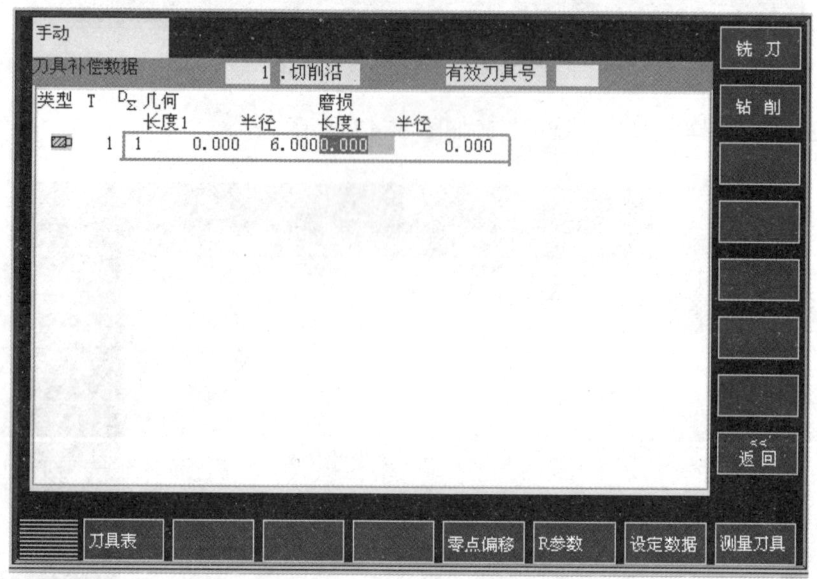

图 5-49 输入刀补参数界面

（7）程序输入操作。当编程人员要将已编制好的数控程序传送到数控机床时，通常有两种方法：一种是通过控制面板上的键盘手工逐行输入的方法，这种方法只适用于输入比较简短的小程序；当程序较长时，首先需要将程序存储在外部计算机上，然后采用 SIEMENS PCIN 传输软件通过 RS-232 接口把外设的程序输入到控制系统。如果程序特别长，需要占用的空间大于系统本身的硬盘空间，则需要采用 DNC 的程序传送方式，具体内容可参考 SIEMENS PCIN 传输软件使用说明。

本例采用手工输入程序的方法，其步骤如下：

学习笔记

① 按下“程序管理区域”键 PROGRAM MANAGER，单击”程序”下方的 程序 软键，进入程序目录窗口，再按“新程序”软键，如图 5–50 所示。

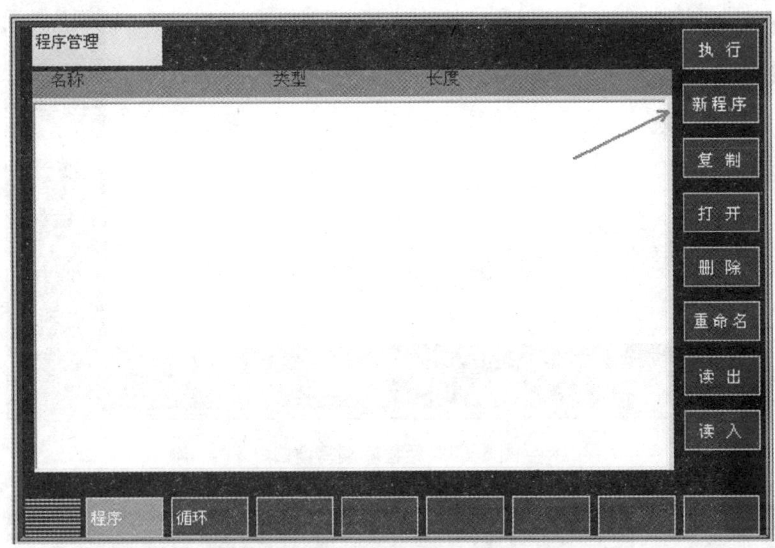

图 5–50　程序目录窗口

② 在随后出现的窗口中输入程序名，再按“确认”软键完成程序名的新建，如图 5–51 所示。

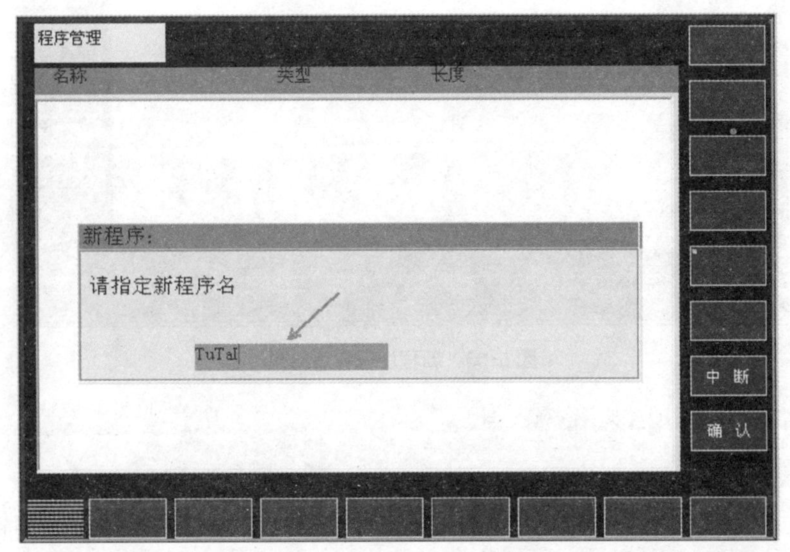

图 5–51　程序名输入窗口

③在随后出现的程序编写窗口中将数控加工程序输入即可，如图 5–52 所示。

在完成程序的录入后按“程序管理区域”键退出，机床会自动保存程序，同时可以在程序目录窗口看到该程序，如图 5–53 所示。

学习笔记

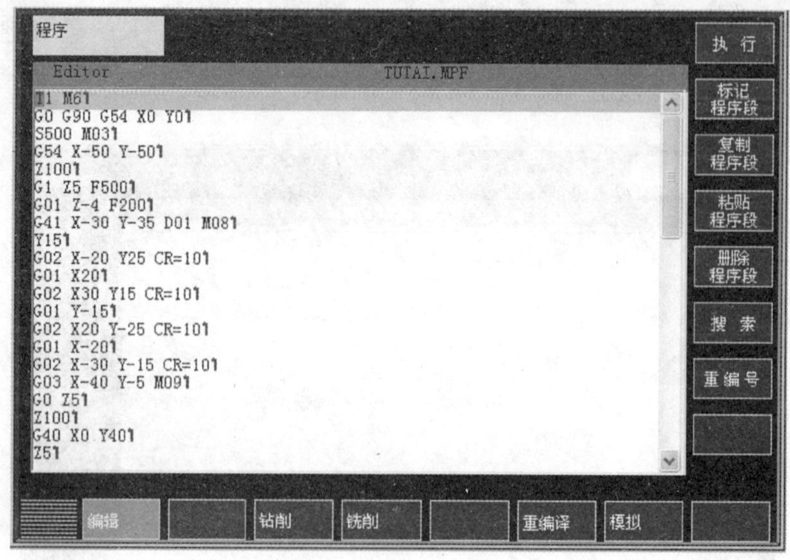

图 5-52　新程序编写窗口

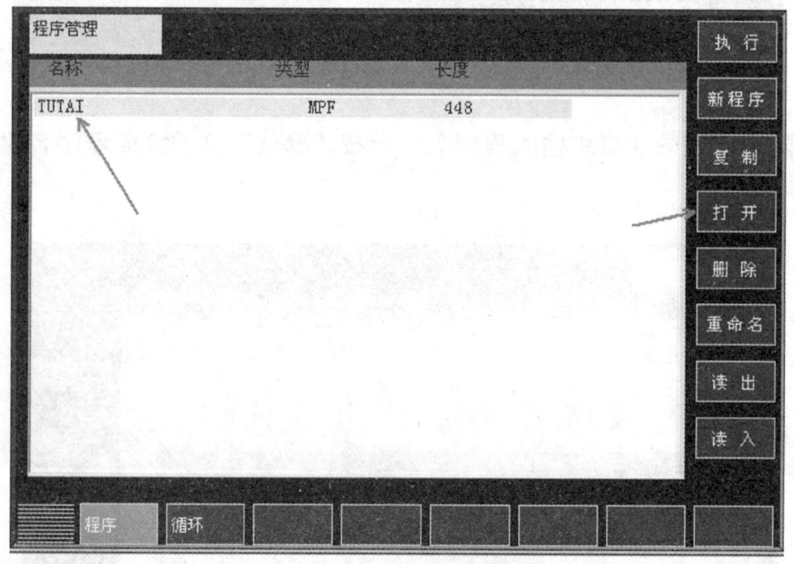

图 5-53　新程序保存后结果

知识拓展：程序编辑操作

a. 程序打开。

按“程序管理区域”键 PROGRAM MANAGER，进入程序目录窗口，将光标移到需要编辑的程序，按右侧“打开”软键即可对该程序进行编辑。

b. 如编辑前一次使用过的程序，则可以直接按“程序操作区域”键 PROGRAM 进入。

（8）加工中心自动加工操作。

自动加工是将程序预先存储在机床的存储器中，通过在“自动方式”下选择这些程序，按“程序启动”键 后，自动运行选定程序内容的方式。操作步骤如下：

学习笔记

①按下“程序管理区域”键 ，将光标移到需要运行的程序，再按“执行”软键选择准备加工的程序，如图 5-54（a）所示。

②按“自动方式” 键进入“自动方式”状态，再按“单段执行”键 ，通过单段运行检查程序和工件坐标系是否正确，如图 5-54(b）所示。如无误则取消单段，按“程序启动”键 ，程序会自动运行，如图 5-54（c）所示。

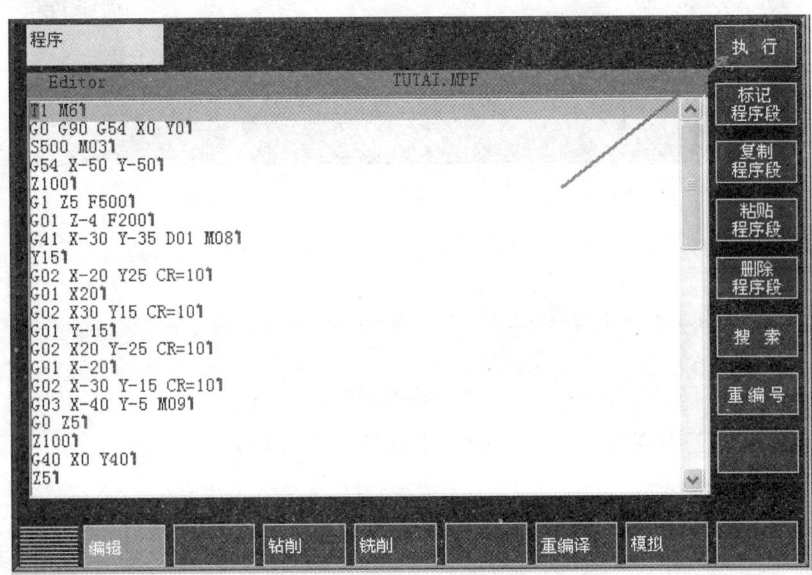

（a）

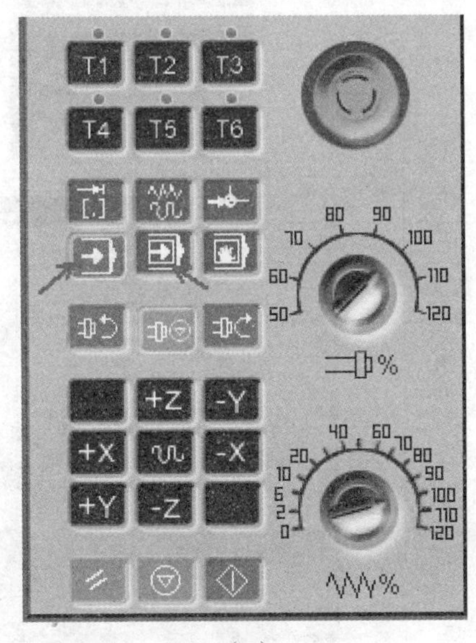

（b）

图 5-54 程序运行

学习笔记

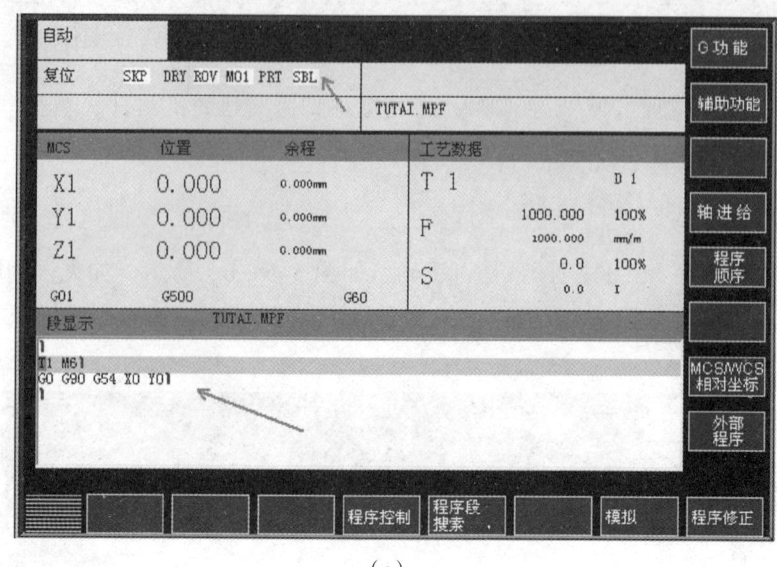

（c）

图 5-54 程序运行（续）

技能点 2 加工中心刀库及刀具长度补偿操作

1. 西门子系统加工中心刀库装刀的操作步骤

西门子系统加工中心刀库装刀的操作步骤如表 5-8 所示。

表 5-8 西门子系统加工中心刀库装刀的操作步骤

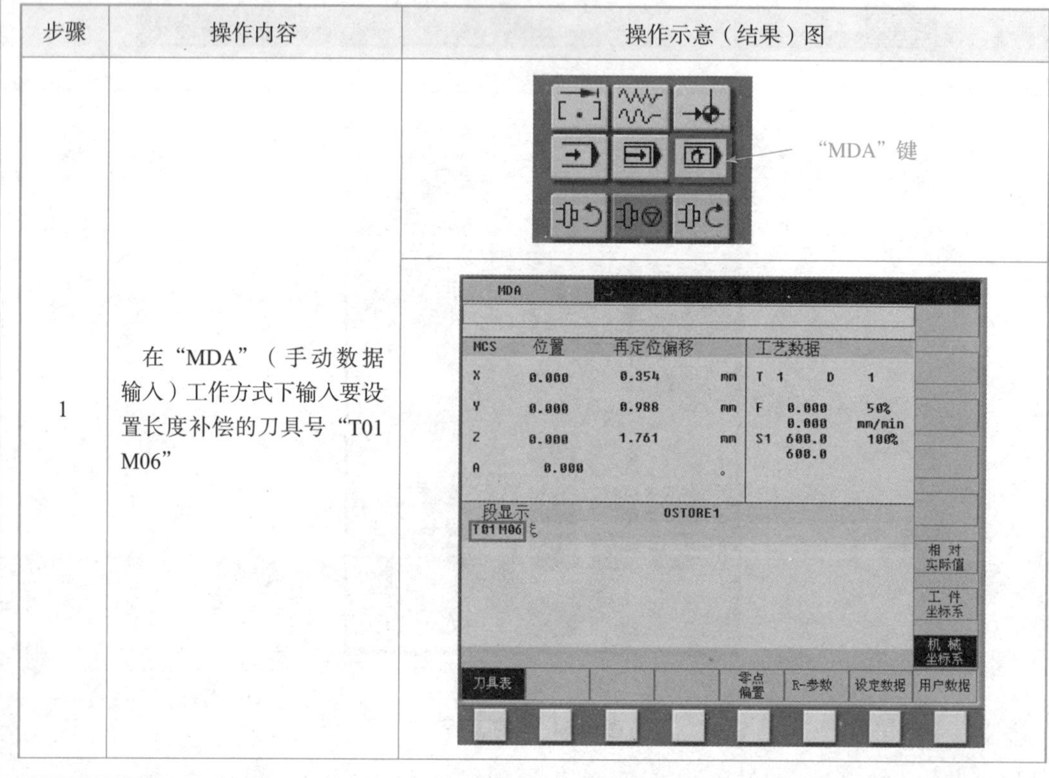

步骤	操作内容	操作示意（结果）图
1	在“MDA”（手动数据输入）工作方式下输入要设置长度补偿的刀具号“T01 M06”	“MDA”键

续表

步骤	操作内容	操作示意（结果）图
2	按下“循环启动”按键，执行换刀程序，将当前主轴刀位设定为1号刀位	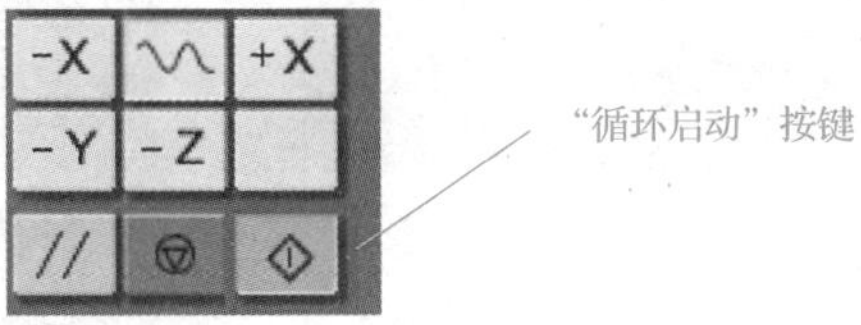  -X +X -Y -Z “循环启动”按键
3	按下“手动工作方式”按键，选择“手动”工作方式	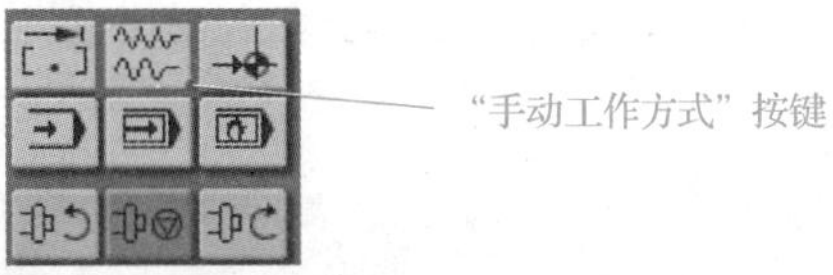 “手动工作方式”按键
4	按下主轴箱上的“刀具松开/夹紧”按钮，让主轴处于刀具松开状态	 “刀具松开/夹紧”按钮

学习笔记

续表

步骤	操作内容	操作示意（结果）图
5	将刀具装入主轴（注意刀柄上的键槽对准主轴端面键），再次按下主轴箱上的“刀具松开 / 夹紧”按钮。1 号刀装刀完毕	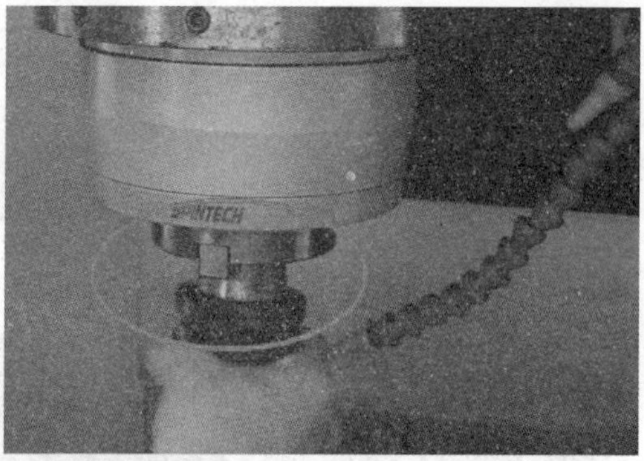 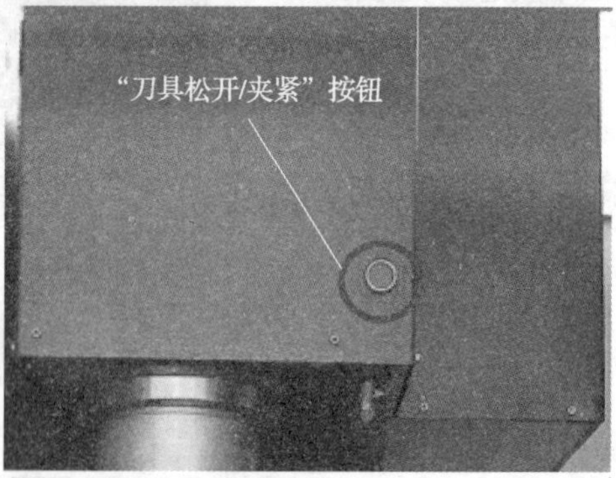 “刀具松开/夹紧”按钮
6	在“MDA”工作方式下输入要设置长度补偿的刀具号“T02 M06”	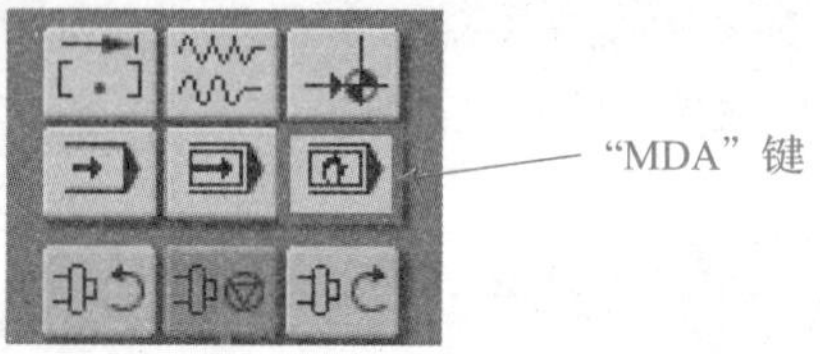 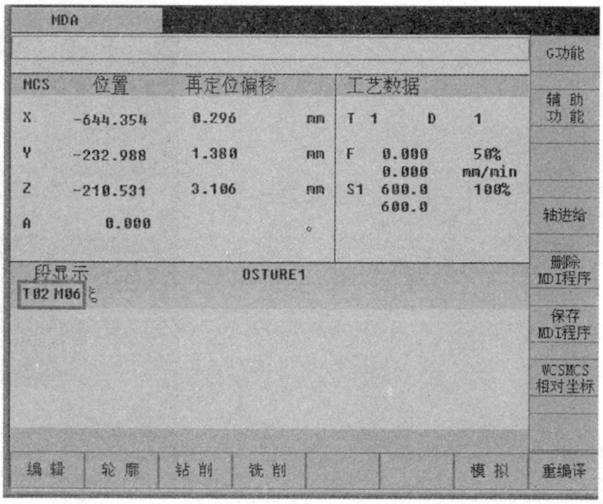 “MDA”键

续表

步骤	操作内容	操作示意（结果）图
7	按下“循环启动”按键，执行换刀程序，将当前主轴刀位设定为2号刀位	
8	重复步骤4和步骤6（把步骤6中的“T02 M06”换成“T03 M06”），将2号刀转入到主轴上后再送入到刀库，其他刀具依此类推全部装入刀库	

2. 西门子系统加工中心刀具长度补偿的设置方法

西门子系统加工中心刀具长度补偿的操作步骤如表5–9所示。

表5–9　西门子系统加工中心设置刀具长度补偿的操作步骤

步骤	操作内容	操作示意（结果）图
1	在工件上表面（*XY*基准面）上贴沾油的纸片	纸 工件 纸

续表

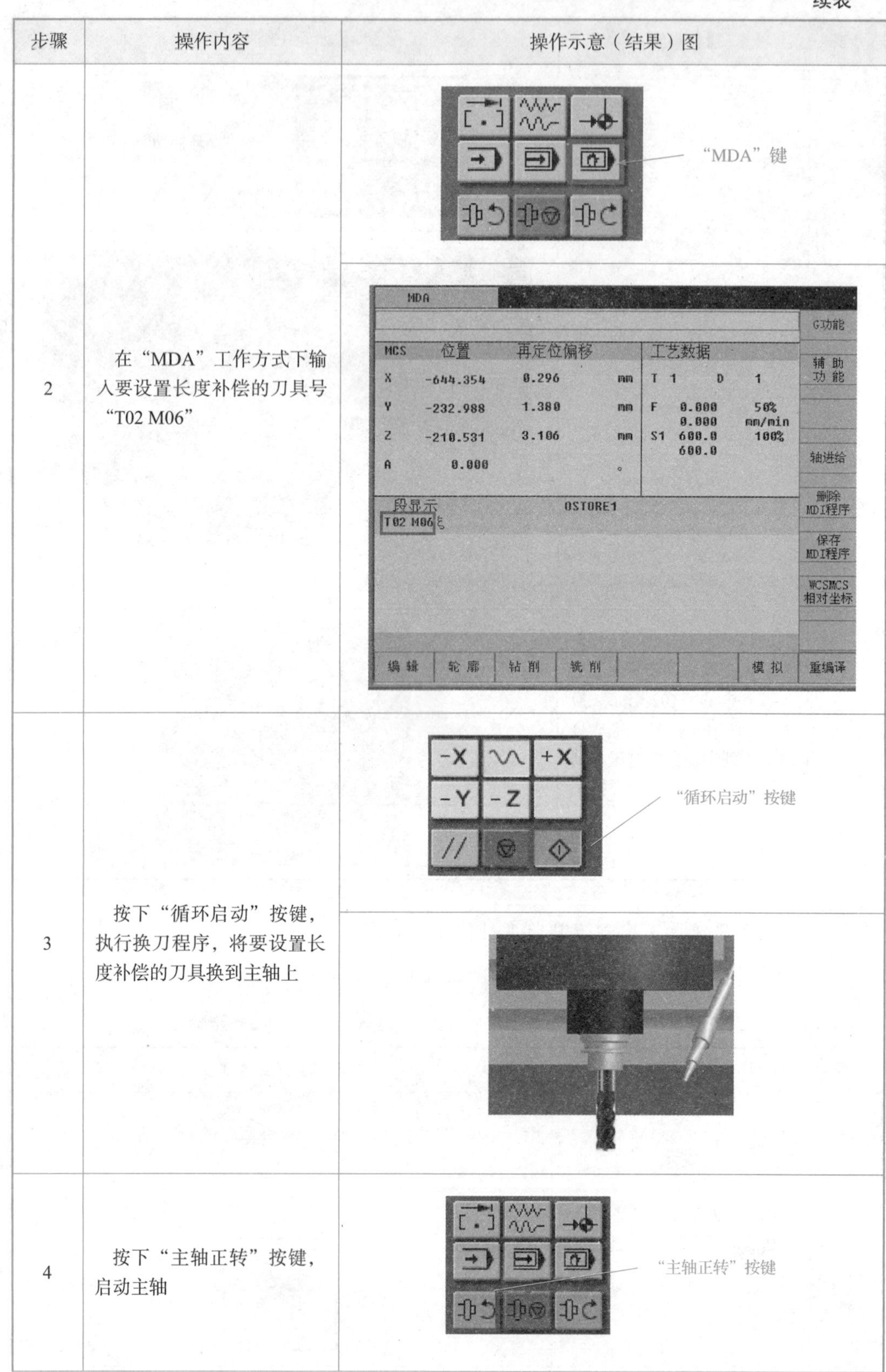

步骤	操作内容	操作示意（结果）图
2	在“MDA”工作方式下输入要设置长度补偿的刀具号“T02 M06”	“MDA”键 MDA MCS 位置 再定位偏移 工艺数据 X -644.354 0.296 mm T 1 D 1 Y -232.988 1.380 mm F 0.000 50% 0.000 mm/min Z -210.531 3.106 mm S1 600.0 100% 600.0 A 0.000 ° 段显示 OSTORE1 T02 M06 G功能 辅助功能 轴进给 删除MDI程序 保存MDI程序 WCSMCS相对坐标 重编译 编辑 轮廓 钻削 铣削 模拟
3	按下“循环启动”按键，执行换刀程序，将要设置长度补偿的刀具换到主轴上	“循环启动”按键 -X +X -Y -Z
4	按下“主轴正转”按键，启动主轴	“主轴正转”按键

续表

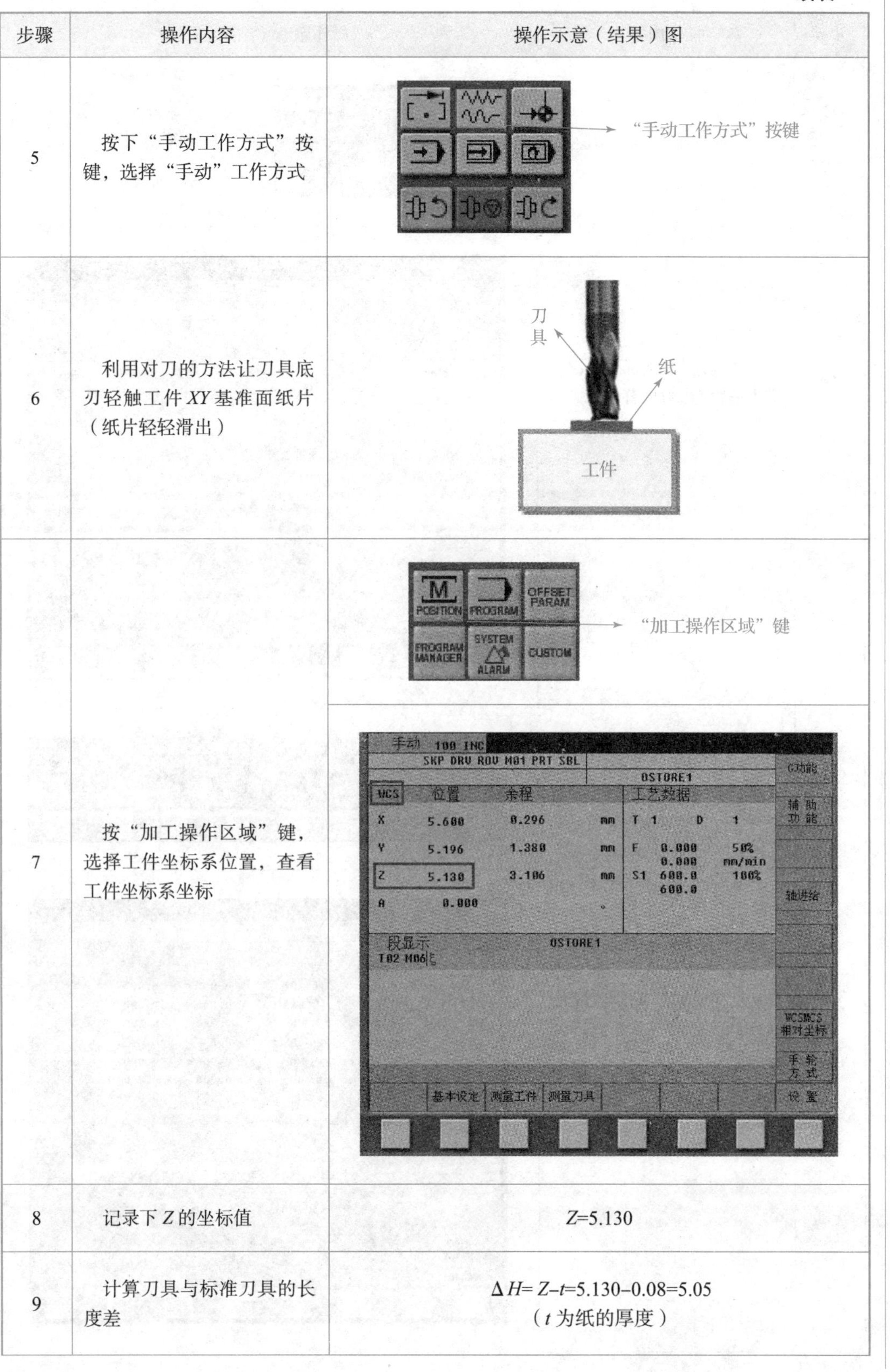

步骤	操作内容	操作示意（结果）图
5	按下“手动工作方式”按键，选择“手动”工作方式	
6	利用对刀的方法让刀具底刃轻触工件 *XY* 基准面纸片（纸片轻轻滑出）	
7	按“加工操作区域”键，选择工件坐标系位置，查看工件坐标系坐标	
8	记录下 *Z* 的坐标值	Z=5.130
9	计算刀具与标准刀具的长度差	$\Delta H = Z - t$=5.130−0.08=5.05 （t 为纸的厚度）

学习笔记

续表

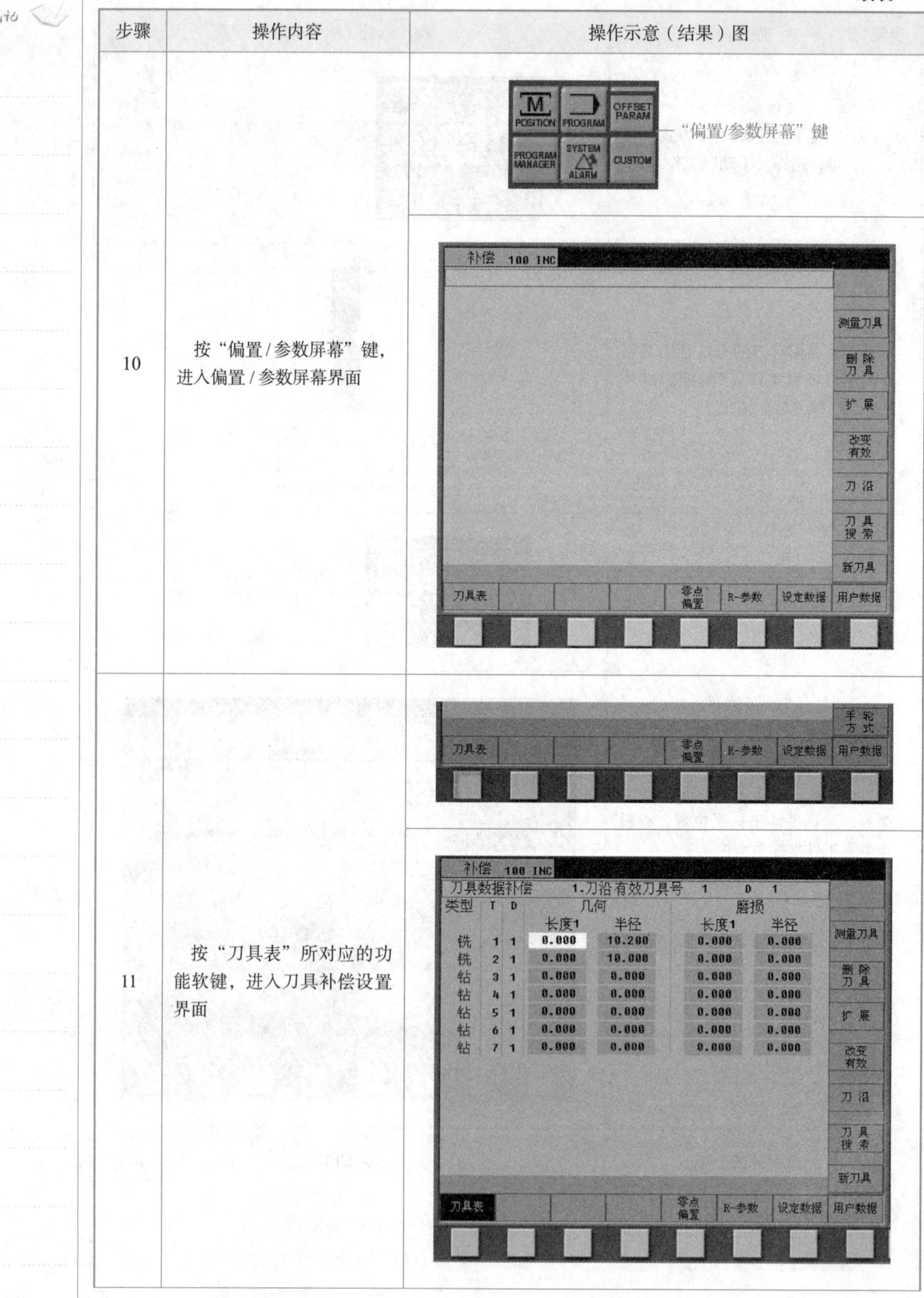

步骤	操作内容	操作示意（结果）图
10	按“偏置/参数屏幕”键，进入偏置/参数屏幕界面	“偏置/参数屏幕”键
11	按“刀具表”所对应的功能软键，进入刀具补偿设置界面	

续表

步骤	操作内容	操作示意（结果）图
12	利用光标移动键将光标移动到对应的长度补偿地址	光标移动键
13	运用 MDI 键盘输入 ΔH 值，并按“输入”键（INPUT）确定，至此，2 号刀的长度补偿值设定完毕。 其他刀具长度补偿值的设定步骤只要重复步骤 1 ~ 步骤 13 即可（补偿值的存放地址不同）	“输入”键

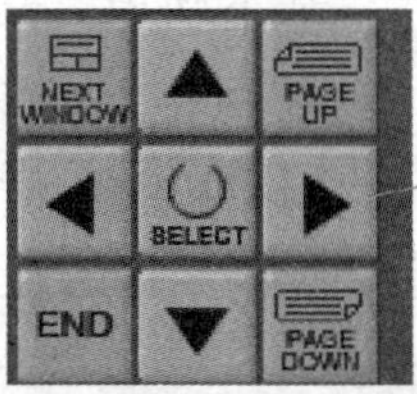

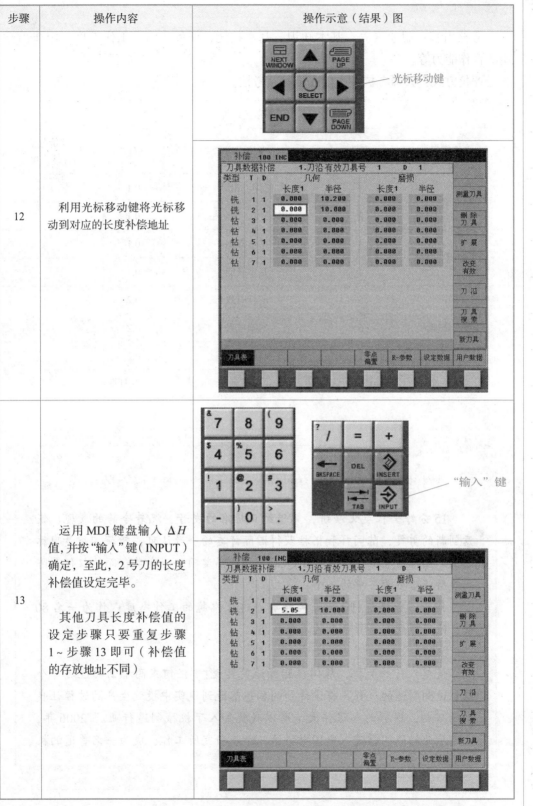

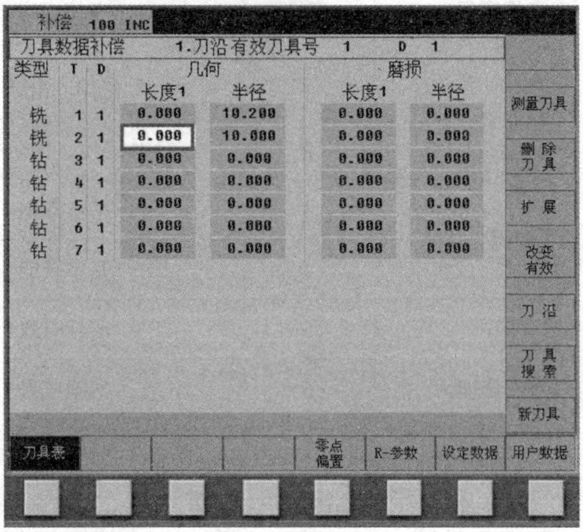

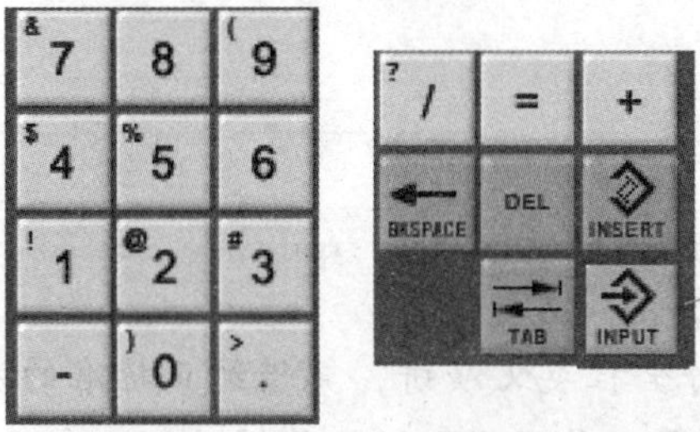

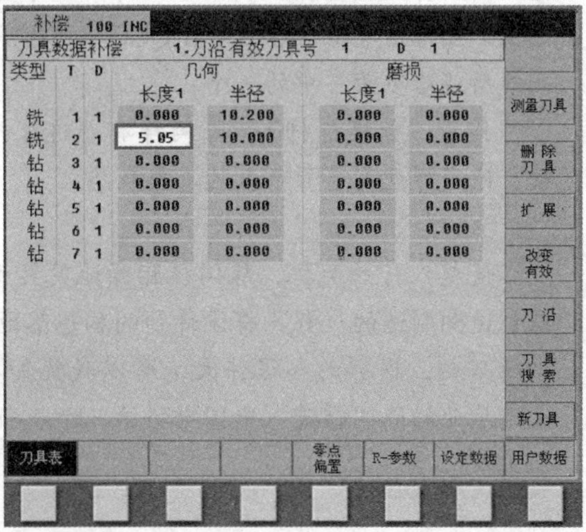

学习笔记

考核评价

考核内容：职业素养、基本知识、基本技能、任务实施、工作态度、纪律出勤、团队合作能力等。

评价方式：教师考核、小组成员相互考核。

任务考核评价				
考核项目	序号	考核内容	权重	评价分值（总分 100）
职业素养	1	纪律、出勤	0.1	
	2	工作态度、团队精神	0.1	
基本知识与技能	3	基本知识	0.1	
	4	基本技能	0.1	
任务实施能力	5	实施时效	0.2	
	6	实施成果	0.2	
	7	实施质量	0.2	
总体评价	成绩：	教师：	日期：	

拓展阅读

数控图纸“解构师”的匠心——记“大国工匠”陈闰祥

15 分钟全程英文演讲，凭借纯正标准的发音、沉着冷静的表现、锐意创新的勇气，陈闰祥和搭档获得国际评委的一致认可，斩获“质量奥林匹克”国际质量管理会议（ICQCC）的最高奖项——金奖，而这仅仅是陈闰祥所获诸多荣誉中的一个。

作为“劳模标杆”，陈闰祥有着追求卓越的工作态度；作为一名 80 后，他同样也有着青年人的喜怒哀愁。

突破瓶颈，造就“口语达人”

谈起入行的契机，陈闰祥腼腆地笑笑说：“任何东西都需要经历一个从创造到制造的过程，将设计师的构想落地到现实中投放生产的过程让我很感兴趣，这样的人很伟大，所以我就加入了机械制造行业。”2006 年，大专毕业的陈闰祥进入中国电科第三十八研究所工作，成为一名普通的机床工人。

工作三年后，陈闰祥在职业规划上遇到瓶颈，“我不想一辈子只开机床，这不是我想要的”。迷茫的陈闰祥开始问自己能干什么，想干什么。数控机床是电子和机械的结合，既要懂计算机方面的知识，又要懂机械架构知识。为了尽快熟悉国外进口设备的操作说明，陈闰祥自掏腰包花费了一年薪水请外教学英语。很多同事都不解他为何要如此“大手笔”，陈闰祥却淡淡地说：“多充实自己，我各个方面都需要补充能量。”除了课上时间的学习，他也上网和国际友人练习口语。“完成课业后，我至少敢张口说了”，看似疯狂的投资，却有着深远影响。

2014 年夏天，巴基斯坦外宾来到车间参观学习，陈闰祥主动用英文向他们详细介绍设备相关情况。经过他的讲解，外国友人由衷地竖起了大拇指。“帮助他们解决一些在异国他乡遇到的问题，很有成就感”。陈闰祥深深感受到了自己不断积累所带来的变化。

精益求精的“技术担当”

一次夜班，陈闰祥正和同事一起按照正常程序操作机床，突然听见一声异响，原来是正在加工的零件由于夹具系统压力值不够造成脱离，被夹在了设备导轨上。德国进口的数控机床如果出问题，那就是重大经济损失。根据多年的使用经验和业余时间搜集的专业知识，陈闰祥果断地按下了“急停”按钮。同时，为确保不会出现二次事故，他又通过手轮手动反向移动 0.02 mm，正是这个 0.02 mm，避免了价值数百万元的高端设备被损坏的风险。

部门岗位调整后，陈闰祥竞聘成为数控编程员。“我的工作就是把数控图纸转换成机床可以识别的代码，让机器按照编程加工出零件”。这个工种要熟悉机械加工的工艺路线，专职数控编程要具备十年以上机床操作经验。如果经验不足导致编程参数不合理，极易使产品超差变形。“任何一种错误都是我们所不能接受的。所以首先要细心，不出错是最基本的要求。”

在不出错的基础上，陈闰祥要做的就是与时间赛跑。“所有产品都会经过投标，如果反应不够快、质量不够好，就不容易满足市场需求。”走刀路径对结果影响很大，陈闰祥在编程中不断思考路径更优化的方案，力求精益求精。

勤于思考的“文艺青年”

业余时间，陈闰祥喜欢看书。他说，多看书、长积累，很多事都会豁然开朗。

当读到《三国演义》周瑜之死时，陈闰祥对生命颇有些感慨，“我想我该思考下自己的生活方式，在有限的生命中，没有不开心的理由。工作上的满足很重要，虽然我做着很普通的工作，但是我的工作有价值。”陈闰祥笑着说。

学习笔记

学习笔记

"9·3阅兵中首次公开的空警-500新型预警机上，就有我们参与制造的雷达。"说起劳动成果，陈闰祥是满满的自豪。"我们这些人有为国防贡献自己力量的意愿，希望通过我的努力让结果更好，所以我不断思考，因为一直在想，所以就很容易有收获。"

在生活和工作中，陈闰祥乐于面对每一个挑战，因为他深信"能力就是通过解决问题得到提升的"。勤奋劳动、踏实务实、精致精细，陈闰祥展现了中国新一代工匠的形象。满怀热忱，不断进取，不断创新，他是强国强军理想的追梦人！

资料来源：新华网 http://www.xinhuanet.com/politics/2017-05/02/c_1120907018.htm

项目自测

一、判断题

1. 以直流伺服电动机作为驱动元件的伺服系统称为直流伺服系统。（　）

2. 可采用变频调速，获得非常硬的机械特性及宽的调速范围的伺服电动机是交流伺服电动机。（　）

3. 永磁式交流同步电动机一般用于大型数控机床的主轴伺服系统。（　）

4. 影响机床刚度的主要因素是机床各构件、部件本身的刚度和它们之间的接触刚度。（　）

5. 刀库的形式和容量要根据机床的工艺范围来确定，刀库的容量越大越好。（　）

6. 实现刀库与机床主轴之间传递和装卸刀具的装置称为刀具交换装置。（　）

7. 转塔头加工中心的主轴数一般为2个。（　）

8. 按主轴种类分类，加工中心可分为五面加工中心、单轴加工中心、双轴加工中心及不可换主轴箱的加工中心。（　）

9. 为了使机床达到热平衡状态，必须使机床运转3 min。（　）

10. 当前，加工中心进给系统的驱动方式多采用气动伺服进给系统。（　）

二、填空题

1. 加工中心发明于____________年。

2. 中、小型立式加工中心采用______________立柱。

3. 每把刀首次使用时必须先验证它的____________与所给补偿值是否相符。

4. 加工中心的自动换刀装置由刀库、________________和________________组成。

5. 加工中心上加工的零件精度高主要是因为____________，其具有加工过程自动监控和误差补偿功能。

6. 转塔头加工中心的主轴数一般为____________个。

7．在加工中心上执行换刀前应考虑__________、__________。

8．卧式加工中心更能够适合加工__________。

9．加工中心按照主轴在加工时的空间位置分类，可分为立式、卧式、__________加工中心。

10．加工中心执行顺序控制动作和控制加工过程的中心是__________。

三、问答题

1．加工中心相对于一般的数控铣床有什么区别？

2．简述适合于加工中心的加工对象有哪些。

3．加工中心的刀库有哪些类型？各自有什么特点？

4．加工中心的数控回转工作台有哪些类型？各自有什么特点？

5．简述加工中心的操作步骤。

学习笔记

项目六　电火花线切割加工与操作

任务1　初识电火花线切割加工技术

任务导入

如图 6-1 所示的零件，需加工出异形型腔，产量数百件。如何通过机械加工的方式来实现此批零件的加工？

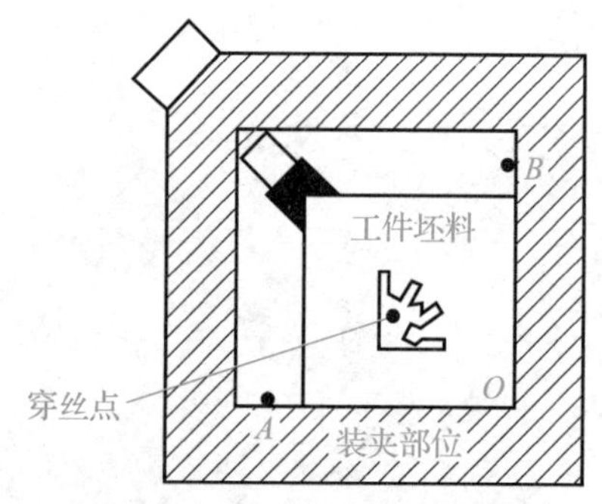

图 6-1　异形型腔的加工示意图

许多类型的工件（如高精度要求的花键孔、特殊的异形刀具、航空航天所用的试制零件等）由于生产批量小、硬度高，过去采用机械加工，通常用特制的拉刀在拉床上加工而成，而拉刀成本非常高，因此对于高硬度、带有斜度的工件很难适用。在这种情况下采用电火花线切割进行加工，可以极为方便地满足加工要求。

相关知识

随着电火花加工技术的发展，在成形加工方面逐步形成两种主要加工方式：电火花成形加工和电火花线切割加工。电火花线切割加工（Wire Cut EDM，WEDM）自 20 世纪 50 年代末诞生以来，获得了极其迅速的发展，已逐步成为一种高精度和高自动化的加工方法，在模具制造、成形刀具加工、难加工材料和精密复杂零件的加工等方面获得了广泛应用。目前电火花线切割机床已占电火花加工机床的 60% 以上。

知识点 1　电火花线切割的加工原理

数控电火花线切割是利用连续移动的细金属导线（称作电极丝，铜丝或钼丝）作为工具电极（接高频脉冲电源的负极），对工件（接高频脉冲电源的正极）进行脉冲火花放电腐蚀、切割加工，其加工原理如图 6-2 所示。当给其通上高频脉冲电源后，在工件与电极丝之间产生很强的脉冲电场，使其间的介质被电离击穿，产生脉冲放电。

电极丝在储丝筒的作用下做正、反向交替（或单向）运动，在电极丝和工件之间浇注工作液介质，在机床数控系统的控制下，工作台相对电极丝在水平面两个坐标方向各自按预定的程序运动，从而切割出需要的工件形状。

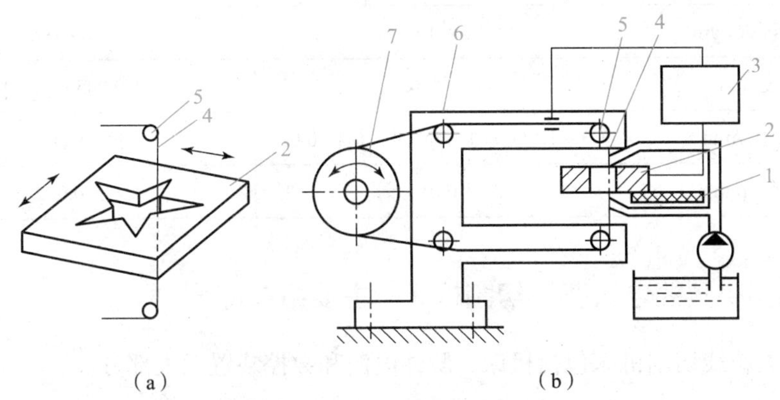

图 6-2 电火花线切割原理

（a）工件及其运动方向；（b）电火花线切割加工装置原理图

1—绝缘底板；2—工件；3—脉冲电源；4—电极丝（钼丝）；5—导向轮；6—支架；7—储丝筒

知识点 2 电火花线切割机床的分类

按电极丝的运行速度不同可将电火花线切割机床分为高速走丝电火花线切割机床和低速走丝电火花线切割机床两大类。根据控制方式不同，电火花线切割机床又可分为靠模仿形控制、光电跟踪控制和数字程序控制等，现在大多数的线切割机床都采用数控化，而且采用不同水平的微机数控系统，从单片机、单板机到微型计算机系统，有的还有自动编程能力。线切割机床按加工特点还可分为普通直壁切割型与锥度切割型等。

高速与低速走丝线切割机床的主要区别见表 6-1，其加工工艺水平比较见表 6-2。

表 6-1 高速与低速走丝线切割机床的主要区别

项目	高速走丝电火花线切割机床	低速走丝电火花线切割机床
走丝速度 /（$m \cdot min^{-1}$）	360 ~ 660	1 ~ 5
走丝方向	往复	单向
工作液	线切割乳化液、水基工作液	去离子水
电极丝材料	钼、钨钼合金	黄铜、铜、钨、钼
电源	晶体管脉冲电源，开路电压 80 ~ 100 V，工作电流 1 ~ 5 A	晶体管脉冲电源，开路电压 300 V 左右，工作电流 1 ~ 32 A，RC 电源
放电间隙 /mm	0.01	0.02 ~ 0.05

学习笔记

表 6-2　高速与低速走丝线切割机床加工工艺水平比较

项目	高速走丝电火花线切割机床	低速走丝电火花线切割机床
切割速度 /（$m \cdot min^{-1}$）	20 ~ 160	20 ~ 240
表面粗糙度 *Ra*/μm	3.2 ~ 1.6	1.6 ~ 0.8
加工精度 /mm	0.01 ~ 0.02	±0.005 ~ ±0.01
电极丝损耗 /mm	（3 ~ 10）×10^4 mm^2 时，损耗 0.01	不计
重复精度 /mm	±0.01	±0.002

知识点 3　数控电火花线切割机床的主要组成部分

数控电火花线切割机床包括机床、脉冲电源和数控装置三大部分。

1. 机床部分

机床在床身的支撑下由下列各部分组成。

1）运丝机构

运丝机构的作用是将绕在储丝筒上的钼丝通过丝架做反复变换方向的送丝运动，使钼丝在整体长度上均匀参与电火花加工，以保证精度的稳定性，同时可延长丝的使用寿命。储丝筒的转动是由一只交流电动机带动的，丝速按高、中、低共分为五挡。高速运丝利于排屑，低速运丝传动平稳。

2）丝架导丝机构

它的作用是通过丝架把钼丝支撑成垂直于工作台的一条直线，以便对零件进行加工。有些机床丝架上有两个拖板（*U*、*V*），分别由两个步进电动机带动，可用来加工锥体。当任一拖板超出行程范围时，由行程开关断开步进电动机电源，致使两拖板停止运动。

3）数控坐标工作台

数控坐标工作台用于安装并带动工件在工作台平面内做 *X*、*Y* 两方向的移动，分为上、下两层，分别与 *X*、*Y* 向丝杠相连，由两个步进电动机分别驱动，变频系统每发出一个脉冲信号，其输出轴就旋转一个步距角，再通过一对变速齿轮带动滚珠丝杠转动，从而使工作台在相应的方向上移动 0.001 mm。

4）冷却系统

冷却系统由工作液、工作液箱、工作液泵和循环导管组成。工作液起绝缘、排屑、冷却的作用。每次脉冲放电后，工件与钼丝之间必须迅速恢复绝缘状态，否则脉冲放电就会转变成稳定、持续的电弧放电，影响加工质量。工作液可把加工过程中产生的金属颗粒迅速从电极之间冲走，使加工顺利进行。此外，工作液还可以冷却受热的电极和工件，防止工件变形。

2. 脉冲电源

脉冲电源是电火花线切割加工的工作能源，它由振荡器及功放板组成，振荡器的振荡频率、脉宽和间隔比均可调。根据加工零件的厚度及材料可选择不同的电流、脉宽和间隔比。加工时钼丝接电源的负极，工件接电源的正极。

学习笔记

3. 数控装置

数控装置是数控机床的核心，它接收输入装置送来的脉冲信号，经过数控装置的系统软件或逻辑电路进行编译、运算和逻辑处理后，输出各种信号和指令，控制机床的各个部分进行有序的动作。

知识点 4　数控电火花线切割加工的特点与应用范围

1. 加工特点

（1）直接利用线状的电极丝作线电极，不需要像电火花成形加工一样的成形工具电极，可节约电极设计和制造费用，缩短了生产准备周期。

（2）可以加工用传统切削加工方法难以加工或无法加工的微细异形孔、窄缝和形状复杂的工件。

（3）利用电蚀原理加工，电极丝与工件不直接接触，两者之间的作用力很小，因而工件的变形很小，电极丝、夹具不需要太高的强度。

（4）传统的车、铣、钻加工中，刀具硬度必须比工件硬度大，而数控电火花线切割机床的电极丝材料不必比工件材料硬，所以可以加工硬度很高或很脆，用一般切削加工方法难以加工或无法加工的材料。在加工中作为刀具的电极丝无须刃磨，可节省辅助时间和刀具费用。

（5）直接利用电、热能进行加工，可以方便地对影响加工精度的加工参数（如脉冲宽度、间隔、电流）进行调整，有利于加工精度的提高，便于实现加工过程的自动化控制。

（6）电极丝是不断移动的，单位长度损耗少，特别是在慢走丝线切割加工时，电极丝一次性使用，故加工精度高（可达 ±2 μm）。

（7）采用线切割加工冲模时，可实现凸、凹模一次加工成形。

2. 应用范围

线切割加工的生产应用，为新产品的试制、精密零件及模具的制造开辟了一条新的工艺途径，具体应用有以下三个方面：

1）模具制造

适合于加工各种形状的冲裁模，一次编程后通过调整不同的间隙补偿量就可以切割出凸模、凹模、凸模固定板、凹模固定板、卸料板等，模具的配合间隙、加工精度通常都能达到要求。此外电火花线切割还可以加工粉末冶金模、电动机转子模、弯曲模、塑压模等各种类型的模具。

2）电火花成形加工用的电极

一般穿孔加工的电极以及带锥度型腔加工的电极若采用银钨、铜钨合金之类的材料，用线切割加工特别经济，同时也可加工微细、形状复杂的电极。

学习笔记

3）新产品试制及难加工零件

在试制新产品时，用线切割加工在坯料上直接切割出零件，由于无须另行制造模具，故可大大缩短制造周期、降低成本；加工薄件时可多片叠加在一起加工；在零件制造方面，可用于加工品种多、数量少的零件，还可加工特殊、难加工材料的零件，如凸轮、样板、成形刀具、异形槽、窄缝等。

任务实施

根据本任务的相关知识点与技能点，绘制知识导图。

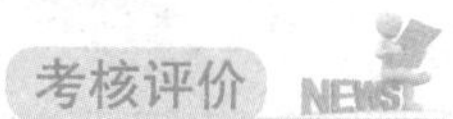

考核评价

考核内容：职业素养、基本知识、基本技能、任务实施、工作态度、纪律出勤、团队合作能力等。

评价方式：教师考核、小组成员相互考核。

任务考核评价				
考核项目	序号	考核内容	权重	评价分值（总分 100）
职业素养	1	纪律、出勤	0.1	
	2	工作态度、团队精神	0.1	
基本知识与技能	3	基本知识	0.1	
	4	基本技能	0.1	
任务实施能力	5	实施时效	0.2	
	6	实施成果	0.2	
	7	实施质量	0.2	
总体评价	成绩：	教师：	日期：	

学习笔记

任务2　认知数控电火花线切割工艺

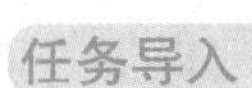

任务导入

电火花线切割加工虽然有着加工精度高等众多优点，但也有部分缺陷时常出现在所加工生产的零件中，比如加工厚度不大的工件时，快速走丝过程中易产生抖动，会影响加工精度；高速走丝切割表面会出现明暗条纹，影响表面质量等。如何利用好这种加工方法生产出符合要求的产品零件呢？我们还需要从线切割加工工艺着手，避免上述问题的出现。

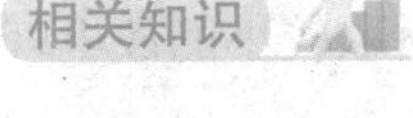

相关知识

数控电火花线切割加工，一般是作为工件尤其是模具加工中的最后工序。要达到加工零件的精度及表面粗糙度要求，应合理控制线切割加工时的各种工艺参数（电参数、切割速度、工件装夹等），同时安排好零件的工艺路线及线切割加工前的准备工作。

知识点1　线切割加工的主要工艺指标

1. 切割速度

在保持一定的表面粗糙度的前提下，单位时间内电极丝中心在工件上切过的面积总和即为切割速度，单位为 mm^2/min。

2. 表面粗糙度

我国和欧洲常用轮廓算术平均偏差 Ra（μm）来表示，日本常用 R_{max} 来表示。

3. 电极丝损耗量

对高速走丝机床，用电极丝在切割 10 000 mm^2 面积后直径的减小量来表示，一般减小量不应大于 0.01 mm。

4. 加工精度

加工精度指所加工工件的尺寸精度、形状精度和位置精度的总称。

知识点2　影响线切割工艺指标的若干因素

影响线切割工艺指标的因素很多，也很复杂，主要包括以下几个方面。

1. 电参数对工艺指标的影响

电参数对工艺指标的影响主要包括以下几方面：

1）脉冲宽度 t_w

t_w 增大时，单个脉冲能量增多，切割速度提高，表面粗糙度数值变大，放电间隙

学习笔记

增大，加工精度有所下降。粗加工时取较大的脉宽，精加工时取较小的脉宽，切割厚大工件时取较大的脉宽。

2）脉冲间隔 t

t 增大，单个脉冲能量降低，切割速度降低，表面粗糙度数值有所增大，粗加工及切割厚大工件时脉冲间隔取宽些，而精加工时取窄些。

3）开路电压 u_0

开路电压增大时，放电间隙增大，排屑容易，提高了切割速度和加工稳定性，但易造成电极丝振动，工件表面粗糙度变差，加工精度有所降低。通常精加工时取的开路电压比粗加工低，切割大厚度工件时取较高的开路电压。一般 u_0=60 ~ 150 V。

4）放电峰值电流 i_p

放电峰值电流是决定单脉冲能量的主要因素之一。i_p 增大，单个脉冲能量增多，切割速度迅速提高，表面粗糙度数值增大，电极丝损耗比加大甚至容易断丝，加工精度有所下降。粗加工及切割厚件时应取较大的放电峰值电流，精加工时取较小的放电峰值电流。

5）放电波形

电火花线切割加工的脉冲电源主要有晶体管矩形波脉冲电源和高频分组脉冲电源。在相同的工艺条件下高频分组脉冲能获得较好的加工效果，其脉冲波形如图 6-3 所示，它是矩形波改造后得到的一种波形，即把较高频率的脉冲分组输出。矩形波脉冲电源在提高切割速度和降低表面粗糙度之间存在矛盾，二者不能兼顾，只适用于一般精度和表面粗糙度的加工。高频分组脉冲波形是解决这个矛盾的比较有效的电源形式，得到了越来越广泛的应用。

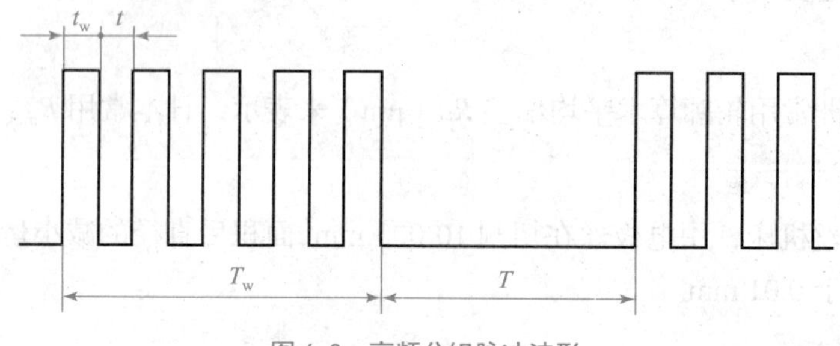

图 6-3　高频分组脉冲波形

6）极性

线切割加工因脉冲较窄，所以都用正极性加工，即工件接电源的正极，否则切割速度会变低而使电极丝损耗增大。

7）变频、进给速度

由于预置进给速度的调节对切割速度、加工速度和表面质量的影响很大，故调节预置进给速度应紧密跟踪工件蚀除速度，以保持加工间隙恒定在最佳值上，这样可使有效放电状态的比例大，而开路和短路的比例小，使切割速度达到给定加工条件下的最大值，相应的加工精度和表面质量也好。如果预置进给速度调得太快，超过工件可能的蚀除速度，则会出现频繁的短路现象，切割速度反而低，表面粗糙度也差，上下端面切缝呈焦黄色，甚至可能断丝；反之，进给速度调得太慢，大大落后于工件的蚀除速度，极间将偏于开路，有时会时而开路时而短路，上下端面切缝呈焦黄色。这两种情况都会大大影响工艺指标。因此，应按电压表、电流表调节进给旋钮，使表针稳定不动，此时进给速度均匀、平稳，是线切割加工速度和表面粗糙度均好的最佳状态。

学习笔记

2. 非电参数对工艺指标的影响

1）走丝速度对工艺指标的影响

对于高速走丝线切割机床，在一定的范围内，随着走丝速度的提高，有利于电极丝把工作液带入较大厚度的工件放电间隙中，且有利于放电通道的消电离和电蚀产物的排除，保持放电加工的稳定性，从而提高切割速度；但走丝速度过高将加大机械振动，降低加工精度和切割速度，表面粗糙度也将恶化，并且易断丝。

低速走丝时由于电极丝张力均匀、振动较小、电极丝直径较小，因而加工稳定性、表面粗糙度及加工精度等均很好。表 6–3 所示为在瑞士阿奇公司低速走丝电火花线切割机床上切割加工的工艺效果，可供参考。

表 6–3　低速走丝电火花线切割加工的工艺效果

工件材料	电极丝直径 d/mm	切割厚度 H/mm	切缝厚度 s/mm	表面粗糙度 Rz/μm	切割速度 v_{wi}/（mm · min^{-1}）	电极丝材料
碳钢铬钢	ϕ0.1	2 ~ 20	0.13	0.2 ~ 0.3	7	黄铜丝
	ϕ0.15	2 ~ 50	0.19	0.35 ~ 0.5	12	
	ϕ0.2	2 ~ 75	0.259	0.35 ~ 0.71	25	
	ϕ0.25	10 ~ 125	0.34	0.35 ~ 0.71	25	
	ϕ0.3	75 ~ 150	0.378	0.35 ~ 0.5	25	
铜	ϕ0.25	2 ~ 40	0.32	0.35 ~ 0.7	19.4	
硬质合金	ϕ0.1	2 ~ 20	0.19	0.15 ~ 0.24	3.5	
	ϕ0.15	2 ~ 30	0.229	0.24 ~ 0.25	7.1	
	ϕ0.25	2 ~ 50	0.361	0.2 ~ 0.5	12.2	
石墨	ϕ0.25	2 ~ 40	0.351	0.35 ~ 0.6	12	
铝	ϕ0.25	2 ~ 40	0.34	0.5 ~ 0.83	60	
碳钢铬钢	ϕ0.08	2 ~ 10	0.105	0.35 ~ 0.55	5	钼丝
	ϕ0.1	2 ~ 10	0.125	0.47 ~ 0.59	7	
硬质合金	ϕ0.08	2 ~ 12.7	0.105	0.078 ~ 0.23	4	
	ϕ0.1	2 ~ 12.7	0.125	0.118 ~ 0.23	6	

学习笔记

2）工件厚度及材料对工艺指标的影响

工件薄时，工作液容易进入并充满放电间隙，有利于排屑和消电离，加工稳定性好，但工件太薄时，电极丝容易产生抖动，对加工精度和表面粗糙度不利，且脉冲利用率低，导致切削速度下降；工件厚时，工作液难以进入和充满放电间隙，加工稳定性差，但电极丝不易抖动，因而加工精度和表面粗糙度较好，但过厚时排屑困难，导致切割速度下降。

3）电极丝材料及直径对加工指标的影响

高速走丝用的电极丝材料应具有良好的导电性、较大的抗拉强度和良好的耐电腐蚀性能，且电极丝的质量应该均匀，不能有弯折和打结现象。钼丝韧性好，放电后不易变脆，不易断丝，因而应用广泛。黄铜丝加工稳定，切割速度高，但电极丝损耗大。

低速走丝线切割机床上常采用 ϕ0.2 mm 的黄铜丝，也可采用钨丝、钼丝。

电极丝直径大时，能承受较大的电流，从而使切割速度提高，同时切缝宽，放电产生的腐蚀物排除条件得到改善而使加工稳定，但加工精度和表面粗糙度下降。当直径过大时，切缝过宽，需要蚀除的材料增多，导致切割速度下降，而且难以加工出内尖角的工件。高速走丝时电极丝的直径为 ϕ0.1 ~ ϕ0.25 mm，常用的电极丝直径为 ϕ0.12 ~ ϕ0.18 mm，低速走丝直径为 ϕ0.076 ~ ϕ0.3 mm，最常采用的为 ϕ0.2 mm。电极丝直径及与之相适应的切割厚度见表 6–4。

表 6–4　电极丝直径及与之相适应的切割厚度　　mm

电极丝材料	电极丝直径	合适的切割厚度
钨丝	ϕ0.05	0 ~ 5
	ϕ0.07	0 ~ 8
	ϕ0.10	0 ~ 30
铜丝	ϕ0.10	0 ~ 15
	ϕ0.15	0 ~ 30
	ϕ0.20	0 ~ 80
	ϕ0.25	0 ~ 100

4）工作液对加工指标的影响

在电火花线切割加工中，工作液为脉冲放电的介质，对加工工艺指标的影响很大。同时，工作液通过循环过滤装置连续地向加工区供给，对电极丝和工件进行冷却，并及时从加工区排除电蚀产物，以保持脉冲放电过程能稳定而顺利地进行。低速走丝线切割机床大多采用去离子水作工作液，只有在特殊的精加工情况下才采用绝缘性能较高的煤油。高速走丝线切割机床大多使用专用乳化液，乳化液的品种很多，各有特点，有的适于精加工，有的适于大厚度切割，有的适于高速切割等。因此，必须按照线切割加工的需要正确选用。

5）工件材料内部残余应力的影响

对热处理后的坯料进行线切割时，由于大面积去除金属和切断加工，材料内部残余应力的相对平衡状态受到破坏，从而产生很大的变形，零件的加工精度下降，有的零件甚至在切割中出现裂纹、断裂。减少变形和裂纹的措施如下：

（1）改善热处理工艺，减少内部残余应力。

（2）减少切割体积，在淬火前先用切削加工方法把中心部分材料切除或预钻孔，使热处理均匀发生，如图 6–4 所示。

（3）精度要求高的，采用二次切割法。第一次加工单边留余量 0.1 ~ 0.5 mm，余量大小根据淬硬程度、工件厚度、壁厚等确定；第二次加工时将第一次加工的变形切除，如图 6–5 所示。

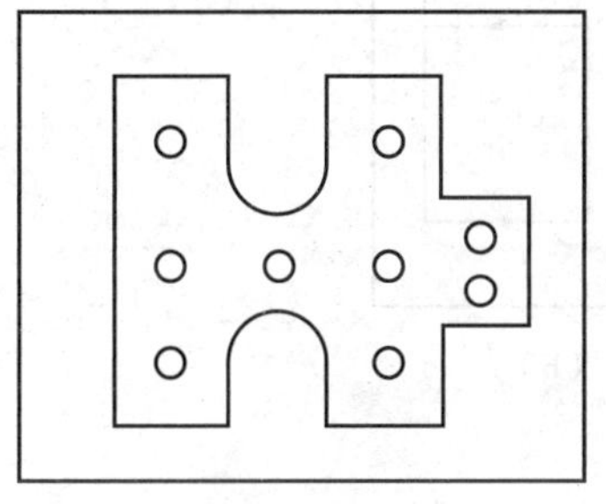

图 6–4　减少切割体积

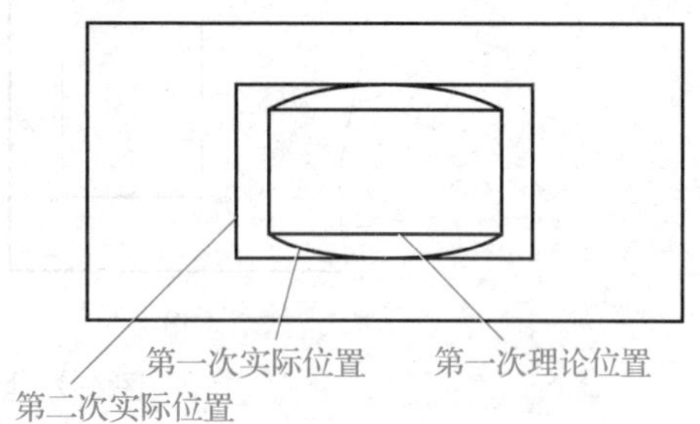

图 6–5　二次切割法

（4）为了避免材料组织及内应力对加工精度的影响，必须合理地选择切割的走向和进刀点。通常切割路径应使夹持部分位于程序的最后一条加工语句处，如图 6–6 所示，这样可以减小工件变形引起的误差。进刀点的选择要尽量避免留下接刀痕，如图 6–7 所示。当接刀痕不可避免时，应尽量把进刀点放在尺寸精度要求不高或容易钳修处，如图 6–8 所示。

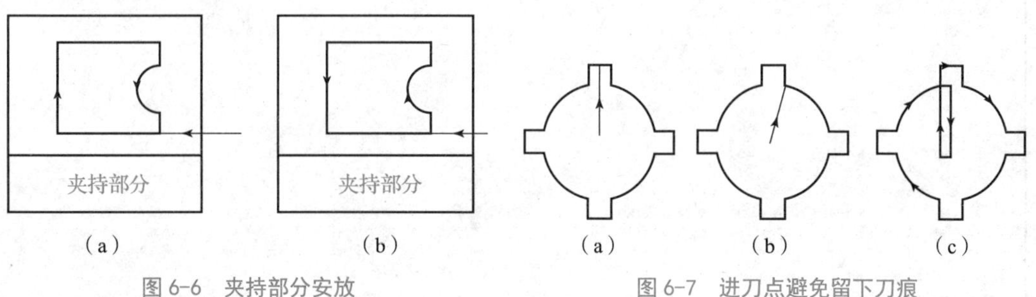

图 6–6　夹持部分安放

（a）错误；（b）正确

图 6–7　进刀点避免留下刀痕

（a）不合理；（b）可用；（c）最好

（5）若精度要求高，则应先在坯料内加工出穿丝孔，以免当从坯料外切入时引起坯料切开处变形，如图 6–9 所示。

（6）工件上的剩磁会使内应力不均匀，且加工时对排屑不利，因此平磨过的工件应先充分去磁。

学习笔记

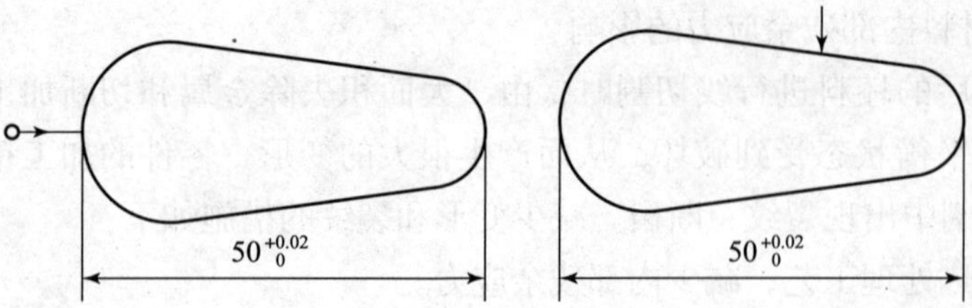

图 6-8 进刀点易于钳修

（a）不合理；（b）合理

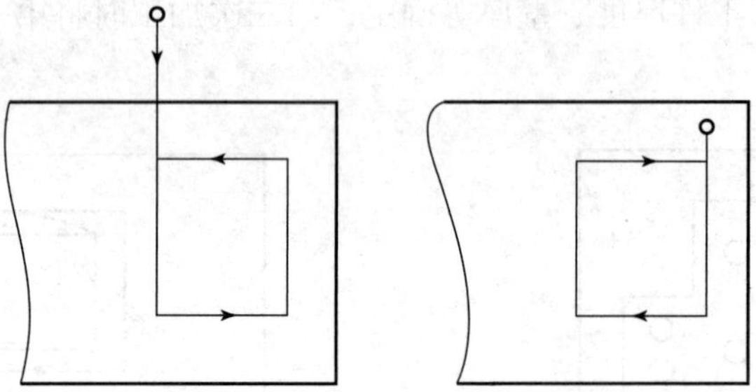

图 6-9 切割起点的确定

（a）不可用；（b）可用

任务实施

根据本任务的相关知识点与技能点，绘制知识导图。

考核评价

考核内容：职业素养、基本知识、基本技能、任务实施、工作态度、纪律出勤、团队合作能力等。

评价方式：教师考核、小组成员相互考核。

任务考核评价				
考核项目	序号	考核内容	权重	评价分值（总分 100）
职业素养	1	纪律、出勤	0.1	
	2	工作态度、团队精神	0.1	
基本知识与技能	3	基本知识	0.1	
	4	基本技能	0.1	
任务实施能力	5	切割加工工艺分析	0.2	
	6	切割加工工艺制定	0.2	
	7	切割加工工艺效果	0.2	
总体评价	成绩：	教师：	日期：	

任务3 认知 HF 线切割自动编程控制系统

任务导入

电火花线切割的数控编程直接影响着电火花线切割设备的加工效率。目前，我国企业在数控自动编程的应用方面已有较大发展，手工编程已基本被图形化自动编程所代替，并成为发展趋势，原有的以单片机为核心的数控系统正逐渐被以微机为核心的分布式系统（DNC）所取代。现在常见的数控线切割编程控制软件有 CAXA 线切割编程软件、HL 线切割编控软件、YH 线切割编控软件、KS 线切割编程系统、HF 线切割编控软件等。

本任务以电火花线切割机床为对象，主要讲述 HF 线切割自动编程软件系统的使用。

相关知识

HF 线切割自动编程软件系统是一个高智能化的图形交互式软件系统，其通过简

学习笔记

单、直观的绘图工具，将所要进行切割的零件形状描绘出来；按照工艺的要求，将描绘出来的图形进行编排等处理；再通过系统处理成一定格式的加工程序。现简述如下：

全绘图方式编程：

辅助点、辅助直线、辅助圆，统称为辅助线。

轨迹线、轨迹圆弧（包含圆），统称为轨迹线。

全绘图方式编程，是为了生成加工所需的轨迹线，形成轨迹线的方式有以下两种。

1. 通过作辅助线形成轨迹线

步骤：

作点或作直线或作圆→取交点→再通过“取轨迹”将两节点间的辅助线变成轨迹线。

2. 直接用“绘直线”“绘圆弧”“常用曲线”等模块作出轨迹线

形成轨迹线后，一般需加引入、引出线，如加引线后图形作了修改，则必须对图形进行排序。

通过本部分内容的学习，我们将了解该软件系统的一些基本术语和约定，并掌握基本图形（直线段、圆弧段所构成图形）的编程方法。

知识点 1　基本术语和约定

为了更好地学习和应用此软件，我们先来了解一下该软件中的一些基本术语和它的一些约定。

1. 辅助线

辅助线用于求解和产生轨迹线（也称切割线）几何元素，包括点、直线、圆。在软件中将点用红色表示，直线用白色表示，圆用高亮度白色表示。

2. 轨迹线

轨迹线是指具有起点和终点的曲线段。软件中将轨迹线是直线段的用淡蓝色表示，是圆弧段的用绿色表示。

3. 切割线方向

切割线起点到终点的方向。

4. 引入线和引出线

引入线和引出线是一种特殊的切割线，用黄色表示，它们应该是成对出现的。

5. 约定

（1）在全绘图方式编程中，用鼠标确定了一个点或一条线后，可使用鼠标或键盘再输入一个点的参数或一条线的参数；但使用键盘输入一个点的参数或一条线的参数后，就不能用鼠标来确定下一个点或下一条线了。

（2）为了在以后的绘图中能精确地指定一个点、一条线、一个圆或某一个确定的值，软件中可对这些点、线、圆和数值作上标记。

此软件规定：

Pn（point）表示点，并默认“P0”为坐标系的原点。

Ln（line）表示线，并默认“L1”“L2”分别为坐标系的 X 轴、Y 轴。

Cn（cycle）表示圆。

Vn（value）表示某一确定的值。软件中用“PI”表示圆周率（π=3.141 592 6…）；V2=π/180，V3=180/π。

知识点 2　全绘编程界面及常用功能模块的介绍

1. 全绘编程界面

在主菜单下单击“全绘编程”按钮就会出现如图 6-10 所示界面。

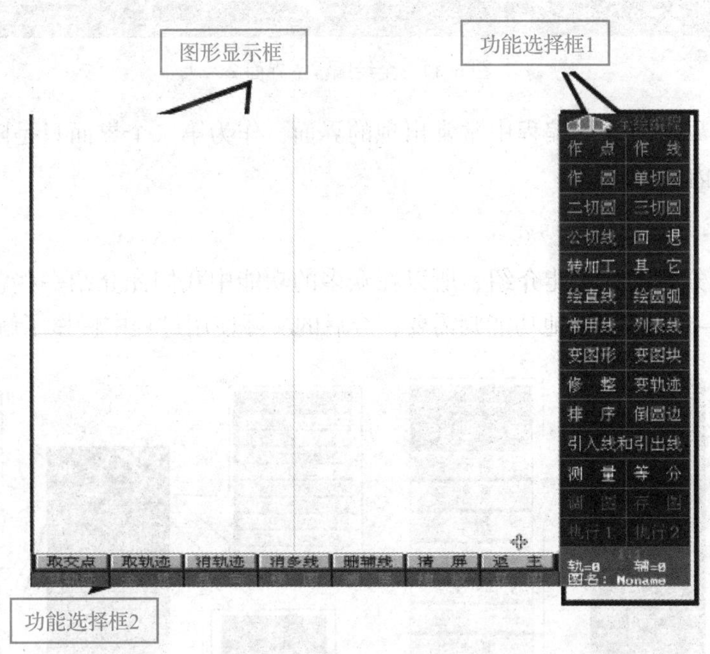

图 6-10　全绘编程主界面 1

“图形显示框”是所画图形显示的区域，在整个“全绘编程”过程中这个区域始终存在。

“功能选择框”是功能选择区域，一共有两个，在整个“全绘编程”过程中这两个区域随着功能的选择而变化，其中“功能选择框 1”变成了该功能的说明框，“功能选择框 2”变成了对话提示框和热键提示框。如图 6-11 所示。

图 6-11 所示为选择了“作圆”功能中“心径圆”子功能后出现的界面，此界面中“图形显示框”与图 6-10 中一样；“功能说明框”将功能的说明和图例显示出来，供操作参考；“对话提示框”提示输入“圆心和半径”，当根据要求输入后，“回车”，一个按照要求的圆就显示在“图形显示框”内；“热键提示框”提示了该子功能中可以使用的热键内容。

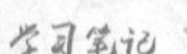

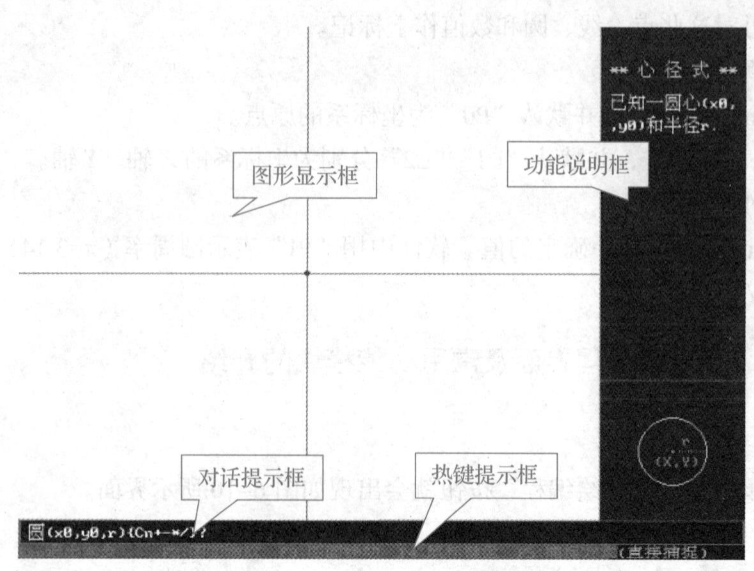

图 6-11　全绘编程主界面 2

以上两个界面为全绘编程中常常出现的界面，作为第二个界面只是随着子功能的不同所显示的内容不同。

2. 绘编系统常用功能的介绍

由于本部分为基本功能介绍，所以在众多的功能中我们先介绍一些常用功能（见图 6-12 ~ 图 6-15），而其他功能则需要在今后的实际使用过程中慢慢了解和掌握。

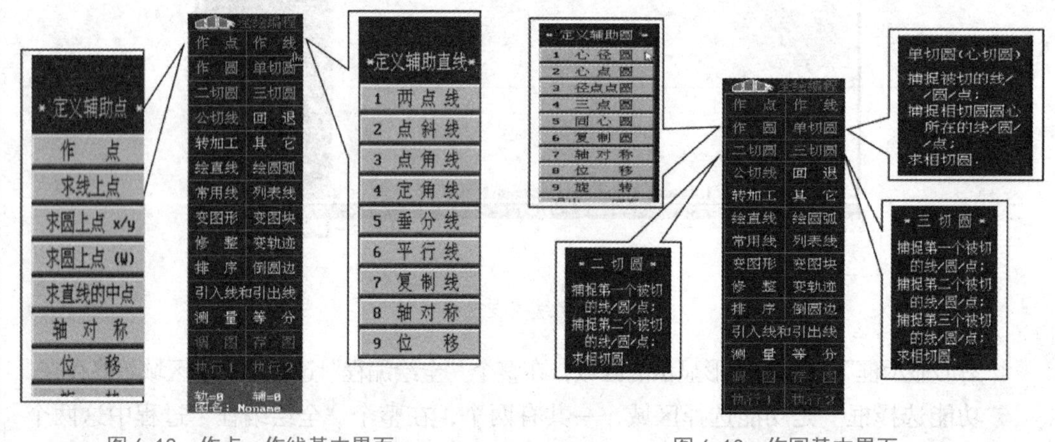

图 6-12　作点、作线基本界面　　　　图 6-13　作圆基本界面

如图 6-12 ~ 图 6-15 所示的“全绘编程”功能框的划分如图 6-16 所示，本课程将用到的部分功能以及子功能所在的位置在以上各图中都已表明，之后我们将通过一个简单的例子来说明它们的使用。

在屏幕的中下部是另一个功能选择框，此框是单一功能的选择框，如图 6-17 所示。

学习笔记

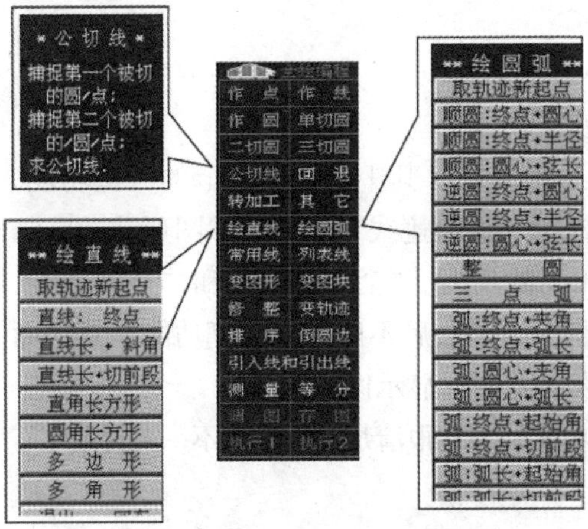

图 6-14　作直线、圆弧基本界面

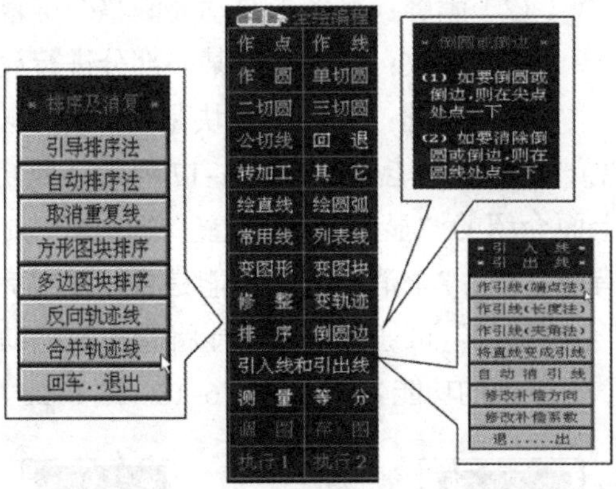

图 6-15　排序、倒圆及引出、引入线基本界面

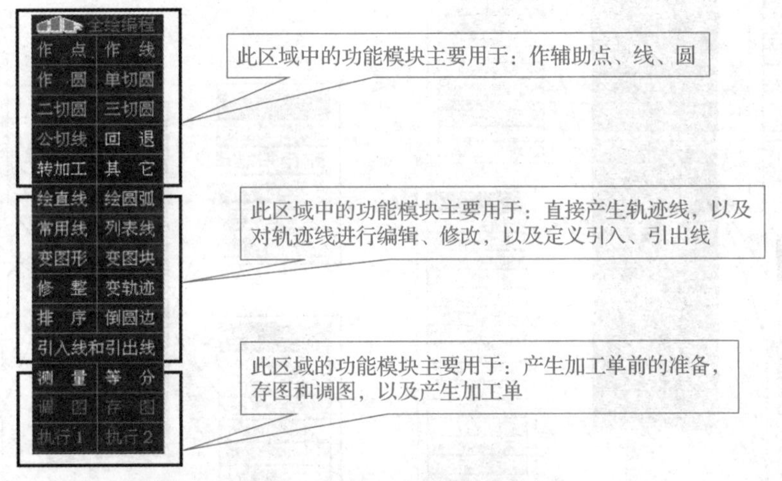

图 6-16　全绘编程基本界面功能区域划分

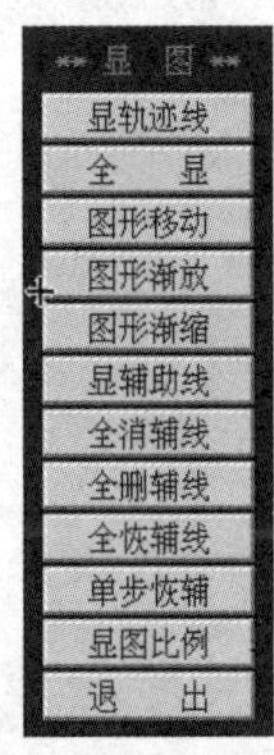

图 6-17　“显图”功能框

（1）取交点：在图形显示区内定义两条线的相交点。

（2）取轨迹：在某一曲线上两个点之间选取该曲线的这一部分作为切割的路径，取轨迹时这两个点必须同时出现在绘图区域内。

（3）消轨迹：取轨迹的反操作，也就是删除轨迹线。

（4）消多线：删除首尾相接的多条轨迹线。

（5）删辅线：删除辅助的点、线、圆。

（6）清屏：清除图形显示区域的所有几何元素。

（7）返主：返回主菜单。

（8）显轨迹：在图形显示区域内只显示轨迹线，将辅助自动线隐藏起来。

（9）全显：显示全部几何元素（辅助线、轨迹线）。

（10）显向：预览轨迹线的方向。

（11）移图：移动图形显示区域内的图形。

（12）满屏：将图形自动充满整个屏幕。

（13）缩放：将图形的某一部分进行放大或缩小。

（14）显图：此功能模块是由一些子功能所组成的，其中包含了以上的一些功能，见“显图”功能框，如图 6-17 所示。此功能框中“显轨迹线”“全显”“图形移动”与上面介绍的“显轨迹”“全显”“移图”具有相同的功能。“全消辅线”和“全删辅线”有所不同，“全消辅线”功能是将辅助线完全删去，删去后不能通过恢复功能恢复；而“全删辅线”可通过恢复功能将删去的辅助线恢复到图形显示区域内。

其他的功能名称（见图 6-18 ~ 图 6-20）对功能的描述很清楚，这里就不一一说明了。

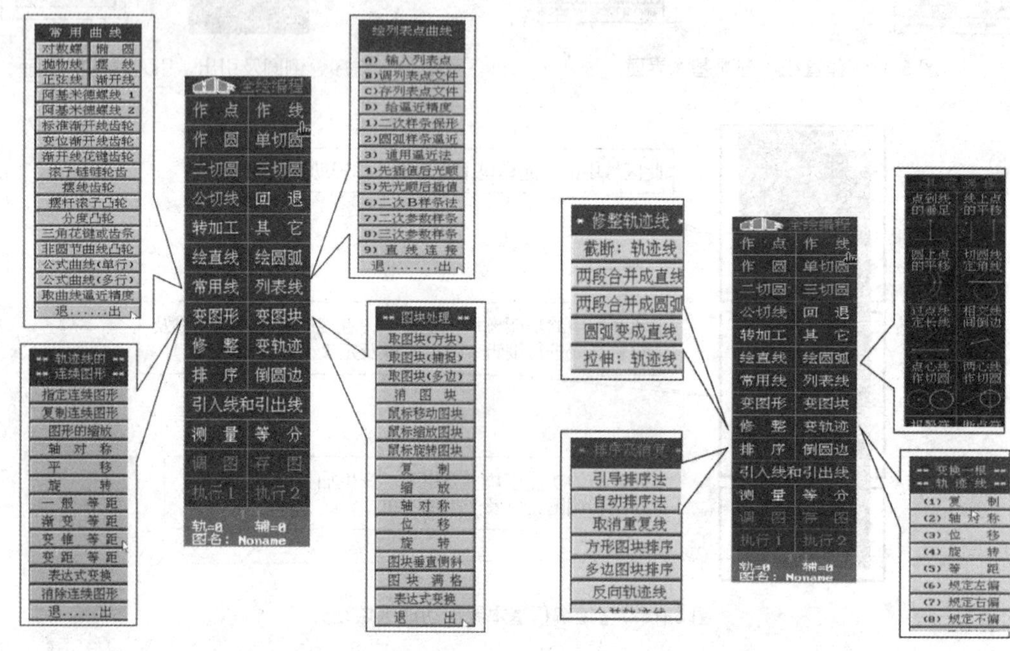

图 6-18　常用线、列表线、变图形、变图块基本界面

图 6-19　修整、排序、变轨迹基本界面

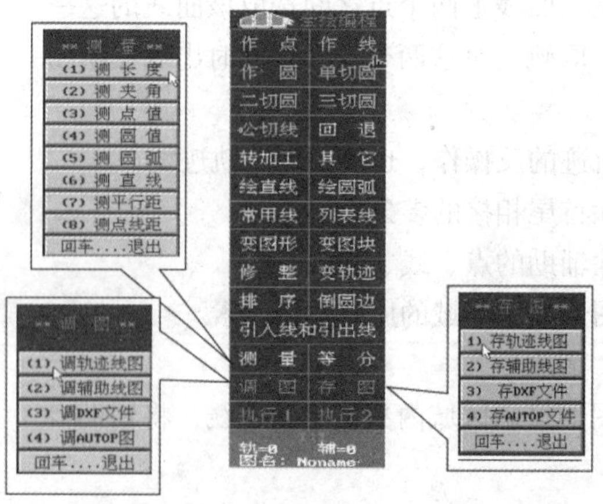

图 6-20　测量、调图、存图基本界面

学习笔记

知识点 3　HF 系统加工界面及基本功能

在编控系统主菜单选择“加工”，或在“全绘编程”环境下选择“转向加工”菜单便进入加工界面，如图 6–21 所示。

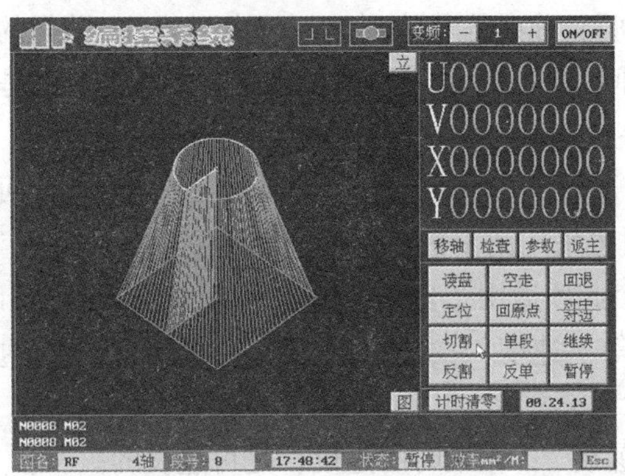

图 6–21　HF 系统加工界面

在加工前，需要准备好相应的加工文件。本系统所生成的加工文件均为绝对式 G 代码（无锥式也可生成 3B 加工文件）。

加工文件的准备主要有两种方法：

（1）在“全绘编程”环境下绘好图形后选择“执行 1”或“执行 2”，便会进入“后置”，从而生成无锥式 G 代码加工文件，或锥度式 G 代码加工文件，或变锥式 G 代码加工文件，其文件的后缀分别为“2NC”“3NC”“4NC”。

（2）在主菜单中选择“异面合成”，则生成上下异面体 G 代码加工文件，其文件的后缀为“5NC”。当然，在“异面合成”前，必须准备好相应的 HGT 类图形文件。这些 HGT 类图形文件都是在“全绘编程”环境下完成的。

有了加工文件，我们就可以进行加工了。加工部分的菜单如下：

1. 参数设置

“参数”一栏是为用户设置加工参数的，如图 6–22 所示。

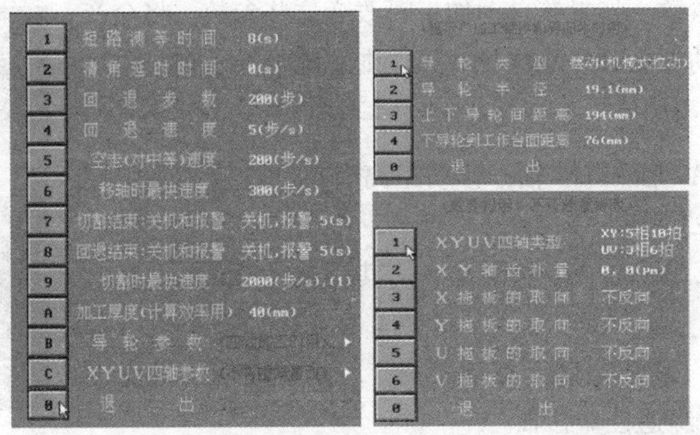

图 6–22　加工参数设置界面

学习笔记

进行锥度加工和异面体加工时（即四轴联动时），需要对“上导轮和下导轮距离”“下导轮到工作台面距离”“导轮半径”这三个参数进行设置。四轴联动时（包括小锥度）均采用精确计算，即考虑到了导轮半径对 X、Y、U、V 四轴运动所产生的轨迹偏差；而平面加工时则用不到这三个参数，任意值均可。

（1）“短路测等时间”：此项是为判断加工有无短路现象而设置的，通常设定为 5 ~ 10 s。

（2）“清角延时时间”：是为段与段间过渡延时用的，目的是改善拐角处由于电极丝弯曲造成的轨迹偏差，是可选设的，系统默认值为 0。

（3）“回退步数”：加工过程中产生短路现象，则自动进行回退，回退的步数则由此项决定。手动回退时也采用此步数，是可选设的。

（4）“回退速度”：此项适用于自动回退和手动回退，是可选设的。

（5）“空走（对中等）速度”：空走、回原点、对中心或对边时，由此项决定，是可选设的。

（6）“移轴时最快速度”：移轴时的速度，是可选设的。

（7）“切割结束：关机和报警”：工件加工完时报警提示时间，可自行设置。

（8）“切割时最快速度”：在加工高厚度和超薄工件时，由于采样频率不稳定，往往会出现不必要的短路现象提示，对于这一问题，可通过设置最快速度来解决。

（9）“加工厚度（计算效率用）”：计算加工效率需设置加工零件的厚度。

（10）“导轮参数”：此项有“导轮类型”“导轮半径”“上下导轮间距离”“下导轮到工作台距离”四个参数，需用户根据机床的情况来设置。

（11）“X、Y、U、V 轴类型”：此项必须设置，而且只需设置一次（一般由机床厂家设置）。

（12）“XY 轴齿补量”：这一项是选择项，是在机床的丝杠齿隙发生变化的情况下，作为弥补误差用的。选用此项必须对齿隙进行测量，否则将会影响到加工精度。

（13）“X 拖板的取向”“Y 拖板的取向”“U 拖板的取向”“V 拖板的取向”：如果某轴的正反方向与所需要的方向相反，则选择此项（一般由机床厂家设置）。

在加工过程中，有些参数是不能随意改变的。因为在“读盘”生成加工数据时，已将当前的参数考虑进去。比如，加工异面体时，已用到“上下导轮间距离”等参数，如果在自动加工时改变这些参数，将会产生矛盾。若在自动加工时修改这些参数，则系统将不予响应。

2. 移轴

可手动移动 XY 轴和 UV 轴，移动距离有自动设定和手工设定两种，如图 6–23 所示。

要自动设定，则选“移动距离”，其距离为 1.00，0.100，0.010，0.001。

要手动设定，则选“自定移动距离”，其距离需按键盘输入，也可用 HF 无绳遥控盒移轴。

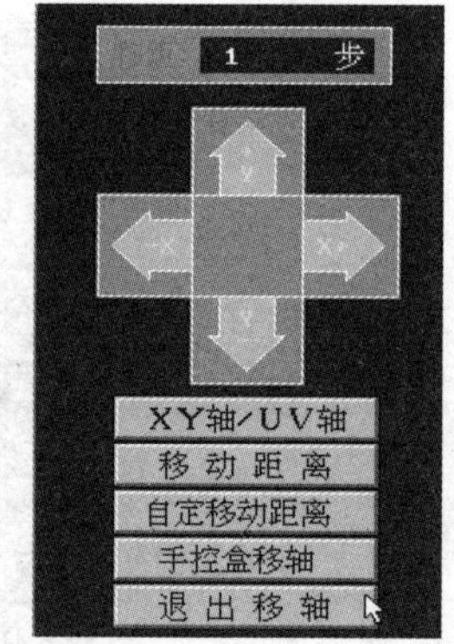

图 6–23　移轴设定界面

学习笔记

3. 检查

两轴检查显示界面如图 6–24 所示。

图 6–24 两轴检查显示界面

四轴检查显示界面如图 6–25 所示。

图 6–25 四轴检查显示界面

（1）“显加工单”：可显示 G 代码加工单（两轴加工时也可显示 3B 加工单）。

（2）“加工数据”：在四轴加工时，显示的是上表面和下表面的图形数据，同时还显示“读盘”时用到的参数和当前参数表里的参数，看其是否一致，以免误操作。

（3）“模拟轨迹”：模拟轨迹时，拖板不动作。

（4）“回 0 检查”：按照习惯，我们将加工起点总是定义为原点（0，0），而不管实际图形的起点是否为原点，这便于对封闭图形的回零检校。

（5）“极值检查”：在四轴加工时可检查 X，Y，U，V 四轴的最大值和最小值。显示极值的目的是了解四轴的实际加工范围是否能满足该工件的加工。

由此可见，在四轴加工时，“加工数据”和“极值检查”所显示的内容是有区别的。还应当知道，U、V 拖板总是相对于 X、Y 拖板动作，因此，U、V 值也是相对于 X、Y 的相对值。

（6）“计算导轮”：系统对导轮参数有反计算功能，如图 6–26 所示。

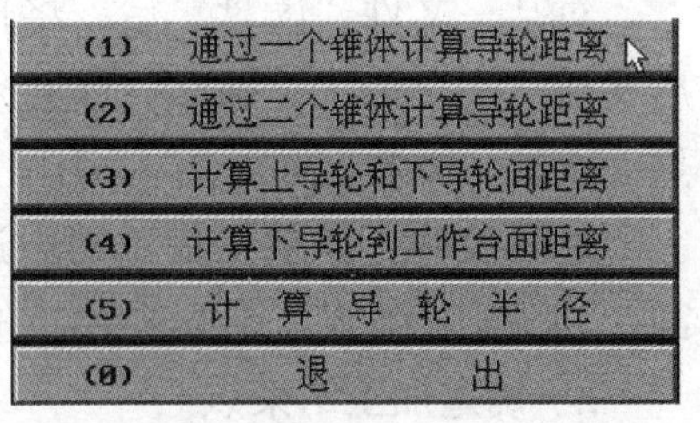

图 6–26 导轮参数计算功能界面

导轮的几个参数（即上下导轮距离、下导轮到工作台面距离、导轮半径）对四轴加工，特别是对大锥度加工的影响十分显著。这些参数不是事先能测量准确的，我们可用反计算功能来计算和修正这些参数。

此外，根据理论推导和实验检验，我们还可以通过对一个上小下大的圆锥体形状的判别来修正导轮距离，一般规则如下：

（1）若圆锥体的上圆呈现“右大左尖”的形状，则应改大上下导轮的距离；反之，若上圆呈现“左大右尖”的形状，则应改小上下导轮的距离。

（2）若圆锥体的上圆偏大，则应改小下导轮到工作台面距离；反之，则应改大下导轮到工作台面的距离。

4. 读盘

前面提到，要加工切割，必须在全绘图编程环境或“异面合成”下生成加工文件，文件名的后缀为“2NC”“3NC”“4NC”和“5NC”。有了这些文件，我们就可以选择

学习笔记

"读盘"这一项，将要加工的文件进行相应的数据处理，然后就可以加工了。

对某一加工文件"读盘"后，只要对参数表里的参数不改变，那么，下次加工时就不需要进行第二次"读盘"。

对 2NC 文件"读盘"时，速度较快，而对 3NC、4NC、5NC 文件"读盘"时，时间要稍长一些。我们可在屏幕下看到进度指示。

该系统读盘时也可以处理 3B 式加工单。3B 式加工单可以在"后置"的"其他"中生成，也可直接在主菜单"其他"的"编辑文本文件"中编辑，当然也可以读取其他编程软件所生成的 3B 式加工单。

5. 空走

空走，分正向空走、反向空走、正向单段空走和反向单段空走。空走时，可按"Esc"键中断空走。

6. 回退

回退即前面提到的手工回退，手工回退时，可按"ESC"键中断手工回退。手工回退的方向与自动切割的方向是相对应的，即：如果在回退之前是正向切割，那么，现在回退，则沿着反方向走。

7. 定位

1）确定加工起点

对某一文件"读盘"后，将自动定位到加工起点。但是，如果在将工件加工完毕后又要从头再加工，那么，就必须用"定位"定位到起点。用"定位"还可定位到终点，或某一段的起点。

必须说明，如果在加工的中途停下，又要继续加工，不必用"定位"，可用"切割""反割""继续"等选项继续进行未完的过程。"定位"对空走也适用。

2）确定加工结束点

在正向切割时，加工的结束点一般为报警点或整个轨迹的结束点。

在反向切割时，加工的结束点一般为报警点或整个轨迹的开始点。

加工的结束点可通过定位的方法予以改变。

3）确定是否保留报警点

加工起点、结束点、报警点在屏幕上均有显示。

8. 回原点

将 X、Y 拖板和 U、V（如果是四轴）拖板自动复位到起点，即（0，0）。按"Esc"键可中断复位。

9. 对中和对边

HF 控制卡设计了对中和对边的有关线路，机床上不需要另接有关的专用线路了。在夹具绝缘良好的情况下，可实现此功能。对中和对边时有拖板移动指示，可按"Esc"键中断对边和对中。采用此项功能时，钼丝的初始位置到要碰撞的工件边沿距离不得小于 1 mm。

10. 自动切割

自动切割有六栏，分别为“切割”“单段”“反割”“反单”“继续”“暂停”。

（1）“切割”即正向切割。

（2）“单段”即正向单段切割。

（3）“反割”即反向切割。

（4）“反单”即反向单段切割。

在自动切割时，“切割”和“反单”，以及“反割”和“反向”可相互转换。

（5）“继续”是按上次自动切割的方向继续切割。

（6）“暂停”是中止自动切割，在自动切割方式下，“Esc”键不起作用。

自动切割时，其速度是由变频数来决定的，变频数大则速度慢，变频数小则速度快。变频数变化范围为 1 ~ 255。在自动切割前或自动切割过程中均可改变频数。按“–”键变频数变小，按“+”键变频数变大。改变变频数，均用鼠标操作，按鼠标左键则按 1 递增或递减变化，按鼠标右键则按 10 递增或递减变化。

在自动切割时，如遇到短路而自动回退，则可按“F5”键中断自动回退。

在自动切割时，可同时进行全绘式编程或其他操作，此时，只要选“返主”便回到系统主菜单，即可选择“全绘编程”或其他选项。

在全绘编程环境下，也可随时进入加工菜单。如仍是自动加工状态，则屏幕上将继续显示加工轨迹和有关数据。

11. 显示图形

在自动切割、空走、模拟时均跟踪显示轨迹。

在自动切割时，还可同时对显示的图形进行放大、缩小、移动等操作。在四轴加工时，还可进行平面显图和立体显图切换。

根据本任务的相关知识点与技能点，绘制知识导图。

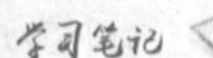

考核评价

考核内容：职业素养、基本知识、基本技能、任务实施、工作态度、纪律出勤、团队合作能力等。

评价方式：教师考核、小组成员相互考核。

任务考核评价				
考核项目	序号	考核内容	权重	评价分值（总分 100）
职业素养	1	纪律、出勤	0.1	
	2	工作态度、团队精神	0.1	
基本知识与技能	3	基本知识	0.1	
	4	基本技能	0.1	
任务实施能力	5	实施时效	0.2	
	6	实施成果	0.2	
	7	实施质量	0.2	
总体评价	成绩：	教师：	日期：	

任务 4　综合绘编操作与加工

任务导入

如图 6-27 所示，运用 HF 线切割自动编程控制系统完成以下零件的自动编程。

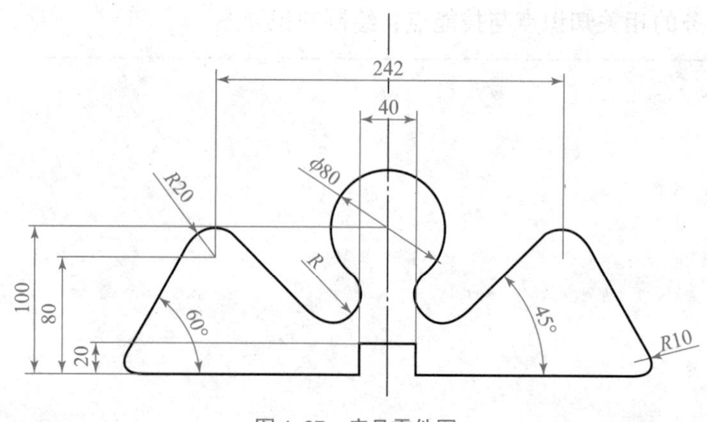

图 6-27　产品零件图

学习笔记

相关知识

目前常见的数控线切割编程控制系统有 CAXA 线切割编程软件、HL 线切割编控软件、YH 线切割编控软件、KS 线切割编程系统和 HF 线切割编控软件等。

CAXA 线切割编程软件针对不同的机床，可以设置不同的机床参数和特定的数控代码程序格式，同时还可以对生成机床代码的正确性进行校核，几乎可以满足国内外任意机床对代码的要求。

缺点：只可以编程，不可以控制线切割机床。

HL 控制器系统软件全中文提示，可以一边加工一边进行程序编辑或模拟加工，可同时控制多达四部机床做不同的工作。

优点：编程控制一体化，绘图编程软件使用流行线切割软件 Autop、Towedm。

HF 线切割编程控制软件具有控制的实时性和数据的安全性，两种（ISA/PCI）控制卡，适应各种档次的计算机，让用户任意选择；HF 系统具有四轴联动控制，上下异形面加工；全绘图式自动编程，加工时可编程；AutoCAD、AUTOP 数据接口；加工轨迹、加工数据实时跟踪。

优点：编程控制一体化。HF 线切割编控软件的多次切割也是未来线切割加工的顶尖发展方向。

任务实施

技能点 1　全绘编程操作

下面我们将通过一个实例来说明该软件的基本应用。图 6–28 所示为将进行编程的图形，现在我们开始对下图进行编程。首先进入软件系统的主采单，单击“全绘编程”按钮进入全绘编程环境。

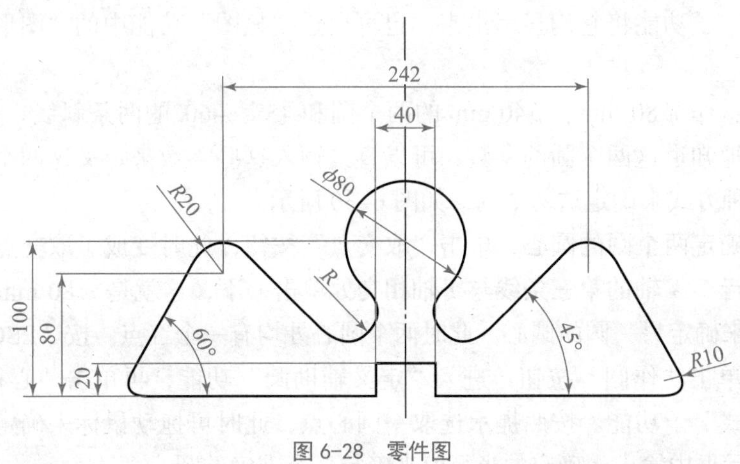

图 6–28　零件图

学习笔记

第一步：单击“功能选择框”中的“作线”按钮，再在“定义辅助直线”对话框中单击“平行线”按钮。

我们将定义一系列平行线：平行于 X 轴，距离分别为 20 mm、80 mm、100 mm 的三条平行线，以及平行于 Y 轴，距离分别 20 mm、121 mm 的两条平行线；图 6–29 中对话提示框中显示“已知直线（x3，y3，x4，y4）{Ln+–*/}？”此时可用鼠标直接选取 X 轴或 Y 轴，也可在此框中输入 L1 或 L2 来选取 X 轴或 Y 轴，选取后出现如图 6–29 所示画面。

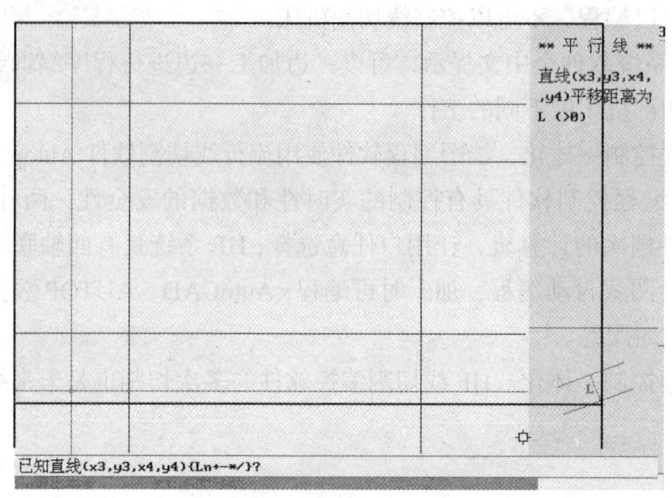

图 6–29　绘制平行辅助线

注：对话提示框中显示“平移距 L={Vn+–*/}”，此时输入平行线间的距离值（如 20）后回车；对话提示框中显示“取平行线所处的一侧”，此时用鼠标单击一下平行线所处的一侧，这样第一条平行线就形成了。此时画面回到定义平行线的画面，则可接着再定义其他平行线。当以上几条线都定义完后，按一下键盘上的“ESC”键退出平行线的定义，画面回到“定义辅助直线”。单击“退出 .... 回车”按钮可退出定义直线功能模块。此时可能有一条直线在“图形显示区”中看不到，可通过“热键提示框”中的“满屏”子功能将它们显示出来，也可通过“显图”功能中的“图形渐缩”子功能来完成。

第二步：作 ϕ80 mm、ϕ40 mm 的两个圆和 45°、–60°的两条斜线。从图 6–28 中可以很明显地知道这两个圆的参数，可以直接输入这些参数来定义这两个圆。而我们将用另外一种方式来确定这两个圆，如图 6–30 所示。

首先，确定两个圆的圆心，单击“取交点”按钮，此时变成了取交点的画面。将鼠标移到平行于 X 轴的第三条线与 Y 轴相交处单击一下，这就是 ϕ80 mm 的圆心。用同样的方法来确定另一圆的圆心。此时两个圆心处均有一个红点。按“ESC”键退出。

接下来单击“作圆”按钮，进入“定义辅助圆”功能，再单击“心径圆”按钮，进入“心径式”子功能。按照提示选取一圆心点，此时可拖动鼠标来确定一个圆，也可在对话提示框中输入一确定的半径值来确定一个准确的圆。

学习笔记

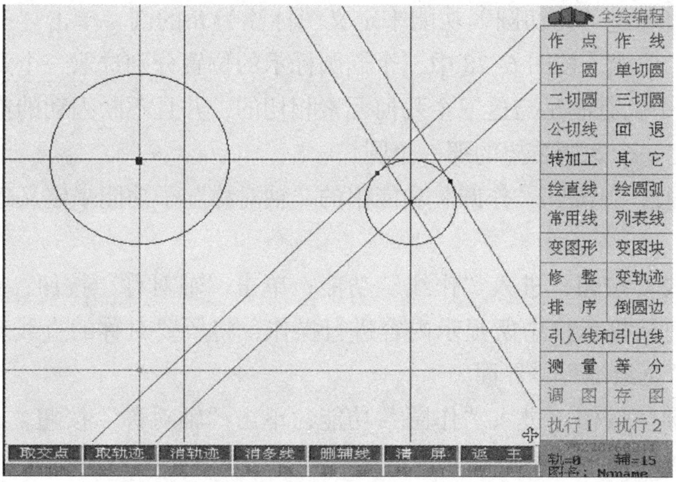

图 6-30　绘制辅助圆

用取交点的方法来确定圆心的另一个目的是为作 45°、−60°两条直线做准备。退回“全绘编程”界面。

单击“作线”按钮，进入“定义辅助直线”功能，单击“点角线”按钮，进入“点角式”子功能，在对话提示框中显示“已知直线（x3，y3，x4，y4）{Ln+−*/}？”，此时可用鼠标去选择一条水平线，也可在此提示框中输入 L1 表示已知直线为 X 轴所在直线。对话提示框中显示的是“过点（x1，y1）{Pn+−*/}？”，此时可输入点的坐标，也可用鼠标去选取图中右边的圆心点；再下一个画面的对话提示框中显示的是“角（度）w={Vn+−*/}”，此时输入一个角度值如 45°后回车，屏幕中就产生一条过小圆圆心且与水平线成 45°的直线。用同样的方法去定义与 X 轴成 −60°的直线，退出“点角式”，再进入定义“平行线”子功能，去定义分别与这两条线平行且距离为 20 mm 的另外两条线；退出“作线”功能，用“取交点”功能来定义这两条线与圆的相切点并退出此功能界面，如图 6-31 所示。

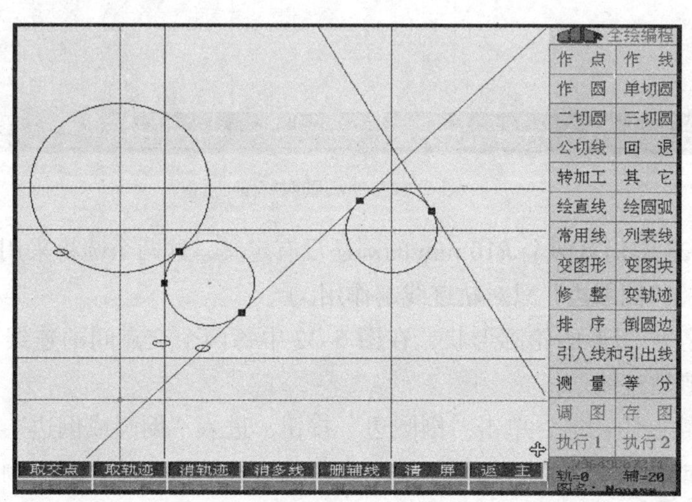

图 6-31　定义辅助线

学习笔记

下面我们将通过“三切圆”功能来定义图标注为 R 的圆。单击“三切圆”按钮后进入“三切圆”功能，按图 6–28 中三个椭圆标示的位置分别选取三个几何元素，此时“图形显示框”中就有满足与这三个几何元素相切的，并且不断闪动的虚线圆出现，可通过鼠标来确定一个您所希望的那一个圆。

第三步：通过“作线”“作圆”功能中的“轴对称”子功能来定义 Y 轴左边的图形部分。

单击“作线”按钮，进入“作线”功能；单击“轴对称”按钮，进入“轴对称”子功能。按照对话提示框中所提示内容进行操作，将所要对称的直线对称地定义到 Y 轴左边。退回“全绘编程”界面。

单击“作圆”按钮，进入“作圆”功能；单击“轴对称”按钮，进入“轴对称”子功能。按照对话提示框中所提示内容进行操作，将所要对称的圆对称地定义到 Y 轴左边。退回“全绘编程”界面。（注：此部分也可用图块的方法将右边整个图形对称到左边，非常方便、简单。）

再用“取交点”的功能来定义下一步“取轨迹”所需要的点，如图 6–32 所示。

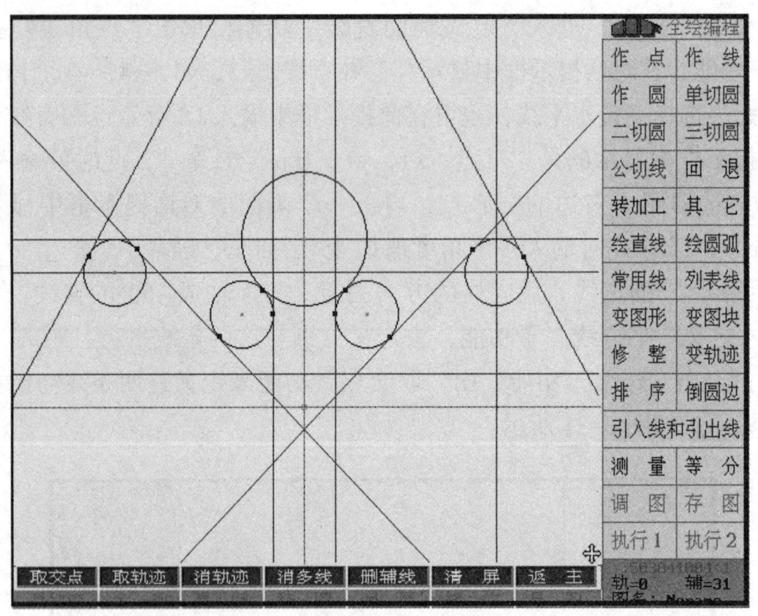

图 6–32　绘制轴对称圆

此时图 6–28 中仍有两个 $R10$ mm 的圆还没有定义，这两个圆将采用“倒圆边”功能来解决。（注：“倒圆边”只对轨迹线起作用。）

第四步：按照图形的轮廓形状，在图 6–32 中每两个交点间的连线上进行“取轨迹”操作，得到轨迹线。

退出“取轨迹”功能，单击“倒圆边”按钮，进入“倒圆或倒边”功能，用鼠标选取需要倒圆或倒边的尖点，按提示输入半径或边长的值，就完成了倒圆和倒边的操作，如图 6–32 所示。退回到“全绘编程”界面。

到此这一例子的作图过程就算完成了。当然这个例子的作图方法并不止这一种，在熟悉了各种功能后，可灵活应用这些功能来作图，也可达到同样的效果。

学习笔记

在进行下一步操作之前，再对图 6–33 作一个合并轨迹线操作，以便了解合并轨迹线的应用。图 6–33 中 *Y* 轴右边、例图中标注为 *R* 的圆弧，是由两段圆弧轨迹线所组成的，此两段圆弧是同心、同半径的，可通过“排序”中“合并轨迹线”的功能将它们合并为一条轨迹线。

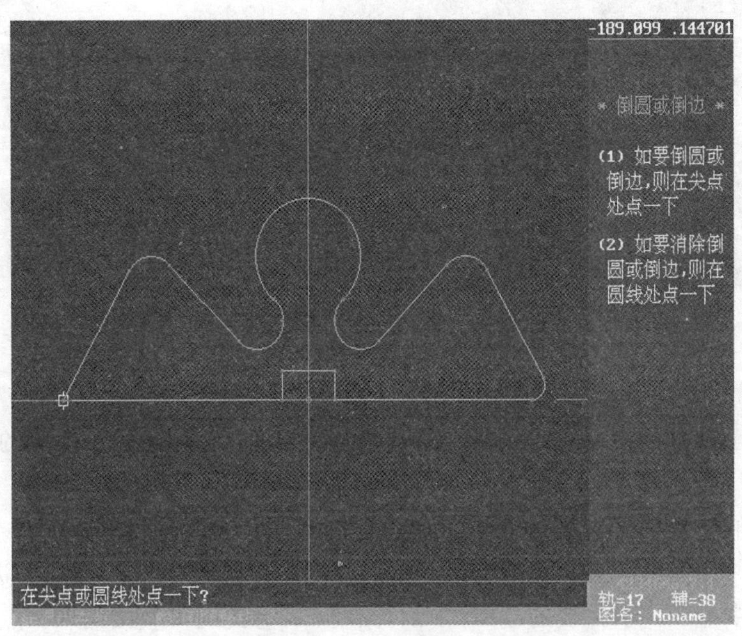

图 6–33 完成零件图绘制

单击“排序”按钮，进入排序功能，再单击“合并轨迹线”按钮，进入“合并轨迹线”子功能，此时对话提示框中显示“要合并吗？（y）/（n）”，当按一下“Y”键并回车后，系统自己进行合并处理。单击“回车 .. 退出”按钮，回到“全绘编程”界面。再单击“显向”按钮，这时可看出那两条轨迹线已合并为一条轨迹线。如图 6–34 所示。

第五步：当我们完成了上步操作后，零件理论轮廓线的切割轨迹线就已形成。在实际加工中，还需要考虑钼丝的补偿值以及从哪一点切入加工。关于这些问题，系统应用引入、引出线功能来实现。系统所提供的引入、引出线功能是相当齐全的，如图 6–35 所示。

作一般引线（1）：用端点来确定引线的位置、方向。

作一般引线（2）：用长度加上系统的判断来确定引线的位置、方向。

作一般引线（3）：用长度加上与 *X* 轴的夹角来确定引线的位置、方向。

将直线变成引线：选择某直线轨迹线作为引线。

自动消一般引线：自动将所设定的一般引线删除。

修改补偿方向：任意修改引线方向。

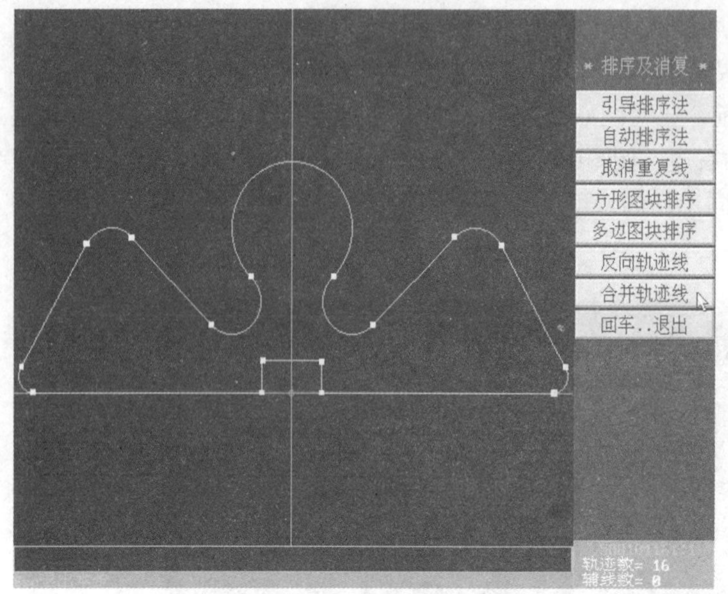

图 6-34　合并轨迹线

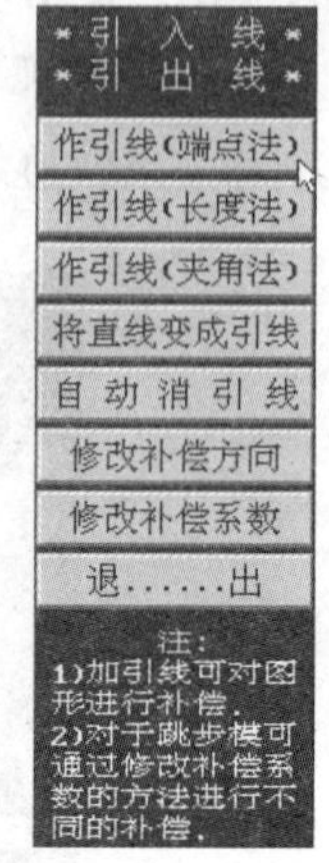

图 6-35　引入/引出线功能界面

修改补偿系数：不同的封闭图形需要有不同的补偿值时，可用不同的补偿系数来调整。

现在我们继续完成我们的例子。在“全绘编程”界面中，单击“引入线引出线”按钮，进入“引入线引出线”功能，再单击“作一般引线（1）”按钮，进入此功能；对话提示框中显示“引入线的起点（Ax，Ay）？”，此时可直接输入一点的坐标或用鼠标拾取一点，如在“显向画面”图中的小椭圆处单击一下，对话提示框中显示“引入线的终点（Bx，By）？”，此时可直接输入点的坐标（0，20）或用鼠标去选取这一点，对话提示框中显示“引线括号内自动进行尖角修圆的半径 sr=？（不修圆回车）”，这一功能对于一个图形中没有尖角且有很多相同半径的圆角非常有用，此时我们输入“5”作为修圆半径，回车后，对话提示框中显示“指定补偿方向：确定该方向（鼠标右键）/ 另换方向（鼠标左键）”，如图 6-36 所示。

图 6-36 中箭头方向是我们希望的方向，单击鼠标右键完成引线的操作。注：在作引入线时会自动排序。

单击“退 ...... 回”按钮，回到“全绘编程”界面。

单击“显向”按钮，图中有一白色移动的图示，表明钼丝的行走方向和钼丝偏离理论轨迹线的方向。

第六步：存图操作。在完成以上操作后，将我们所作的工作进行保存，以便以后调用。此系统的“存图”功能包括“存轨迹线图”“存辅助线图”“存 DXF 文件”“存 AUTOP 文件”子功能，按照这些子功能的提示进行存图操作即可。

第七步：执行和后置处理。该系统的执行部分有两个，即“执行 1”和“执行 2”。这两个执行的区别是：“执行 1”是对我们所作的所有轨迹线进行执行和后置处理，而

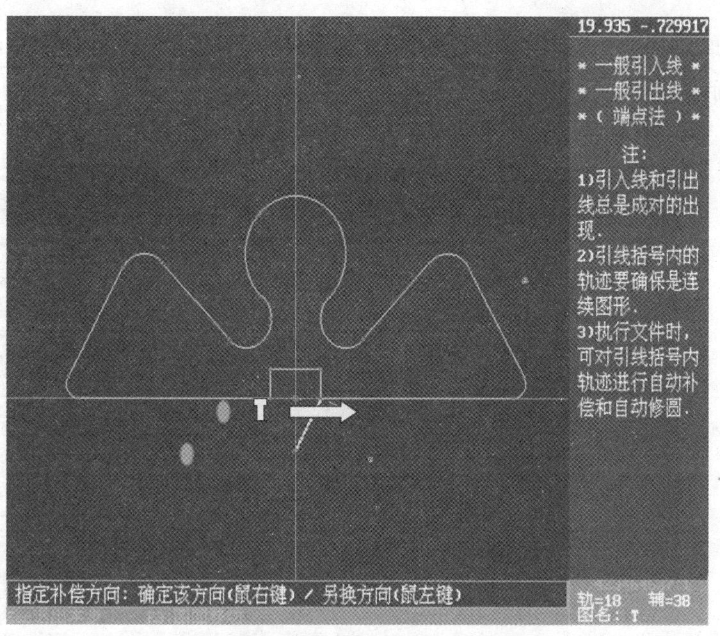

图 6-36　作引线及确定补偿方向

“执行 2”只对含有引入线和引出线的轨迹线进行执行和后置处理。对于这个例子来说采用任何一种执行处理均可。现单击“执行 1”，屏幕显示为：

（执行全部轨迹）

（ESC：退出本步）

文件名：Noname

间隙补偿值 f=（单边，通常 >=0，也可 <0）

现在我们输入“f”值，回车确认后，出现的界面如图 6-37 所示。

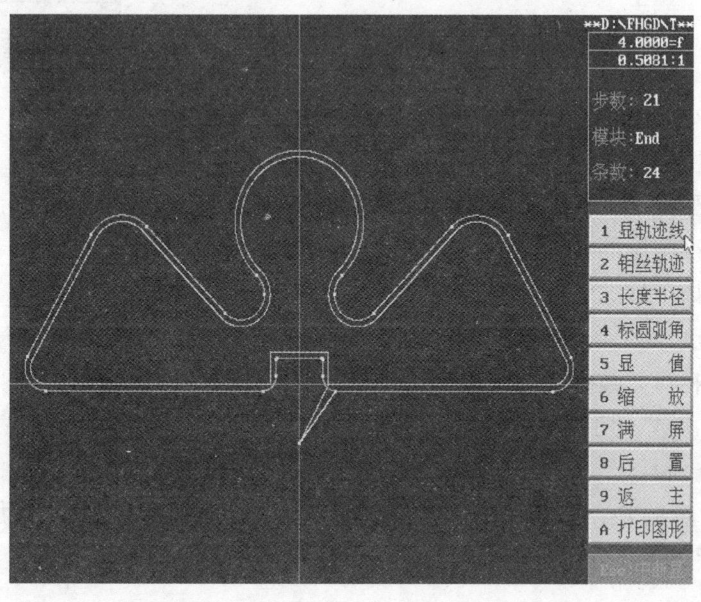

图 6-37　输入“f”值后界面

学习笔记

图 6-38 所示界面为产生加工程序前的检测界面，在这一界面中我们可以对零件图形作最后的确认操作。

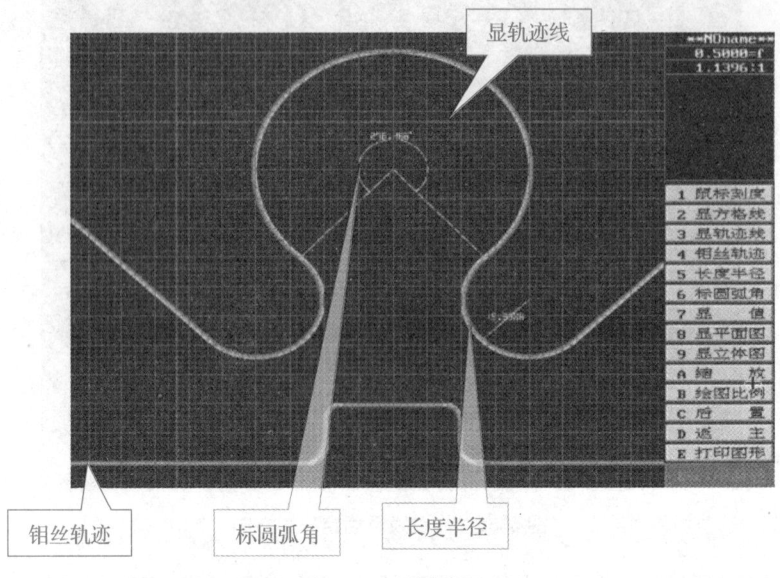

图 6-38 检测界面

确认图形完全正确后，通过“后置”按钮进入“后置处理”。

执行“后置处理”功能时，界面如图 6-39 所示。

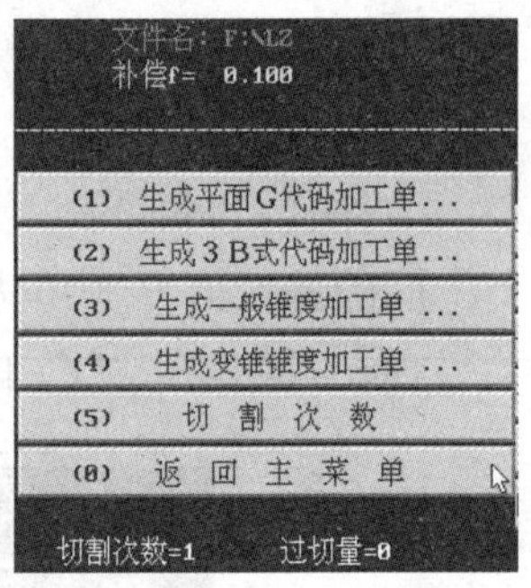

图 6-39 后置处理菜单

（1）生成平面 G 代码加工单：生成两轴 G 代码加工程序单，数据文件后缀为“2NC”。

（2）生成 3B 代码加工单：生成两轴 3B 代码加工程序单，数据文件后缀为“2NC”。

（3）生成一般锥度加工程序单：数据文件后缀为“3NC”。

如图 6-39 所示确定基准面，确定是正锥还是倒锥，并填入锥体的角度和厚度。

（4）生成变锥锥度加工单：数据文件后缀为“4NC”，如图 6-40 所示。

①选择基准图形的位置。

②输入锥体工件的厚度。

③标出锥度：必须在引线上标出通用锥度，在某一线段上标出的则为该段锥度。

④加工单存盘，数据文件后缀为“4NC”。

（5）切割次数：切割次数通常为 1 次，如为了降低表面粗糙度，则可设置多次切割，如图 6-41 所示。

我们要注意的是，必须 G 代码加工单存盘或 3B 加工单存盘，为加工做好准备（建议用 G 代码，因为 G 代码精度高）。至此这个例子就全部做完了。

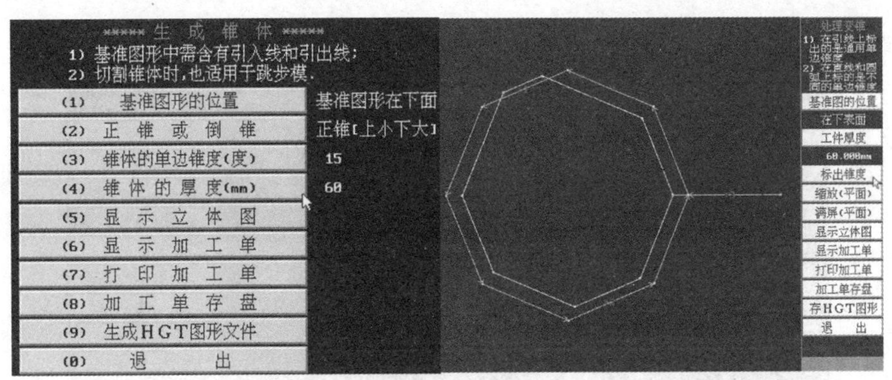

图 6-40 生成变锥锥度加工单

在上面的例子中，绘图部分所采用的基本步骤是：定义辅助线、取交点、取轨迹。并不是所有绘图部分都要采用此步骤，对于一些非常直观的图形，如果仍采用此方法会使编程变得复杂。为解决这一问题，可使用“绘直线”“绘圆弧”“常用线”等功能。我们通过下面的例子来说明“绘直线”“绘圆弧”这两个功能的使用。

	确 定	切割次数(1-7)	3
.30	过切量(mm)	凸模台宽(mm)	1.2
.04	第1次偏离量	高频组号(1-7)	5
.02	第2次偏离量	高频组号(1-7)	6
0	第3次偏离量	高频组号(1-7)	7

图 6-41 确定切割次数

在图 6-42 中，根据图纸的标注，各个点的坐标可以很明确地知道。对于这样的图形，在绘图时就可以不用定义辅助线了，而直接用“绘直线”“绘圆弧”的功能将轨迹线描述出来。方法如下：

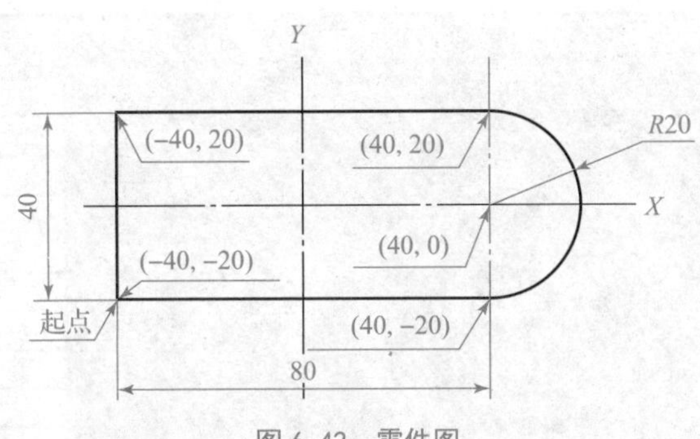

图 6-42 零件图

进入“全绘编程”界面后，单击“绘直线”按钮，进入“绘直线”功能，在这一功能表中有一个功能为“取轨迹新起点”，在本部分的约定中对轨迹线的定义是：具有起点和终点的曲线段。在绘直线前先要确定一个起点，用这个子功能就是来确定起点的。系统开始的默认起点为（0，0），如图 6-43 所示。

在如图 6-43 所示的这个例子中我们先用此功能定义起点为（−40，−20）；再单击“直线：终点”按钮，在对话提示框中输入“40”“−20”后回车，便绘出了一条平行于 X 轴的轨迹线，如图 6-43 所示，此轨迹的起点已变为（40，−20）。单击“退出 .... 回车”按钮，退出“绘直线”功能。

学习笔记

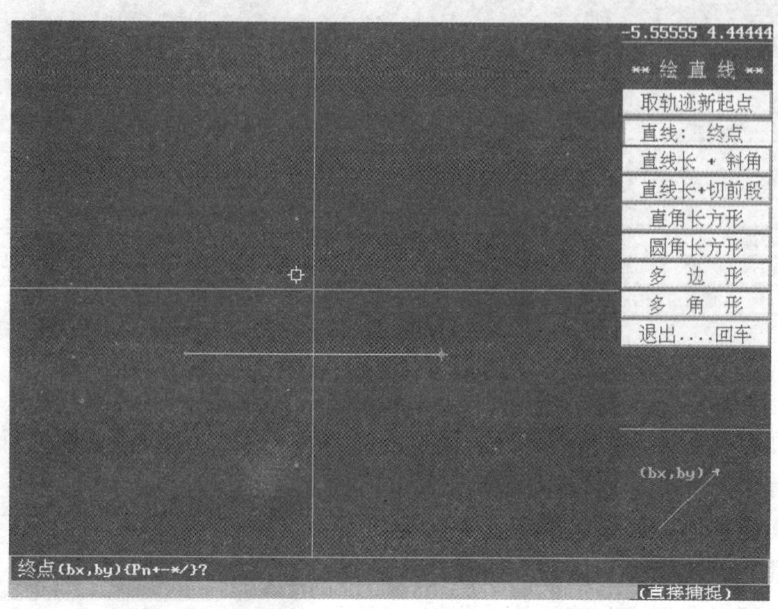

图 6-43 绘直线

单击“绘圆弧”按钮，执行“绘圆弧”功能，再单击“逆圆：终点＋圆心”或“逆圆：终点＋半径”按钮，执行其子功能。在这里我们用“逆圆：终点＋半径”子功能，在对话提示框中依次输入“40”“20”后回车，再输入“R20”后回车，结果如图 6-44 所示。

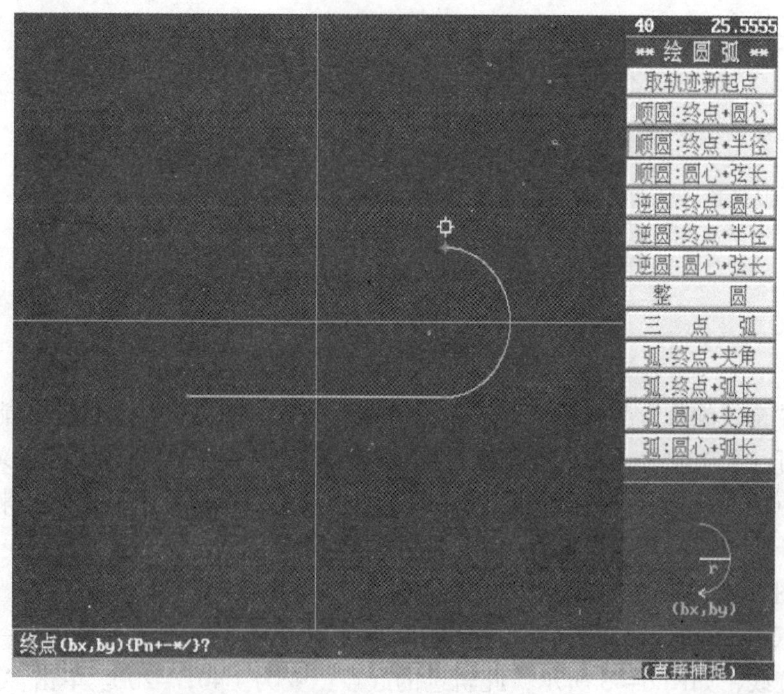

图 6-44 绘圆弧

退出此子功能，再执行“绘直线”功能，用“直线：终点”子功能接着绘出剩下的两条轨迹线，从而完成此图形的绘制工作。最后再进行“引入线引出线”等操作。

以上是通过“绘直线”“绘圆弧”这两个功能来绘图的方法。在实际的编程应用中，这一方法可以和前一例子所用的方法结合起来使用，会使编程速度大大提高。

技能点 2 线切割机床操作

在熟悉和掌握“全绘编程”界面操作后，接下来我们将以一个艺术图形的加工为例，介绍线切割机床加工操作步骤，见表 6–5。

表 6–5 线切割机床加工步骤

步骤	加工内容	操作示意（结果）图
1	分析零件图，确定装夹位置及走刀路线	
2	通过绘编软件完成图形绘制并生成加工程序	

学习笔记

续表

步骤	加工内容	操作示意（结果）图
3	进入加工界面，调取加工程序并校验	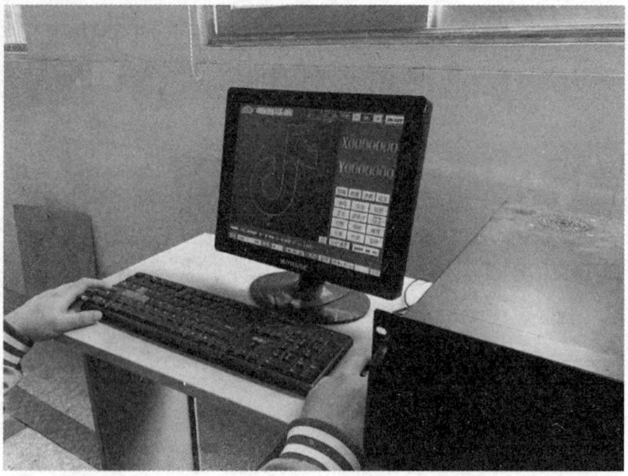
4	调整加工参数	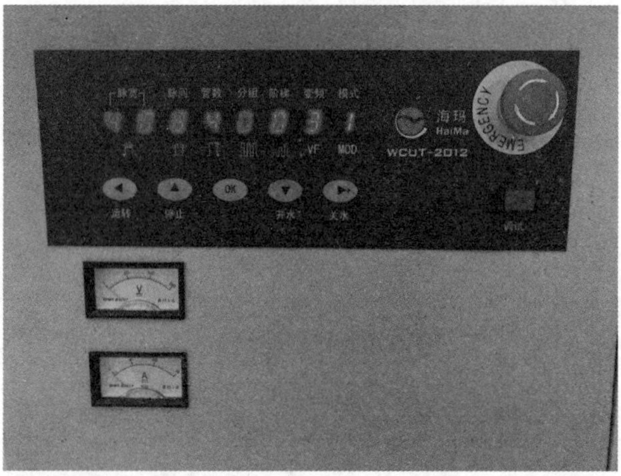
5	检查机床，调试工作液，找正电极丝，装夹工件并找正	

续表

步骤	加工内容	操作示意（结果）图
6	对刀	
7	切割加工	
8	加工完毕，检验	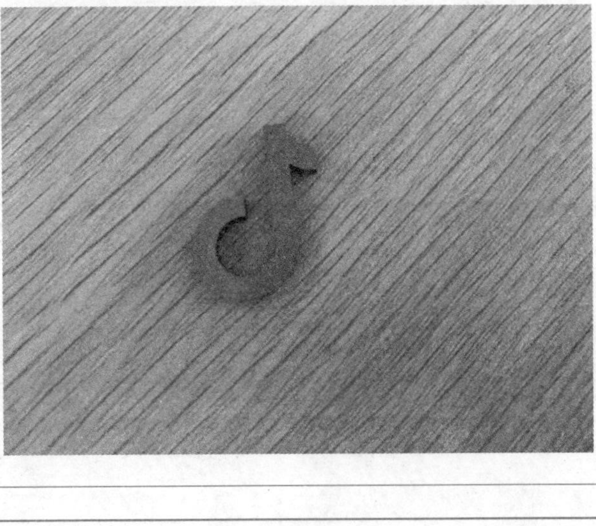

学习笔记

学习笔记

续表

步骤	加工内容	操作示意（结果）图
9	机床维护与保养	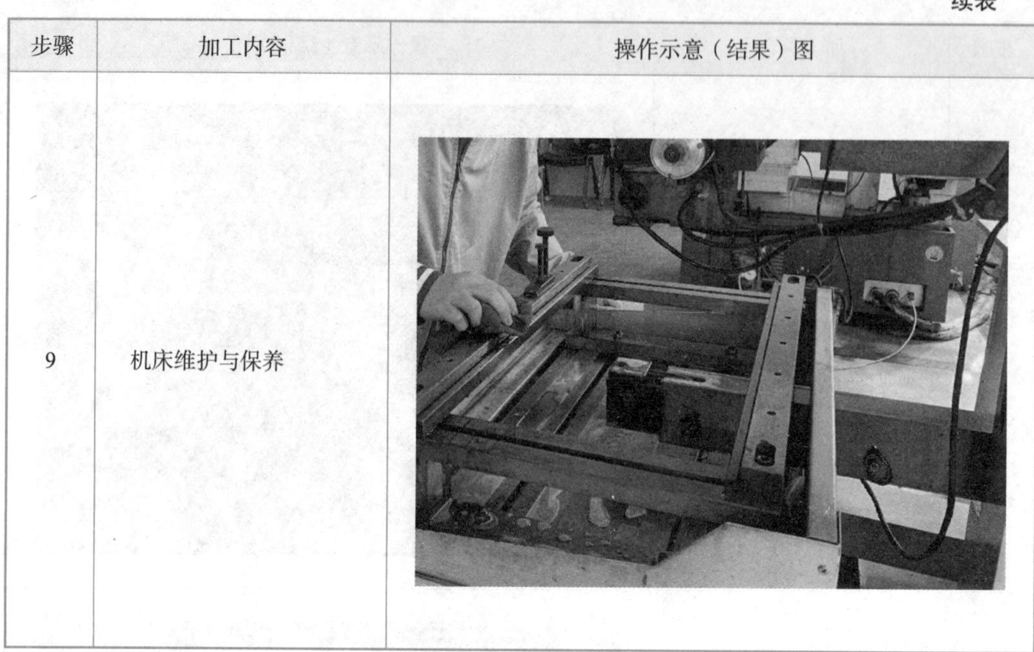

考核评价

考核内容：职业素养、基本知识、基本技能、任务实施、工作态度、纪律出勤、团队合作能力等。

评价方式：教师考核、小组成员相互考核。

任务考核评价				
考核项目	序号	考核内容	权重	评价分值（总分 100）
职业素养	1	纪律、出勤	0.1	
	2	工作态度、团队精神	0.1	
基本知识与技能	3	基本知识	0.1	
	4	基本技能	0.1	
任务实施能力	5	线切割自动编程软件使用	0.2	
	6	线切割机床加工操作方法	0.2	
	7	线切割产品零件质量精度	0.2	
总体评价	成绩：	教师：	日期：	

拓展阅读

学习笔记

电火花线切割机床的由来

电火花线切割机床（Wire cut Electrical Discharge Machining，WEDM）属电加工范畴，1960 年发明于苏联，我国是第一个用于工业生产的国家。苏联拉扎林科夫妇研究开关触点受火花放电腐蚀损坏的现象和原因时，发现电火花的瞬时高温可以使局部的金属熔化、氧化而被腐蚀掉，从而开创和发明了电火花加工方法。

往复走丝电火花线切割机床的走丝速度为 6 ~ 12 m/s，是我国独创的机种。1970 年 9 月由第三机械工业部所属国营长风机械总厂，即现在的苏州长风机电科技有限公司研制成功的数字程序自动控制线切割机床，为该类机床在国内的首创。1972 年，第三机械工业部对工厂生产的 CKX 数控线切割机床进行技术鉴定，认为已经达到当时国内先进水平。1973 年，按照第三机械工业部的决定，编号为 CKX1 的数控线切割机床开始投入批量生产。1981 年 9 月成功研制出具有锥度切割功能的 DK3220 型坐标数控机床，产品的最大特点是具有 1.5° 锥度切割功能，完成了线切割机床的重大技术改进。随着大锥度切割技术的逐步完善，变锥度、上下异形的切割加工也取得了很大的进步。随着大厚度切割技术的突破，横剖面及纵剖面精度有了较大提高，加工厚度可超过 1 000 mm 以上，使往复走丝线切割机床更具有一定的优势，同时满足了国内外客户的需求。这类机床的数量正以较快的速度增长，由原来年产量 2 000 ~ 3 000 台上升到年产量数万台，目前全国往复走丝线切割机床的存量已达 20 余万台，应用于各类中、低档模具的制造和特殊零件的加工，成为我国数控机床中应用最广泛的机种之一。但由于往复走丝线切割机床不能对电极丝实施恒张力控制，故电极丝抖动大，在加工过程中易断丝。由于电极丝是往复使用，所以会造成电极丝损耗，加工精度和表面质量降低，低速走丝线切割机电极丝以铜线作为工具电极，一般以低于 0.2 m/s 的速度做单向运动。在铜线与铜、钢或超硬合金等被加工物材料之间施加 60 ~ 300 V 的脉冲电压，并保持 5 ~ 50 μm 的间隙，间隙中充满脱离子水（接近蒸馏水）等绝缘介质，使电极与被加工物之间发生火花放电并彼此被消耗、腐蚀，在工件表面上电蚀出无数的小坑，通过 NC 控制的监测和管控，伺服机构执行，使这种放电现象均匀一致，从而使被加工物成为合乎尺寸大小及形状精度要求的产品。目前精度可达 0.001 mm 级，表面质量也接近磨削水平。电极丝放电后不再使用，而且采用无电阻防电解电源，一般均带有自动穿丝和恒张力装置，其工作平稳、均匀、抖动小、加工精度高、表面质量好，但不宜加工大厚度工件。由于机床结构精密、技术含量高、机床价格高，因此使用成本也高。

学习笔记

项目自测

一、判断题

1. 利用电火花线切割机床不仅可以加工导电材料，还可以加工不导电材料。（　　）

2. 电火花线切割加工通常采用正极性加工。（　　）

3. 在慢走丝线切割加工中，由于电极丝不存在损耗，所以加工精度高。（　　）

4. 在设备维修中，利用电火花线切割加工齿轮，其主要目的是节省材料，提高材料的利用率。（　　）

5. 电火花线切割加工速度比电火花成形加工要快许多，所以电火花线切割加工零件的周期比较短。（　　）

6. 电火花线切割机床不能加工半导体材料。（　　）

7. 在型号为 DK7732 的数控电火花线切割机床中，其字母 K 属于机床特性代号，是数控的意思。（　　）

8. 在电火花线切割加工过程中，电极丝与工件间不会发生电弧放电。（　　）

9. 电火花线切割在加工厚度较大的工件时，脉冲宽度应选择较小值。（　　）

10. 只有当工件的六个自由度全部被限制时，才能保证加工精度。（　　）

二、填空题

1. 线切割加工编程时，计数长度的单位应为________________。

2. 在型号为 DK7632 的数控电火花线切割机床中，D 表示______________。

3. 在电火花加工中，连接两个脉冲电压之间的时间称为______________________。

4. 在电火花线切割加工中，为了保证理论轨迹的正确，偏移量等于____________与____________之和。

5. 在火花放电的作用下，电极材料被蚀除的现象称为__________________。

6. 快走丝线切割最常用的加工波形是________________________。

7. ________电源是高速走丝和低速走丝两种线切割机床使用效果比较好的电源，比较有发展前途。

8. 在加工冲孔模具时，为了保证孔的尺寸，应将配合间隙加在______________上。

9. 电火花线切割机床控制系统的功能包括__________和__________。

10. 电极丝的进给速度大于材料的蚀除速度，致使电极丝与工件接触不能正常放电，称为__________。

三、问答题

1. 简述数控电火花线切割机床的加工原理。

2. 电火花线切割机床有哪些常用的功能？

3. 数控电火花线切割机床适合加工什么样的材料和工件？

4. 在什么情况下需要加工穿丝孔？为什么？

5. 电火花线切割加工的主要工艺指标有哪些？影响表面粗糙度的主要因素有

哪些?

6．什么叫放电间隙?它对线切割加工的工件尺寸有何影响?通常情况下放电间隙取多大?

7．使用HF线切割软件完成如图6-45所示零件的线切割加工。

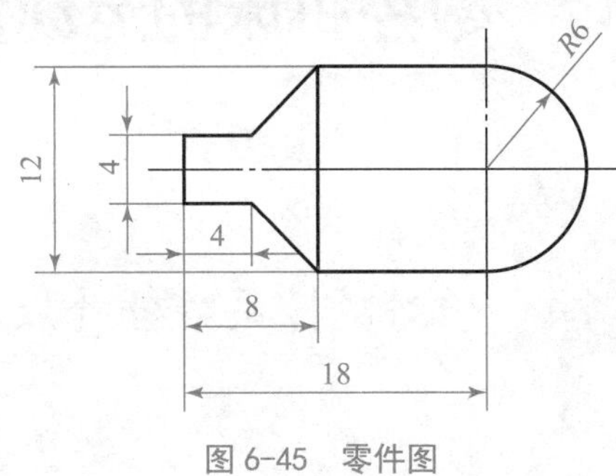

图6-45 零件图

学习笔记

AR资源

学习笔记

项目七　数控机床的运动控制

任务1　学习数控系统插补原理

数控机床的单个工作轴只能做直线或者是旋转运动，刀具不能严格地按照要求做曲线运动，要实现刀具相对工件的某种运动轨迹，只能用折线轨迹逼近所要加工的曲线。这种由数控系统根据程序信息，将程序段所描述的曲线起点、终点间的空间进行数据密化，从而形成要求轮廓轨迹的过程就是插补。那么数控系统到底是如何开展插补运算的呢?

知识点 1　什么是插补

加工平面直线或曲线需要两个坐标协调运动，对于空间曲线或曲面则需要三个或三个以上的坐标协调运动，才能走出其轨迹。这里所说的协调运动就是坐标轴联动，协调决定着联动过程中各坐标轴的运动顺序、位移、方向和速度。

在数控加工中，一般已知运动轨迹的起点坐标、终点坐标和曲线方程，如何使切削加工运动沿着预定轨迹移动呢？数控系统可根据这些信息实时地计算出各个中间点的坐标，通常把这个过程称为“插补”（Interpolation）。

插补计算就是数控系统根据输入的基本数据（如直线的终点坐标、圆弧的起点、圆心、终点坐标、进给速度），通过计算，将工件轮廓的形状描述出来，并且边计算边根据计算结果向各坐标发出进给指令。因此，插补即是插入、补上中间数据，其实质是根据有限的信息完成“数据点的密化”工作。由于每个中间点计算的时间直接影响数控装置的控制速度，而插补中间点的计算精度又影响到整个数控系统的精度，所以插补算法对整个数控系统的性能至关重要，也就是说数控装置控制软件的核心是插补器。

插补的方法很多，根据插补器结构的不同，分为硬件插补和软件插补。在 CNC 系统中，插补工作一般由软件完成，软件插补结构简单、灵活易变、可靠性高，现代数控系统多采用软件插补。按数学模型来分，有一次（直线）插补、二次（圆、抛物线等）插补及高次曲线插补等，大多数控机床的数控系统具有直线、圆弧插补功能。直线插补是零件程序提供直线段的起点、终点坐标，数控装置将这两点之间的空间进行数据密化，用一个个输出脉冲把空间填补起来，从而形成要求的直线轨迹。圆弧插补是零件程序提供圆弧起点、终点、圆心坐标，数控装置将起点、终点之间的空间进行数据密化，用一个个脉冲把这一空间填补成近似理想的圆弧，即对圆弧段进行数据密化。根据插补原理和计算方法的不同，目前普遍应用基准脉冲插补和数据采样插补两类插补方法。

基准脉冲插补又称为脉冲增量插补，适用于以步进电动机为驱动的开环数控系统，这类插补算法以脉冲形式输出，每插补运算一次，最多给每一轴一个进给脉冲。把每次插补运算产生的指令脉冲输出到伺服系统，以驱动工作台运动，每发出一个脉冲，工作台移动一个基本长度单位，也叫脉冲当量，通常用 δ 表示。脉冲当量 δ 是脉冲分配的基本单位，按机床设计的加工精度选定，普通精度的机床取 δ=0.01 mm，较精密的机床取 δ=1μm 或 0.1μm。

基准脉冲插补就是分配脉冲的计算，在插补过程中不断向各坐标轴发出相互协调的进给脉冲，控制机床坐标做相应的移动。

基准脉冲插补算法中较为成熟并得到广泛应用的有逐点比较法和数字积分法等。

知识点 2　逐点比较插补法

1. 逐点比较法插补原理

逐点比较法又称为区域判别法或醉步式近似法，它的基本原理是：逐点比较刀具与编程轮廓之间的相对位置，并根据比较结果决定下一步的进给方向，使刀具向减少偏差的方向移动，而且每次只有一个方向移动，周而复始，直至全部结束，从而获得一个非常接近于编程轮廓的轨迹。

利用逐点比较法进行插补，每进一步都要经过四个工作步骤，如图 7–1 所示。

1）偏差判别

根据偏差值的符号，判别当前刀具相对于零件轮廓的位置偏差，以此决定刀具移动的方向。

2）坐标进给

根据偏差判别的结果，控制相应的坐标轴进给一步，使刀具向零件轮廓靠拢。

3）偏差计算

刀具进给一步后，针对刀具新的位置计算新的偏差值，为下一次判别做准备。

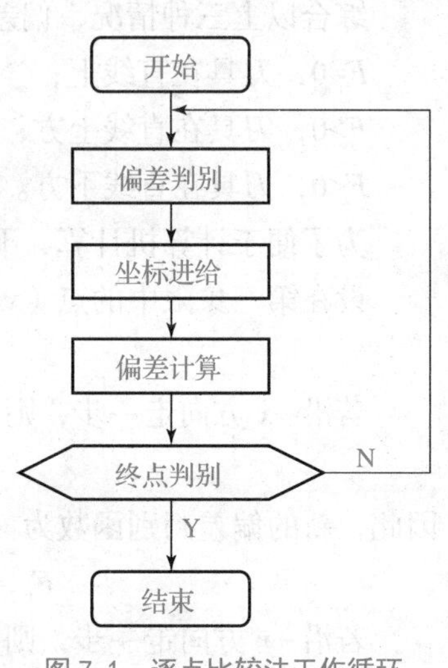

图 7–1　逐点比较法工作循环

学习笔记

4）终点判别

刀具进给一步后，需要判别刀具是否已经到达零件轮廓的终点。如果已经到达终点，则停止插补过程；否则返回到第 1）步，重复上述四个工作步骤。

逐点比较法可以实现直线插补，也可以实现圆弧插补。这种插补法的特点是运算直观，插补误差小于一个脉冲当量，输出脉冲均匀，速度变化小，调节方便。

2. 直线插补

1）偏差计算

设被加工直线 OE 位于 xOy 平面的第一象限内，起点为坐标原点，终点为 E（x_e，y_e），如图 7-2 所示。

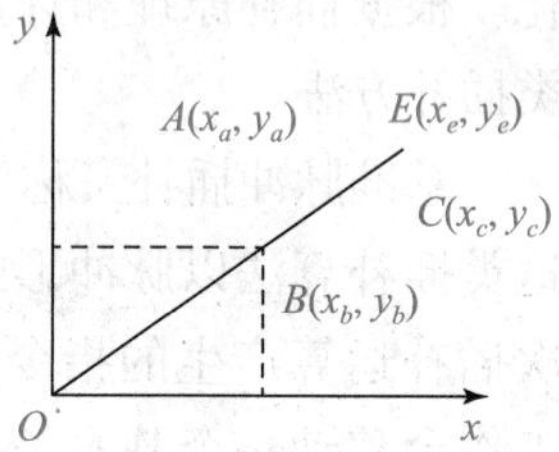

图 7-2 直线方程

直线方程为

$$x/y-x_e/y_e=0$$

改写为

$$yx_e-xy_e=0$$

直线插补时，所在位置可能有三种情况：位于直线的上方（如 A 点），位于直线的下方（如 C 点），在直线上（如 B 点）。

对于位于直线上方的点 A（x_a，y_a），则有

$$y_ax_e-x_ay_e>0$$

对于位于直线下方的点 C（x_c，y_c），则有

$$y_cx_e-x_cy_e<0$$

对于位于直线上的点 B（x_b，y_b），则有

$$y_bx_e-x_by_e=0$$

因此可以取偏差判别函数 F 为

$$F=yx_e-xy_e$$

用此式来判别刀具和直线的偏差。

综合以上三种情况，偏差判别函数 F 与刀具位置有以下关系：

$F=0$，刀具在直线上；

$F>0$，刀具在直线上方；

$F<0$，刀具在直线下方。

为了便于计算机计算，下面将 F 的计算简化如下：

设在第一象限中的点（x_i，y_i）的 F 值为 F_i，则

$$F_i=y_ix_e-x_iy_e$$

若沿 $+x$ 方向走一步，则

$$x_{i+1}=x_i+1，y_{i+1}=y_i$$

因此，新的偏差判别函数为

$$F_{i+1}=y_{i+1}x_e-x_{i+1}y_e=y_ix_e-（x_i+1）y_e=F_i-y_e$$

若沿 $+y$ 方向走一步，则

$$x_{i+1}=x_i,\ y_{i+1}=y_i+1$$

则新的偏差判别函数为

$$F_{i+1}=y_{i+1}x_e-x_{i+1}y_e=(y_i+1)x_e-x_iy_e=F_i+x_e$$

2）坐标进给

第一象限直线偏差判别函数与进给方向的关系如下：

$F\geqslant 0$，沿 $+x$ 方向走一步，$F\leftarrow F-y_e$；

$F<0$，沿 $+y$ 方向走一步，$F\leftarrow F+x_e$。

3）终点判别

每进给一步后，都要进行一次终点判别，以确定是否到达直线终点。

直线插补的终点判别可采用两种方法：

（1）把每个程序段中的总步数求出来，即 $n=|x_e|+|y_e|$，每走一步则 $n-1$，直到 $n=0$ 时为止；

（2）每走一步判断 $x_i-x_e\geqslant 0$，且 $y_i-y_e\geqslant 0$ 是否成立，如果成立，则插补结束。

4）直线插补软件流程图

逐点比较法第一象限直线插补软件流程如图 7-3 所示。

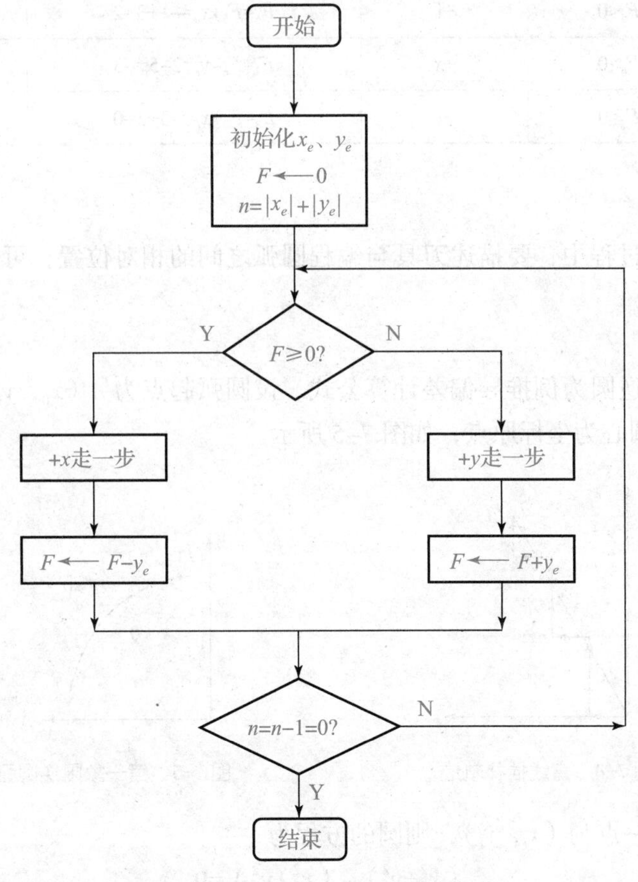

图 7-3　第一象限直线插补软件流程

学习笔记

学习笔记

5）直线插补举例

［例 7-1］ 设欲加工第一象限直线 OE，终点坐标为 x_e=3，y_e=5，用逐点比较法加工直线 OE。

解：

$$n=3+5=8$$

开始时刀具在直线起点，即在直线上，故 F_0=0，表 7-1 列出了直线插补运算过程，插补轨迹如图 7-4 所示。

表 7-1 直线插补运算过程

序号	偏差判别	进给方向	偏差计算	终点判断
0			$F_0=0$	
1	$F=0$	$+x$	$F_1=F_0-y_e=0-5=-5$	$n=8-1=7$
2	$F_1<0$	$+y$	$F_2=F_1+x_e=-5+3=-2$	$n=7-1=6$
3	$F_2<0$	$+y$	$F_3=F_2+x_e=-2+3=1$	$n=6-1=5$
4	$F_3>0$	$+x$	$F_4=F_3-y_e=1-5=-4$	$n=5-1=4$
5	$F_4<0$	$+y$	$F_5=F_4+x_e=-4+3=-1$	$n=4-1=3$
6	$F_5<0$	$+y$	$F_6=F_5+x_e=-1+3=2$	$n=3-1=2$
7	$F_6>0$	$+x$	$F_7=F_6-y_e=2-5=-3$	$n=2-1=1$
8	$F_7<0$	$+y$	$F_8=F_7+x_e=-3+3=0$	$n=1-1=0$

3. 圆弧插补

在圆弧加工过程中，要描述刀具与编程圆弧之间的相对位置，可用动点到圆心的距离大小来反映。

1）偏差计算

以第一象限逆圆为例推导偏差计算公式。设圆弧起点为 $A(x_0, y_0)$，终点坐标为 $B(x_e, y_e)$，以圆心为坐标原点，如图 7-5 所示。

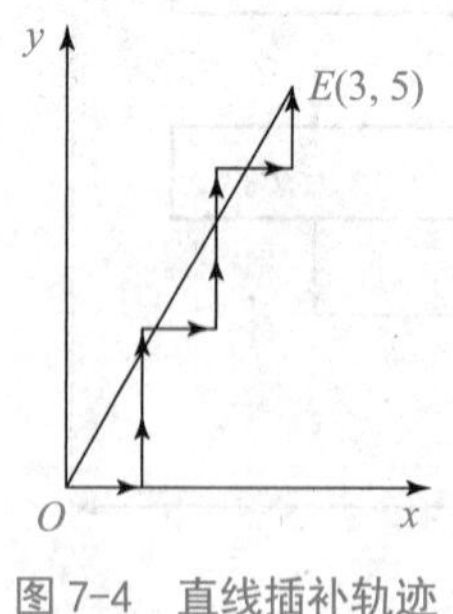

图 7-4 直线插补轨迹

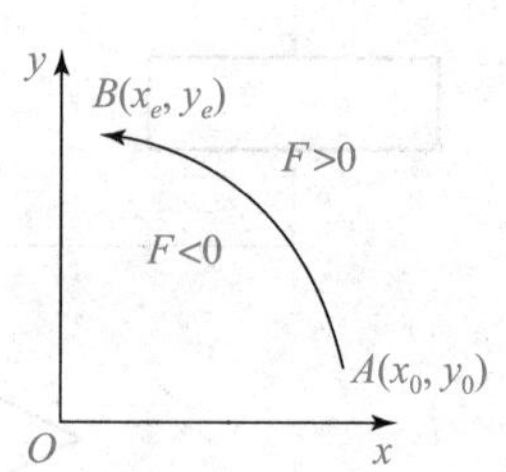

图 7-5 第一象限逆圆弧

设圆上任意一点为 (x_i, y_i)，则圆的方程为

$$(x_i^2+y_i^2)-(x_0^2+y_0^2)=0$$

取偏差函数为

$$F=(x_i^2+y_i^2)-(x_0^2+y_0^2)$$

若 $F=0$，则动点在圆弧上；

若 $F>0$，则动点在圆弧外侧；

若 $F<0$，则动点在圆弧内侧。

设在第一象限中的点（x_i，y_i）的 F 值为 F_i，则

$$F_i=(x_i^2+y_i^2)-(x_0^2+y_0^2)$$

若动点沿 $-x$ 方向走一步，则

$$x_{i+1}=x_i-1,\ y_{i+1}=y_i$$

$$F_{i+1}=(x_{i+1}^2+y_{i+1}^2)-(x_0^2+y_0^2)=(x_i-1)^2+y_i^2-(x_0^2+y_0^2)=F_i-2x_i+1$$

若动点沿 $+y$ 方向走一步，则

$$x_{i+1}=x_i,\ y_{i+1}=y_i+1$$

$$F_{i+1}=(x_{i+1}^2+y_{i+1}^2)-(x_0^2+y_0^2)=x_i^2+(y_i+1)^2-(x_0^2+y_0^2)=F_i+2y_i+1$$

2）坐标进给

第一象限逆圆偏差判别函数 F 与进给方向的关系如下：

$F\geqslant 0$，沿 $-x$ 方向走一步，

$$F\leftarrow F-2x+1$$

$$x\leftarrow x-1$$

$F<0$，沿 $+y$ 方向走一步，

$$F\leftarrow F+2y+1$$

$$y\leftarrow y+1$$

3）终点判别

圆弧插补时每进给一步也要进行一次终点判别，其方法与直线插补相同。

4）圆弧插补软件流程图

逐点比较法第一象限逆圆插补软件流程如图 7–6 所示。

5）圆弧插补举例

［例 7–2］ 设 AB 为第一象限逆圆弧，起点为 A（5，0），终点为 B（0，5），用逐点比较法加工圆弧 AB。

解：

$$n=|5-0|+|0-5|=10$$

开始加工时刀具在起点，即在圆弧上，$F_0=0$。加工运算过程见表 7–2，插补轨迹如图 7–7 所示。

4. 插补象限和圆弧走向处理

以上介绍的直线插补和圆弧插补均是针对第Ⅰ象限直线和第Ⅰ象限逆圆弧这种特定情况进行的。但实际上，任何机床都必须具备处理不同象限、不同走向轮廓曲线的能力，而此时其插补计算公式和脉冲进给方向都是不同的，一般可做如下处理。

学习笔记

学习笔记

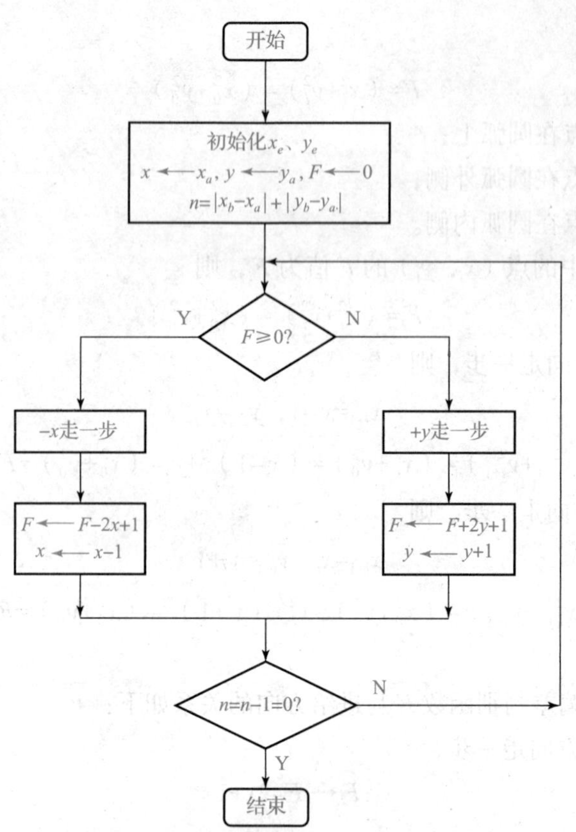

图 7-6　逐点比较法第一象限逆圆软件流程

表 7-2　圆弧插补运算过程

序号	偏差判别	进给方向	偏差计算		终点判断
0			$F_0=0$	$x_0=5$，$y_0=0$	$n=10$
1	$F_0=0$	$-x$	$F_1=F_0-2x+1=0-2\times5+1=-9$	$x_1=4$，$y_1=0$	$n=10-1=9$
2	$F_1<0$	$+y$	$F_2=F_1+2y+1=-9+2\times0+1=-8$	$x_2=4$，$y_2=1$	$n=9-1=8$
3	$F_2<0$	$+y$	$F_3=-8+2\times1+1=-5$	$x_3=4$，$y_3=2$	$n=8-1=7$
4	$F_3<0$	$+y$	$F_4=-5+2\times2+1=0$	$x_4=4$，$y_4=3$	$n=7-1=6$
5	$F_4=0$	$-x$	$F_5=0-2\times4+1=-7$	$x_5=3$，$y_5=3$	$n=6-1=5$
6	$F_5<0$	$+y$	$F_6=-7+2\times3+1=0$	$x_6=3$，$y_6=4$	$n=5-1=4$
7	$F_6=0$	$-x$	$F_7=0-2\times3+1=-5$	$x_7=2$，$y_7=4$	$n=4-1=3$
8	$F_7<0$	$+y$	$F_8=-5+2\times4+1=4$	$x_8=2$，$y_3=5$	$n=3-1=2$
9	$F_8>0$	$-x$	$F_9=4-2\times2+1=1$	$x_9=1$，$y_9=5$	$n=2-1=1$
10	$F_9>0$	$-x$	$F_7=1-2\times1+1=0$	$x_{10}=0$，$y_{10}=5$	$n=1-1=0$

1）四象限直线插补

现将第Ⅰ、Ⅱ、Ⅲ、Ⅳ象限内的直线分别记为L_1、L_2、L_3、L_4；对于起点不在原点的直线可以采用坐标平移的方法使其起点在原点。仿照第Ⅰ象限直线插补的情况，推出 4 个象限直线插补的进给方向，如图 7-8 所示。

2）四象限圆弧插补

对于圆弧，用“S”表示顺圆、“N”表示逆圆，结合象限的区别可获得 8 种圆弧形式，4 个象限顺圆弧可表示为 SR_1、SR_2、SR_3、SR_4；4 个象限逆圆弧可表示为 NR_1、NR_2、NR_3、NR_4。对于圆心不在原点的圆弧，同样可以采用坐标平移的方法使其圆心在原点。仿照第 I 象限逆圆弧插补的情况，推出 4 个象限圆弧插补的进给方向，如图 7-9 所示。

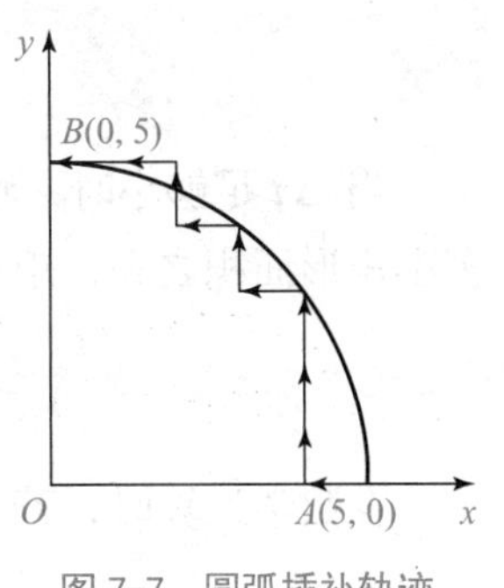

图 7-7 圆弧插补轨迹

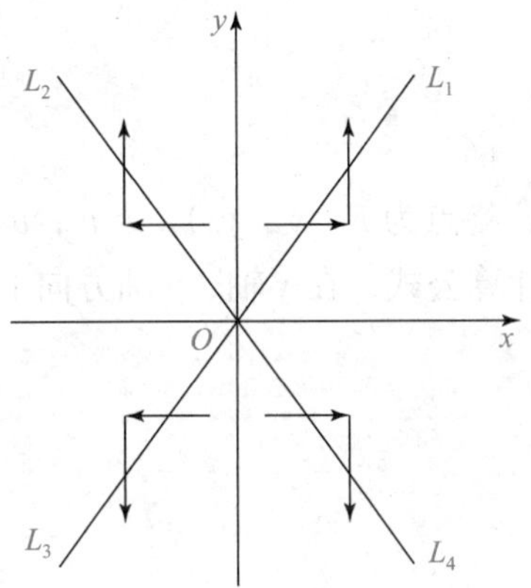

图 7-8 四象限直线插补进给方向

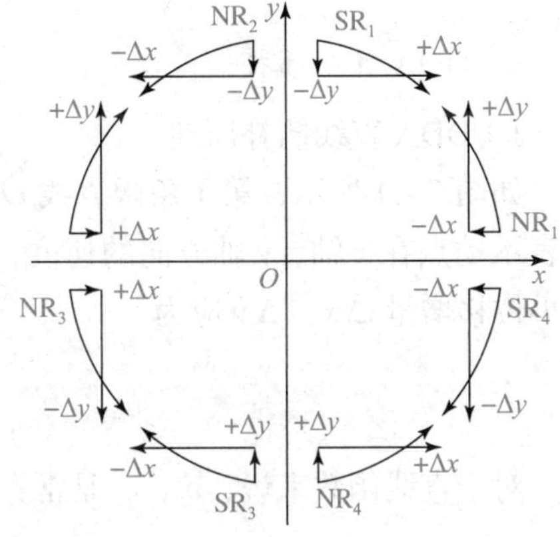

图 7-9 四象限圆弧插补进给方向

此外，对于跨越几个象限的圆弧插补，还要考虑过象限问题。此时，可根据圆弧过象限时必有一个坐标值为零，以及圆弧过象限时圆弧走向不变（即逆圆弧过象限的转换顺序是：$NR_1 \rightarrow NR_2 \rightarrow NR_3 \rightarrow NR_4 \rightarrow NR_1 \rightarrow \cdots$；顺圆弧过象限的转换顺序是：$SR_1 \rightarrow SR_2 \rightarrow SR_3 \rightarrow SR_4 \rightarrow SR_1 \rightarrow \cdots$）的原则，调用不同的插补算法。在终点判别方法上，需要采用终点坐标法，判别 $x_e-x_i=0$ 和 $y_e-y_i=0$ 成立与否，若成立，则停止插补，否则继续。

知识点 3 数字积分插补法

数字积分法又称数字微分分析法 DDA（Digital Differential Analyzer）。数字积分法具有运算速度快、脉冲分配均匀，不仅可以实现一次、二次甚至高次曲线的插补，而且易于实现多坐标联动及描绘平面各种函数曲线的特点，应用比较广泛。其缺点是速度调节不便，插补精度需要采用一定措施才能满足要求。由于计算机有较强的功能和灵活性，故采用软件插补时可克服上述缺点。

根据积分法的基本原理，函数 $y=f(x)$ 在 t_0–t_n 区间的积分就是该函数曲线与横坐标 t 在区间（t_0–t_n）所转成的面积，如图 7-10 所示。

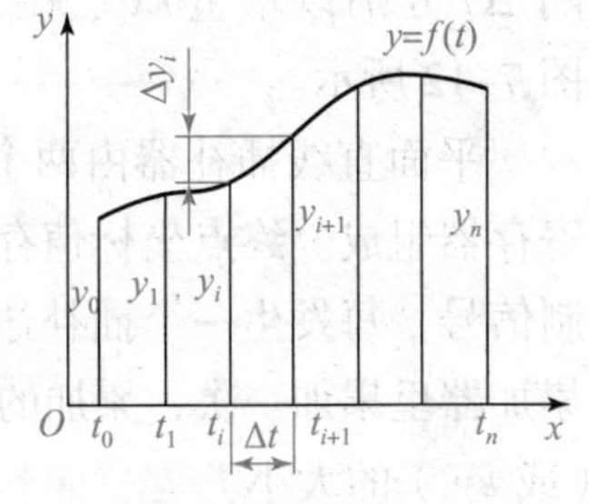

图 7-10 函数 $y=f(x)$ 的积分

学习笔记

$$S = \int_{t_0}^{t_n} f(t)\,\mathrm{d}t$$

当 Δt 足够小时，将区间 t_0–t_n 划分为间隔为 Δt 的子区间，则此面积可以看作是许多小矩形面积之和，矩形的宽为 Δt，高为 y_i。

$$S = \int_{t_0}^{t_n} y_i \mathrm{d}y = \sum_{i=1}^{n} y_i \Delta t$$

在数学运算时，若 Δt 取为最小的基本单位“1”，则上式可简化为

$$S = \sum_{i=1}^{n} y_i$$

1. DDA 直线插补

1）DDA 直线插补原理

如图 7–11 所示，第Ⅰ象限直线 OE，起点在原点，终点为 $E(x_e, y_e)$。令 v_x，v_y 分别表示动点在 x 轴、y 轴方向的速度，根据积分原理计算公式，在 x 轴、y 轴方向上的微小位移增量 Δx、Δy 应为

$$\Delta x = v_x \Delta t$$

$$\Delta y = v_y \Delta t$$

对于直线函数来说，v_x、v_y 是常数，则下式成立：

$$\frac{v}{OE} = \frac{v_x}{x_e} = \frac{v_y}{y_e} = k$$

式中，k——比例系数。

因此坐标轴的位移增量为

$$\Delta x = kx_e \Delta t$$

$$\Delta y = ky_e \Delta t$$

各坐标轴的位移量为

$$\begin{cases} x = \int_0^t kx_e \mathrm{d}t = k\sum_{i=1}^{n} x_e \Delta t \\ y = \int_0^t ky_e \mathrm{d}t = k\sum_{i=1}^{n} y_e \Delta t \end{cases}$$

所以，动点从原点走向终点的过程，可以看作是各坐标每经过一个单位时间间隔 Δt 分别以增量 kx_e、ky_e 同时累加的结果，据此可以作出直线插补器原理图，如图 7–12 所示。

平面直线插补器由两个数字积分器组成，每个坐标的积分器由累加器和被积函数寄存器组成。终点坐标值存在被积函数寄存器中，Δt 相当于插补控制脉冲源发出的控制信号，每发生一个插补迭代脉冲（即来一个 Δt），便使被积函数 kx_e 和 ky_e 向各自的累加器里累加一次，累加的结果有无溢出脉冲 Δx（或 Δy）取决于累加器的容量和 kx_e（或 ky_e）的大小。

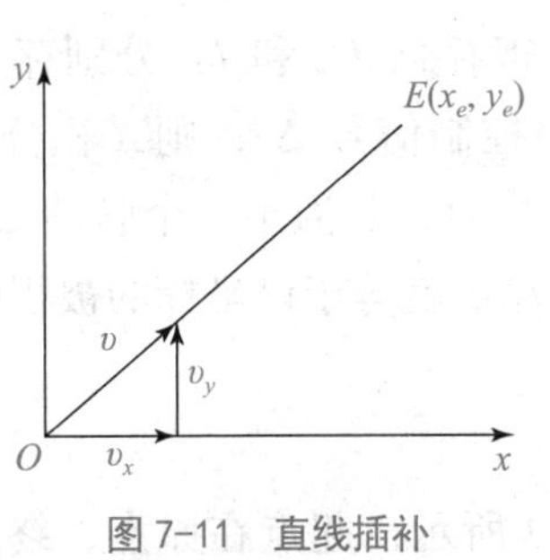

图 7-11　直线插补

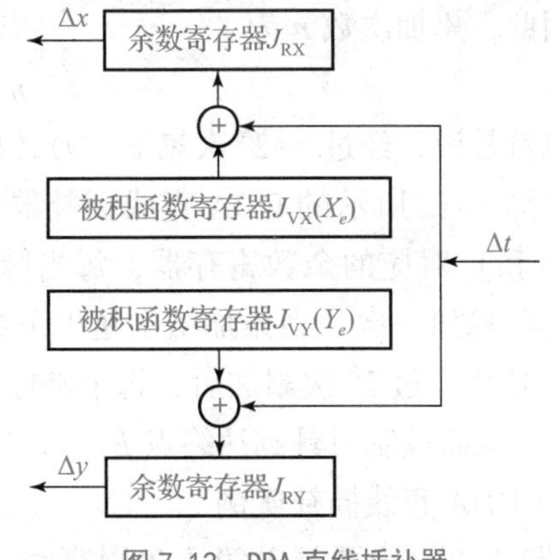

图 7-12　DDA 直线插补器

假设经过 n 次累加后（取 Δt=1），x 和 y 分别（或同时）到达终点（x_e，y_e），则下式成立：

$$\begin{cases} x = k\sum_{i=1}^{n} x_e\Delta t = kx_e n = x_e \\ y = k\sum_{i=1}^{n} y_e\Delta t = ky_e n = y_e \end{cases}$$

由此得到，nk=1，即 n=1/k。

上式表明比例常数 k 和累加（迭代）次数 n 的关系，由于 n 必须是整数，所以 k 一定是小数。

k 的选择主要考虑每次增量 Δx 或 Δy 不大于 1，以保证坐标轴上每次分配进给脉冲不超过一个，也就是说，要使下式成立：

$$\begin{cases} \Delta x = kx_e < 1 \\ \Delta y = ky_e < 1 \end{cases}$$

若取寄存器位数为 N 位，则 x_e 及 y_e 的最大寄存器容量为 2^N-1，故有

$$\begin{cases} \Delta x = kx_e = k(2^N - 1) < 1 \\ \Delta y = ky_e = k(2^N - 1) < 1 \end{cases}$$

所以

$$k < \frac{1}{2^N - 1}$$

一般取

$$k = \frac{1}{2^N}$$

可满足

$$\begin{cases} \Delta x = kx_e = \dfrac{2^N - 1}{2^N} < 1 \\ \Delta y = ky_e = \dfrac{2^N - 1}{2^N} < 1 \end{cases}$$

学习笔记

因此，累加次数 n 为

$$n=1/k=2^N$$

也就是说，经过 $n=2^N$ 次累加，刀具将正好到达终点 E。

在图 7–12 所示的 DDA 直线插补器中，被积函数寄存器 J_{VX} 和 J_{VY} 分别存放终点坐标 x_e 和 y_e 对应的余数寄存器，每当脉冲源发出一个控制信号 Δt，则 X 积分器和 Y 积分器各累加一次，当累加结果超出余数寄存器容量 2^N 时，就溢出一个脉冲 Δx（或 Δy），这样经过 2^N 次累加后，每个坐标轴的输出脉冲总数就等于该坐标的被积函数值 x_e 和 y_e，从而控制刀具到达终点 E。

2）DDA 直线插补实例

［例 7–3］ 设要插补第 I 象限直线 OE，如图 7–13 所示，起点在原点，终点为 E（4，6），设寄存器位数为 3 位，试用 DDA 法进行插补。

解：寄存器位数 $N=3$，则累加次数 $n=2^3=8$，插补前 $J_\Sigma=J_{RX}=J_{RY}=0$，$J_{VX}=x_e=4$，$J_{VY}=y_e=6$，其插补过程如表 7–3 所示，插补轨迹如图 7–13 所示。

表 7–3 DDA 直线插补运算过程

累加次数 n	X 积分器		Y 积分器		终点判别 J_Σ
	$J_{RX}+J_{VX}$	溢出 $+\Delta x$	$J_{RY}+J_{VY}$	溢出 $+\Delta y$	
起点	0	0	0	0	8
1	0+4=4	0	0+6=6	0	7
2	4+4=8+0	1	6+6=8+4	1	6
3	0+4=4	0	4+6=8+2	1	5
4	4+4=8+0	1	2+6=8+0	1	4
5	0+4=4	0	0+6=6	0	3
6	4+4=8+0	1	6+6=8+4	1	2
7	0+4=4	0	4+6=8+2	1	1
8	4+4=8+0	1	2+6=8+0	1	0

2. DDA 法圆弧插补

1）DDA 法圆弧插补原理

以第 I 象限逆圆 AE 为例，如图 7–14 所示，圆心在坐标原点 O，起点为 A（x_a，y_a），终点为 E（x_e，y_e），圆弧半径为 R，进给速度为 v，在两坐标轴上的速度分量为 v_x 和 v_y，动点为 N（x_i，y_i），则根据图中几何关系，有以下关系式：

$$\frac{v}{R}=\frac{v_x}{x_i}=\frac{v_y}{y_i}=k$$

在时间 Δt 内，在 x、y 轴上的位移增量分别为

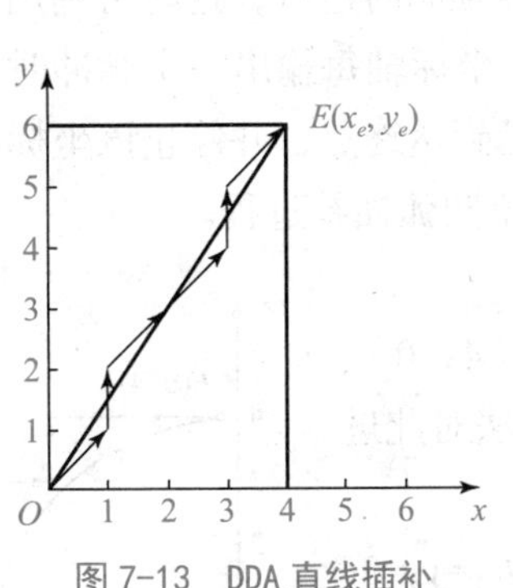

图 7-13　DDA 直线插补

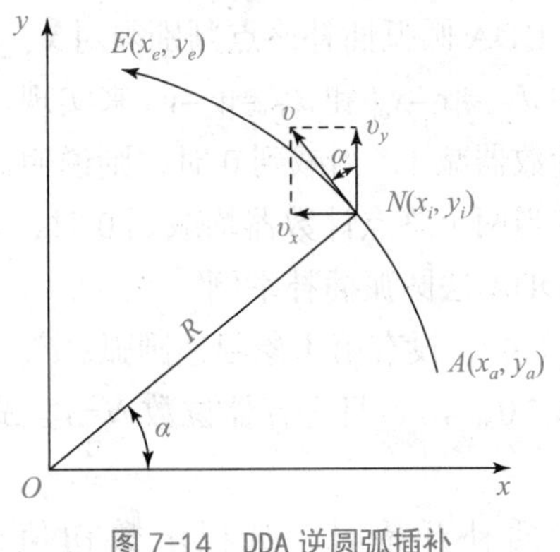

图 7-14　DDA 逆圆弧插补

$$\Delta x=-v_x\Delta t=-ky_i\Delta t$$

$$\Delta y=v_y\Delta t=kx_i\Delta t$$

式中，由于第Ⅰ象限逆圆对应 x 轴坐标值逐渐减小，所以 Δx 表达式中取负号，也就是说，v_x 和 v_y 均取绝对值，不带符号运算。

与 DDA 直线插补相类似，也可以用两个积分器来实现圆弧插补，如图 7-15 所示。但必须注意它与直线插补器相比有很大的区别。

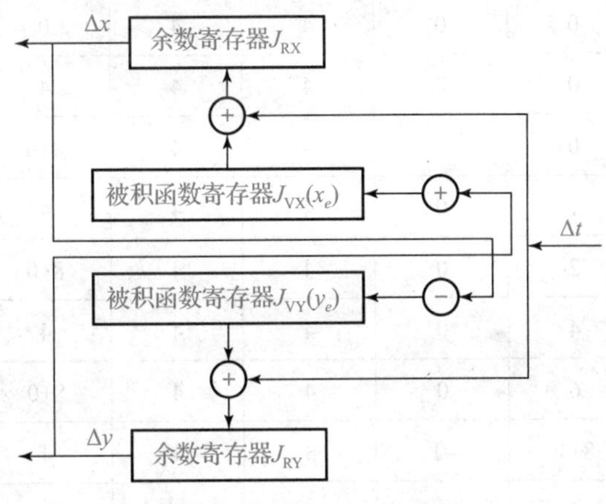

图 7-15　第Ⅰ象限 DDA 圆弧插补器

（1）被积函数寄存器 J_{VX}、J_{VY} 的内容不同。

圆弧插补时 J_{VX} 对应 y 轴坐标，J_{VY} 对应 x 轴坐标。

（2）被积函数寄存器中存放的数据形式不相同。

直线插补时，J_{VX} 和 J_{VY} 分别存放对应终点坐标值，对于给定的直线来说是一个常数；而在圆弧插补时，J_{VX} 和 J_{VY} 中存放的是动点坐标，属于一个变量，也就是说随着插补过程的进行，要及时修正 J_{VX} 和 J_{VY} 中的数据内容。例如，对于图 7-14 所示的 DDA 逆圆弧插补来说，在插补开始时，J_{VX} 和 J_{VY} 中分别存放起点坐标值，在插补过程中，每当 y 轴溢出一个脉冲（Δy），J_{VX} 对应“+1”；反之，每当 x 轴溢出一个脉冲（$-\Delta x$），J_{VY} 对应“−1”。至于何时取“+1”或“−1”，取决于动点 N 所在象限和圆弧的走向。图中的“+”和“−”就表示动点坐标的“+1”修正和“−1”修正关系。

学习笔记

（3）DDA 圆弧插补终点判别须对 x、y 两个坐标轴同时进行，这时可利用两个终点计数器中 $J_{\Sigma x}=|x_e-x_a|$ 和 $J_{\Sigma y}=|y_e-y_a|$ 来实现。当 x 或 y 坐标轴每输出一个脉冲时，则将相应终点计数器减 1，当减到 0 时，则说明该坐标轴已到达终点，并停止该坐标的累加运算。只有当两个终点计数器均减到 0 时，才结束整个圆弧插补过程。

2）DDA 法圆弧插补举例

［例 7-4］ 设有第 I 象限逆圆弧 AE，起点为 A（4，0）、终点为 E（0，4），且寄存器位数 N=3。试用 DDA 法对此进行插补。

解：插补开始时，被积函数初值分别为：$J_{VX}=y_a=0$，$J_{VY}=x_a=4$。寄存器位数 N=3，终点判别寄存器 $J_{\Sigma x}=|x_e-x_a|=4$，$J_{\Sigma y}=|y_e-y_a|=4$。其插补过程如表 7-4 所示，插补轨迹如图 7-16 所示。

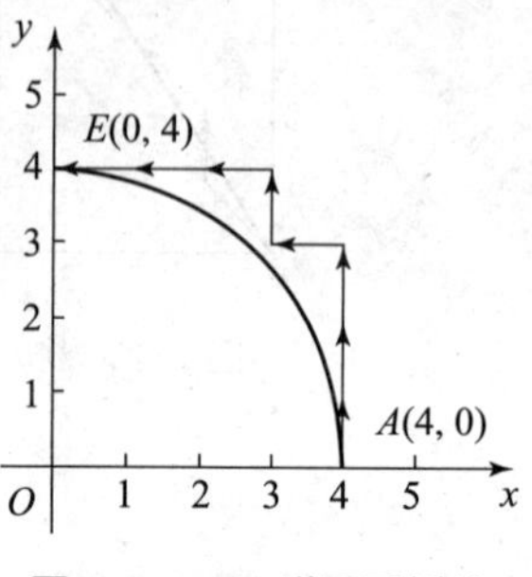

图 7-16 DDA 逆圆弧插补

表 7-4 DDA 圆弧插补运算过程

累加次数 n	X 积分器				Y 积分器			
	J_{VX}	J_{RX}	$+\Delta x$	$J_{\Sigma x}$	J_{VY}	J_{RY}	$+\Delta y$	$J_{\Sigma y}$
起点	0	0	0	4	4	0	0	4
1	0	0	0	4	4	4	0	4
2	0	0	0	4	4	8+0	1	3
3	1	1	0	4	4	4	0	3
4	1	2	0	4	4	8+0	1	2
5	2	4	0	4	4	4	0	2
6	2	6	0	4	4	8+0	1	1
7	3	8+1	–1	3	4	4	0	1
8	3	4	0	3	3	7	0	1
9	3	7	0	3	3	8+2	1	0
10	4	8+3	–1	2	3	停止		
11	4	7	0	2	2			
12	4	8+3	–1	1	2			
13	4	7	0	1	1			
14	4	8+3	–1	0	1			
15	4	7	0	0	0			

知识点4 数据采样插补法

1. 基本概念

1）数据采样法插补

数据采样法插补又叫时间分割法插补，它是以系统位置采样周期的整数倍为插补时间间隔，根据编程进给速度将零件轮廓曲线分割成一系列微小直线段ΔL，然后计算出每次插补与微小直线段对应的各坐标位置增量Δx，Δy，…，并分别输出到各坐标轴的伺服系统，用以控制各坐标轴的进给，完成整个轮廓段的插补的。

显然，数据采样法插补的每次输出结果不再是单个脉冲，而是一个数字量。所以，这类插补算法适用于以直流或交流伺服电动机作为执行元件的闭环或半闭环数控系统。

2）插补周期T_S与位置控制周期T_C

（1）插补周期T_S。

插补周期是相邻两个微小直线段之间的插补时间间隔。插补周期T_S必须大于插补运算时间和完成其他相关CNC任务所需时间之和，一般在10 ms左右。

（2）位置控制周期T_C。

位置控制周期是每两次时间间隔，即数控系统中位置控制环的采样控制周期，它是由位置反馈采样时间、执行部件的惯性、速度环的响应时间等决定的。一般来说，位置控制周期T_C大多在4～20 ms范围内选择。

（3）T_S和T_C的关系。

对于给定的某个数控系统而言，T_S和T_C是两个固定不变的时间参数。通常$T_S \geqslant T_C$，并且为了便于系统内部控制软件的处理，当T_S与T_C不相等时，则一般要求T_S是T_C的整数倍。这是由于插补运算较复杂，处理时间较长；数字控制算法较简单，处理时间较短，所以，每次插补运算的结果可供位置环多次使用。

2. 数据采样直线插补

1）数据采样直线插补基本原理

如图7-17所示，在xOy平面内的直线OE，起点为$O(0, 0)$，终点为$E(x_e, y_e)$，动点为$N_{i-1}(x_{i-1}, y_{i-1})$，编程进给速度为$F$，插补周期为$T_S$。根据数据采样法插补的有关定义，每个插补周期的进给步长为$\Delta L=FT_S$，根据几何关系，可求得插补周期内刀具在各坐标方向上的位移增量分别为

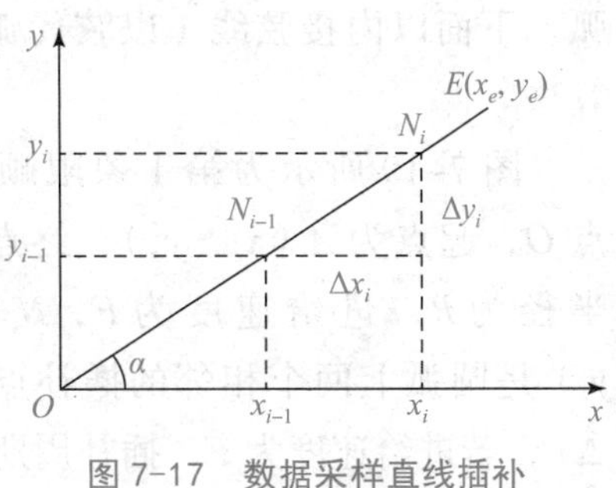

图7-17 数据采样直线插补

$$\Delta x_i = \frac{\Delta L}{L} x_e = k x_e$$

$$\Delta y_i = \frac{\Delta L}{L} y_e = k y_e$$

学习笔记

学习笔记

式中，L——直线段的长度，$L=\sqrt{x_e^2+y_e^2}$（mm）；

k——系数，$k=\Delta L/L=FT_S/L$。

新的动点 N_i 的坐标为

$$x_i=x_{i-1}+\Delta x_i=x_i+kx_e$$

$$y_i=y_{i-1}+\Delta y_i=y_i+ky_e$$

2）数据采样直线插补插补流程

通过分析可以看出，利用数据采样法来插补直线时，算法比较简单，一般可分为三个步骤。

（1）插补准备。

完成一些常量的计算工作，求出 $\Delta L=FT_S$，$L=\sqrt{x_e^2+y_e^2}$，$k=\Delta L/L$ 等的值，一般对于每个零件轮廓段仅执行一次。

（2）插补计算。

每个插补周期均执行一次，求出该周期对应坐标增量值（Δx_i，Δy_i）以及新的动点坐标值（x_i，y_i）。

（3）终点判别

通常根据插补余量（余量 $=\sqrt{(x_e-x_i)^2+(y_e-y_i)^2}$）的大小来判断是否到达终点，判别原则如下：

若余量 $^2\leqslant$ 步长 ^{2}，即

$$(x_e-x_i)^2+(y_e-y_i)^2\leqslant\Delta L^2$$

则即将到达终点，将剩余增量 $\Delta x_i=x_e-x_i$、$\Delta y_i=y_e-y_i$ 输出后，插补结束。软件插补流程如图 7–18 所示。

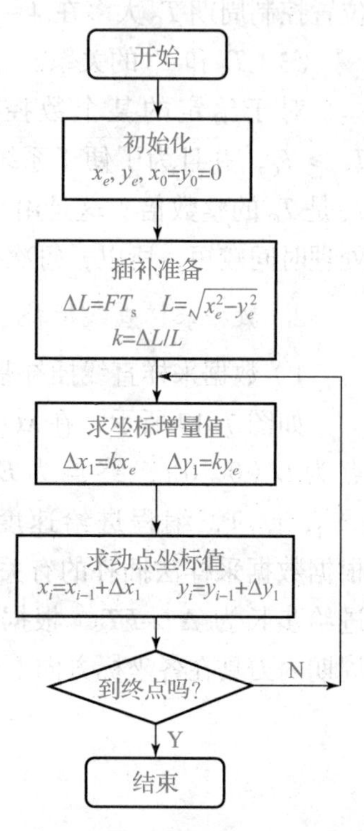

图 7–18　数据采样法直插补流程

3. 数据采样圆弧插补

1）数据采样圆弧插补基本原理

数据采样圆弧插补是在满足加工精度的前提下，用弦线或割线来实现圆弧进给，即用直线逼近圆弧。下面以内接弦线（以弦代弧）法为例，介绍插补算法。

图 7–19 所示为第 Ⅰ 象限顺圆弧，圆心为坐标原点 O，起点为 A（x_a，y_a），终点为 E（x_e，y_e），圆弧半径为 R，进给速度为 F，N_{i-1}（x_{i-1}，y_{i-1}），N_i（x_i，y_i）是圆弧上两个相邻的插补点，弦是弧对应的弦长 ΔL，若进给速度为 F，插补周期为 T_S，则有 $\Delta L=FT_S$。当刀具由 N_{i-1} 点进给到 N_i 点时，对应各坐标的增量为 Δx_i 和 Δy_i，M 为弦的中点，弦所对应的圆心角（步距角）为 θ。

由于图中 $|x_{i-1}| \leqslant |y_{i-1}|$，所以先求 Δx_i。根据几何关系得

$$\Delta x_i = \Delta L\cos\beta$$

而 $\beta = \alpha_{i-1} + \dfrac{\theta}{2}$，即

$$\cos\beta = \cos\left(\alpha_{i-1} + \frac{\theta}{2}\right) = \frac{y_m}{OM} \approx \frac{y_{i-1} + \dfrac{\Delta y_i}{2}}{R} \approx \frac{y_{i-1} + \dfrac{\Delta y_{i-1}}{2}}{R}$$

所以取 $\Delta x_i = \dfrac{\Delta L}{R}\left(y_{i-1} + \dfrac{1}{2}\Delta y_{i-1}\right)$。

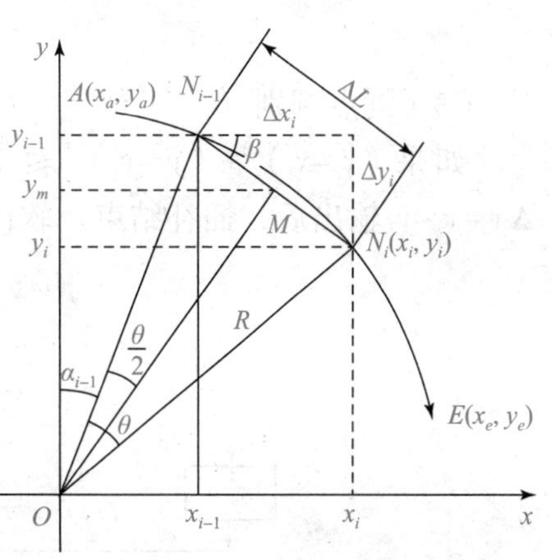

图 7-19　弦线法顺圆弧插补

又由于 N_i 点在圆弧上，所以 $x_i^2+y_i^2=R^2$，即

$$(x_{i-1}+\Delta x_i)^2+(y_{i-1}+\Delta y_i)^2=R^2$$

所以

$$\Delta y_i = -\left[y_{i-1} - \sqrt{R^2 - (x_{i-1} + \Delta x_i)^2}\right]$$

起点处

$$\Delta x_i = \Delta L\cos\left(\alpha_0 + \frac{\theta}{2}\right) \approx \Delta L\cos\alpha_0 = \Delta L\frac{y_a}{R}$$

$$\Delta y_i = \Delta L\sin\left(0 + \alpha_0 + \frac{\theta}{2}\right) \approx \Delta L\sin\alpha_0 = \Delta L\frac{x_a}{R}$$

当 $|x_{i-1}|>|y_{i-1}|$ 时，先求 Δy_i，后求 Δx_i，可得

$$\Delta y_i = \frac{\Delta L}{R}\left(x_{i-1} + \frac{1}{2}\Delta x_{i-1}\right)$$

$$\Delta x_i = \sqrt{R^2 - (y_{i-1} + \Delta y_i)^2} - x_{i-1}$$

2）数据采样圆弧插补流程

与直线插补相似，数据采样法圆弧插补流程也分三个步骤。

（1）插补准备。

计算 $\Delta L = FT_S$，$\Delta x_0 = \Delta L\dfrac{y_a}{R}$，$\Delta y_0 = \Delta L\dfrac{x_a}{R}$。

（2）插补计算。

当 $|x_{i-1}| \leqslant |y_{i-1}|$ 时

$$\Delta x_i = \frac{\Delta L}{R}\left(y_{i-1} + \frac{1}{2}\Delta y_{i-1}\right)$$

$$\Delta y_i = -\left[y_{i-1} - \sqrt{R^2 - (x_{i-1} + \Delta x_i)^2}\right]$$

当 $|x_{i-1}|>|y_{i-1}|$ 时

$$\Delta y_i = \frac{\Delta L}{R}\left(x_{i-1} + \frac{1}{2}\Delta x_{i-1}\right)$$

$$\Delta x_i = \sqrt{R^2 - (y_{i-1} + \Delta y_i)^2} - x_{i-1}$$

并计算

$$x_i = x_{i-1} + \Delta x_i$$

学习笔记

$$y=y_{i-1}+\Delta y_i$$

（3）终点判别。

如果（x_e-x_i）^{2}+（y_e-y_i）^{2} ≤ ΔL^2，则即将到达终点，将剩余增量 $\Delta x_i=x_e-x_i$，$\Delta y_i=y_e-y_i$ 输出后，插补结束。软件插补流程如图 7-20 所示。

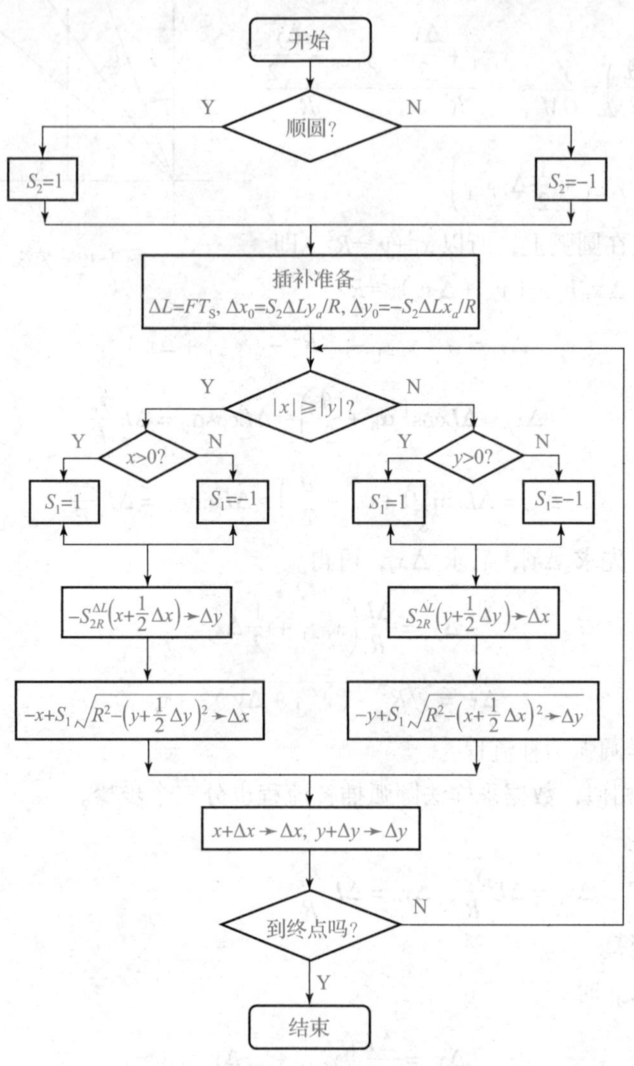

图 7-20　数据采样法圆弧插补流程

4. 数据采样法插补举例

［例 7-5］　设某闭环系统插补周期为 T_S=12 ms，编程进给速度 F=250 mm/min，编程直线$\overline{OE}$（3 mm，4 mm）。试计算每个插补周期内的各坐标位移增量 Δx_i、Δy_i。

解：根据数据采样法进给步长公式，可得每个插补周期内的步长为

$$\Delta L=\frac{FT_S}{60\times1\ 000}=\frac{12\times250}{60\times1\ 000}=0.05(\text{mm})$$

编程直线段的长度和系数 k 为

学习笔记

$$L=\sqrt{x_e^2+y_e^2}=\sqrt{3^2+4^2}=5(\text{mm})$$

$$k=\frac{\Delta L}{L}=\frac{0.05}{5}=0.01(\text{mm})$$

由此可求每个插补周期内的各坐标位移增量为

$$\Delta x_i=kx_e=0.01\times 3=0.03\ (\text{mm})$$

$$\Delta y_i=ky_e=0.01\times 4=0.04\ (\text{mm})$$

任务实施

根据本任务的相关知识点与技能点，绘制知识导图。

考核评价

考核内容：职业素养、基本知识、基本技能、任务实施、工作态度、纪律出勤、团队合作能力等。

评价方式：教师考核、小组成员相互考核。

任务考核评价				
考核项目	序号	考核内容	权重	评价分值（总分 100）
职业素养	1	纪律、出勤	0.1	
	2	工作态度、团队精神	0.1	
基本知识与技能	3	基本知识	0.1	
	4	基本技能	0.1	
任务实施能力	5	实施时效	0.2	
	6	实施成果	0.2	
	7	实施质量	0.2	
总体评价	成绩：	教师：	日期：	

学习笔记

任务2 认知数控机床的位置检测装置

任务导入

如同我们打开北斗卫星导航开始一段行程，系统会实时反馈当前所处的位置，以便于我们及时修正行程，数控机床工作运动中的各种位置状态信息也需要检测出来，实时反馈给数控系统并及时修正，才能保证机床运动的准确性。那么，数控机床的位置检测装置的作用和要求有哪些？有哪些种类的位置检测装置？它们分别是如何工作的呢？

相关知识

知识点1　位置检测装置的作用与分类

位置装置是数控系统的重要组成部分。对于采用闭环或半闭环控制的数控机床，其定位精度和加工精度在很大程度上取决于检测装置的测量精度。因此掌握位置检测装置的工作原理、了解其应用方法，对于使用和维护数控机床具有重要的意义。

1. 位置检测装置的作用和要求

在数控伺服系统中一般具有两种反馈系统：一种是速度反馈系统，用来测量与控制移动部件的进给速度，或者旋转部件的运转速度；另一种是位置反馈系统，用来测量与控制运动部件按指令值移动的位移量。闭环系统和半闭环系统均安装有位置检测装置，常用的检测元件有旋转变压器、光栅、感应同步器和编码盘等。在闭环和半闭环系统中，位置检测装置是保证数控机床加工精度的关键。一般来说，数控机床使用的位置检测装置应满足以下要求。

1）工作可靠，抗干扰性强

由于机床上有电动机、电磁阀等各种电磁感应元件及切削过程中润滑油、切削液的存在，所以要求位置检测装置除了对电磁感应有较强的抗干扰能力外，还要求不怕油、水的污染。此外，在切削过程中由于有大量的热量产生，还要求位置检测装置对环境温度的适应性强。

2）满足精度和速度的要求

在满足数控机床最大位移速度的条件下，达到一定的检测精度和较小的累积误差。随着数控机床的发展，其精度和速度越来越高，因此，要求位置检测装置必须满足数控机床高精度和高速度的要求。不同类型的数控机床对检测装置的精度和速度要求不一样。通常要求检测元件的分辨率（即检测的最小位移量）为 0.001 ~ 0.01 mm，测量精度可达 ±0.001 mm ~ ±0.02 mm；回转角测量角位移分辨率为 2″左右，测量精度可

达到 ±10″/360°，运动速度为 0 ~ 24 m/min。

3）便于安装和维护

位置检测装置安装时要有一定的安装精度要求，此外受机床结构和应用环境的影响，位置检测装置还要求体积小巧，故有较好的防尘、防油污和防切屑等措施。

4）成本低、寿命长

不同类型的数控机床对检测系统的分辨率和速度有不同的要求，一般情况下，选择检测系统的分辨率或脉冲当量，要求比加工精度高一个数量级。

2. 位置检测装置的分类

位置检测装置按其测量对象、工作原理和结构特点主要有三种分类方法。

1）按检测对象不同分类

位置检测装置可分为直线位移测量装置和转角位移测量装置两类。

（1）直线位移测量装置。该装置将位置检测装置直接安装在数控机床的拖板或工作台上，直接测量数控机床移动部件的直线位移量，因此也称直接测量装置，多用于闭环伺服系统。常用的位置检测装置有光栅、感应同步器等。直线位移测量装置的特点是，直接反映工作台的直线位移量，但由于检测装置要和行程等长，故其在大型数控机床的应用中受到限制。

（2）转角位移测量装置。该装置将位置检测装置安装在驱动电动机上或滚珠丝杠上，通过检测转动件的角位移来间接测量数控机床移动部件的直线位移量，是通过与工作台直线运动相关联的回转运动间接地测量工作台的直线位移，因此也称为间接测量装置，该装置多用于半闭环伺服系统。常用的位置检测装置有旋转变压器。转角位移测量装置的特点是使用可靠方便，无长度限制。其缺点是测量信号增加了直线运动转变为回转运动的传动链误差，从而影响测量精度。

2）按检测信号的选取形式不同分类

位置检测装置可分为数字式测量装置和模拟式测量装置两类。

（1）数字式测量装置。将被测位移量转换为脉冲个数，即用数字形式来表示，检测信号一般为电脉冲，可将其直接送入数控装置进行比较和处理。数字式测量装置由于将被测的量转换为脉冲个数，故便于显示和处理，其测量精度取决于测量单位，与量程基本无关；具有信号处理简单、抗干扰性强等优点，目前应用非常普遍。

（2）模拟式测量装置。将被测位移量转换为连续变化的模拟电量来表示，如电压变化、相位变化等，因此可直接对被测量进行检测，无须量化处理。但对于信号处理方法相对来说比较复杂，需增加滤波器等，以提高抗干扰性。

3）按测量的绝对值不同分为

位置检测装置可分为增量式测量装置和绝对式测量装置两类。

（1）增量式测量装置。它只测量相对位移量（位移增量），即每移动一个测量单位就发出一个测量信号，此信号通常是脉冲形式。在测量过程中，任何一个中点都可作为测量的起点，而移距是由测量信号计数累加所得，一旦计数有误，则以后测量所得

学习笔记

学习笔记

的结果就会发生错误。此外，发生意外故障（如断电等），待故障排除后，由于该测量没有一个特定的标志，所以不能找到事故前的正确位置，必须将移动部件移到起始点，重新计数才能找到事故前的正确位置。

（2）绝对式测量装置。对于被测量的任意点的位置都由一个固定的零点算起，每一被测量点都有一个对应的测量值。采用这种测量装置时，分辨精度要求越高，量程越大，测量装置的结构也越复杂。

知识点 2　旋转编码器

旋转编码器又称编码盘或码盘，是一种旋转式位置测量装置，通常安装在被测轴上，随被测轴一起转动，可将被测轴的角位移转换成脉冲。它是数控机床常用的位置检测装置。

1. 旋转编码器的分类

旋转编码器直接将被测机械转角转换成电脉冲信号表示。根据工作原理和结构，旋转编码器分为光电式、接触式和电磁感应式三种。由于光电编码器在精度与可靠性方面优于接触式和电磁感应式，因此广泛应用于数控机床。按照测量的坐标系，即脉冲与对应位置的关系可以分为增量式旋转编码器和绝对式旋转编码器。

数控机床上常用的旋转编码器有：2 000 P/r、2 500 P/r 和 3 000 P/r 等；在高速、高精度数字伺服系统中，应用高分辨率的旋转编码器，如 20 000 P/r、25 000 P/r 和 30 000 P/r 等。

2. 增量式光电旋转编码器的结构原理

增量式光电旋转编码器由光源、聚光镜、圆盘形主光栅、光电管、整形放大电路和数字显示装置组成，结构原理如图 7–21 所示。

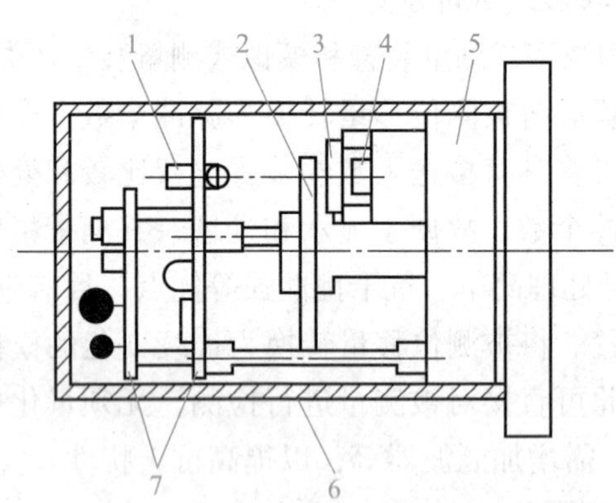

图 7–21　增量式光电旋转编码器结构

1—光源；2—光栅；3—指示光栅；4—光电池组；5—机械部件；6—护罩；7—印刷电路板

光电编码器的主要结构是一个圆盘，其上等距分布有许多辐射状窄缝，另有两组静止不动的窄缝群，相互错开 1/4 节距。将圆盘轴与工作台丝杆轴相连，由丝杠带动两组静止不动的窄缝群。当平行光照在光电盘上时，从两组检测窄缝上通过光的强度按正弦规律变化，光电元件 A、B 输出的波形在相位上相差 90°，信号经过放大、转换和方向判别后用数字显示出来，根据计数值大小，即可知道光电盘转过的角位移增量，经过换算求得工作台的位移。两组线纹与旋转圆光栅配合产生两组脉冲，以用于计数和辨向。另外，光电编码器还产生一转脉冲，称为基准脉冲或零点脉冲，它可以作为坐标原点信号及加工螺纹时的同步信号。

为了判断光电盘的转动方向，有两种方式：一种是适应带加减计数要求的可逆计数器，形成加计数脉冲和减计数脉冲，如图 7–22 所示；另一种是适应有控制计数端和方向控制端的旋转编码器，形成正走、反走计数脉冲和方向控制电平。

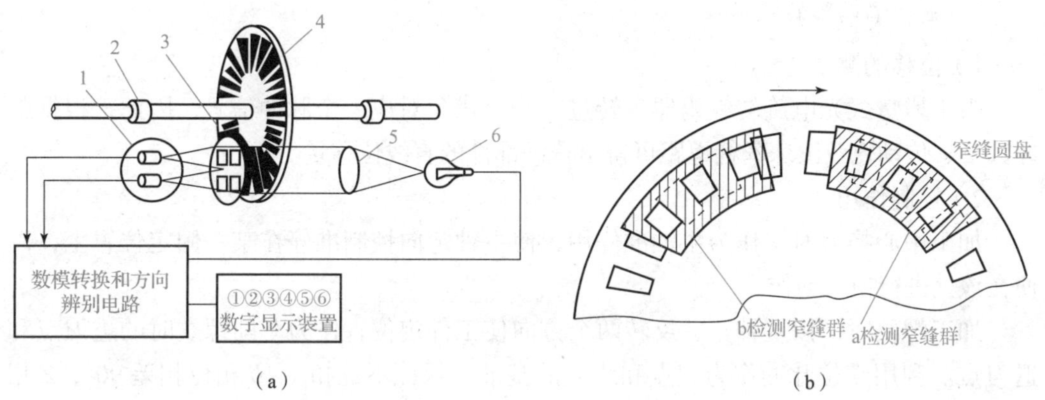

图 7–22　增量式光电盘工作原理图

1 —光电元件；2 —球轴承；3 —分度狭缝；4 —光电盘；5 —聚光镜；6 —灯

3. 绝对式旋转编码器

绝对式旋转编码器是一种直接编码式的测量装置，它把被测转角转换成相应的代码指示位置，没有积累误差。下面以接触式四位二进制绝对编码器为例来说明其工作原理及结构。

图 7–23 所示为四位二进制码盘，在码盘的每一转角位置刻有表示该位置的位移代码，通过读取编码器的代码可以测定角位移。

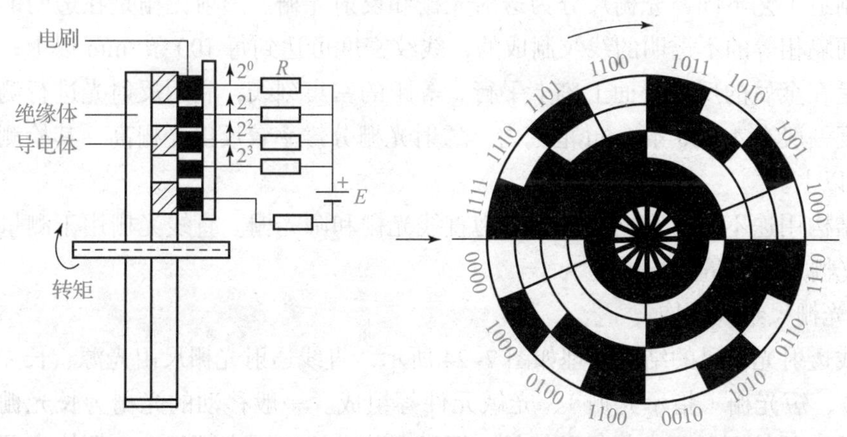

图 7–23　接触式编码器结构原理

学习笔记

四位二进制绝对式旋转编码器采用的是四位二进制码盘，码盘上有四条码道，每条码道以二进制规律分布，被加工成透明的亮区和不透明的暗区。在结构上编码盘一侧安装光驱，另一侧安装径向排列的光电管，每个光电管对应一条码道。若光源产生的光线被光电元件吸收，并转变成电信号，则输出电信号为“1”；如果是暗区，光线不能被光电元件接收，则输出信号为“0”。由于光电元件为径向排列，数量与码道相对应，故根据四条码道沿码盘径向分布的明暗区状态，可读取四位二进制代码。

一个四位码盘在360°范围之内可编码 2^4=16 个，每一个二进制代码代表码盘的对应位置，实现了角位移的绝对测量，其分辨率 α=360° /2^n，n 为码道数。

4. 旋转编码器的应用

1）位移的测量

由于增量式光电旋转编码器每转过一个分辨角对应一个脉冲信号，因此，根据脉冲数量、传动比及滚珠丝杠螺距可得出移动部件的直线位移量。

2）控制作用

加工中心换刀时，作为主轴准停用，使主轴定向控制准停在某一固定位置上，以便在该处进行换刀动作。

加工螺纹时，按主轴正、反转两个方向使工件定位，作为车削螺纹时的进刀点和退刀点。利用零位脉冲作为起点和终点的基准，保证不乱扣（*AB* 相位相差 90°，*Z* 相为一圈的基准信号，产生零点脉冲）。

知识点 3　光栅尺与磁栅

1. 光栅尺

光栅尺是一种直线位移测量装置，它是在透明玻璃或金属的反光平面上刻上平行、等距的密集刻线制成的光学元件。数控机床上用的光栅尺是利用两个光栅相互重叠时形成的莫尔条纹现象制成的光电式位移测量装置。

1）光栅尺分类

按制造工艺不同，光栅尺分为透射光栅和反射光栅。透射光栅是在透明的玻璃表面刻上间隔相等的不透明的线纹制成的，线纹密度可达到每 100 条 /mm 以上；反射光栅一般是在金属的反光平面上刻上平行、等距的密集刻线，利用反射光进行测量，其刻线密度一般在 4 ~ 50 条 /mm 范围内。透射光栅分辨率较反射光栅高，其检测精度可到 1 μm 以上。

按结构用途不同，光栅尺又可分为直线光栅和圆光栅。直线光栅用于测量直线位移，圆光栅用于测量转角位移。

2）光栅尺组成结构

直线透射光栅尺的结构原理如图 7–24 所示，直线透射光栅尺由光源、长光栅（标尺光栅）、短光栅（指示光栅）、光敏元件等组成。一般移动的光栅为长光栅，固定在机床移动部件上，要求与行程等长；短光栅装在机床固定部件上，两块光栅刻有相等的均匀密集线纹的透明玻璃片，线纹密度为 25 条 /mm、50 条 /mm、100 条 /mm、250 条 /mm 等，线纹之间距离相等，该间距称为栅距。

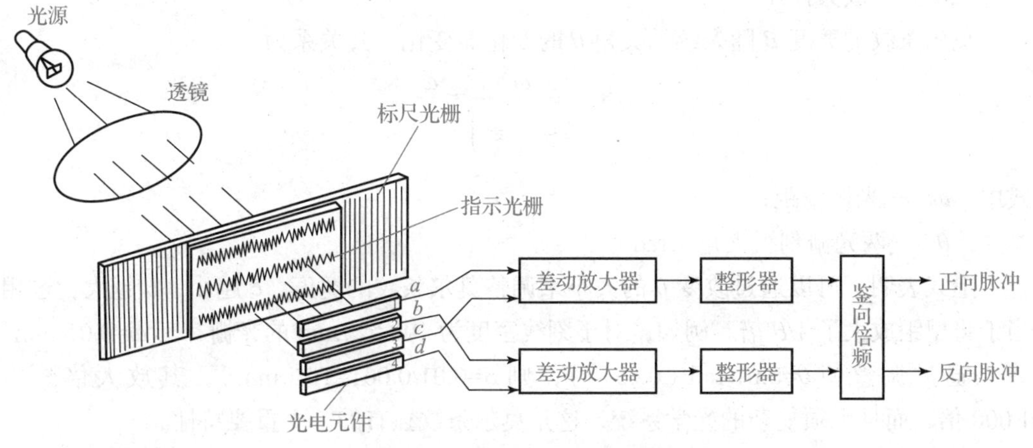

图 7-24　直线透射光栅尺的结构原理

在测量时，两块光栅平行并保持 0.05 mm 或 0.1 mm 的间隙，短光栅相对于长光栅在自身面内旋转一个微小的角度。光栅检测装置由光源、光栅尺和光电转换元件组成，从光源发出的光经聚光镜变为平行光线照射在长光栅和短光栅上，当两光栅相对移动时，产生光的干涉效应，使两光栅尺形成明暗相间的放大条纹并照射在光电池上，光电池感受信号，经变换处理为脉冲信号，通过脉冲计数就可以反映出移动部件的位移。

3）光栅检测原理

当两光栅相对移动时，形成的明暗相间条纹的方向几乎与刻线方向垂直。两光栅尺间的夹角越小，明暗条纹就越粗，光栅相对移动一个栅距时，明暗条纹也正好移过一个节距。这种明暗相间的条纹称为“莫尔条纹”。严格来说，莫尔条纹排列的方向是与两片光栅线纹夹角 θ 的平分线相垂直的。莫尔条纹中两条亮纹或两条暗纹之间的距离称为莫多条纹的宽度 B，如图 7-25 所示。

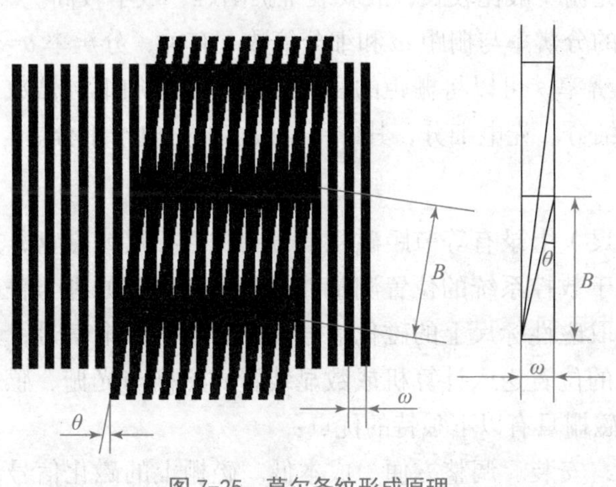

图 7-25　莫尔条纹形成原理

学习笔记

莫尔条纹具有以下特征：

（1）变化规律近似呈正余弦规律变化。

（2）具有放大作用。

莫尔条纹的宽度 B 随条纹的夹角 θ 的变化而变化，其关系为

$$B=\frac{\omega}{2\sin\left(\frac{\theta}{2}\right)}\approx\frac{\omega}{\theta}$$

式中，ω——光栅栅距；

θ——两光栅刻线夹角（rad）。

上式表明，可以通过改变 θ 的大小来调整莫尔条纹的宽度，θ 越小，B 越大，这相当于将栅距放大了 $1/\theta$ 倍。例如，对于刻线密度为 100 线 /mm 的光栅，其 ω=0.01 mm，如果通过调整使 θ=0.01 rad（0.057°），则 B=0.01/0.001=10（mm），其放大倍数为 1 000 倍，而且无须复杂的光学系统，这是莫尔条纹独有的一个重要特性。

（3）平均效应。

莫尔条纹是短光栅覆盖了许多条纹后形成的，如刻线密度为 250 线 /mm 的光栅，10 mm 长的一条莫尔条纹是由 2 500 条刻线组成的，因此对光栅条纹间距的误差有平均作用，即能消除周期误差的影响。

（4）莫尔条纹的移动与栅距的移动成正比例。

当光栅尺移动一个栅距时，莫尔条纹也刚好移动一个节距。若光栅尺朝相反的方向移动，则莫尔条纹也朝相反的方向移动。根据莫尔条纹移动的数目，可以计算出光栅尺移动的距离，并根据莫尔条纹移动的方向来判断移动部件的运动方向。

4）光栅检测的特点

（1）具有很高的检测精度，直线光栅精度可达 3 μm，分辨率可达 0.1 μm。圆光栅精度可达 0.15″～0.1″。

（2）响应速度较快，可实现动态测量，易于实现检测和数据处理的自动化。

（3）对使用环境要求很高，怕油污、灰尘及振动。

（4）由于标尺光栅一般比较长，故安装维护困难，成本较高。

光栅检测系统的分辨率与栅距 ω 和细分倍数 n 有关，分辨率 $\alpha=\omega/n$。

为提高光栅分辨率，可以将栅距的密度增加，或增加细分倍数，采用的细分倍数有机械细分、电子细分、光电细分，其中用得最多的是电子细分。

2. 磁栅

磁栅（又称磁尺）上录有等节距磁化信号的磁性标尺或磁盘，是一种高精度的位置检测装置，可用于数控系统的位置测量，其录磁和拾磁原理与普通磁带相似。在检测过程中，磁头读取磁性标尺上的磁化信号并把它转换成电信号，然后通过检测电路把磁头相对于磁尺的位置送入计算机或数显装置。磁栅与光栅、感应同步器相比，测量精度略低一些。磁栅具有以下独特的优点：

（1）制作简单，安装、调整方便，成本低。磁栅上的磁化信号录制完后，若发现

不符合要求，可抹去重录；也可将其安装在机床上再录磁，避免安装误差。

（2）磁尺的长度可任意选择，也可录制任意节距的磁信号。

（3）耐油污、灰尘等，对使用环境要求低。

1）磁栅测量装置的组成结构

磁栅测量装置按其结构可分为直线磁栅和圆磁栅，分别用于直线位移和角位移的测量。其中，直线磁栅又分为带状磁栅和杆状磁栅。常用磁栅的外形结构如图 7–26 和图 7–27 所示。

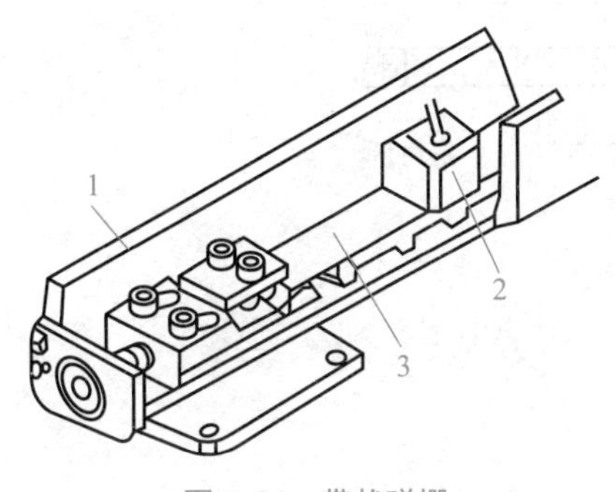

图 7–26　带状磁栅

1—框架；2—磁头；3—带状磁尺

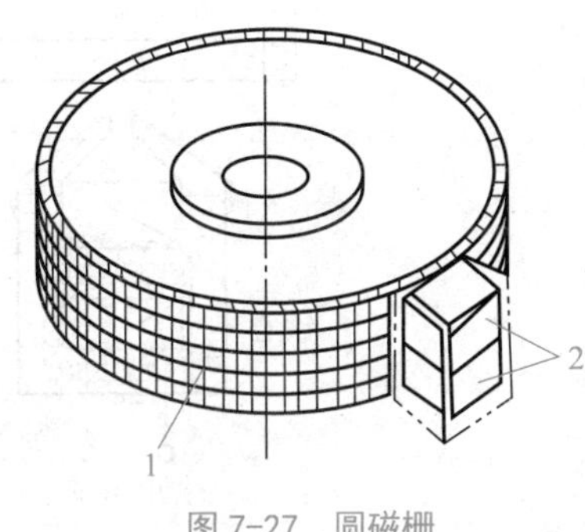

图 7–27　圆磁栅

1—磁盘；2—磁头

带状磁栅固定在用低碳钢做的屏蔽壳体内，并以一定的预紧力绷紧在框架或支架中，框架固定在机床上，使带状磁尺同机床一起胀缩，从而减少温度对测量精度的影响。杆状磁栅套在磁头中间，与磁头同轴，两者之间保持很小的间隙，由于磁尺包围在磁头中间，对周围电磁起到了屏蔽作用，所以抗干扰能力强，输出信号大。圆形磁栅的磁尺做成圆形磁盘或磁鼓开头，磁头和带状磁尺的磁头相同，圆形磁尺主要用来检测角位移。

（1）磁性标尺。

磁性标尺常采用不导磁材料做基体，在上面镀上一层 10 ~ 30 μm 厚的高导磁性材料，形成均匀磁膜；再用录磁磁头在尺上记录相等节距的周期性磁化信号，作为测量基准，信号可为正弦波和方波等，节距通常为 0.05 mm、0.1 mm 和 0.2 mm；最后在磁尺表面还要涂上一层 1 ~ 2 μm 厚的保护层，以防磁头与磁尺频繁接触而形成的磁膜磨损。

（2）拾磁磁头。

拾磁磁头是一种磁电转换器，用来把磁尺上的磁化信号检测出来变成电信号送给测量电路。拾磁磁头可分为动态磁头和静态磁头。

动态磁头又称为速度响应型磁头，它只有一组输出绕组，所以当磁头和磁尺有一定相对速度时才能读取磁化信号，并有电压信号输出。这种磁头只能用于录音机、磁带机的拾磁磁头，不能用来测量位移。

用于位置检测用的磁栅，要求当磁尺与磁头相对运动速度很低或处于静止时，也能测量位移或位置，因此需要采用静态磁头。静态磁头又称磁通响应型磁头，它在普通动态磁头的基础上增加了一个励磁线圈并采用可饱和的铁芯，利用可饱和铁芯的磁

学习笔记

性调制原理来实现位置检测。静态磁头可分为单磁头、双磁头和多磁头。

2）磁栅工作原理

单磁头结构如图 7–28 所示，磁头有两组绕组，一组为拾磁绕组，另一组为励磁绕组。

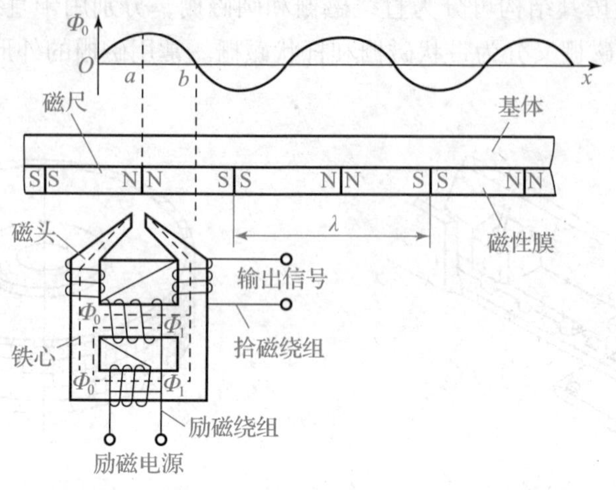

图 7–28　单磁头结构

在励磁绕组中加一高频的交变励磁信号，则在铁芯上产生周期性正反向饱和磁化，使磁芯的可饱和部分在每周期内两次被励磁电流产生的磁场饱和。当磁头靠近磁尺时，磁尺上的磁通从磁头气隙处进入铁芯，并被高频励磁电流产生的磁通调制，从而在拾磁绕组中产生调制谐波感应电压输出，即

$$u = k\Phi_{\mathrm{m}} \sin \frac{2\pi x}{\lambda} \sin\omega t$$

式中，k——耦合系数；

Φ_{m}——磁通量的峰值；

λ——磁尺上磁化信号的节距；

x——磁头在磁尺上的位移量；

ω——励磁电流的角频率。

由此可以看出，磁头输出信号的幅值是位移 x 的函数，只要测出 u 的过 0 次数，就可以知道位移 x 的大小。

双磁头是为了识别磁栅的移动方向而设置的，如图 7–29 所示，两磁头按 $\left(m \pm \frac{1}{4}\right)\lambda$ 配置，m 为任意整数，当励磁电压相同时，其输出电压分别为

$$u_1 = k\Phi_{\mathrm{m}} \sin \frac{2\pi x}{\lambda} \sin\omega t$$

$$u_2 = k\Phi_{\mathrm{m}} \cos \frac{2\pi x}{\lambda} \sin\omega t$$

通过对 u_1、u_2 进行检测处理，即可判定位移方向，并测出位移量的大小。

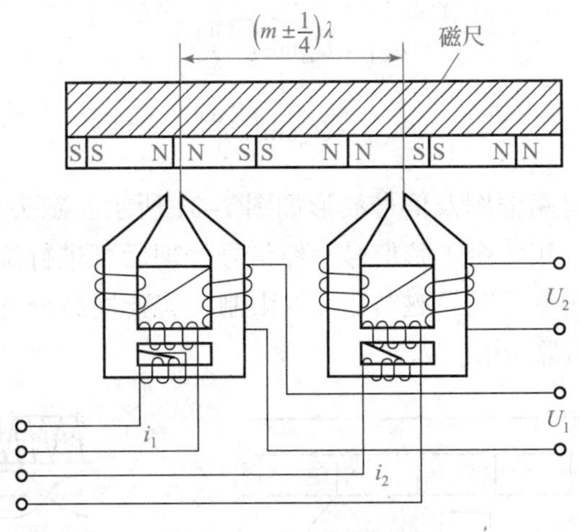

图 7–29　双磁头的配置

由于单磁头读取磁性标尺上的磁化信号输出电压很小，而且对磁尺上磁化信号的节距和波形要求高，因此，可将多个磁头以一定方式串联起来形成多间隙磁头，如图 7–30 所示。这种磁头放置时铁芯平面与磁栅长度方向垂直，每个磁头以相同间距 $\lambda/4$ 放置。若将相邻两个磁头的输出绕组反相串接，则能把各磁头输出电压叠加。多磁头的特点是使输出电压幅值增大，同时使各铁芯间误差平均化，因此精度较单磁头高。

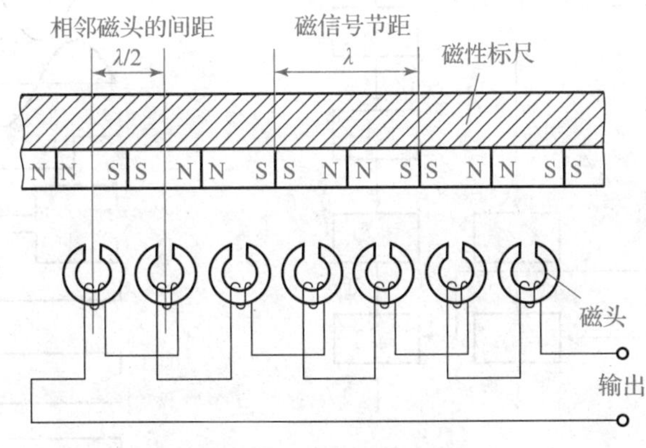

图 7–30　多间隙磁头

3）磁栅检测电路

根据检测方法不同，可分为鉴相测量及鉴幅测量，磁栅检测是模拟测量，故必须与检测电路配合才能进行检测。检测电路包括励磁电路，以及读取信号的滤波、放大、整形、倍频、细分、数字化、计数等电路。根据检测方法不同，检测电路分为鉴幅式检测电路和鉴相式检测电路两种形式，其中鉴相式检测电路应用较多。

（1）鉴幅式磁栅检测电路工作原理。

如前所述，当在两个励磁绕组上加相同励磁电压时，可得到两组幅度调制信号输出，将高频载波滤掉后则得到相位差为 π/2 的两组信号，即

学习笔记

$$u_{sc1} = U_m \cos\left(\frac{2\pi x}{\lambda}\right)$$

$$u_{sc2} = U_m \sin\left(\frac{2\pi x}{\lambda}\right)$$

鉴幅式磁栅检测电路框图及信号波形如图 7–31 所示。磁头 H_1、H_2 相对于磁尺每移动一个节距发出一个正（余）弦信号，经信号处理后可进行位置检测。这种方法的线路比较简单，但分辨率受到录磁节距 λ 的限制，若要提高分辨率，则必须采用较复杂的倍频电路，所以不常采用。

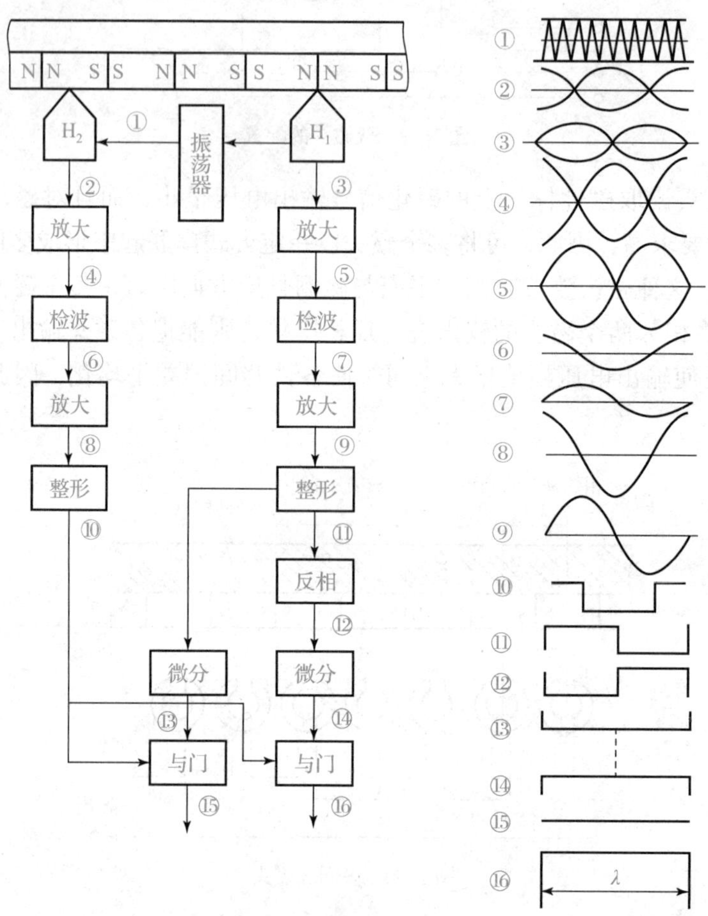

图 7–31　鉴幅式磁栅检测电路框图及信号波形

（2）鉴相式磁栅检测电路工作原理。

鉴相式磁栅检测电路框图如图 7–32 所示。由振荡器产生的 2 MHz 脉冲信号，经 400 分频器分频后得到 5 kHz 的励磁信号，再经低通滤波器滤波后变为两路正弦波信号，一路经功率放大器送到第一组磁头励磁线圈，另一路经 90°移相后送入第二组磁头励磁线圈。两磁头获得的输出信号 u_1、u_2 分别为

$$u_1 = U_m \cos\left(\frac{2\pi x}{\lambda}\right)\sin\omega t$$

$$u_2 = U_m \sin\left(\frac{2\pi x}{\lambda}\right)\cos\omega t$$

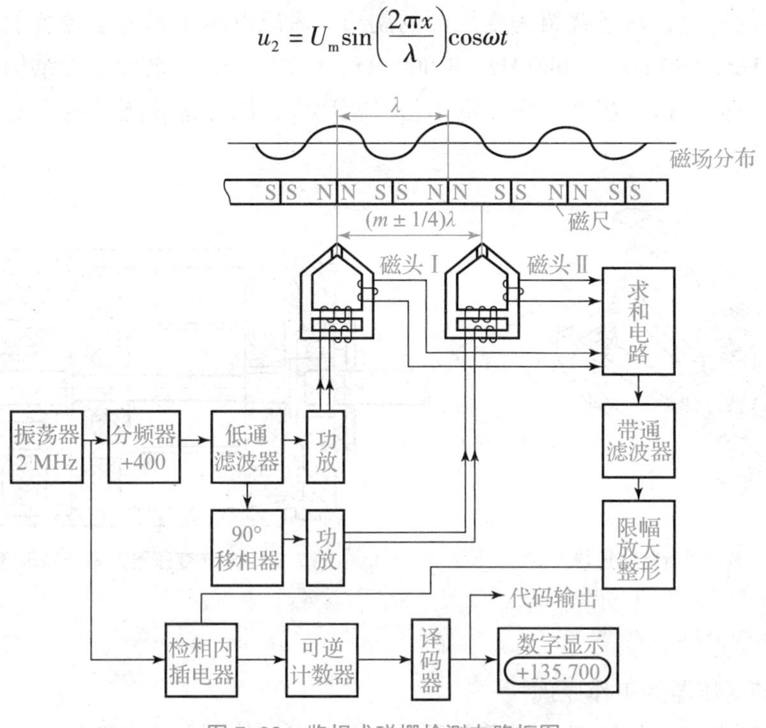

图 7-32 鉴相式磁栅检测电路框图

在求和电路中相加，即得到相位按位移量变化的合成信号，即

$$u = U_m \sin\left(\frac{2\pi x}{\lambda} + \omega t\right)$$

该信号经选频放大、整形微分后再与基准相位鉴相以及细分，可得到分辨率为预先设定单位的位移测量信号，并送至可逆计数器计数。

采用相位检测的精度可以大大高于录磁节距 λ，并可以通过提高内插补脉冲频率使系统的分辨率达到 1 μm。

知识点 4 旋转变压器与感应同步器

1. 旋转变压器

1）旋转变压器的结构

旋转变压器是一种角位移测量装置，它的结构类似于小型交流电动机，也称为同步分解器。

旋转变压器由定子和转子组成，定子绕组相当于变压器的原边，转子绕组相当于变压器副边。旋转变压器有无刷结构和有刷结构两种，有刷结构旋转变压器转子绕组接至滑环，由电刷引出输出电压，如图 7–33 所示；无刷结构旋转变压器没有滑环和电刷，如图 7–34 所示。数控机床主要使用无刷旋转变压器，无刷旋转变压器具有输出信号大、可靠性高、寿命长及不用维修等优点。

在结构上旋转变压器与两相绕组式异步电动机相似，由定子和转子组成，定子绕

学习笔记

组为变压器的原边，转子绕组为变压器的副边。激磁电压接到定子绕组上，激磁频率通常为 400 Hz、500 Hz、1 000 Hz、3 000 Hz、5 000 Hz，旋转变压器结构简单，对工作环境要求不高，抗干扰能力强，输出信号幅度大；缺点是其测量精度低于感应同步器的测量精度。

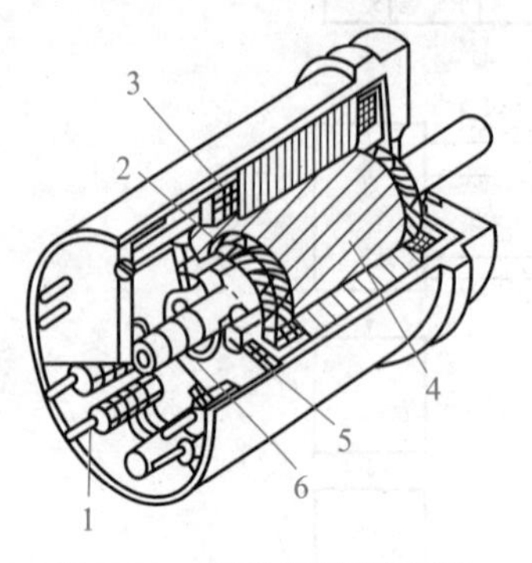

图 7-33　有刷式旋转变压器

1—接线柱；2—转子绕组；3—定子绕组；4—转子；5—换向器；6—电刷

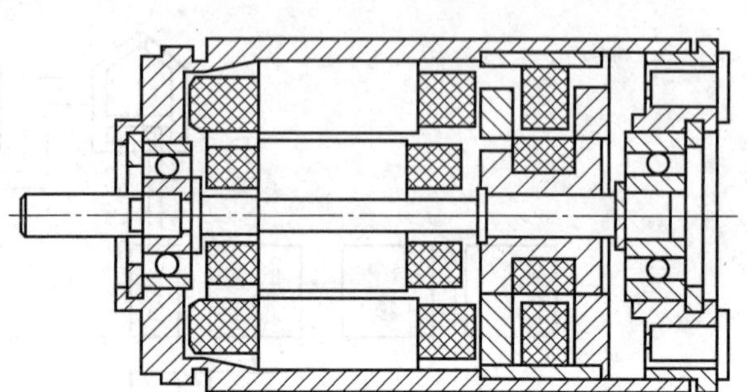

图 7-34　旋转变压器无刷结构示意图

2）旋转变压器的工作原理

旋转变压器的工作原理与普通变压器基本相似，其中定子绕组作为变压器的一次侧，接受励磁电压；转子绕组作为变压器的二次侧。当给励磁绕组加上一定频率的交流励磁电压时，通过定子与转子之间的电磁耦合，转子绕组就会产生感应电压，感应电压的大小与转子位置有关。旋转变压器通过测量电动机或被测轴的转角来间接测量工作台的位移。旋转变压器分为单极和多极形式。

如图 7–35 所示，单极型旋转变压器的定子和转子各有一对磁极，假设加到定子绕组的励磁电压为 u_1，则转子通过电磁耦合，产生感应电压。当转子转到使它的磁轴和定子绕组磁轴垂直时，转子绕组感应电压为零；当转子转过 90°时，两磁轴平行，此时转子绕组中感应电压最大；当转子绕组的磁轴自垂直转过一定角度 θ 时，转子绕组中产生的感应电压为

$$u_2=ku_1\sin\theta=kU_m\sin\omega t\sin\theta$$

式中，k——变压比（即绕组匝数比）；

U_m——励磁信号的幅值；

ω——励磁信号角频率；

θ——旋转变压器转角。

3）旋转变压器的应用

旋转变压器作为位置检测装置，有两种典型工作方式，即鉴相式和鉴幅式。鉴相式是根据感应输出电压的相位来检测位移量；鉴幅式是根据感应输出的幅值来检测位移量。

（1）鉴相式。

给定子两绕组分别通以幅值相同、频率相同、相位差 90°的交流励磁电压，即

$$u_s=U_m\sin\omega t，u_c=U_m\cos\omega t$$

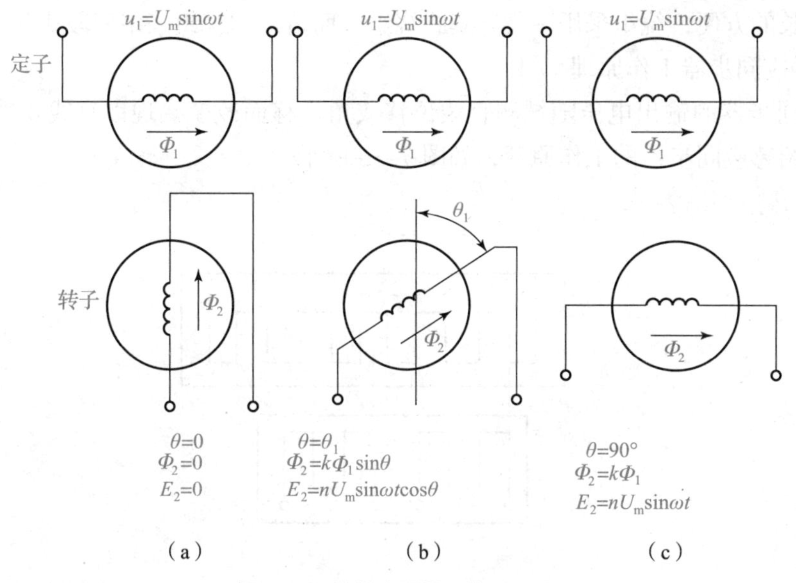

图 7-35　旋转变压器工作原理图

这两个励磁电压在转子绕组中都产生了感应电压。根据线性叠加原理，转子中的感应电压应为这两个电压的代数和：

$$u_2=ku_s\sin\theta+ku_c\cos\theta=kU_m\sin\omega t\sin\theta+kU_m\cos\omega t\cos\theta=kU_m\cos(\omega t-\theta)$$

假如，转子逆向移动，则可得

$$u_2=kU_m\cos(\omega t+\theta)$$

由式可见，转子输出电压的相位角和转子的偏转角之间有严格的对应关系，由于旋转变压器的转子和被测轴连接在一起，这样，只要检测出转子输出电压的相位角，即可得出转子的转角。

（2）鉴幅式。

给旋转变压器的正、余弦绕组分别加上频率、相位相同但幅值不同的励磁电压，即

$$u_s=U_m\sin\theta_{电}\sin\omega t,\quad u_c=U_m\cos\theta_{电}\sin\omega t$$

在旋转转子绕组中的总感应电压为

$$u_2=ku_s\sin\theta+ku_c\cos\theta=kU_m\sin\omega t(\sin\theta_{电}\sin\theta+\mathrm{con}\theta_{电}\cos\theta)=kU_m\cos(\theta_{电}-\theta)\sin\omega t$$

在实际应用中，不断修改励磁电压幅值的电气角 $\theta_{电}$，使之跟随变化，通过测量感应电压幅值即可求得机械角位移 θ。

2. 感应同步器

1）感应同步器的结构

感应同步器是利用电磁原理将线位移和角位移转换成电信号的一种装置。根据用途，可将感应同步器分为旋转式和直线式两种。其中，旋转式感应同步器用来测量角度位移，由定子和转子组成。定子的绕组为两相正交绕组，相位相差 90°；转子的绕组为一段连续式绕组。直线式感应同步器用来测量直线位移，由定尺和滑尺组成。定

学习笔记

学习笔记

尺为了接长的方便，绕组采用一段连续式绕组，而滑尺的绕组采用两段式正交绕组。

2）感应同步器工作原理

感应同步器的输出电压随被测直线位移或角位移而改变。现以直线式感应同步器为例来介绍感应同步器的工作原理，如图 7–36 所示。

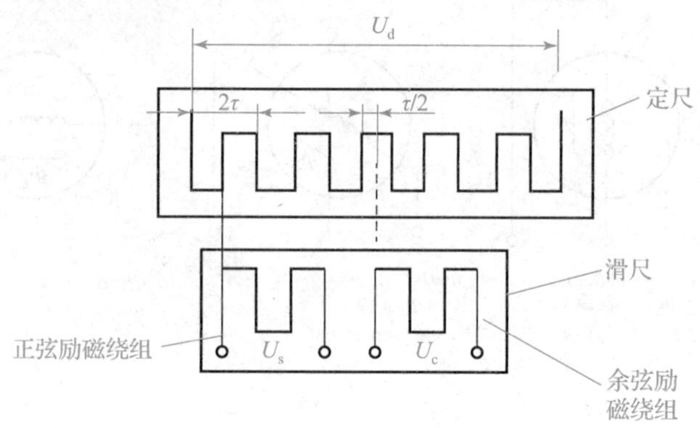

图 7–36　感应同步器结构图

利用电磁耦合原理，将位移或转角编程电信号。滑尺与定尺相互平行，并保持一定的间距。滑尺的两端绕组相对于定尺绕组的空间错开 1/4 节距，工作时，滑尺通以交流激磁电压，则在滑尺中产生激磁电流，绕组周围产生按正弦规律变化的磁场，由于电磁感应，在定尺上产生感应电压，故当滑尺与定尺间产生相对位移时，由于电磁耦合的变化，使定尺上感应电压随位移的变化而变化（相同频率）。

3）感应同步器应用

感应同步器作为位置测量装置安装在数控机床上，有两种工作方式，即鉴相式和鉴幅式。

（1）鉴相式。

在滑尺上通幅值、频率相同、相位差为 90°的交流电压，即

$$u_s=U_m\sin\omega t$$

$$u_c=U_m\cos\omega t$$

则在定尺上产生感应电动势，根据线性叠加原理，得出

$$u=ku_s\cos\theta+ku_c\sin\theta=kU_m\sin\omega t\cos\theta+kU_m\cos\omega t\sin\theta=kU_m\sin(\omega t+\theta)$$

设感应同步器的节距为 2τ，测量滑尺的直线位移量 x 和相位角 θ 之间的关系为

$$\frac{\theta}{2\pi}=\frac{x}{2\tau}$$

只要检测出感应同步器滑尺输出电压的相位角 θ，则可以测得定尺相对于滑尺移动距离 x，即可测出实际的直线位移。

（2）鉴幅式。

在滑尺上通相位、频率相同而幅值不同的交流电压，根据定尺上感应电压的幅值变化来测定滑尺和定尺的相对位移量。在滑尺的正余弦绕组上，所加激磁电压的幅值大小应分别与要求的工作台移动 x（即与位移对应的相位角 θ）成正余弦关系。

$$u_s=U_m\sin\theta_1\sin\omega t$$
$$u_c=U_m\cos\theta_1\sin\omega t$$

学习笔记

在定尺上产生的总感应电压为

$$u=ku_s\cos\theta+ku_c\sin\theta=kU_m\sin\theta_1\sin\omega t\cos\theta+kU_m\cos\theta_1\sin\omega t\sin\theta=kU_m\sin\omega t\sin(\theta+\theta_1)$$

由上式可知，定尺上产生的感应电压的幅值随指令给定的位移 x_1（θ_1）与工作台实际位移量 x（θ）的差值呈正余弦规律变化。

知识点5　测速发电机

1. 概述

测速发电机是一种把输入的转速信号转换成输出的电压信号的机电式信号元件，常用作测速元件、校正元件和解算元件，与伺服电机配合，广泛使用于许多速度控制或位置控制系统中，如在稳速控制系统中，测速发电机将速度转换为电压信号作为速度反馈信号，可达到较高的稳定性和较高的精度，在计算解答装置中，常作为微分、积分元件。

测速发电机分为直流测速发电机、交流测速发电机和霍尔效应测速发电机三类。其中直流测速发电机具有输出电压斜率大、没有剩余电压及相位误差、温度补偿容易实现等优点；而交流测速发电机的主要优点是不需要电刷和换向器，不产生无线电干扰火花，结构简单，运行可靠，转动惯量小，摩擦阻力小，正、反转电压对称等。

自动控制系统对测速发电机的性能要求如下：

（1）输出电压与转速之间有严格的正比关系。

（2）输出电压的脉动要尽可能小。

（3）温度变化对输出电压的影响要小。

（4）在一定转速时所产生的电动势及电压应尽可能大。

（5）正、反转时输出电压应对称。

2. 直流测速发电机

直流测速发电机是一种用来测量转速的小型他励直流发电机，适用于在各种精度要求的自动控制系统中作反馈元件。其结构和工作原理与普通的小型直流发电机相同，由定子、转子（电枢）、电刷和换向器四个部分组成。按励磁方式不同，直流测速发电机可分为电磁式和永磁式两种，如图 7-37 所示。永磁式直流测速发电机定子磁极是由永久磁铁制成的，一般为凸极式；转子上有电枢绕组和换向器，用电刷与外电路相连。由于不需要另加励磁电源，也不存在因励磁绕组温度变化而引起的特性变化，故在实际中得到了较广泛的应用。

1）直流测速发电机工作原理

测速发电机输出电压和转速的关系，即 $U_a=f(n)$，称为输出特性。直流测速发电机的工作原理与小功率直流发电机完全相同。根据直流电机理论，在磁极磁通量 Φ 为常数时，直流发电机电枢绕组的感应电动势为

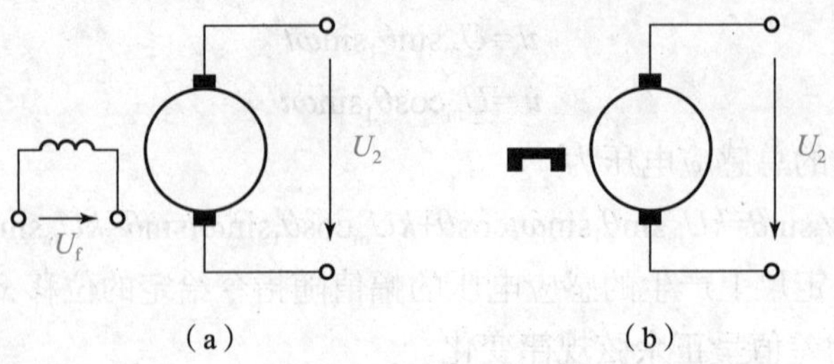

图 7-37　直流测速发电机工作原理图

（a）电磁式；（b）永磁式

$$E_a=C_e\Phi n$$

式中，C_e——电动势系数

在空载时，电枢电流 $I_a=0$，直流测速发电机的输出电压和电枢感应电动势相等，即 $U_a=E_a$，因而输出电压与转速成正比。

有负载时，如图 7-37 所示，因为电枢电流 $I_a\neq 0$，故直流测速发电机的输出电压为

$$U_a=E_a-I_aR_a-\Delta U_b$$

式中，ΔU_b——电刷接触压降；

R_a——电枢回路电阻。

在理想情况下，若不计电刷和换向器之间的接触电阻，即 $\Delta U_b=0$，则

$$U_a=E_a-I_aR_a$$

显然，带负载后，由于电阻 R_a 上有电压降，故测速发电机的输出电压比空载时小。负载时电枢电流为

$$I_a=\frac{U_a}{R_L}$$

式中，R_L——测速发电机的负载电阻。

整理上面两式，可得

$$U_a=\frac{E_a}{1+\dfrac{R_a}{R_L}}=\frac{C_e\Phi}{1+\dfrac{R_a}{R_L}}n=Cn$$

因此

$$C=\frac{C_e\phi}{1+\dfrac{R_a}{R_L}}$$

C 为测速发电机输出特性的斜率。当不考虑电枢反应，且认为 Φ、R_a 和 R_L 都能保持为常数时，斜率 C 也是常数，输出特性便有线性关系，因此，直流测速发电机的输出电压与转速成正比。对于不同的负载电阻 R_L，测速发电机输出特性的斜率也不同，它将随负载电阻的增大而增大，如图 7-38 中实线所示。

2）直流测速发电机的性能指标

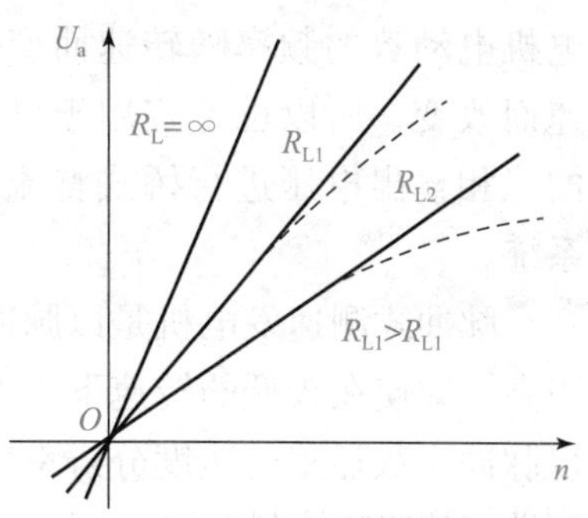

图 7-38　直流测速发电机的输出特性

直流测速发电机的技术指标主要有线性误差、最大线性工作转速和负载电阻等。

（1）线性误差 $\Delta U\%$。表示在工作速度范围内，实际输出特性和理想的直线输出特性之间的最大绝对误差值与理想直线输出特性的最大输出电压之比。一般系统要求 $\Delta U\%=1\%\sim2\%$，较精密系统要求 $\Delta U\%=0.1\%\sim0.25\%$。

（2）最大线性工作转速 n_N。指在允许的线性范围内的最高电枢转速，即测速发电机的额定转速 n_N。

（3）负载电阻 R_L。指保证输出特性在线性范围内的最小电阻值，在使用时，接到电枢两端的电阻应不小于这个值，否则电枢电流会比较大，使线性度变差。

（4）不灵敏区 Δn。测速发电机在转速小于一定数值时，电枢电动势比电刷换向器的接触压降还要低，发电机输出电压 $U_a=0$。这个较低转速所在的区域称为不灵敏区。

（5）输出特性的不对称度。指直流测速发电机正、反转时，在相同的转速下，输出电压绝对值之差与两者平均值之比的百分数。

（6）静态放大系数。指直流测速发电机的输出特性的斜率。通常希望这个值尽可能大一些，因为采用较大的负载电阻可提高测速发电机的静态放大系数。

3）直流测速发电机的特点及应用

直流测速发电机具有输出电压斜率大、没有剩余电压（即转速为 0 时，输出电压也为 0）、没有相对误差等优点，在自动控制系统中应用较为广泛，可起到测量或自动调节转速的作用，并且在自动系统中用来产生电压信号以提高系统的稳定性和精度，在计算解答装置中作为微分和积分元件。图 7-39 所示为恒速自动调节系统原理图。

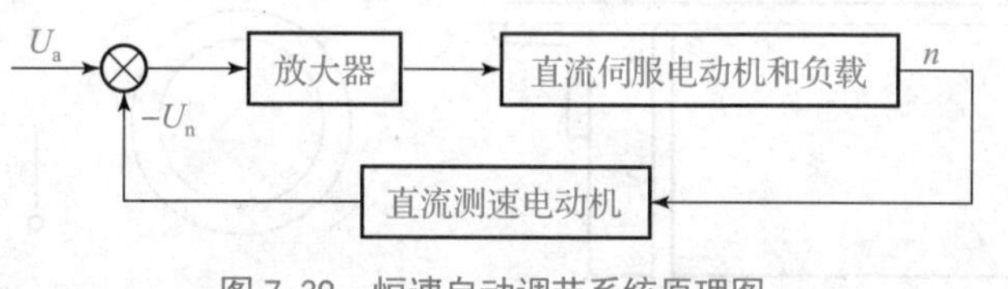

图 7-39　恒速自动调节系统原理图

3. 交流测速发电机

交流测速发电机可分为同步测速发电机和异步测速发电机。同步测速发电机又可分为永磁式、感应子式和脉冲式三种。

永磁式交流测速发电机实质上就是一台单向永磁转子同步发电机，定子绕组感应的交变电动势的大小和频率都随输入信号（转速）而变化，所以它的输出不再和转速成正比。因此，不适用于自动控制系统，通常只作为指示式转速计。

感应子式测速发电机和脉冲式测速发电机的工作原理基本相同，都是利用定、转子齿槽相互位置的变化，使输出绕组中的磁通发生脉动，从而感应出电动势。这种发

学习笔记

电机电动势的频率随转速而变化，致使负载阻抗和发电机本身的内阻抗大小均随转速而改变，所以也不宜用于自动控制系统中。但是，采用二极管对这种测速发电机的三相输出电压进行桥式整流后，可取其直流输出电压作为速度信号用于自动控制系统。

脉冲式测速发电机是以脉冲频率作为输出信号的，它的特点是输出信号的频率相当高，即使在较低的转速下（如每分钟几转或几十转）也能输出较多的脉冲数，因而以脉冲个数显示的速度分辨率比较高，适用于转速比较低的调节系统，特别适用于鉴频锁相的速度控制系统。

异步测速发电机又分为笼型转子和杯型转子两种。笼型转子异步测速发电机的结构和笼型转子交流伺服电动机结构相似，它的主要性能有输出斜率大、线性度差、相位误差大、剩余电压高，一般仅用于精度要求不高的控制系统中；杯型转子异步测速发电机的性能精度比笼型的要高得多，因而在自动控制系统中有着广泛的应用。

1）杯型转子异步测速发电机的结构

杯型转子异步测速发电机的结构如图 7–40 所示，其转子是一个薄壁非磁性杯（杯厚为 0.2 ~ 0.3 mm），通常用高电阻率的硅锰青铜或铝锌青铜制成。定子的两相绕组在空间位置上严格保持 90°电角度，其中一相作为励磁绕组，外加频率和电压都稳定的电源励磁；另一相作为输出绕组，其中两端的电压 U_2 即为测速发电机的输出电压。

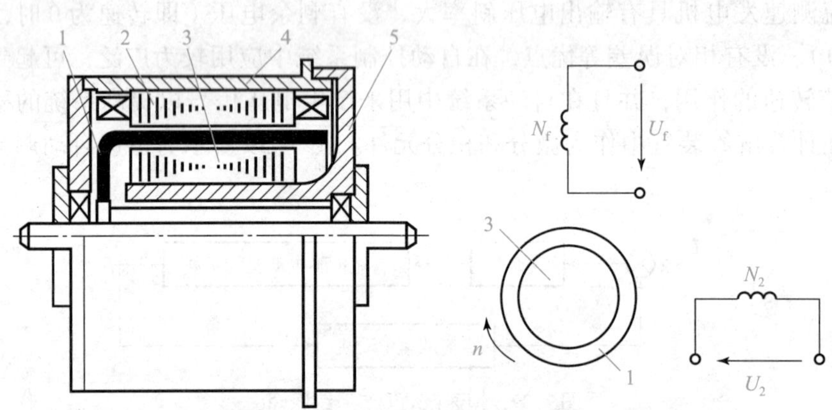

图 7–40　杯型转子异步测速发电机的结构

1—杯型转子；2—外定子；3—内定子；4—机壳；5—端盖

2）异步测速发电机工作原理

空心杯转子异步测速发电机的工作原理如图 7–41 所示，励磁绕组接到幅值和频率均不变化的电压 U_f 上。

当电动机的励磁绕组外施加恒频恒压的交流电源 U_f 时，便有电流 I_f 通过绕组，产生以电源频率 f 脉振的磁势 F_d 和相应的脉振磁通 Φ_d，磁通 Φ_d 在空间按励磁绕组轴线方向（称为直轴 d）脉振。

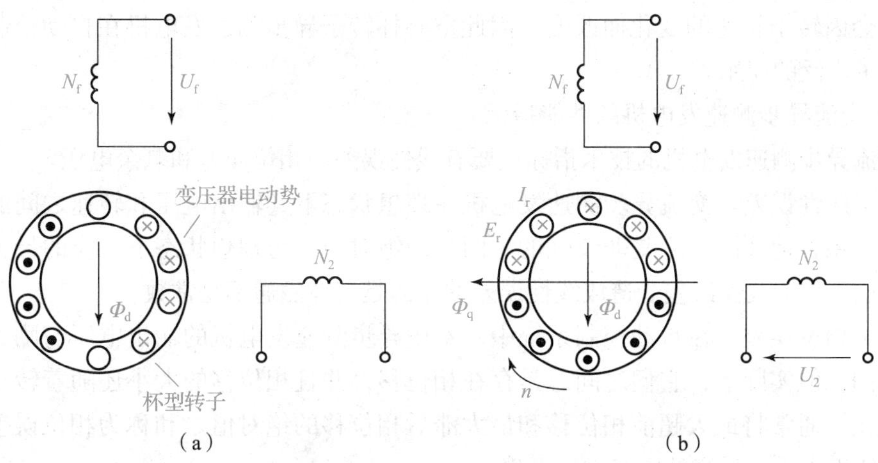

图 7-41　空心杯转子异步测速发电机的工作原理

(a) 转子静止时；(b) 转子旋转时

当转子静止（n=0）时，如图 7-41（a）所示，直轴脉振磁通 Φ_d 只能在空心杯转子中感应出变压器电势 E_r，因输出绕组的轴线和励磁绕组轴线空间位置相差 90°电角度，它与直轴磁通并无匝链，故不产生感应电势，输出电压 U_1=0。

当转子旋转（$n \neq 0$）时，转子切割直轴磁通，并在转子杯中产生切割电势 E_r，在图 7-41（b）所示瞬间，转子杯上电势的方向如图中外圈的符号所示。由于直轴磁通 Φ_d 为脉振磁通，电势 E_r 亦为交变电势，故其交变频率即为磁通 Φ_d 的脉振频率 f。它的大小应为

$$E_r=C_2 n\Phi_d$$

若磁通 Φ_d 的幅值恒定，则电动势 E_r 与转子的转速 n 成正比关系。

由于转子杯为短路线组，电动势 E_r 就在转子杯中产生短路电流 I_r，电流 I_r 为频率 f 的交变电流，其大小正比于电动势 E_r。若考虑到转子杯中漏抗的影响，电流将在时间相位上滞后电动势一个电角度；若忽略转子杯中漏抗的影响，电流 I_r 在时间相位上与转子杯电动势 E_r 同相位，即在任一瞬时，转子杯中的电流方向与电动势方向一致。

当然，转子杯中的电流 I_r 也要产生脉振磁通（交轴磁通）Φ_q 其脉振频率仍为 f，而大小则正比于电流 I_r，即

$$\Phi_q \propto I_r \propto E_r \propto n$$

无论转速如何，由于转子杯上半周导体的电流方向与下半周导体的电流方向总相反，而转子导条沿着圆周又是均匀分布的。因此，转子杯中的电流 I_r 产生的交轴磁通 Φ_q 在空间的方向总是与磁通 Φ_d 垂直，而与输出绕组 W_2 的轴线方向一致。Φ_q 将在输出绕组中感应出频率为 f 的电动势 E_2，从而产生测速发电机的输出电压 U_2，它的大小正比于 Φ_q，即

$$U_2 \propto E_2 \propto \Phi_q \propto n$$

所以，异步测速发电机输出电动势的频率即为励磁电源的频率，而与转子转速的大小无关，它的大小正比于转子转速 n。故克服了同步测速发电机存在的缺点，使负载

学习笔记

学习笔记

阻抗不会因转子转速的变化而改变。因此空心杯转子异步测速发电机在自动控制系统中得到了广泛的应用。

3）交流异步测速发电机的性能指标

交流异步测速发电机的技术指标主要有线性误差、相位误差和剩余电压。

（1）线性误差。交流异步测速发电机在理想状态下其输出电压和转速之间的关系是线性关系，但实际上它是非线性的。两者的绝对误差与理想状态下对应的最大输出电压之比，称为线性误差。造成线性误差的原因是气隙磁通不是常数。

（2）相位误差。在自动控制系统中，希望异步测速发电机的输出电压与励磁电压相位相同。但实际上，它们之间总是存在相位移，并且相位移的大小还随着转子的转速而变化。通常将最大超前相位移和最大滞后相位移的绝对值之和称为相位误差，可在励磁绕组中串入适当的电容加以补偿。

（3）剩余电压。在理想状态下，交流异步测速发电机的转速为 0 时，其输出电压也将为 0。但实际上并非如此，如果测速发电机已经供电，转子处于静止状态，而输出绕组将输出一个很小的电压，这个电压称为剩余电压。它一般是由磁路不对称、绕组匝间短路、铁芯片间短路和转子电压不对称引起的，减小异步测速发电机的剩余电压的措施如下：

①采用单层集中绕组；

②采用定子铁芯和空心杯转子。

另外还可以采用定子铁芯旋转形叠装法、补偿绕组等方法降低异步测速发电机的剩余电压。

4）交流异步测速发电机的特点及应用

与直流测速发电机相比，交流异步测速发电机具有结构简单、维护容易、运行可靠等优点。

由于没有电压和换向器，因而无滑动接触，输出特性稳定、精度高。但它存在相位误差和剩余电压；输出斜率小，输出特性随负载性质而不同。

交流异步测速发电机可用来作为角加速度的信号元件。其原理是：异步测速发电机的励磁绕组外施稳压直流电源，电动机中产生恒定磁场，因为转子转速不变，故转子空心杯切割恒定磁通感应出转子电动势，并由它在空心杯中产生短路电流，建立交轴磁场 Φ_q。而交轴磁场也为恒定磁场，所以输出绕组中不会有感应电动势，这时输出电压为 0。只有当转子转速变化时，交轴磁场也随之变化，在输出绕组中才感应出变压器电动势，并有输出电压。在这种情况下，输出电压将正比于转子的加速度。所以，采用直流励磁的交流异步测速发电机在原理上可以作为角加速度信号元件，但是这种角加速度计的灵敏度较低。

任务实施

学习笔记

根据本任务的相关知识点与技能点，绘制知识导图。

考核评价

考核内容：职业素养、基本知识、基本技能、任务实施、工作态度、纪律出勤、团队合作能力等。

评价方式：教师考核、小组成员相互考核。

任务考核评价				
考核项目	序号	考核内容	权重	评价分值（总分 100）
职业素养	1	纪律、出勤	0.1	
	2	工作态度、团队精神	0.1	
基本知识与技能	3	基本知识	0.1	
	4	基本技能	0.1	
任务实施能力	5	实施时效	0.2	
	6	实施成果	0.2	
	7	实施质量	0.2	
总体评价	成绩：	教师：	日期：	

学习笔记

项目自测

1．什么是插补？常用的插补算法有哪些？

2．试述逐点比较法的四个工作步骤。

3．设欲加工第一象限直线 *OE*，终点坐标为 $x_e=4$，$y_e=6$，用逐点比较法加工出直线 *OE*，并作出插补轨迹图。

4．试述 DDA 插补原理。

5．数据采样插补是如何实现的？

6．位置检测装置的主要作用是什么？

7．简述增量式与绝对式旋转编码器的结构和原理。

8．简述光栅尺的组成结构，说明莫尔条纹的特点。

9．什么是鉴相工作方式？什么是鉴幅工作方式？

10．简述旋转变压器的结构和工作原理。

11．简述感应同步器的结构和工作原理。

12．什么是交流异步测速发电机的剩余电压？简要说明剩余电压产生的原因及减小的方法。

附　　录

附表 1　数控车床的日常维护与保养

序号	检查周期	检查部位	检查要求
1	每天	导轨润滑油箱	检查油标、油量，及时添加润滑油，润滑泵能定时启动打油及停止
2	每天	X、Z 轴导轨面	清除切屑及脏物，检查润滑油是否充分、导轨面有无划伤损坏
3	每天	压缩空气气源动力	检查气动控制系统压力，应在正常范围内
4	每天	气源自动分水滤气器自动空气干燥器	及时处理分水器中滤出的水分，保证自动空气干燥器正常工作
5	每天	气液转换器和增压油面	发现油面不够时及时补足油
6	每天	主轴润滑恒温油箱	工作正常、油量充足并调节温度范围
7	每天	机床液压系统	油箱、液压泵无异常噪声，压力表指示正常，管路及各接头无泄漏，工作油面高度正常
8	每天	液压平衡系统	平衡压力指示正常，快速移动时平衡阀工作正常
9	每天	CNC 的输入 / 输出单元	如光电阅读机清洁、机械结构润滑良好等
10	每天	各种电气柜散热通风装置	各电柜冷却风扇工作正常，风道过滤网无堵塞
11	每天	各种防护装置	导轨、机床防护罩等应无松动、漏水
12	每天	清洗各电柜过滤网	各电柜过滤网清洁干净
13	每半年	滚珠丝杠	清洗丝杠上旧的润滑脂，涂上新油脂
14	每半年	液压油路	清洗溢流阀、减压阀、滤油器，清洗油箱箱底，更换或过滤液压油
15	每半年	主轴润滑恒温油箱	清洗过滤器，更换润滑油
16	每年	检查并更换直流伺服电动机碳刷	检查换向器表面，吹净碳粉，去除毛刺，更换长度过短的电刷，并应跑合后才能使用
17	每年	润滑油泵	清理润滑油池底，更换滤油器
18	不定期	检查各轴导轨上镶条、压紧滚轮松紧状态	按机床说明书调整

学习笔记

续表

序号	检查周期	检查部位	检查要求
19	不定期	冷却水箱	检查液面高度，冷却液太脏时需要更换并清理水箱底部，经常清理过滤器
20	不定期	排屑器	经常清理切屑，检查有无卡住等
21	不定期	清理废油池	及时取走废油池中的废油，以免外溢
22	不定期	调整主轴驱动带松紧	按机床说明书调整

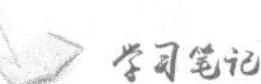

附表 2　数控铣床的日常维护与保养

序号	检查周期	检查项目		正常情况	解决方法
1	每天	液压系统	油标	在两根红线之间	加油
			压力	3.9 MPa	调节压力螺钉
			油温	>15℃	打开加热开关
			过滤器	绿色显示	清洗
2	每天	主轴润滑系统	过程检测	电源灯亮， 油压泵正常运转	与机械工程师联系
			油标	油面显示 1/2 以上	加油
3	每天	导轨润滑系统	油标	在两根红线之间	加油
4	每天	冷却系统	油标	油面显示 2/3 以上	加油
5	每天	气压系统	压力	参照机床说明书	调节压力阀
			润滑油油标	大约 1/2	加油
6	每周	机床零件	移动部件		清扫机床
			其他细节		
7	每周	主轴润滑系统	散热片		除尘
			空气过滤器		
8	每月	电源电压	电源电压	50 Hz，220 ~ 380 V	测量、调整
9	每月	空气干燥器	过滤器		清洗
10	每半年	液压系统	液压油		更换液压油
			油箱		清洗油箱
11	每半年	主轴润滑系统	润滑油		更换润滑油
12	每半年	传动轴	滚珠丝杠		加润滑脂

学习笔记

附表 3　加工中心的日常维护与保养

序号	检查周期	检查部位	检查要求（内容）
1	每天	工作台、机床表面	清除工作台、基座等处污物和灰尘；擦去机床表面上的润滑油、切削液和切屑；清除没有罩盖的滑动表面上的一切东西；擦净丝杠的暴露部位
2	每天	开关	清理、检查所有限位开关、接近开关及其周围表面
3	每天	导轨润滑油箱	检查油量，及时添加润滑油，检查润滑油泵是否定时启动打油及停止
4	每天	主轴润滑恒温油箱	工作是否正常，油量是否充足、温度范围是否合适
5	每天	刀具	确认各刀具在其应有的位置上更换
6	每天	机床液压系统	油箱液压泵有无异常噪声，液压泵的压力是否符合要求，工作油面高度是否合适，管路及各接头有无泄漏
7	每天	压缩空气气源压力	气动控制系统压力是否在正常范围之内
8	每天	气源自动分水滤气器，自动空气干燥器	确保空气滤杯内的水完全排出，保证自动空气干燥器工作正常
9	每天	气液转换器和增压器油面	油量不够时要及时补充
10	每天	导轨面	清除切屑液脏物，检查导轨面有无划伤损坏、润滑油是否充足
11	每天	切削液	检查切削液软管及液面，清理管内及切削液槽内的切屑等脏物
12	每天	CNC 输入 / 输出单元	如光电阅读机的清洁、机械润滑是否良好
13	每天	各防护装置	导轨、机床防护罩等是否齐全有效
14	每天	电器柜各散热通风装置	各电器柜中冷却风扇是否工作正常，风道过滤网有无堵塞；及时清洗过滤器
15	每天	其他	①确保操作面板上所有指示灯为正常显示； ②检查各坐标轴是否处在原点上； ③检查主轴端面、刀夹及其他配件是否有毛刺、破裂或损坏现象
16	不定期	冷却油箱、水箱	随时检查液面高度，及时添加油（或水），太脏时要更换；清洗油箱（或水箱）和过滤器
17	不定期	废油池	及时取走积存在废油池中的废油，以免溢出
18	不定期	排屑器	经常清洗切屑，检查有无卡住等现象
19	每月	电气控制箱	清理电气控制箱内部，使其保持干净

续表

序号	检查周期	检查部位	检查要求（内容）
20	每月	工作台及床身基准	校准工作台及床身基准的水平，必要时调整垫铁，拧紧螺母
21	每月	空气滤网	清洗空气滤网，必要时予以更换
22	每月	液压装置、管路及接头	检查液压装置、管路及接头，确保无松动、无磨损
23	每月	各电磁阀及开关	检查各电磁阀、行程开关、接近开关，确保它们能正确工作
24	每月	滤油器	检查液压箱内的滤油器，必要时予以清洗
25	每月	电缆及接线端子	检查各电缆及接线端子是否接触良好
26	每月	联锁装置、时间继电器、继电器	确保各连锁装置、时间继电器、继电器能正确工作，必要时予以修理或更换
27	每月	数控装置	确保数控装置能正确工作
28	半年	各电动机轴承	检查各电动机轴承是否有噪声，必要时予以更换
29	半年	各进给轴	测量各进给轴的反向间隙，必要时予以调整或进行补偿
30	半年	所有各电气部件及继电器	外观检查所有各电气部件及继电器等是否可靠工作
31	半年	各伺服电动机	检查各伺服电动机的电刷及换向器的表面，必要时予以修整或更换
32	半年	主轴驱动皮带	按机床说明书要求调整皮带的松紧程度
33	半年	各轴导轨上的镶条、压紧滚轮	按机床说明书要求调整松紧状态
34	一年	检查或更换电动机碳刷	检查换向器表面，去除毛刺，吹净碳粉，磨损过短的碳刷及时更换
35	一年	液压油路	清洗溢流阀，减压阀，滤油器，油箱；过滤液压油或更换
36	一年	主轴润滑恒温油箱	清洗过滤器、油箱，更换润滑油
37	一年	润滑油泵，过滤器	清洗润滑油池，更换过滤器
38	一年	滚珠丝杠	清洗丝杠上旧的润滑脂，涂上新油脂

参考文献

[1] 全国数控培训网络天津分中心. 数控机床[M]. 北京：机械工业出版社，2004.

[2] 晏初宏. 数控机床与机械结构[M]. 北京：机械工业出版社，2005.

[3] 陆全龙. 数控机床[M]. 武汉：华中科技大学出版社，2008.

[4] 陈富安. 数控原理与系统[M]. 北京：人民邮电出版社，2011.

[5] 朱晓春. 数控技术[M]. 北京：机械工业出版社，2001.

[6] 贺琼义. 五轴数控系统加工编程与操作[M]. 北京：机械工业出版社，2019.

[7] 袁清萍. 电机拖动与PLC技术[M]. 合肥：合肥工业大学出版社，2009.

[8] 数控车铣加工职业技能等级标准. 武汉华中数控股份有限公司，2020.

[9] 多轴数控加工职业技能等级标准. 武汉华中数控股份有限公司，2020.